彩色图解

电工自学速成

韩雪涛 主 编
吴 瑛 韩广兴 副主编

化学工业出版社
·北 京·

本书采用彩色图解的形式，以电工行业的工作要求和规范作为依据，全面系统地介绍了电子元器件识别、检测与维修的相关知识与技能，循序渐进地引导读者学习成为一名合格的电子电工技术人员。

本书内容包括：电工基础、电工工具和电工仪表、常用电气部件、电动机的拆卸与检修、电工安全与触电急救、导线的加工与连接、供配电系统的安装与调试、照明控制系统的安装与调试、电力拖动系统的安装与调试、变频技术与PLC技术。本书对电工知识的讲解全面详细，理论和实践操作相结合，内容由浅入深，语言通俗易懂，全书内容彩色图解，层次分明，重点突出，非常方便读者学习。

为了方便读者的学习，本书还对重要的知识和技能专门配置了视频讲解，读者只需要用手机**扫描二维码**就可以观看视频，学习更加直观便捷。

本书可供电工学习使用，也可供职业学校、培训学校作为教材使用。

图书在版编目（CIP）数据

彩色图解电工自学速成／韩雪涛主编．-- 北京：化学工业出版社，2018.1（2018.7重印）

ISBN 978-7-122-31120-7

Ⅰ．①彩… Ⅱ．①韩… Ⅲ．①电工-图解 Ⅳ．①TM-64

中国版本图书馆CIP数据核字（2017）第297989号

责任编辑：李军亮 万忻欣　　装帧设计：尹琳琳

责任校对：边　涛

出版发行：化学工业出版社（北京市东城区青年湖南街13号 邮政编码 100011）

印　　装：北京瑞禾彩色印刷有限公司

787mm×1092mm　1/16　印张$12^1/_4$　字数300千字　2018年7月北京第1版第2次印刷

购书咨询：010-64518888（传真：010-64519686）　售后服务：010-64518899

网　　址：http://www.cip.com.cn

凡购买本书，如有缺损质量问题，本社销售中心负责调换。

定　　价：58.00元

前 言

目前，对于电工电子技术而言，最困难也是学习者最关注的莫过于如何在短时间内掌握实用的技能并真正应用于实际的工作。

为了实现这个目标，我们特别策划了电工技能速成系列图书。

本系列图书共6种，分别为《彩色图解电工自学速成》《彩色图解电子元器件识别、检测与维修速成》《彩色图解电工识图速成》《彩色图解家装水电工技能速成》《彩色图解万用表入门速成》和《彩色图解电动机检测与绕组维修速成》。

本书是专门介绍电工基础知识与相关技能的图书。电工基础及应用是电工领域技术人员必备的基础技能。本书引导读者通过学习可以将电工基础的专业知识、实操技能在短时间内“全部掌握”。

为了能够编写好这本书，我们专门依托数码维修工程师鉴定指导中心进行了大量的市场调研和资料汇总。然后根据读者的学习习惯和行业的培训特点对电工知识及相关技能进行了系统的编排，并引入了大量检修应用案例辅助教学。力求达到专业学习与岗位实践的“无缝对接”。

为了确保专业品质，本书由数码维修工程师鉴定指导中心组织编写，由全国电子行业资深专家韩广兴教授亲自指导。编写人员有行业资深工程师、高级技师和一线教师，使读者在学习过程中如同有一群专家在身边指导，将学习和实践中需要注意的重点、难点一一化解，大大提升学习效果。

另外，本书充分结合多媒体教学的特点，首先，图书在内容的制作上大胆进行多媒体教学模式的创新，将传统的“读文”学习变为“读图”学习。其次，图书还开创了数字媒体与传统纸质载体交互的全新教学方式。学习者可以通过书中的二维码，同步实时浏览对应知识点的视频讲解。数字媒体资源与图文资源相互衔接，相互补充，充分调动学习者的主观能动性，确保学习者在短时间内获得最佳的学习效果。

为了更好地满足读者的需求，本系列图书得到了数码维修工程师鉴定指导中心的大力支持。读者可登录数码维修工程师的官方网站（www.chinadse.org）获得超值技术服务。此外，读者还可以通过网站的技术交流平台进行技术交流和咨询。如果读者在学习和考核认证方面有什么问题，可通过以下方式与我们联系：

联系电话：022-83718162/83715667/13114807267

E-mail:chinadse@163.com

地址：天津市南开区榕苑路4号天发科技园8-1-401　　邮编：300384

本书由韩雪涛任主编，吴瑛、韩广兴任副主编。参加本书内容整理工作的还有张丽梅、宋明芳、朱勇、吴玮、吴惠英、张湘萍、韩雪冬、周文静、吴鹏飞、唐秀鸯、王新霞、马梦霞、张义伟。

编　者

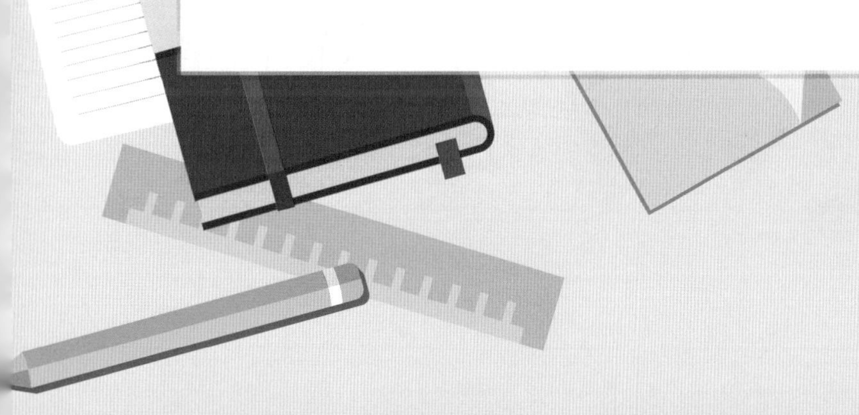

目录

彩色图解电工自学速成

1 第1章

2 第2章

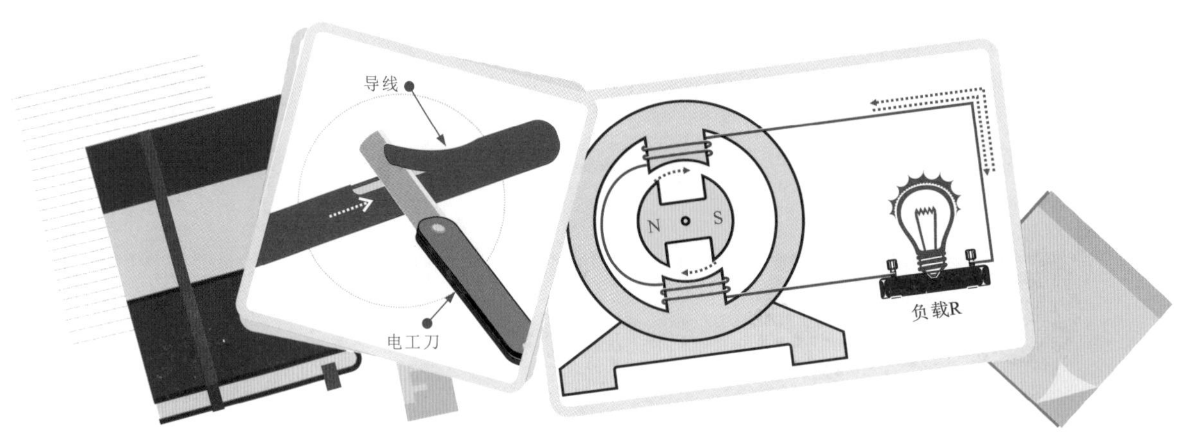

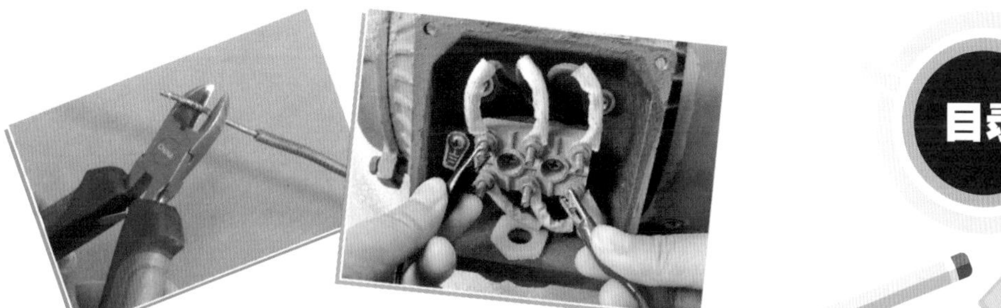

目录

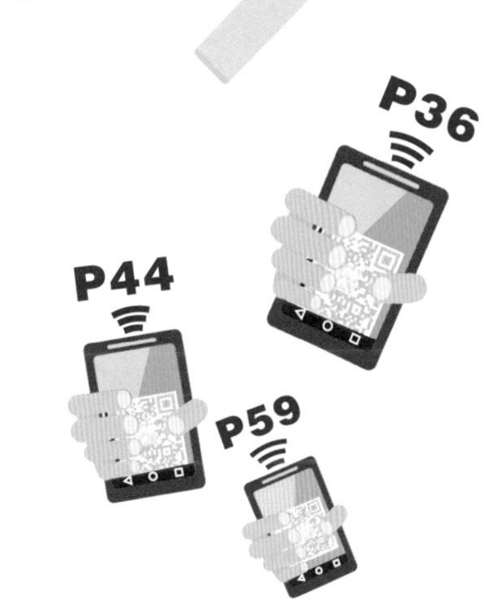

4 第4章

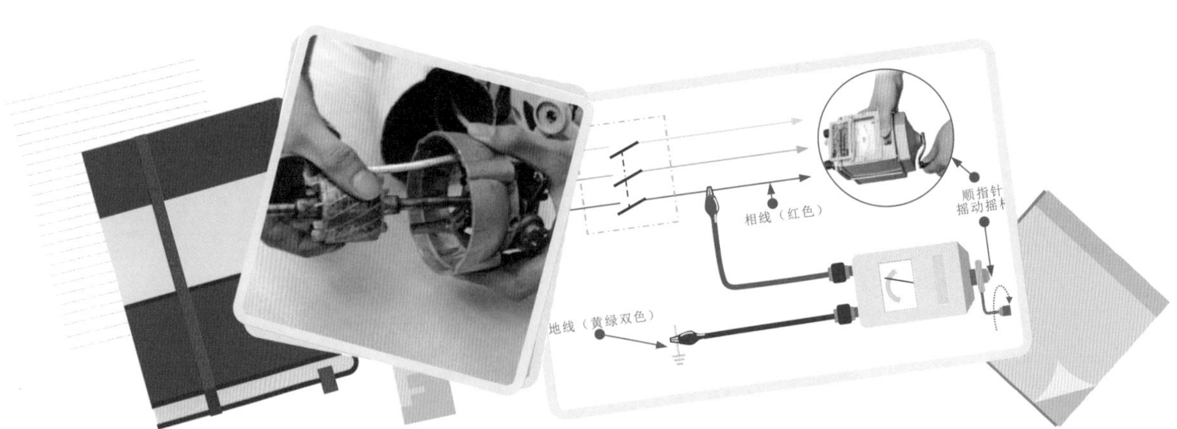

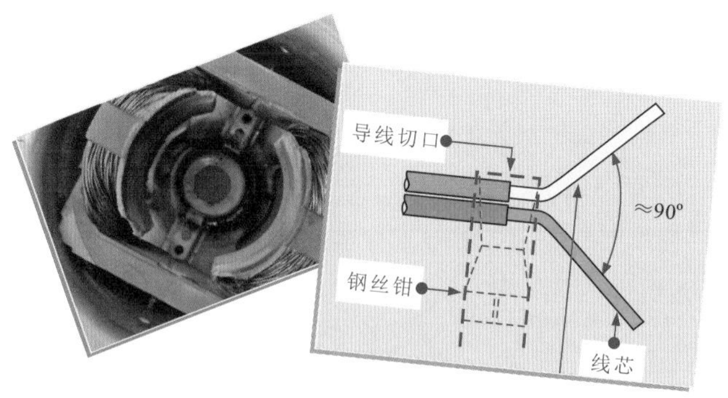
导线切口
≈90°
钢丝钳
线芯

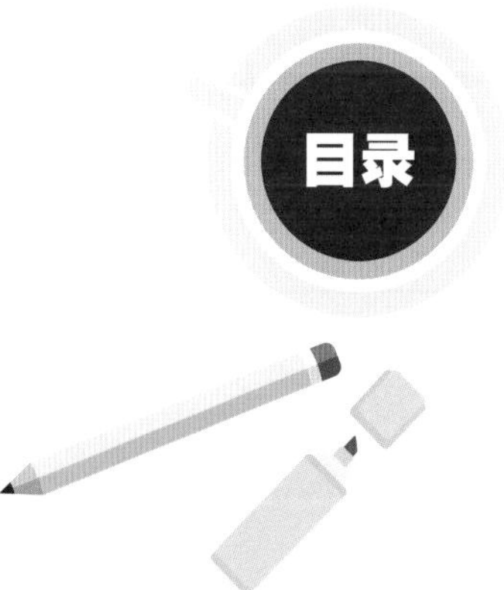
目录

P88

P94

7
第7章

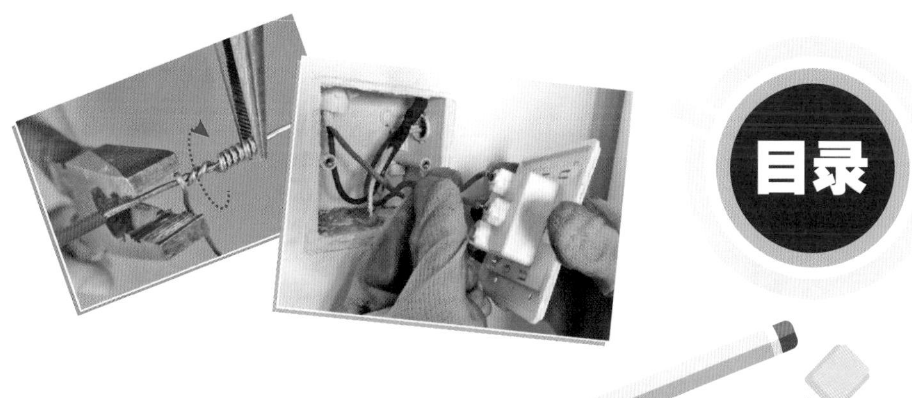
目录

P129
P145

9 第9章

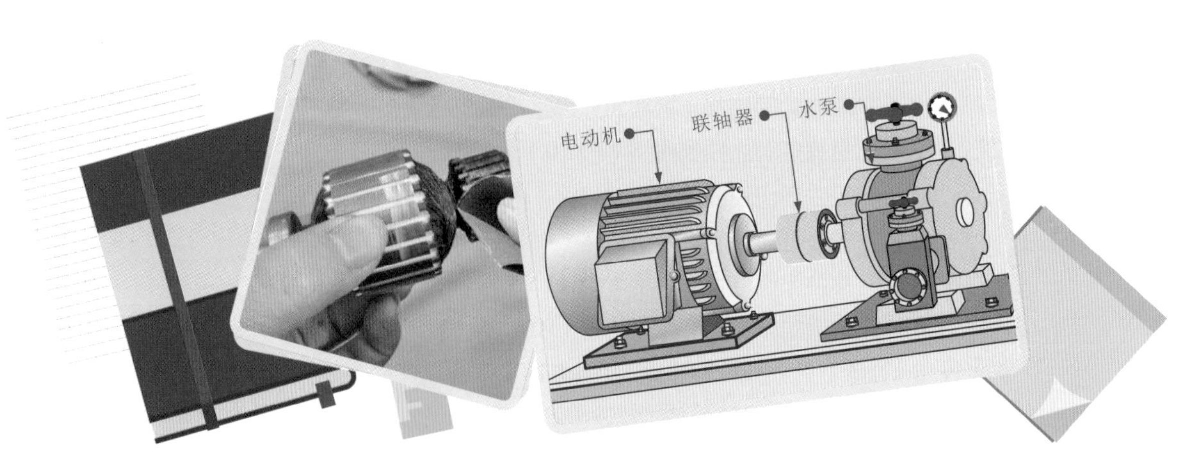

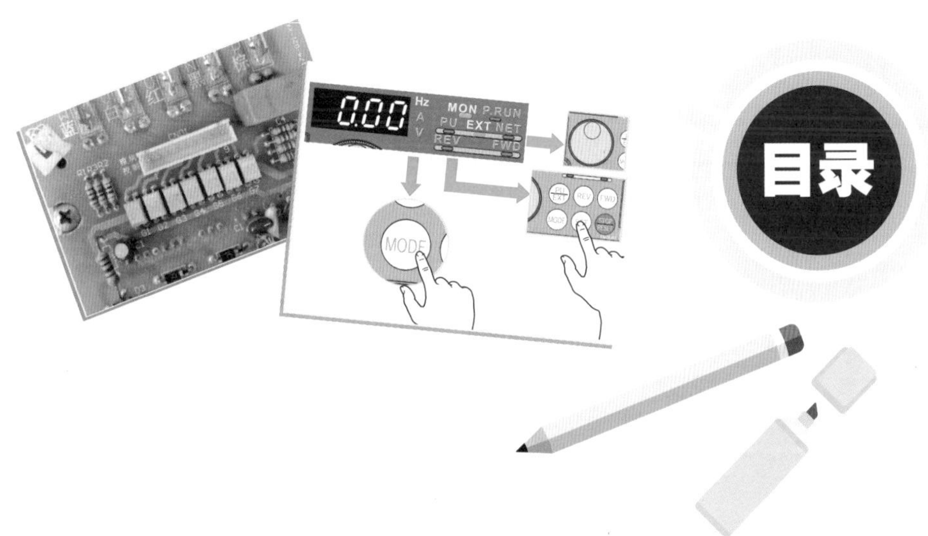

10 第10章

第1章 电工基础

1.1 电流与电动势

1.1.1 电流

在导体的两端加上电压，导体内的电子就会在电场力的作用下做定向运动，形成电流。电流的方向规定为电子（负电荷）运动的反方向（即电流的方向与电子运动的方向相反）。

图1-1 由电池、开关、灯泡组成的电路模型

图1-1所示是由电池、开关、灯泡组成的电路模型，当开关闭合时，电路形成通路，电池的电动势形成了电压，继而产生了电场力，在电场力的作用下，处于电场内的电子便会定向移动，这就形成了电流。

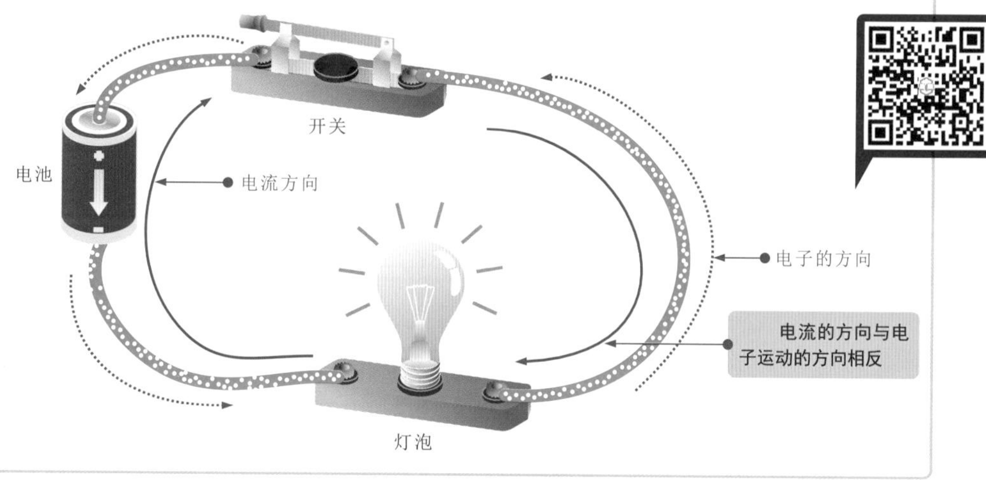

电流的大小称为电流强度，它是指在单位时间内通过导体横截面积的电荷量。电流强度使用字母“I”（或i）来表示，电流量使用“Q”（库伦）表示。若在t秒内通过导体横截面的电荷量是Q，则电流强度可用下式计算：

$$I=\frac{Q}{t}$$

电流强度的单位为安培，简称安，用字母A表示。根据不同的需要，还可以用千安（kA）、毫安（mA）和微安（μA）来表示。它们之间的关系为：

$$1\text{kA}=1000\text{A}$$

$$1\text{mA}=10^{-3}\text{A}$$

$$1\mu\text{A}=10^{-6}\text{A}$$

1.1.2 电动势

电动势是描述电源性质的重要物理量，用字母“E”表示，单位为“V”（伏特，简称伏），它是表示单位正电荷经电源内部，从负极移动到正极所作的功，它标志着电源将其他形式能量转换成电路的动力（即电源供应电路的能力）。

电动势用公式表示，即

$$E=\frac{W}{Q}$$

式中，E为电动势，单位为伏特（V）；W为将正电荷经电源内部从负极引到正极所做的功，单位为焦耳（J）；Q为移动的正电荷数量，单位为库伦（C）。

在闭合电路中，电动势是维持电流流动的电学量，电动势的方向规定为经电源内部，从电源的负极指向电源的正极。电动势等于路端电压与内电压之和，用公式表示即为

$$E=U_{路}+U_{内}=IR+Ir$$

其中，$U_{路}$表示路端电压（即电源加在外电路端的电压），$U_{内}$表示内电压（即电池因内阻自行消耗的电压），I表示闭合电路的电流，R表示外电路总电阻（简称外阻），r表示电源的内阻。

图1-2 由电池、开关、可变电阻器构成的电路模型

图1-2为由电源、开关、可变电阻器构成的电路模型。

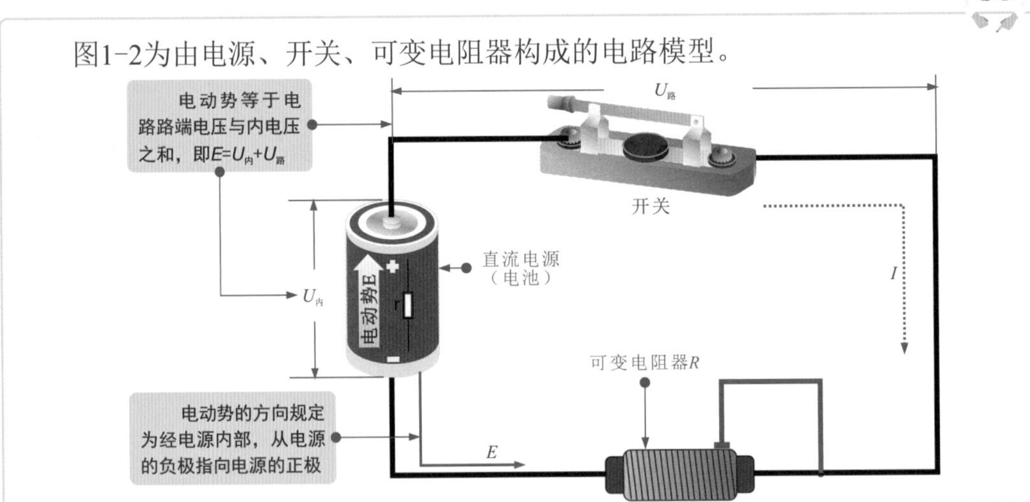

对于确定的电源来说，电动势E和内阻都是一定的。若闭合电路中外电阻R增大，电流I便会减小，内电压$U_{内}$减小，故路端电压$U_{路}$增大。若闭合电路中外电阻R减小，电流I便会增大，内电压$U_{内}$增大，故路端电压$U_{路}$减小，当外电路断开，外电阻R无限大，电流I便会为零，内电压$U_{内}$也变为零，此时路端电压就等于电源的电动势。

1.2 电位与电压

电位是指该点与指定的零电位的大小差距，电压则是指电路中两点的电位的大小差距。

1.2.1 电位

电位也称电势，单位是伏特（V），用符号“Φ”表示，它的值是相对的，电路中某点电位的大小与参考点的选择有关。

图1-3 电位的原理（以A点为参考点）

图1-3为由电池、三个阻值相同的电阻和开关构成的电路模型（电位的原理）。电路以A点作为参考点，A点的电位即为0V（即φ_A=0V），则B点的电位即为0.5V（即φ_B=0.5V），C点的电位即为1V（即φ_C=1V），D点的电位即为1.5V（即φ_D=1.5V）。

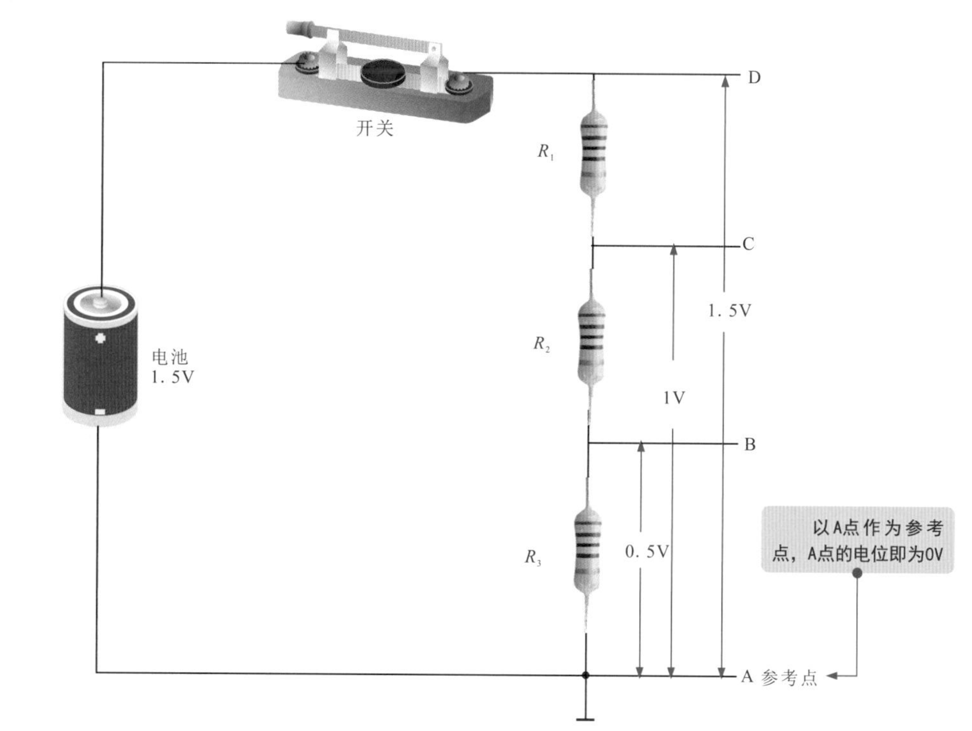

电路若以B点作为参考点，B点的电位为0V（即φ_B=0V），则A点的电位为-0.5V（即φ_A=-0.5V），C点的电位为0.5V（即φ_C=0.5V），D点的电位为1V（即φ_D=1V）。

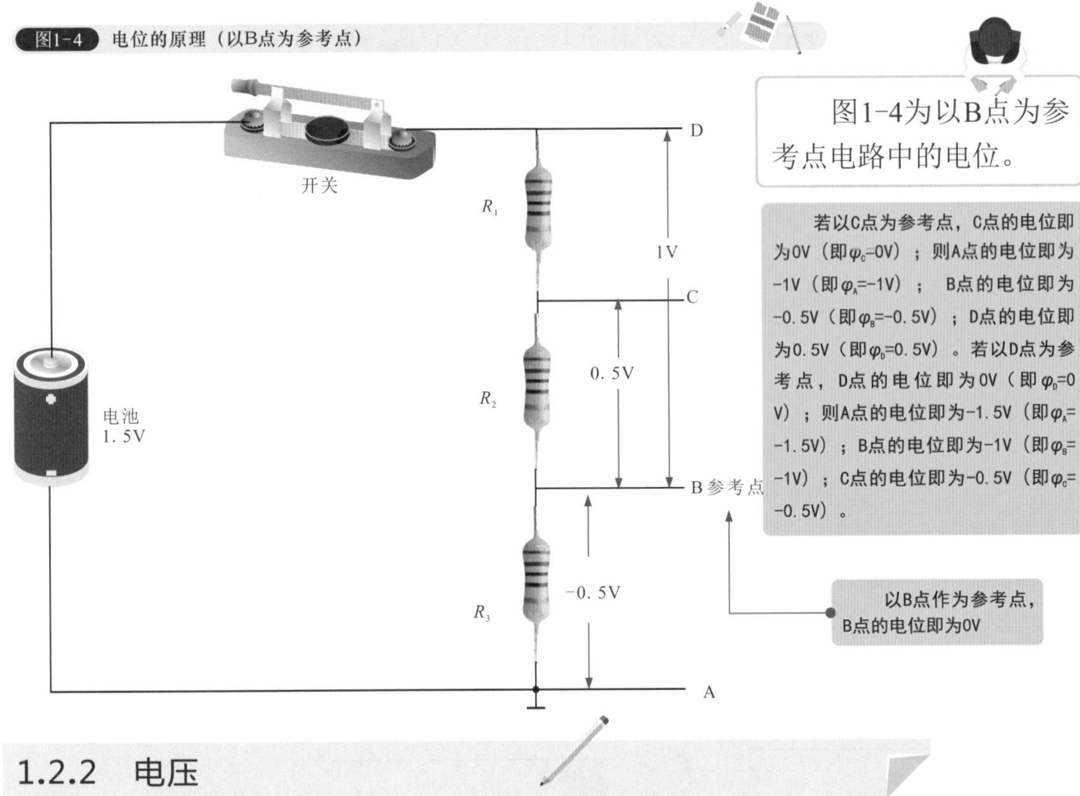

1.2.2 电压

电压也称电位差（或电势差），单位是伏特（V）。电流之所以能够在电路中流动是因为电路中存在电压（即高电位与低电位之间的差值）。

图1-5 电池、两个阻值相等的电阻器和开关构成的电路模型（电压的原理）

图1-5为由电池、两个阻值相等的电阻器和开关构成的电路模型。

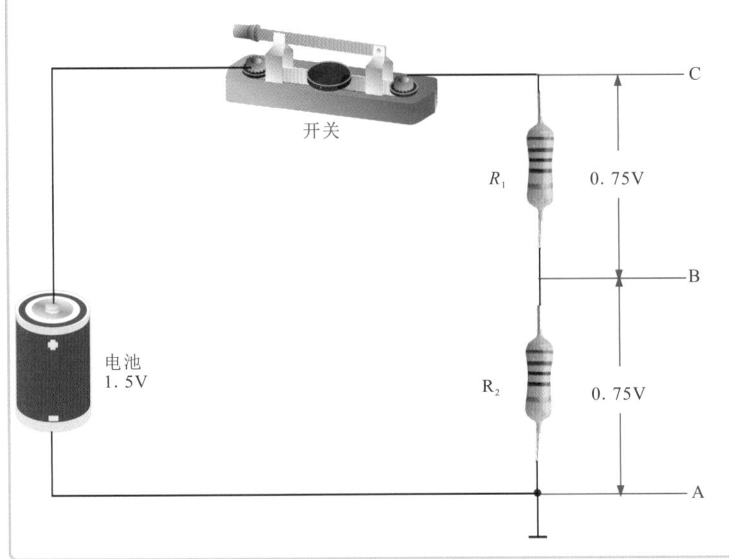

在闭合电路中，任意两点之间的电压就是指这两点之间电位的差值，用公式表示即为$U_{AB}=\varphi_A-\varphi_B$，以A点为参考点（即$\varphi_A$=0V），B点的电位为0.75V（即$\varphi_B$=0.75V），B点与A点之间的$U_{BA}=\varphi_B-\varphi_A$=0.75V，也就是说加在电阻器$R_2$两端的电压为0.75V；C点的电位为1.5V（即$\varphi_C$=1.5V），C点与A点之间的$U_{CA}=\varphi_C-\varphi_A$=1.5V，也就是说加在电阻器$R_1$和$R_2$两端的电压为1.5V

但若单独衡量电阻器R_1两端的电压（即U_{BC}），若以B点为参考点（φ_B=0），C点电位即为0.75V（φ_C=0.75V），因此加在电阻器R_1两端的电压仍为0.75V（即U_{BC}=0.75V）。

1.3 直流电与交流电

1.3.1 直流电与直流供电方式

直流电（Direct Current，简称DC）是指电流流向单一，其方向不随时间作周期性变化，即电流的方向固定不变，是由正极流向负极，但电流的大小可能会变化。

图1-6 脉动直流和恒定直流的曲线

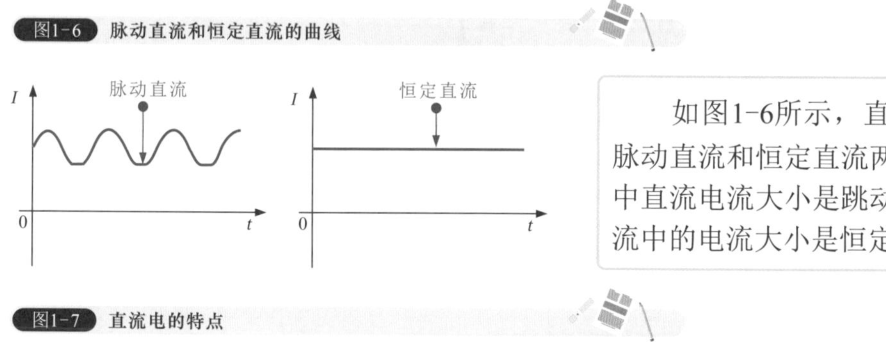

如图1-6所示，直流电可以分为脉动直流和恒定直流两种，脉动直流中直流电流大小是跳动的；而恒定直流中的电流大小是恒定不变的。

图1-7 直流电的特点

如图1-7所示，一般将可提供直流电的装置称为直流电源，例如干电池、蓄电池、直流发电机等，直流电源有正、负两极。当直流电源为电路供电时，直流电源能够使电路两端之间保持恒定的电位差，从而在外电路中形成由电源正极到负极的电流。

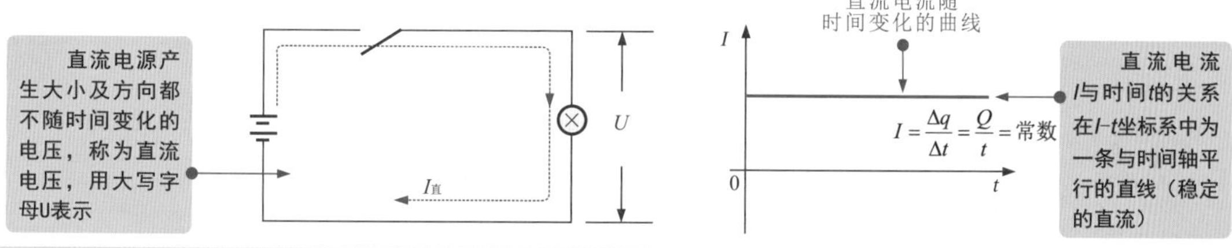

图1-8 直流电路的特点

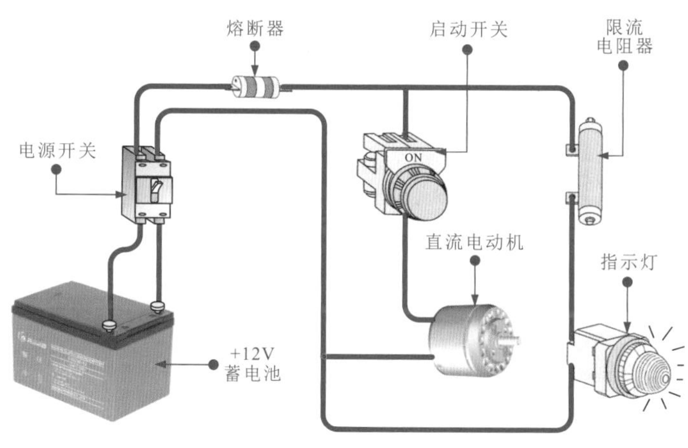

如图1-8所示，由直流电源作用的电路称为直流电路，它主要是由直流电源、负载构成的闭合电路。

在生活和生产中电池供电的电器，都属于直流供电方式，如低压小功率照明灯、直流电动机等。还有许多电器是利用交流—直流变换器，将交流变成直流再为电器产品供电。

家庭或企事业单位的供电都是采用交流220V、50Hz的电源，而电子产品内部各电路单元及其元件则往往需要多种直流电压，因而需要一些电路将交流220V电压变为直流电压，供电路各部分使用。

图1-9 直流电源电路的特点

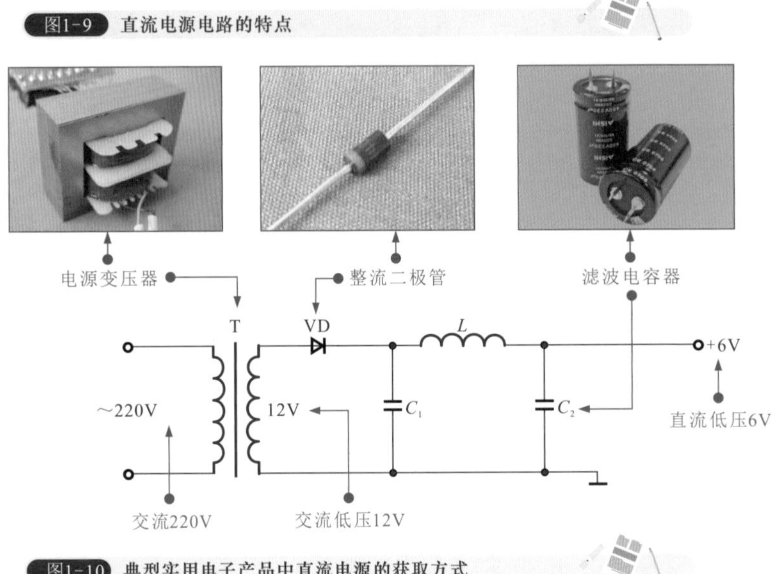

如图1-9所示，典型直流电源电路中，交流220V电压经变压器T，先变成交流低压（12V）。再经整流二极管VD整流后变成脉动直流，脉动直流经LC滤波后变成稳定的直流电压。

图1-10 典型实用电子产品中直流电源的获取方式

如图1-10所示，一些实用电子产品如电动车、手机、收音机、随身听等，是借助充电器给电池充电后获取电能。值得一提的是，不论是电动车的大充电器，还是手机、收音机等的小型充电器，都需要从市电交流220V的电源中获得能量。

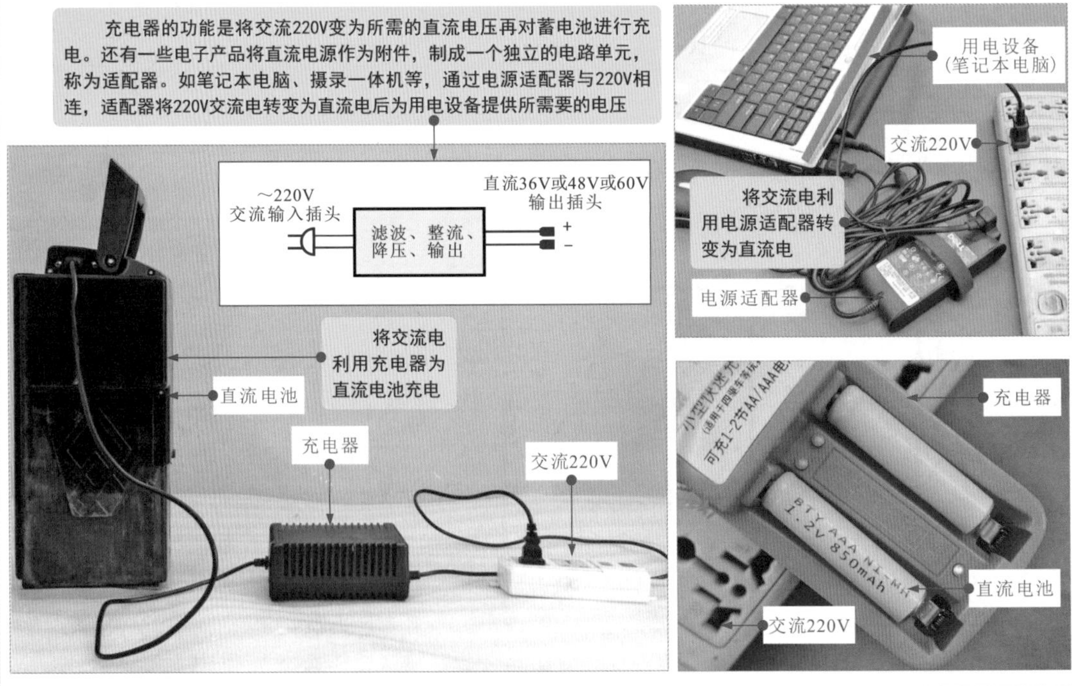

1.3.2 单相交流电与单相交流供电方式

交流电（Alternating Current，简称AC）是指电流的大小和方向会随时间作周期性变化的电压或电流。在日常生活中所有的电器产品都需要有供电电源才能正常工作，大多数的电器设备都是由市电交流220V、50Hz作为供电电源，这是我国公共用电的统一标准，交流220V电压是指相线即火线对零线的电压。

图1-11 交流电的产生

如图1-11所示，交流电是由交流发电机产生的，交流发电机通常有产生单相交流电的机型和产生三相交流电的机型。

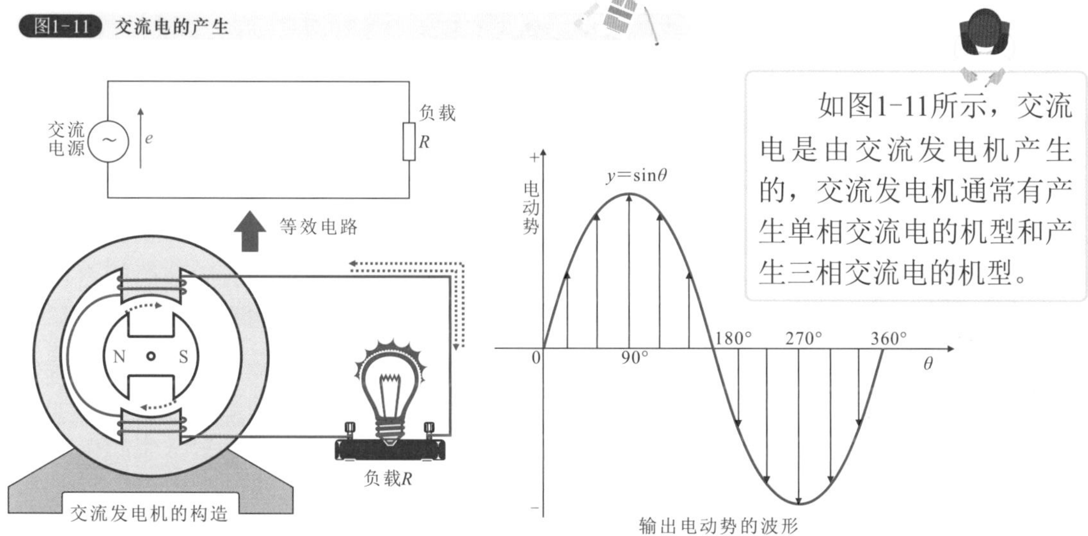

交流发电机的转子是由永磁体构成的，当水轮机或汽轮机带动发电机转子旋转时，转子磁极旋转，会对定子线圈辐射磁场，磁力线切割定子线圈，定子线圈中便会产生感应电动势，转子磁极转动一周就会使定子线圈产生相应的电动势（电压）。由于感应电动势的强弱与感应磁场的强度成正比，感应电动势的极性也与感应磁场的极性相对应。定子线圈所受到的感应磁场是正反向交替周期性变化的。转子磁极匀速转动时，感应磁场是按正弦规律变化的，发电机输出的电动势则为正弦波形。

图1-12 发电机的发电原理

如图1-12所示，发电机根据电磁感应原理产生电动势，当线圈受到变化磁场的作用时，即线圈切割磁力线便会产生感应磁场，感应磁场的方向与作用磁场方向相反。

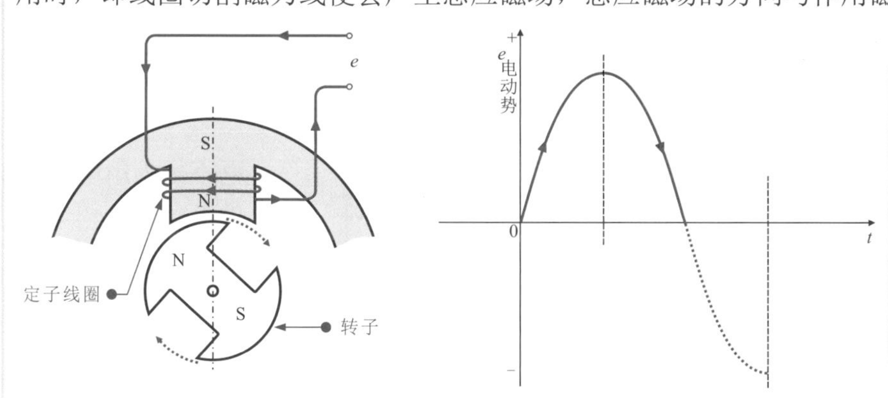

发电机的转子可以被看做是一个永磁体。当N极旋转并接近定子线圈时，会使定子线圈产生感应磁场，方向为N/S，线圈产生的感应电动势为一个逐渐增强的曲线，当转子磁极转过线圈继续旋转时，感应磁场则逐渐减小

图1-12 发电机的发电原理（续）

当转子磁极继续旋转时，转子磁极S开始接近定子线圈，磁场的磁极发生了变化，定子线圈所产生的感应电动势极性也翻转180°，感应电动势输出为反向变化的曲线。转子旋转一周，感应电动势又会重复变化一次。由于转子旋转的速度是均匀恒定的，因此输出电动势的波形则为正弦波

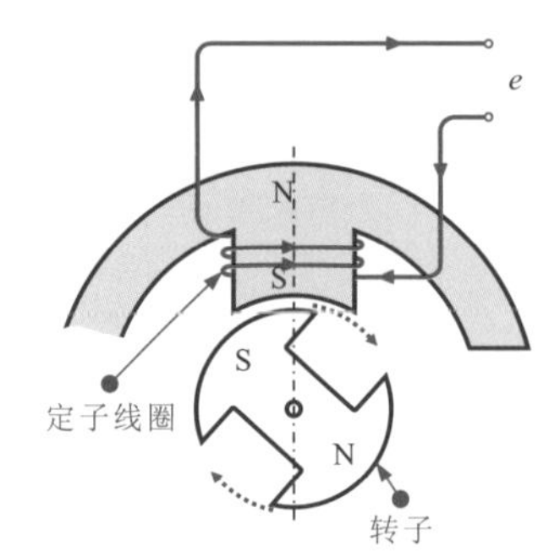

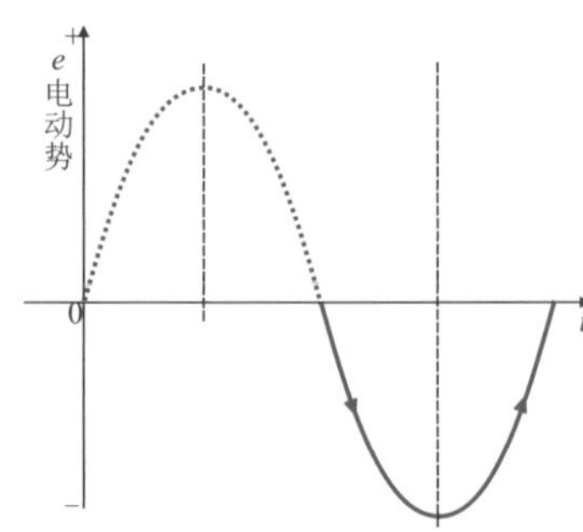

1 单相交流电

图1-13 单相交流电的特点

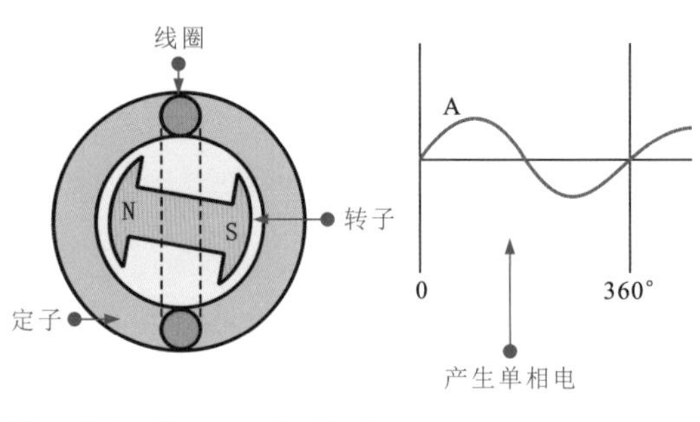

单相交流电在电路中具有单一交变的电压，该电压以一定的频率随时间变化，如图1-13所示。在单相交流发电机中，只有一个线圈绕制在铁芯上构成定子，转子是永磁体，当其内部的定子和线圈为一组时，它所产生的感应电动势（电压）也为一组（相），由两条线进行传输。

2 单相交流的供电方式

我们将单相交流电通过的电路称为交流电路。交流电路普遍用于人们的日常生活和生产中。单相交流电路的供电方式主要有单相两线式和单相三线式。

图1-14 单相两线式供电方式

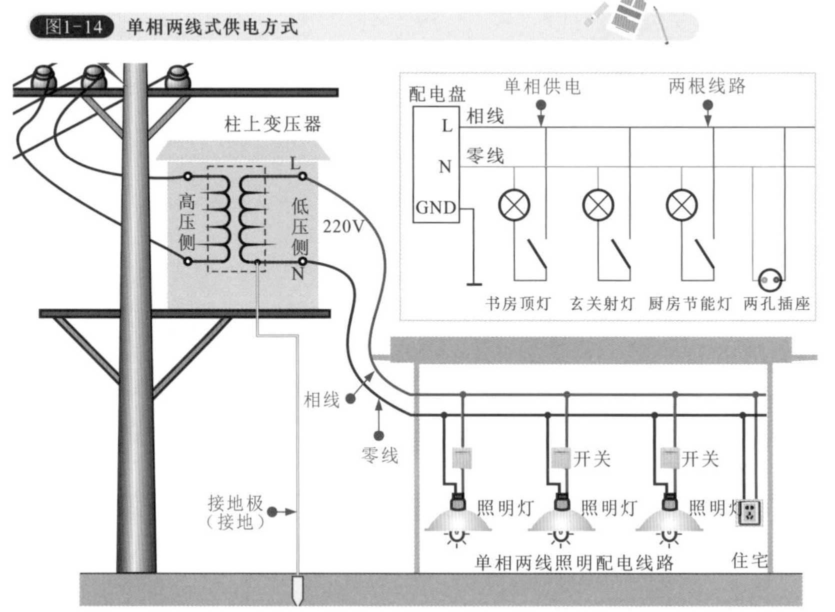

如图1-14所示，单相两线式是指仅由一根相线（L）和一根零线（N）构成的供电方式，通过这两根线获取220V单相电压，为用电设备供电。

一般照明线路和两孔电源插座多采用单相两线式供电方式。

图1-15 单相三线式供电方式

如图1-15所示，单相三线式是在单相两线式基础上添加一条地线，相线与零线之间的电压为220V，零线在电源端接地，地线在本地用户端接地，两者因接地点不同可能存在一定的电位差，因而零线与地线之间可能存在一定的电压。

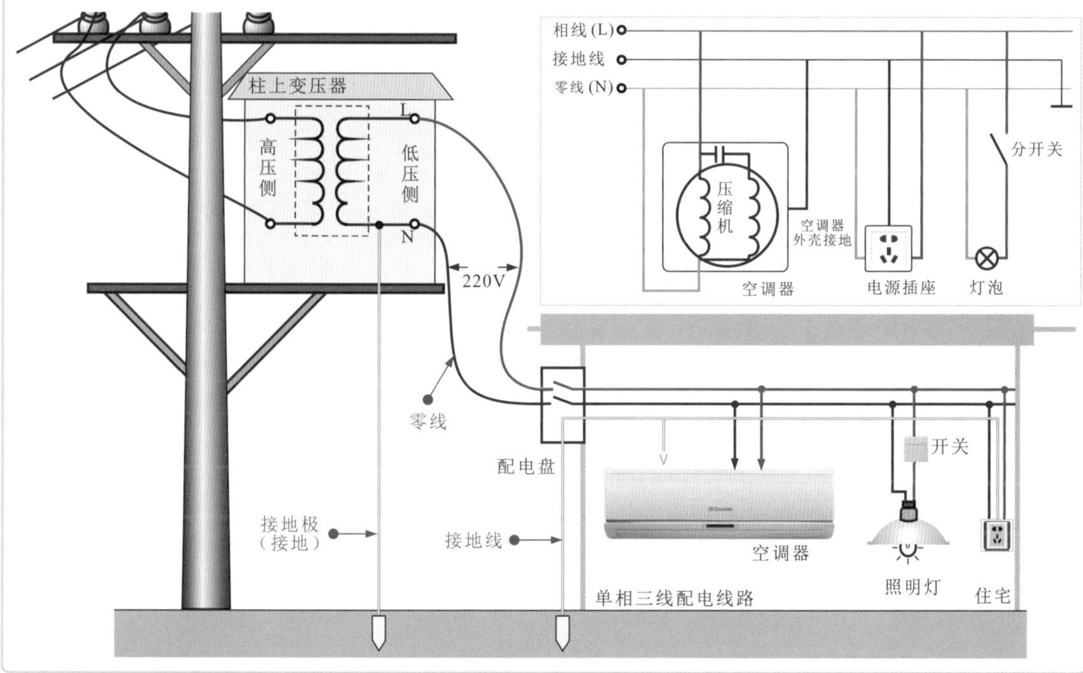

图1-16 实际应用中单相电的来源

如图1-16所示，一般情况下，电气线路中所使用的单相电往往不是由发电机直接发电后输出，而是由三相电源分配过来的。

发电厂经变配电系统送来的电源由三根相线（火线）和一根零线（中性线）构成。三根相线两两之间电压为380V，每根相线与零线之间的电压为220V。这样三相交流电源就可以分成三组单相交流电给用户使用。

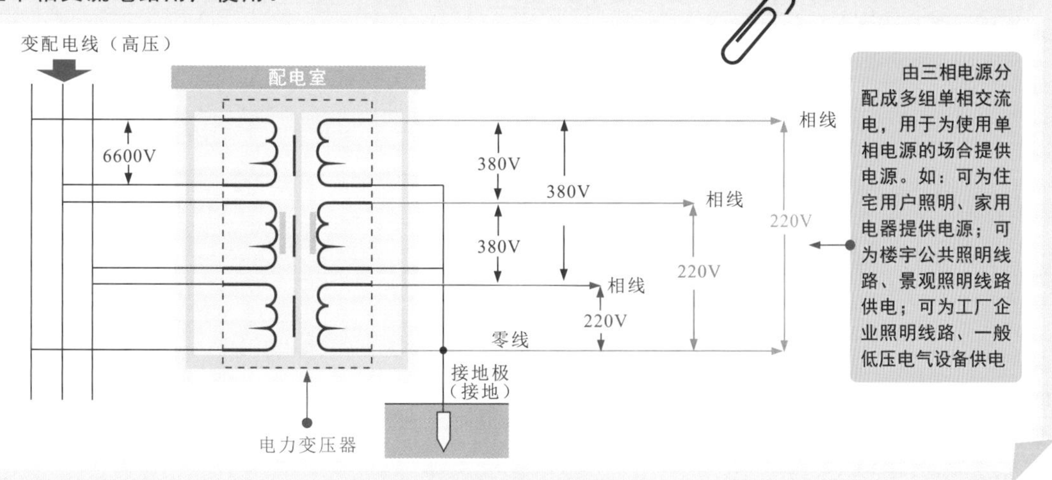

1.3.3 三相交流电与三相交流供电方式

三相交流电是大部分电力传输即供电系统、工业和大功率电力设备所需要电源。通常，把三相电源的线路中的电压和电流统称三相交流电，这种电源由三条线来传输，三线之间的电压大小相等（380 V）、频率相同（50 Hz）、相位差为120°。

❶ 三相交流电

图1-17 两相交流电和三相交流电的特点

图1-17为两相交流电和三相交流电的特点。

在发电机内设有两组定子线圈互相垂直地分布在转子外围。转子旋转时两组定子线圈产生两组感应电动势，这两组电动势之间有90°的相位差，这种电源为两相电源，这种方式多在自动化设备中使用

三相交流电是由三相交流发电机产生的。在定子槽内放置着三个结构相同的定子绕组A、B、C，这些绕组在空间互隔120°。转子旋转时，其磁场在空间按正弦规律变化，当转子由水轮机或汽轮机带动以角速度ω等速地顺时针方向旋转时，在三个定子绕组中，就产生频率相同、幅值相等、相位上互差120°的三个正弦电动势，这样就形成了对称三相电动势。

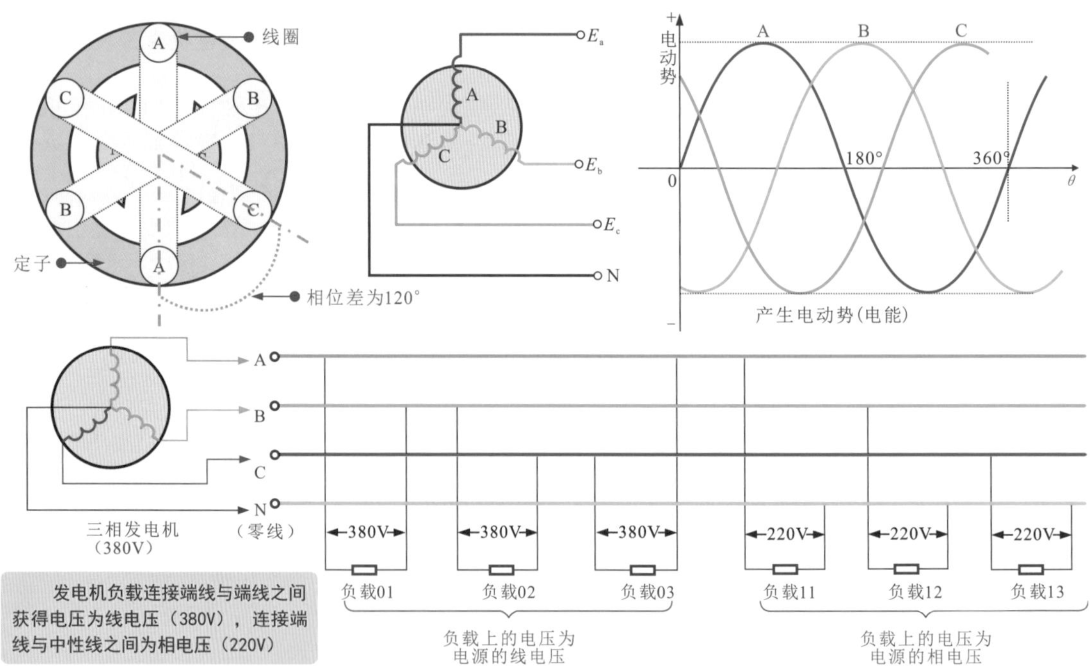

2 三相交流供电方式

在三相交流供电系统中，根据线路接线方式不同，主要有三相三线式、三相四线式及三相五线式三种供电方式。

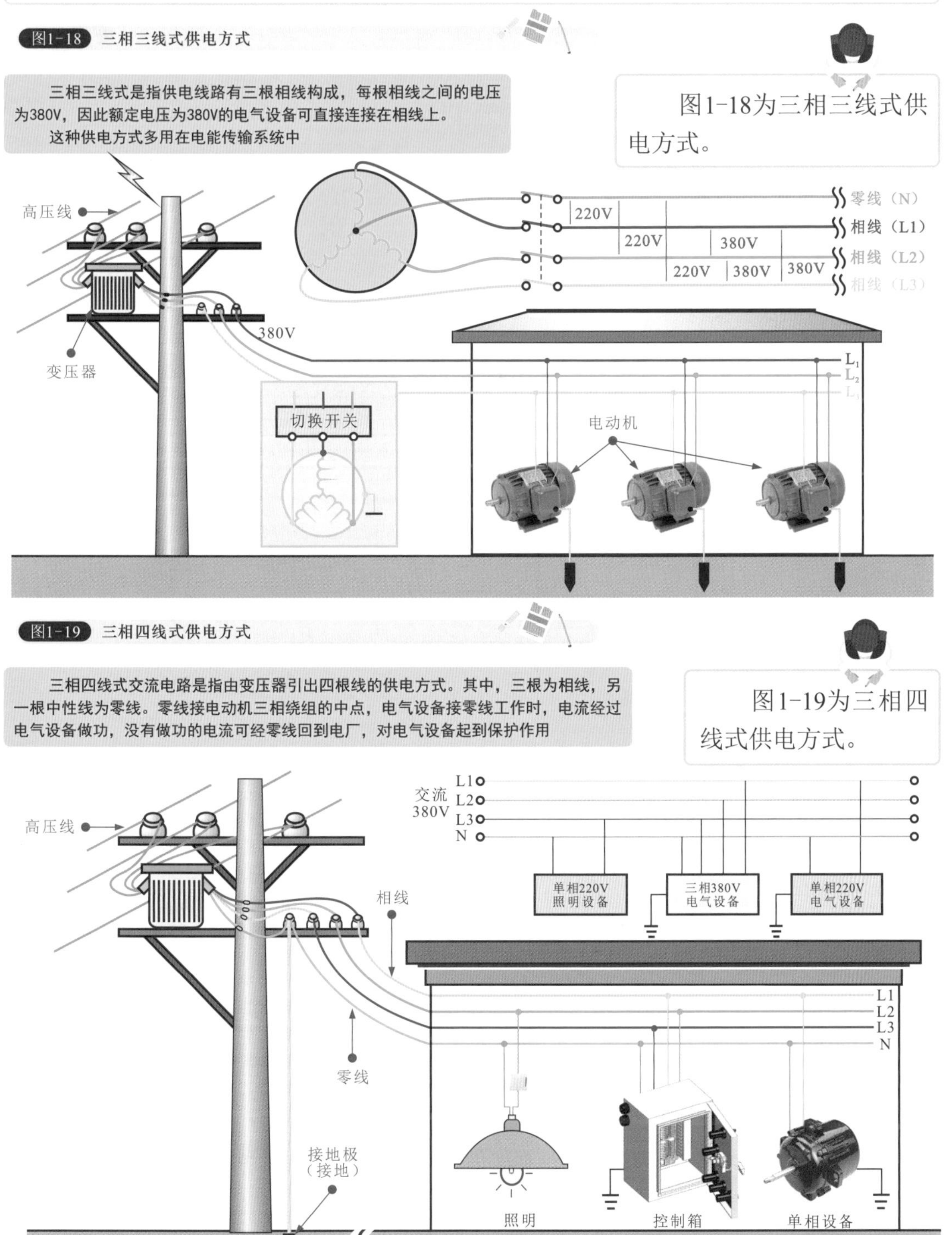

图1-18 三相三线式供电方式

图1-19 三相四线式供电方式

注意：在三相四线式供电方式中，由于三相负载不平衡时和低压电网的零线过长且阻抗过大时，零线将有零序电流通过，过长的低压电网，由于环境恶化、导线老化、受潮等因素，导线的漏电电流通过零线形成闭合回路，致使零线也带一定的电位，这对安全运行十分不利。在零线断线的特殊情况下，断线以后的单相设备和所有保护接零的设备会产生危险的电压，这是不允许的

图1-20 三相五线式供电方式

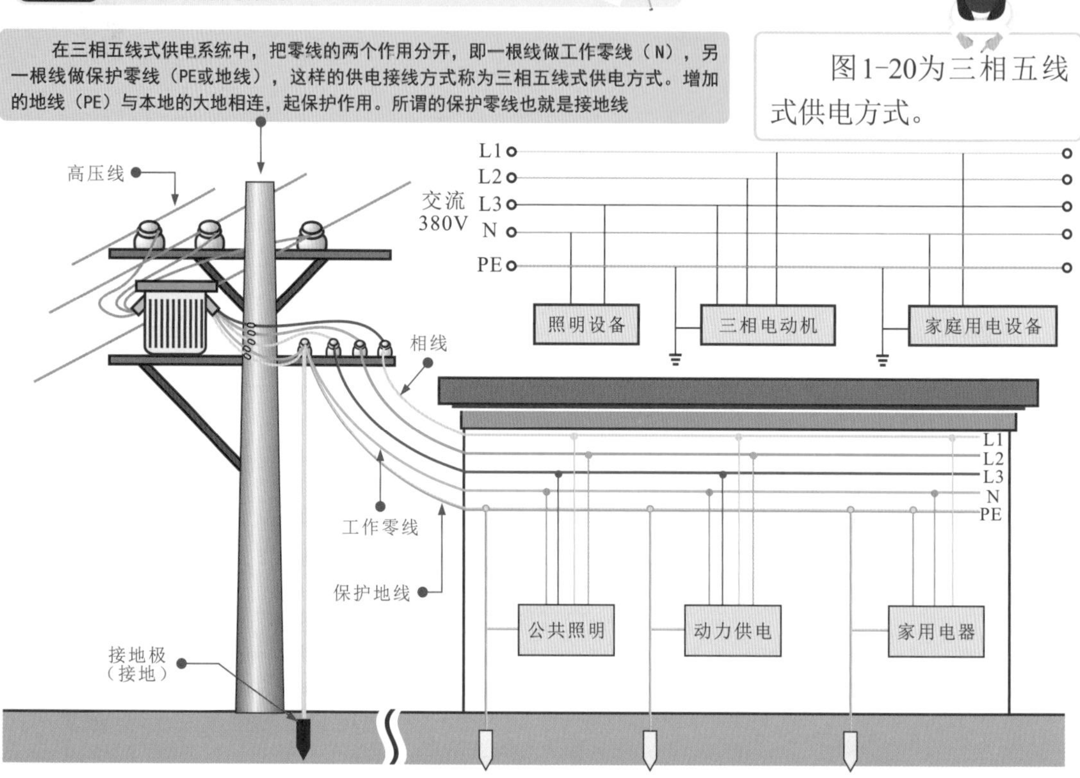

采用三相五线式供电方式，用电设备上所连接的工作零线N和保护零线PE是分别敷设的，工作零线上的电位不能传递到用电设备的外壳上，这样就能有效隔离了三相四线式供电方式所造成的危险电压，用电设备外壳上电位始终处在“地”电位，从而消除了设备产生危险电压的隐患。

图1-21 TN-S系统供电方式

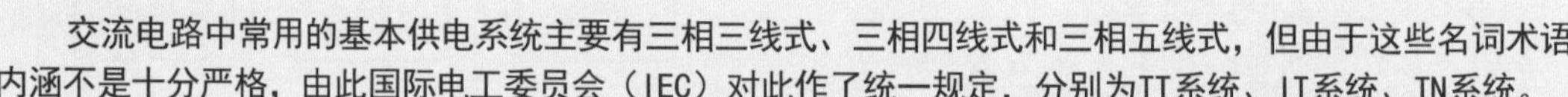

交流电路中常用的基本供电系统主要有三相三线式、三相四线式和三相五线式，但由于这些名词术语内涵不是十分严格，由此国际电工委员会（IEC）对此作了统一规定，分别为TT系统、IT系统、TN系统。

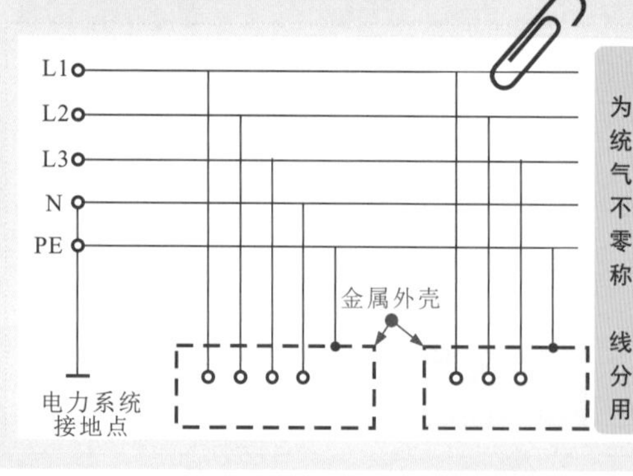

其中，TN系统分为分为TN-C、TN-S、TN-C-S系统，此种供电系统是将电气设备的金属外壳和正常不带电的金属部分与工作零线连接的保护系统，也称作接零保护系统。

TN-S系统是把工作零线N和专用保护线PE严格分开的供电系统，即为常用的三相五式供电方式

如图1-21所示，其中，首字母表明地线与连接的供应设备（发电机或变压器）的方式：“T”表示与地线直接连接（法语：Terre）；“I”表示没有连接地线（隔离）或者通过高阻抗连接。尾部字母表示地线与被供应的电子设备之间的连接方式：“T”表示与地线直接连接；“N”表示通过供应网络与地线连接。

第2章
电工工具和电工仪表

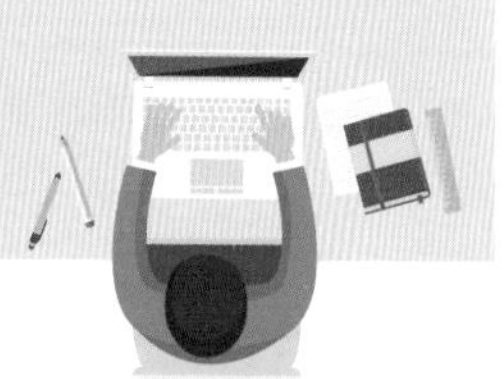

2.1 电工常用加工工具

2.1.1 钳子

在电工操作中，钳子在导线加工、线缆弯制、设备安装等场合都有广泛的应用。从结构上看，钳子主要由钳头和钳柄两部分构成。根据钳头设计和功能上的区别，钳子可以分为钢丝钳、斜口钳、尖嘴钳、剥线钳、压线钳及网线钳等。

❶ 钢丝钳

图2-1 钢丝钳的特点和使用规范

如图2-1所示，钢丝钳又叫老虎钳，在电工操作中，钢丝钳的主要功能是剪切线缆、剥削绝缘层、弯折线芯、松动或紧固螺母等。

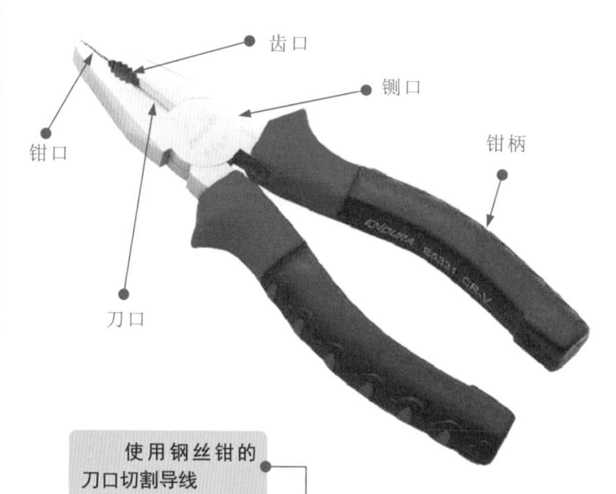

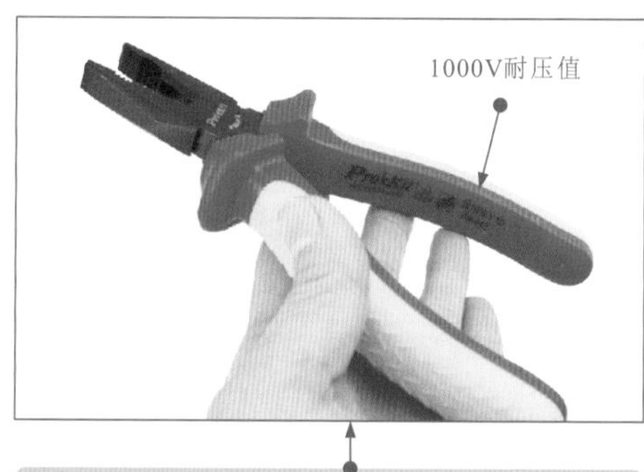

钢丝钳的钳口可以用于弯绞导线、齿口可以用于紧固或拧松螺母、刀口可以用于修剪导线以及拔取铁钉、铡口可以用于铡切较细的导线或金属丝，使用时钢丝钳的钳口朝内，便于控制钳切的部位

使用钢丝钳的刀口切割导线

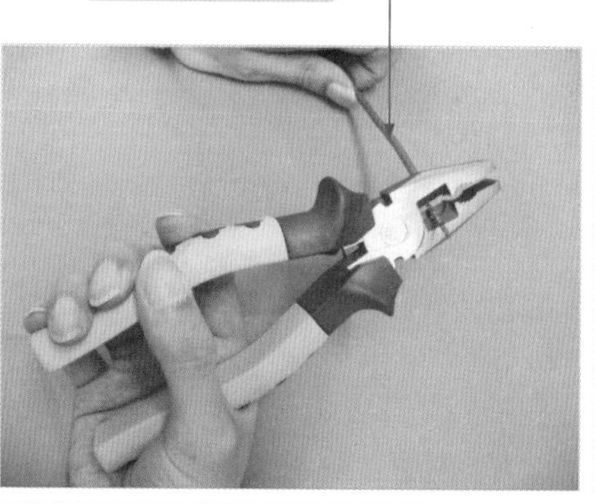

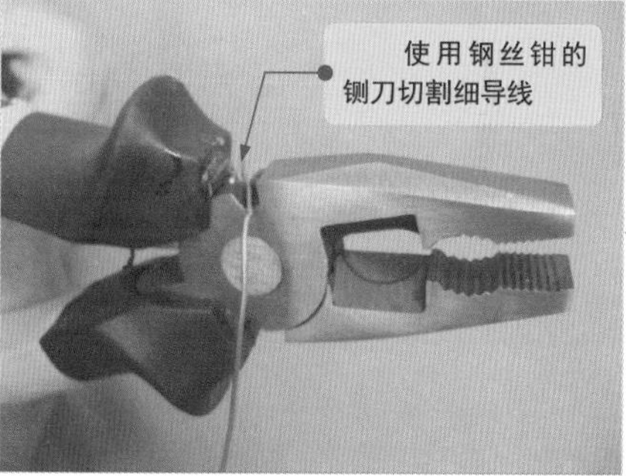

注意，若使用钢丝钳修剪带电的线缆，则应当查看绝缘手柄的耐压值，并检查绝缘手柄上是否有破损处。若绝缘手柄破损或工作环境超出钢丝钳钳柄绝缘套的耐压范围，则说明该钢丝钳不可用于修剪带电线缆，否则会导致电工操作人员触电

❷ 斜口钳

图2-2 斜口钳的特点和使用规范

如图2-2所示，斜口钳又叫偏口钳，主要用于线缆绝缘皮的剥削或线缆的剪切操作。斜口钳的钳头部位为偏斜式的刀口，可以贴近导线或金属的根部进行切割。

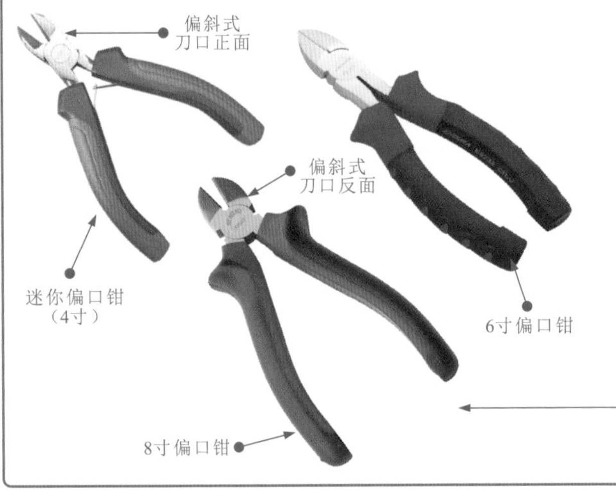

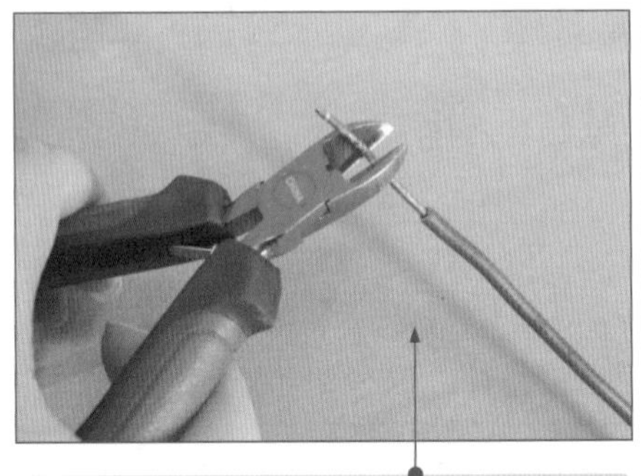

斜口钳可以按照尺寸进行划分，比较常见的尺寸有4寸、5寸、6寸、7寸、8寸五个尺寸。

使用斜口钳时，应当将偏斜式的刀口正面朝上，背面靠近需要切割导线的位置，这样可以准确切割到位，防止切割位置出现偏差

❸ 尖嘴钳

图2-3 尖嘴钳的特点和使用规范

如图2-3所示，尖嘴钳的钳头部分较细，可以在较小的空间里进行操作。可以分为带有刀口的尖嘴钳和无刀口的尖嘴钳。

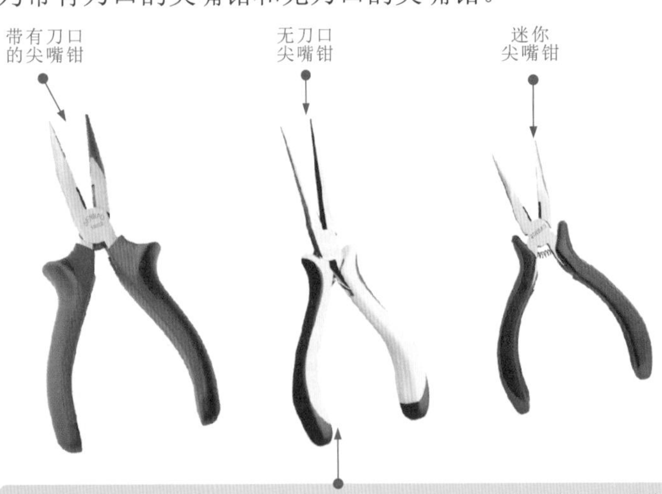

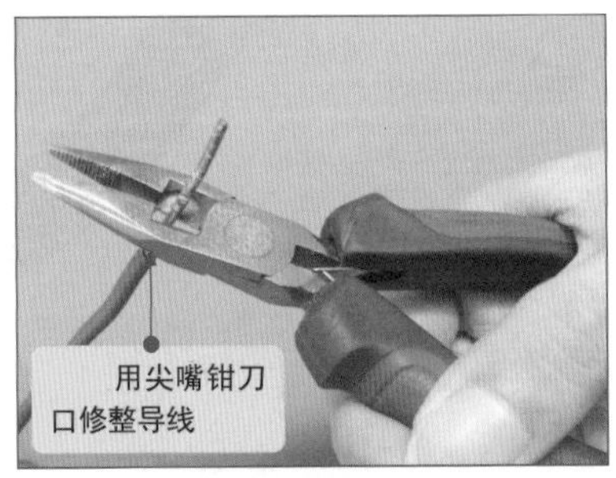

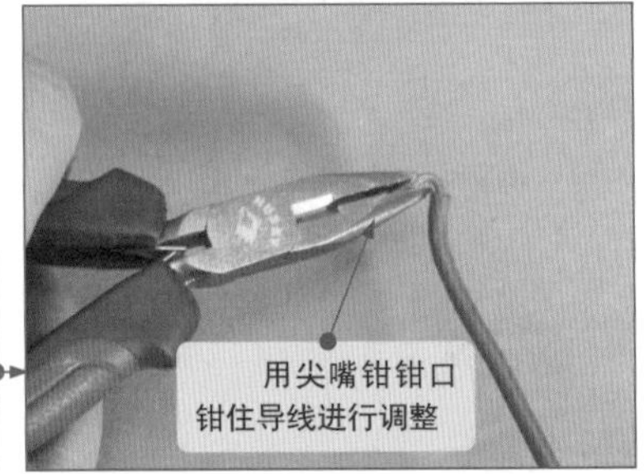

带有刀口的尖嘴钳可以用于切割较细的导线、剥离导线的塑料绝缘层、将单股导线接头弯环及夹捏较细的物体等。无刀口的尖嘴钳只能用于弯折导线的接头及夹捏较细的物体等。

在使用尖嘴钳时，一般使用右手握住钳柄，不可以将钳头对向自己。可以用钳头上的刀口修整导线，再使用钳口夹住导线的接线端子，并对其进行修整固定

❹ 剥线钳

如图2-4所示，剥线钳主要是用来剥除线缆的绝缘层，在电工操作中常使用的剥线钳可以分为压接式剥线钳和自动剥线钳两种。

图2-4 剥线钳的特点和使用规范

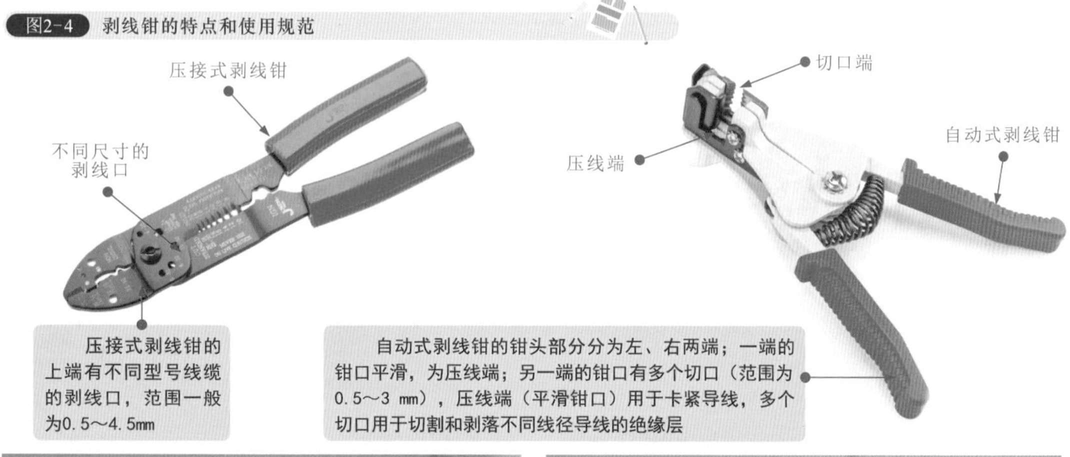

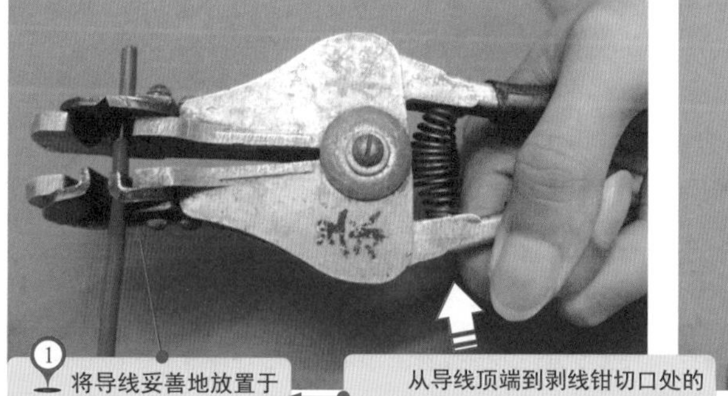

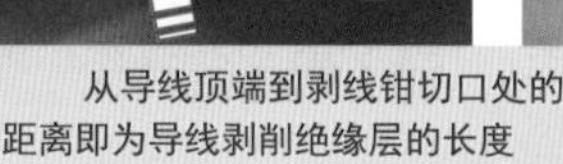

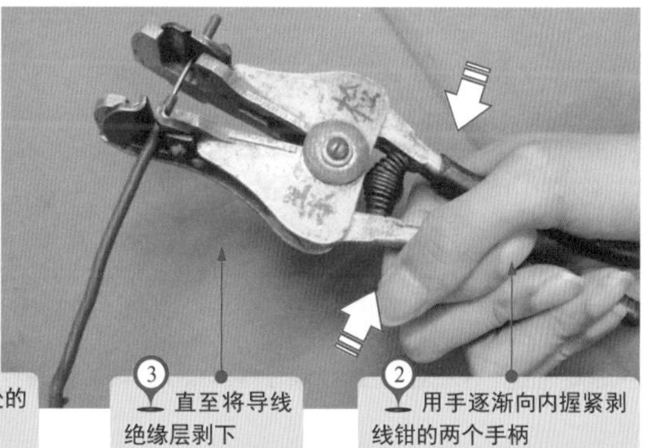

❺ 压线钳

如图2-5所示，压线钳在电工操作中主要是用于线缆与连接头的加工。压线钳根据压接的连接件的大小不同，内置的压接孔也有所不同。

图2-5 压线钳的特点和使用规范

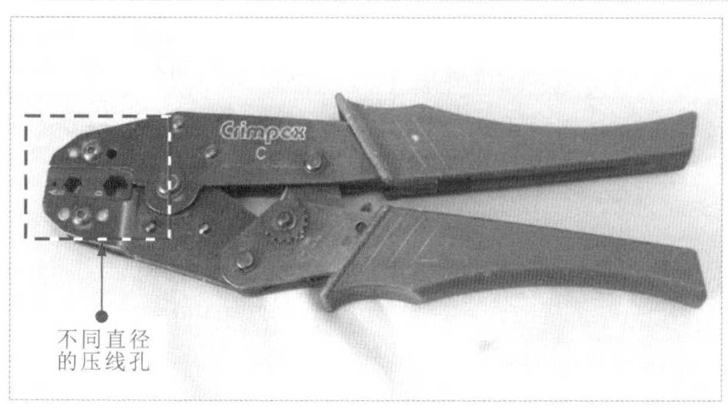

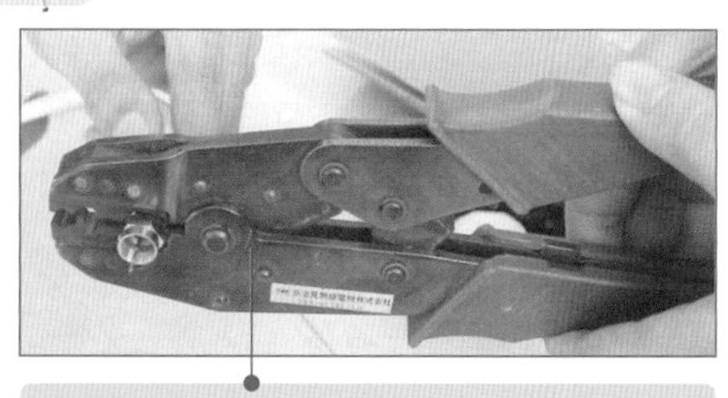

⑥ 网线钳

如图2-6所示，网线钳专用于网线水晶头的加工与电话线水晶头的加工，在网线钳的钳头部分有水晶头加工口，可以根据水晶头的型号选择网线钳，在钳柄处也会附带刀口，便于切割网线。

图2-6 网线钳的特点和使用规范

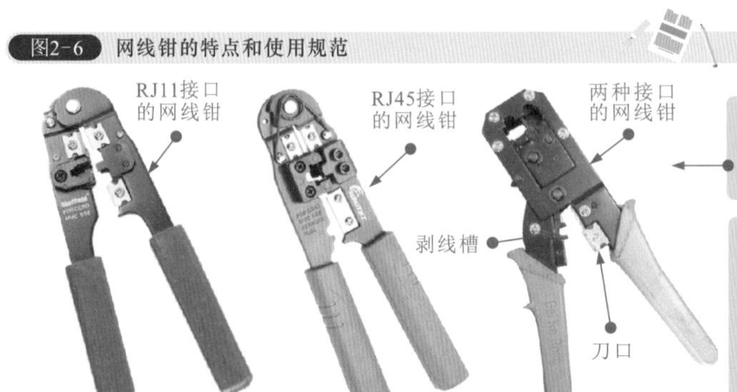

网线钳是根据水晶头加工口的型号进行区分的，一般分为RJ45接口的网线钳和RJ11接口的网线钳，也有一些网线钳同时具有这两种接口

在使用网线钳时，应先使用钳柄处的刀口对网线的绝缘层进行剥落，将网线按顺序插入水晶头中，然后将其放置于网线钳对应的水晶头接口中，用力向下按压网线钳钳柄，此时钳头上的动片向上推动，即可将水晶头中的金属导体嵌入网线中

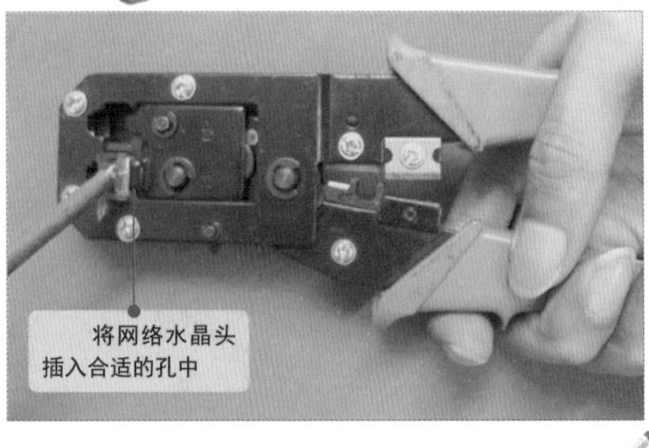

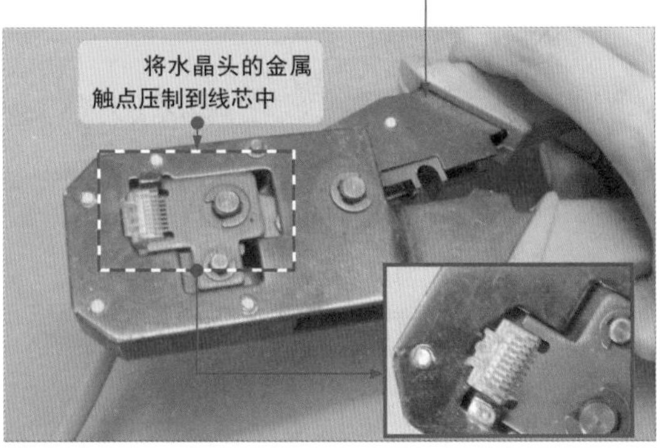

2.1.2 螺钉旋具

螺钉旋具俗称螺丝刀或改锥，是用来紧固和拆卸螺钉的工具。电工常用的螺钉旋具主要有一字槽螺钉旋具和十字槽螺钉旋具。

① 一字槽螺钉旋具

图2-7 一字槽螺钉旋具的特点和使用规范

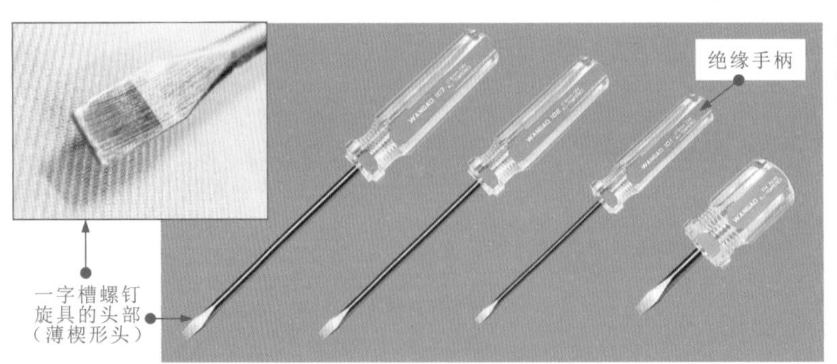

如图2-7所示，一字槽螺钉旋具的头部为薄楔形头，主要用于拆卸或紧固一字槽螺钉。使用时要选用与一字槽螺钉规格相对应的一字槽螺钉旋具。

图2-7 一字槽螺钉旋具的特点和使用规范（续）

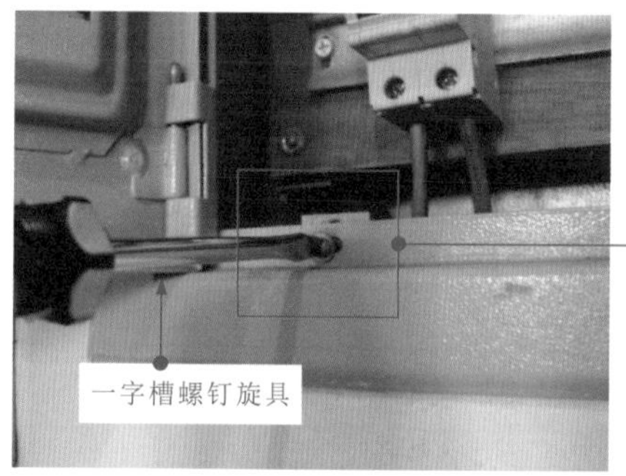

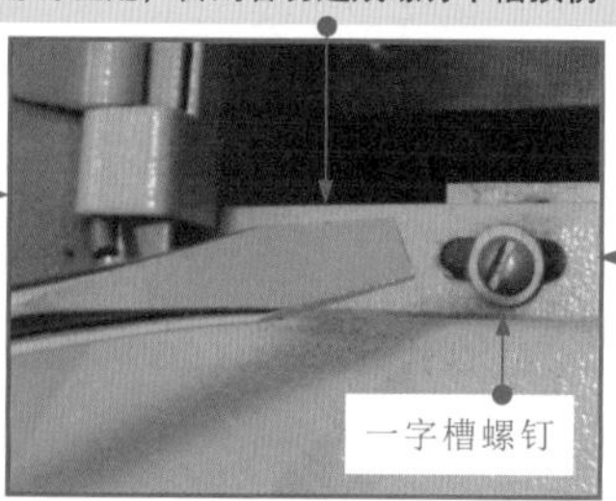

在使用一字槽螺钉旋具时，需要看清一字槽螺钉的卡槽大小，然后选择与卡槽相匹配的一字槽螺钉旋具，使用右手握住一字槽螺钉旋具的刀柄，然后将刀头垂直插入一字槽螺钉的卡槽中，旋转一字槽螺钉旋具使其紧固或松动即可

❷ 十字槽螺钉旋具

如图2-8所示，十字槽螺钉旋具的头部由两个薄楔形片十字交叉构成。主要用于拆卸或紧固十字槽螺钉。使用时要选用与十字槽螺钉规格相对应的十字槽螺钉旋具。

图2-8 十字槽螺钉旋具的特点和使用规范

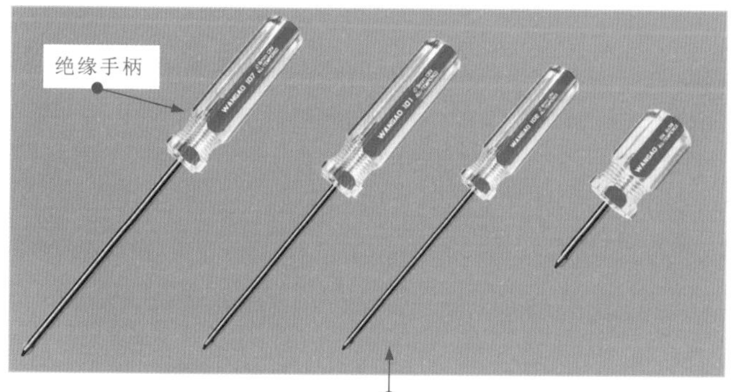

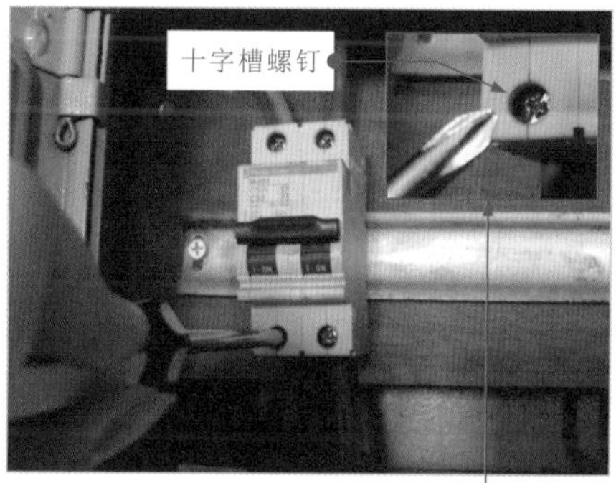

图2-9 万能螺钉旋具的特点和使用规范

如图2-9所示，一字螺钉旋具和十字螺钉旋具在使用时会受到刀头尺寸的限制，需要配很多不同型号的螺钉旋具。目前市场上推出了万能螺钉旋具和电动螺钉旋具。万能螺钉旋具的刀头可以随意更换，使螺钉旋具适应不同工作环境的需要；电动螺钉旋具内置电源，并装有控制按钮，可以控制螺杆顺时针和逆时针转动，这样就可以轻松地实现螺钉紧固和松脱的操作。

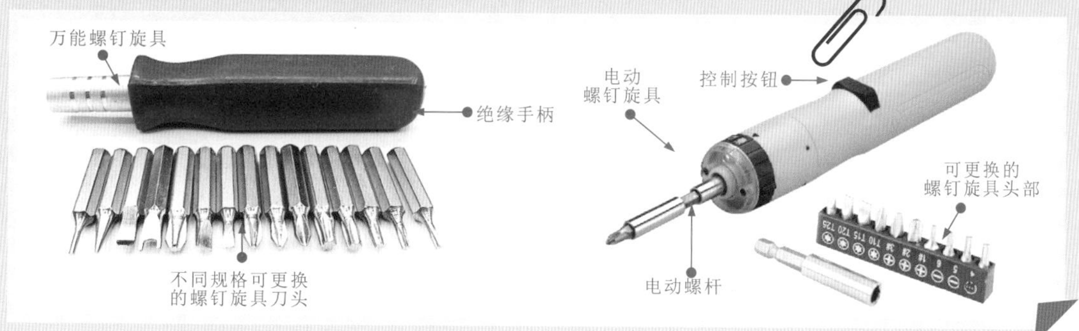

2.1.3 扳手

扳手是用于紧固和拆卸螺钉或螺母的工具。电工常用的扳手主要有活扳手和固定扳手两种。

① 活口扳手

图2-10 活口扳手的特点和使用规范

如图2-10所示，活口扳手是指扳手的开口宽度可在一定尺寸范围内随意调节，以适应不同规格螺栓或螺母的紧固和松动。

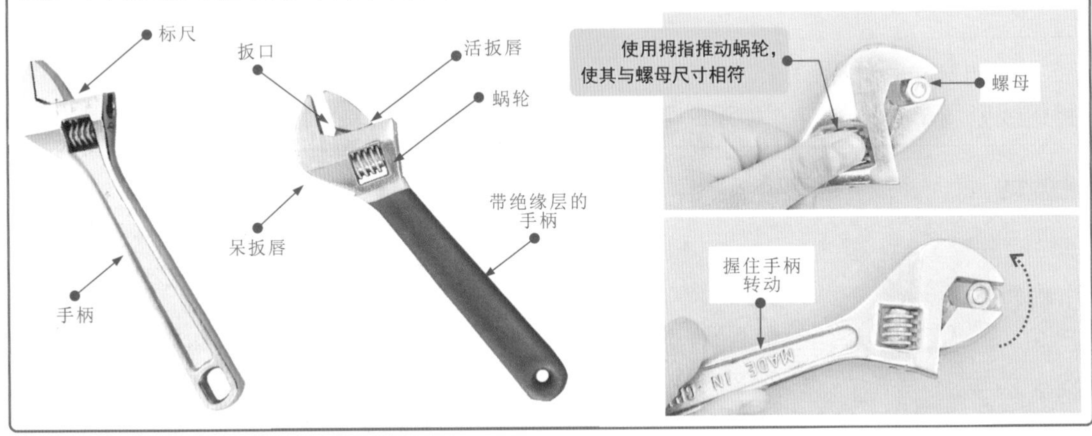

② 固定扳手

图2-11 固定扳手的特点和使用规范

如图2-11所示，常见的固定扳手主要有呆扳手和梅花扳手两种。固定扳手的扳口尺寸固定，使用时要与相应的螺栓或螺母对应。

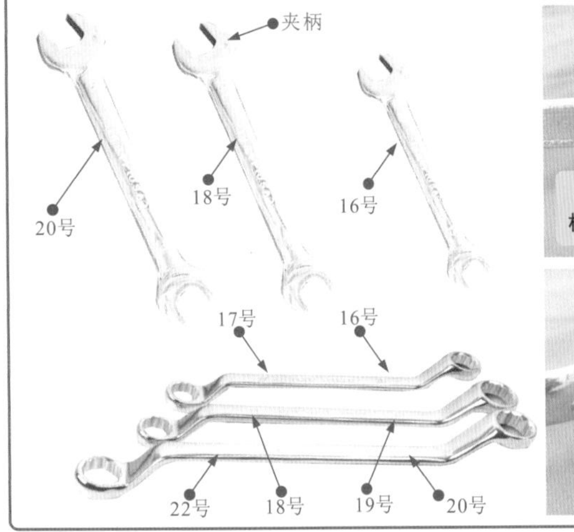

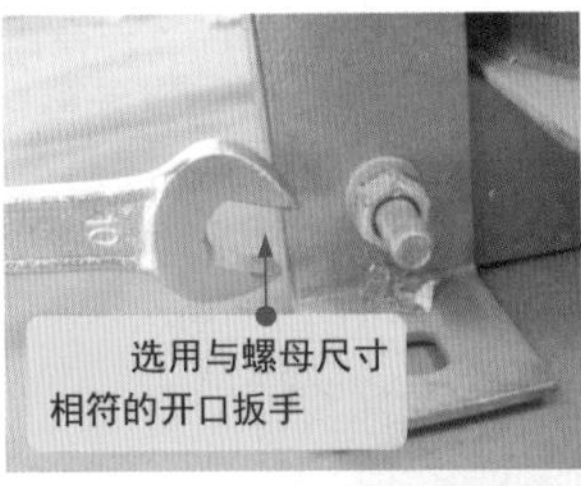

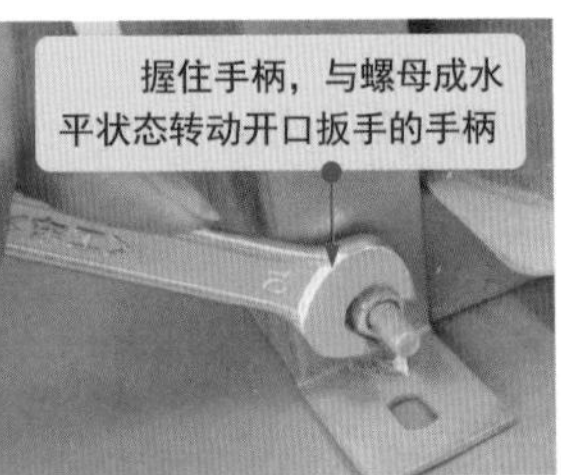

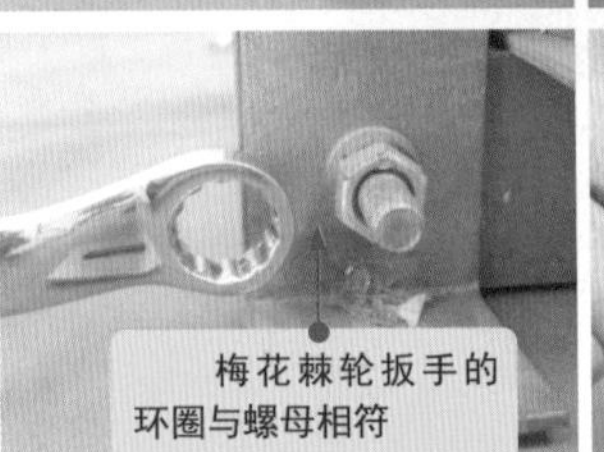

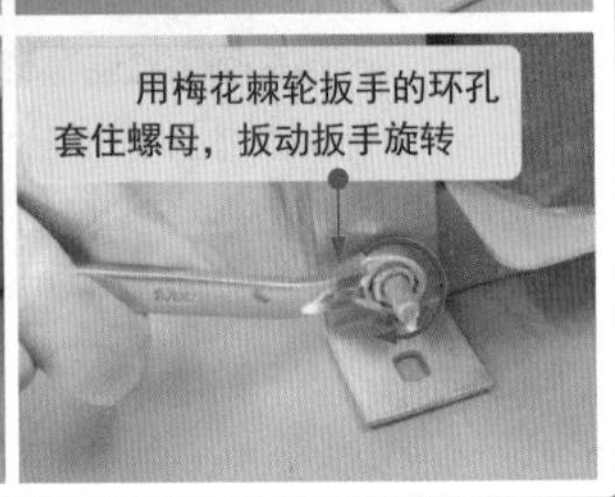

2.1.4 电工刀

图2-12 电工刀的特点和使用规范

如图2-12所示，电工刀是用于剥削导线和切割物体的工具，一般由刀柄与刀片两部分组成的。

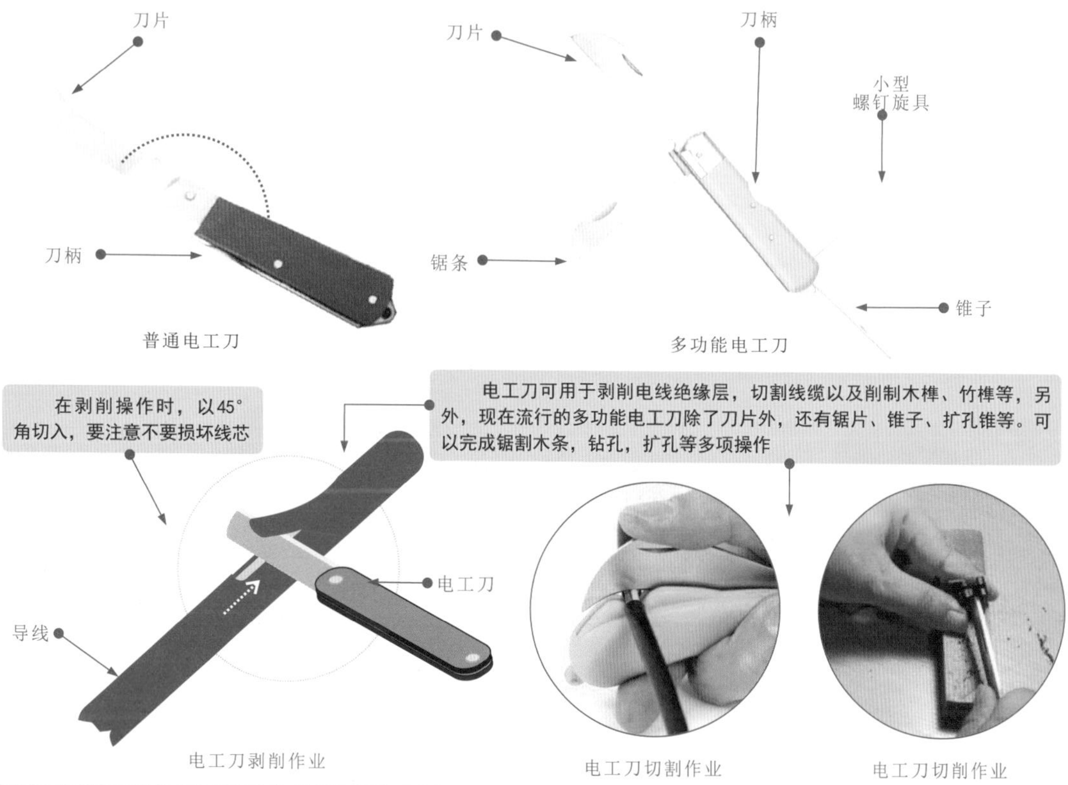

刀片
刀柄
普通电工刀
刀片
刀柄
小型螺钉旋具
锯条
锥子
多功能电工刀
在剥削操作时，以45°角切入，要注意不要损坏线芯
电工刀可用于剥削电线绝缘层，切割线缆以及削制木榫、竹榫等，另外，现在流行的多功能电工刀除了刀片外，还有锯片、锥子、扩孔锥等。可以完成锯割木条，钻孔，扩孔等多项操作
电工刀
导线
电工刀剥削作业
电工刀切割作业
电工刀切削作业

图2-13 电工刀使用注意事项

如图2-13所示，使用电工刀时要特别注意用电安全，切勿在带电情况下切割线缆。而且在剥削线缆绝缘层时一定要按照规范操作。若操作不当会造成线缆损伤，为后期的使用及用电带来安全隐患。

电工刀
破损的绝缘层
电工刀
护套层
若用电工刀从侧面切开护套层，则易损伤绝缘层

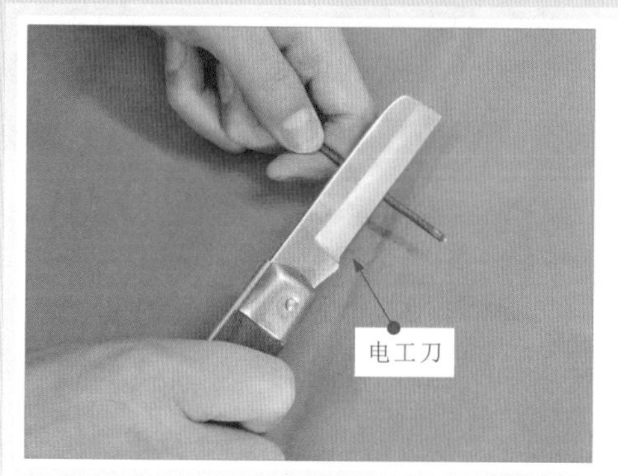

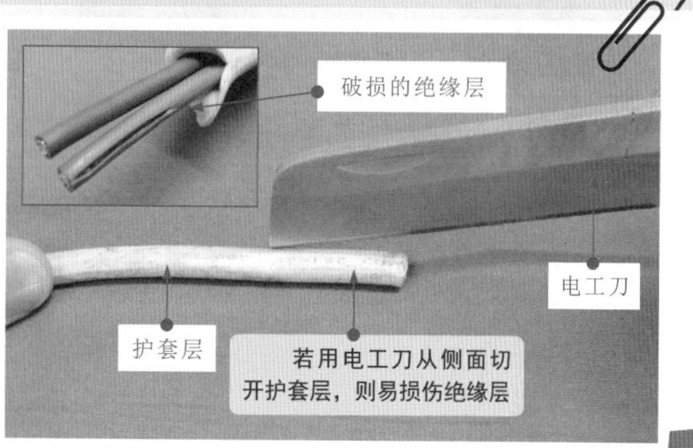

2.2 电工常用开凿工具

在电工操作中，开凿工具是敷设管路和安装设备时，对墙面进行开凿处理的加工工具。由于开凿时可能需要开凿不同深度或宽度的孔或是线槽，常使用到的开凿工具有开槽机、电钻和电锤等。

2.2.1 开槽机

如图2-14所示，开槽机是一种用于墙壁开槽的专用设备。开槽机可以根据施工需求在开槽墙面上开凿出不同角度、不同深度的线槽。

图2-14 开槽机的特点和使用规范

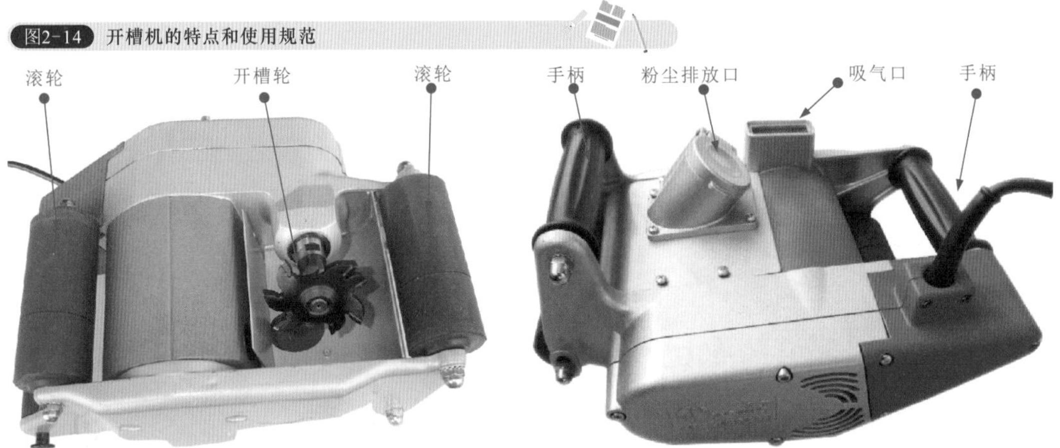

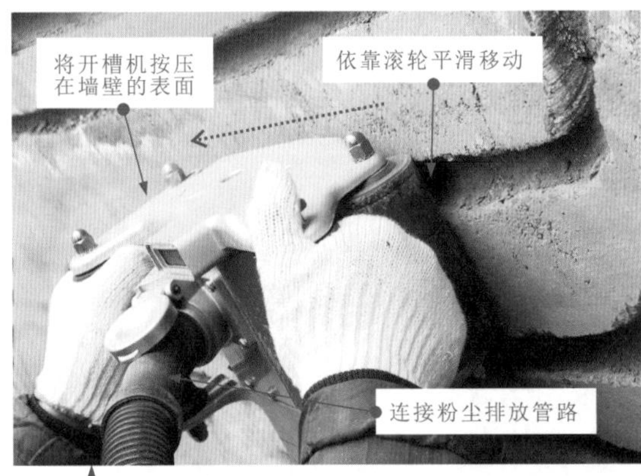

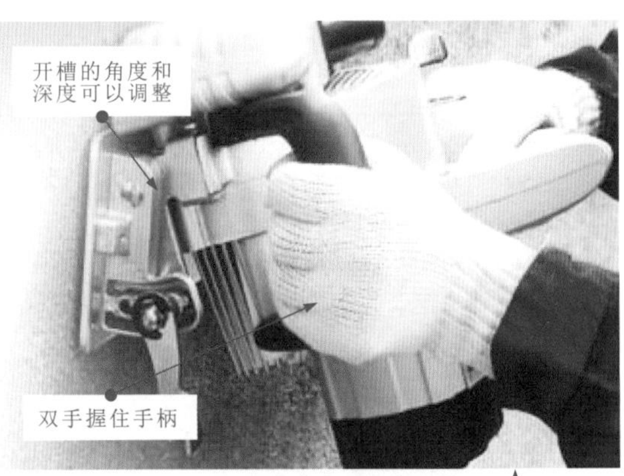

使用开槽机开凿墙面时，将粉尘排放口与粉尘排放管路连接好，用双手握住开槽机两侧的手柄，开机空转运行。确认运行良好，调整放置位置，将开槽机按压在墙面上开始执行开槽工作，同时依靠开槽机滚轮平滑移动开槽机。这样，随着开槽机底部开槽轮的高速旋转，即可实现对墙体的切割

开槽机通电使用前，应当先检查开槽机的电线绝缘层是否破损。在使用过程中，操作人员要佩戴手套及护目镜等防护装备，并确保握紧开槽机，防止开槽机意外掉落而发生事故；使用完毕，要及时切断电源，避免发生危险。

2.2.2 电钻和电锤

图2-15 电钻和电锤的特点

如图2-15所示，电钻（也称为冲击钻）和电锤常用于钻孔作业。在线路敷设及电气设备安装作业时常使用电钻或电锤。

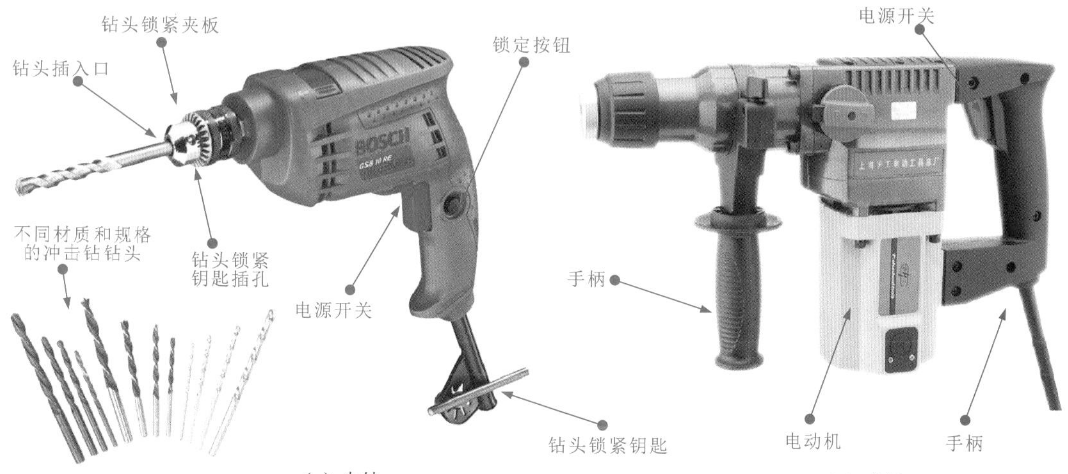

（a）电钻　　（b）电锤

图2-16 电钻的使用规范

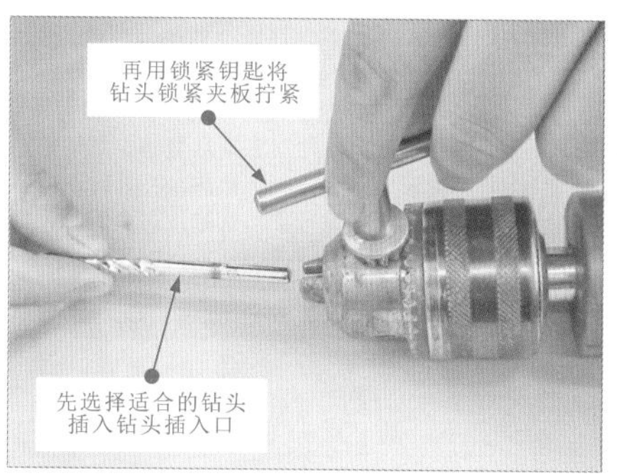

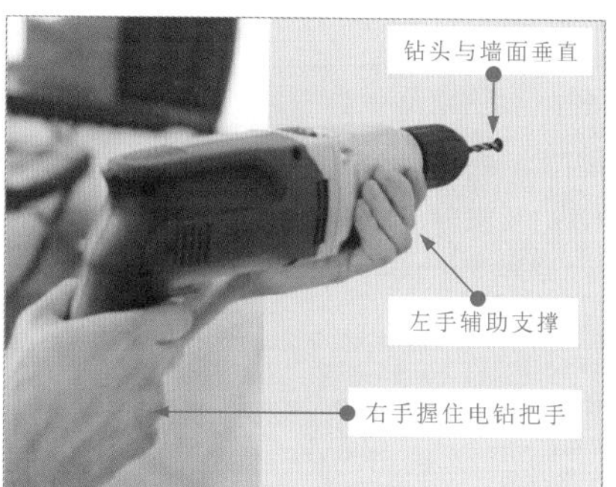

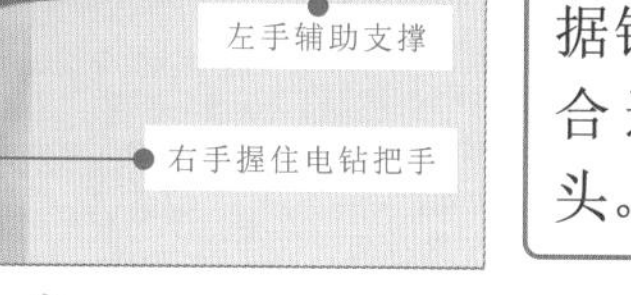

如图2-16所示，电钻可以完成普通的打孔作业，使用前先根据钻孔需要选择合适规格的钻头。

图2-17 电锤的使用规范

使用电锤时，应先给电锤通电，让其空转1min，确定电锤可以正常使用后，双手分别握住电锤的两个手柄，使电锤垂直于墙面，按下电源开关，电锤便开始执行钻孔作业。在作业完成后，应及时切断电锤的电源

如图2-17所示，与电钻相比，电锤多用于贯穿性打孔作业，尤其是对于混凝土结构的墙体，电锤的作用更加突出。

2.3 电工常用焊接工具

2.3.1 电烙铁和热风焊机

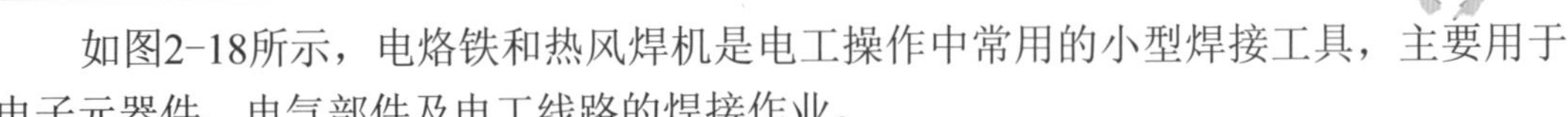

图2-18 电烙铁和热风焊机的特点及使用规范

如图2-18所示，电烙铁和热风焊机是电工操作中常用的小型焊接工具，主要用于电子元器件、电气部件及电工线路的焊接作业。

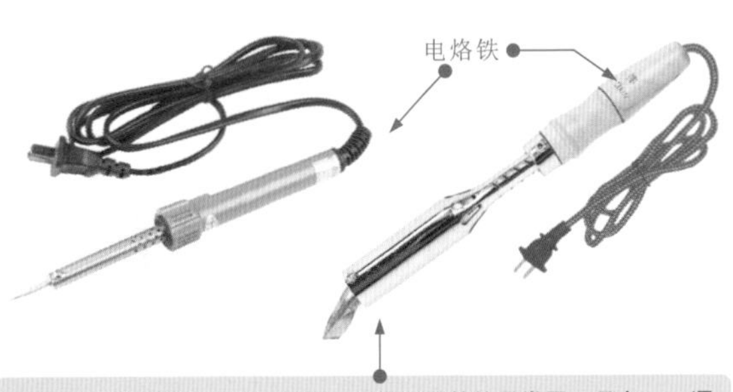

电烙铁是手工焊接、补焊、代换元器件的最常用工具之一。通常，焊接小型元器件时选择功率较小的电烙铁，如果需要大面积焊接或焊接尺寸较大的电气部件时，就要选择功率较大的电烙铁

热风焊机是专门用来拆焊贴片元器件的设备，焊枪嘴可以根据贴片元器件的大小和外形进行更换

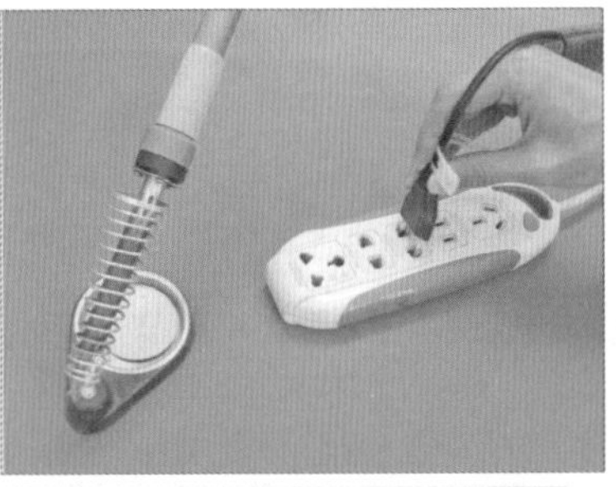

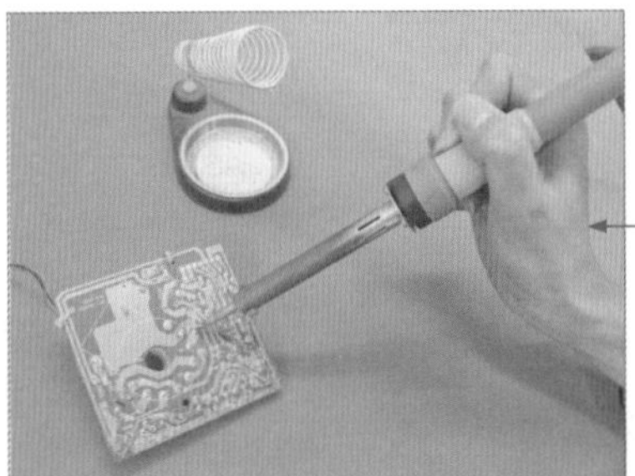

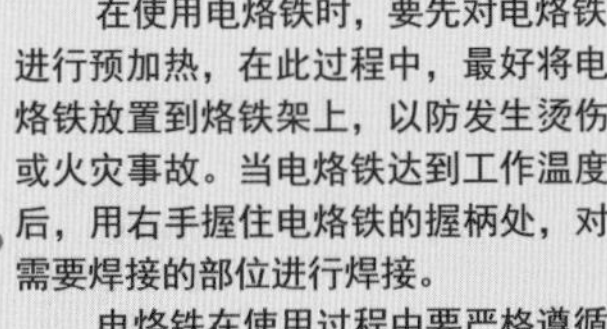

在使用电烙铁时，要先对电烙铁进行预加热，在此过程中，最好将电烙铁放置到烙铁架上，以防发生烫伤或火灾事故。当电烙铁达到工作温度后，用右手握住电烙铁的握柄处，对需要焊接的部位进行焊接。

电烙铁在使用过程中要严格遵循操作规范，使用完毕后要将电烙铁放置于专用放置架上散热，并及时切断电源。注意远离易燃物，避免因电烙铁的余温而造成烫伤或火灾等事故

使用热风焊机时，要注意焊枪嘴不要靠近人体或可燃物。拆焊操作时，要与拆焊元件保持一定距离，并确保焊枪嘴来回移动，以免烧损电路板上的元器件。

打开热风焊机电源开关后，通过调整旋钮分别对风量和温度进行调节。风量和温度调节完毕，等待几秒，待热风焊机预热完成后，将焊枪口垂直悬空放置于元器件引脚上，并来回移动进行均匀加热，直到引脚焊锡熔化。

注：风量和温度调节旋钮各有8个挡位，通常将温度旋钮调至5～6挡，风量调节旋钮调至1～2挡或4～5挡。

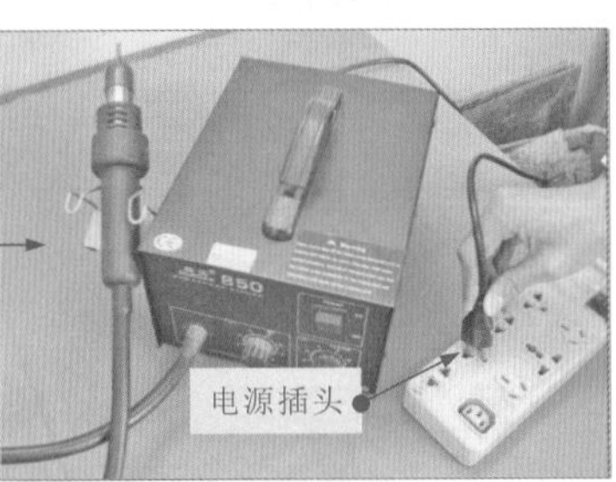

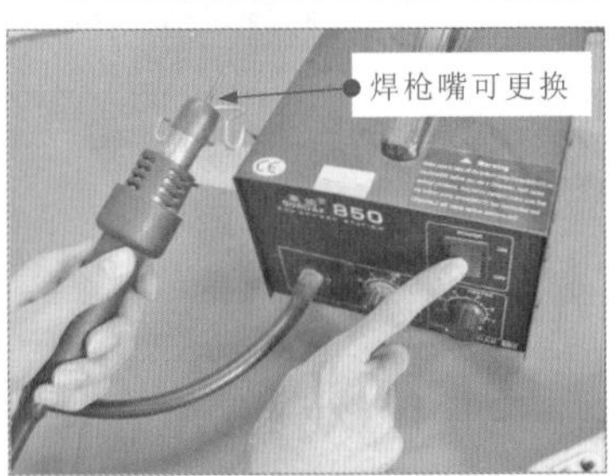

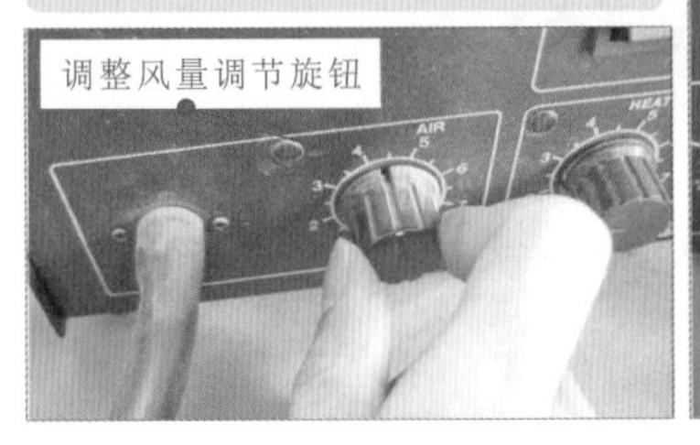

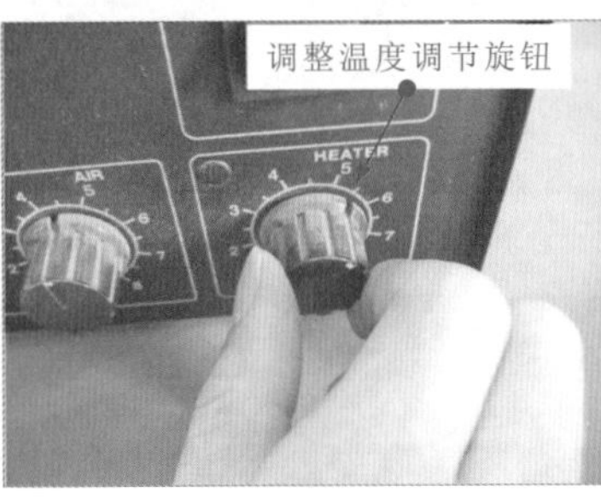

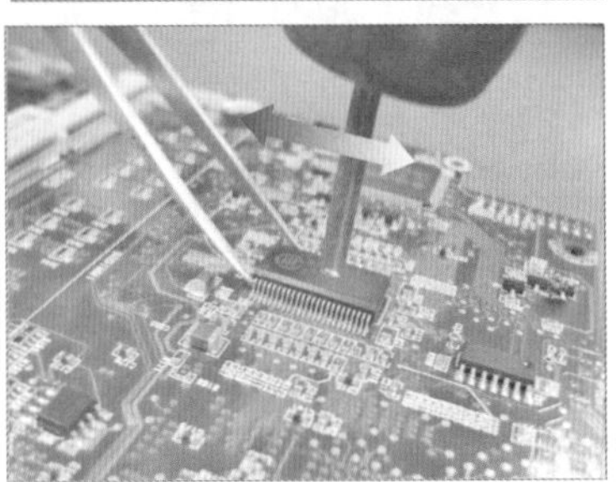

2.3.2 气焊设备

图2-19 气焊设备的特点及使用规范

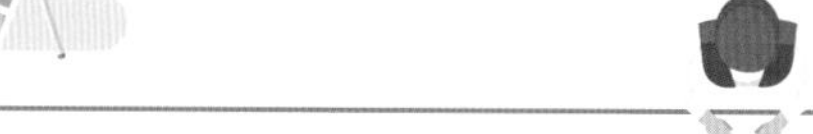

如图2-19所示，气焊设备是利用可燃气体与助燃气体混合燃烧生成的火焰作为热源，通过熔化焊条，将金属管路焊接在一起。

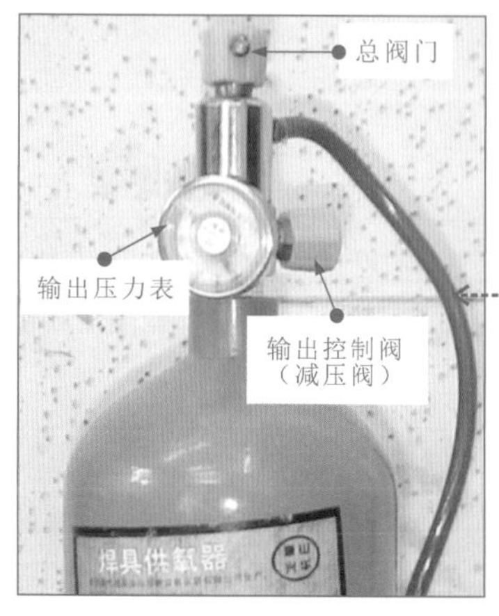

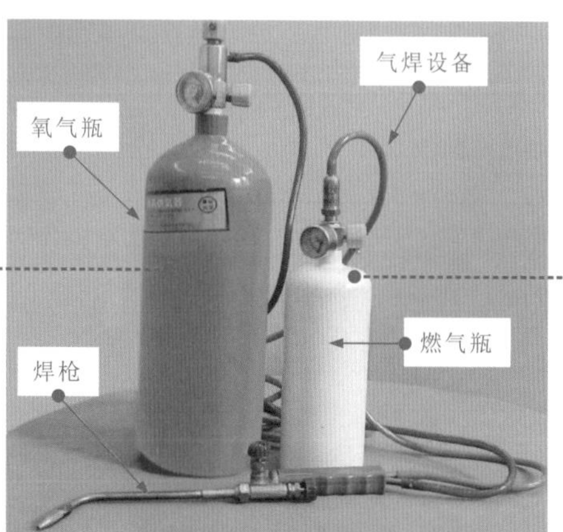

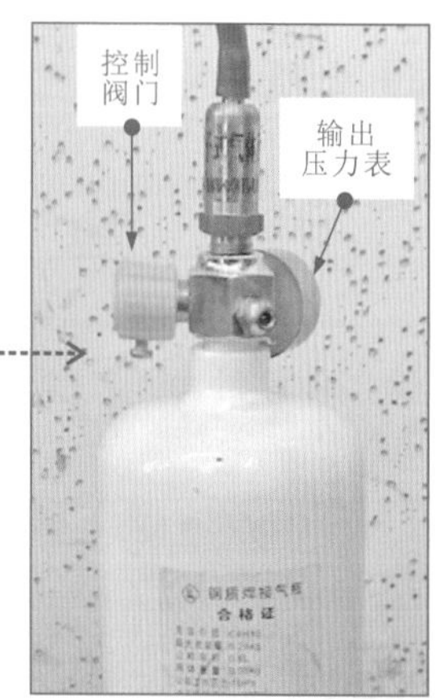

使用气焊设备焊接管路必须严格按照操作规范进行。

按要求点火，并调整焊枪火焰状态后，将焊枪对准管路的焊口均匀加热到一定程度（呈暗红色）后，将焊条放到焊口处，待焊条熔化并均匀地包围在两根管路的焊接处时即可将焊条取下

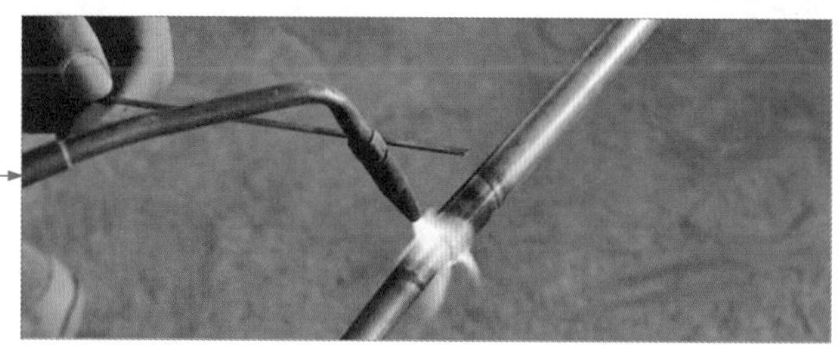

2.3.3 电焊设备

图2-20 电焊设备的特点及使用规范

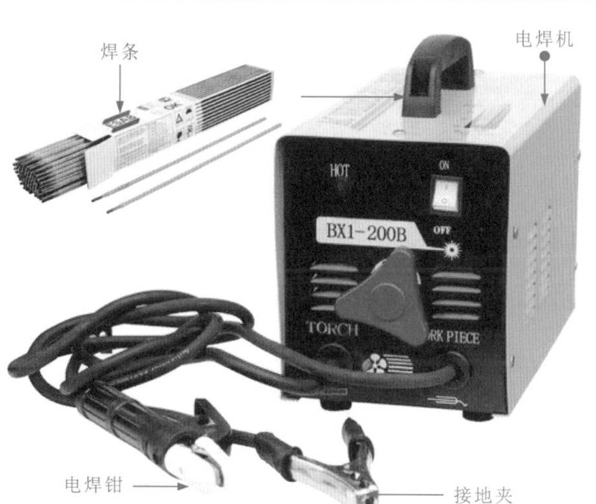

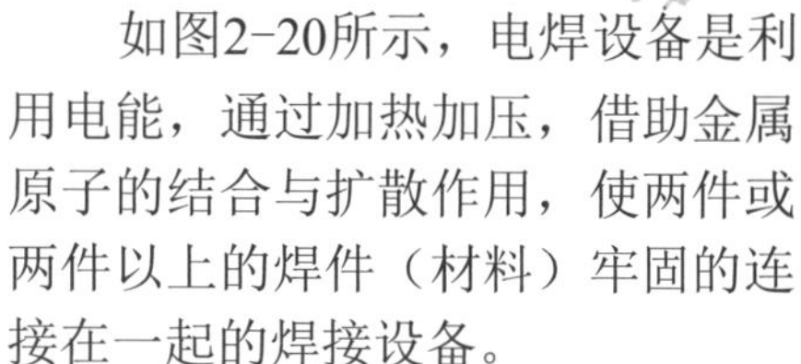

如图2-20所示，电焊设备是利用电能，通过加热加压，借助金属原子的结合与扩散作用，使两件或两件以上的焊件（材料）牢固的连接在一起的焊接设备。

2.4 电工常用检测仪表

2.4.1 验电器

验电器是用于检测导线和电气设备是否带电的检测设备。根据检测环境的区别，验电器可以分为低压验电器和高压验电器两种。

❶ 低压验电器

图2-21 低压验电器的特点和使用规范

如图2-21所示，低压验电器多用于检测12～500V低压。常见的低压验电器外形较小，便于携带，多为螺钉旋具形或钢笔形，常见有低压氖管验电器与低压电子验电器。

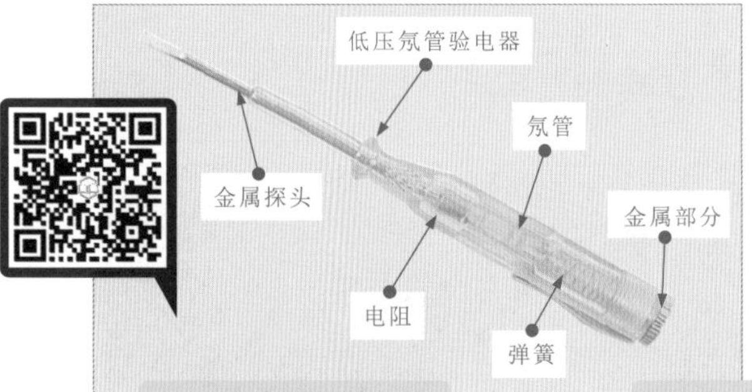

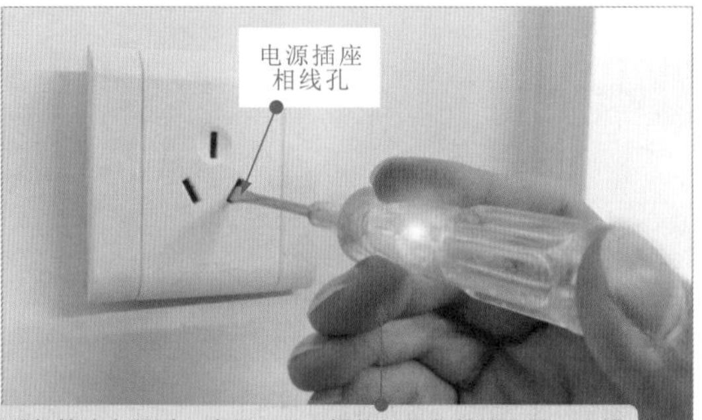

低压氖管验电器由金属探头、电阻、氖管、尾部金属部分及弹簧等构成

使用低压氖管验电器时，应用一只手握住低压氖管验电器，大拇指按住尾部的金属部分，将其插入220V电源插座的相线孔中。正常时，可以看到低压氖管验电器中的氖管发亮光，证明该电源插座带电

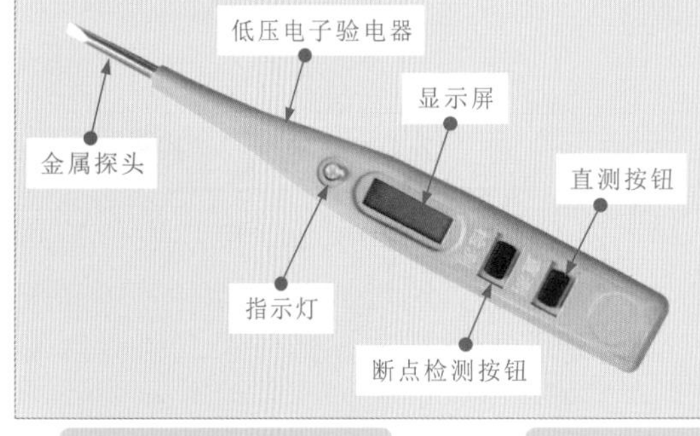

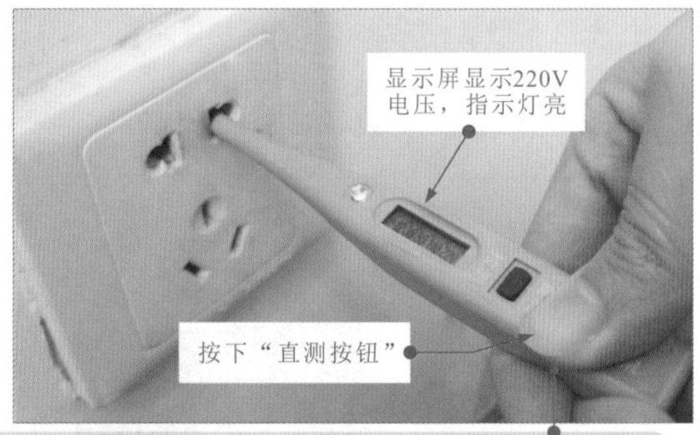

低压电子验电器由金属探头、指示灯、显示屏、按钮等构成

使用低压电子验电器时，按住低压电子验电器上的“直测按钮”，将验电器插入相线孔时，低压电子验电器的显示屏上即会显示出测量的电压，指示灯亮；当插入零线孔时，低压电子验电器的显示屏上无电压显示，指示灯不亮

❷ 高压验电器

高压验电器多用检测500V以上的高压，高压验电器可以分为接触式高压验电器和非接触式（感应式）高压验电器。

图2-22 高压验电器的特点和使用规范

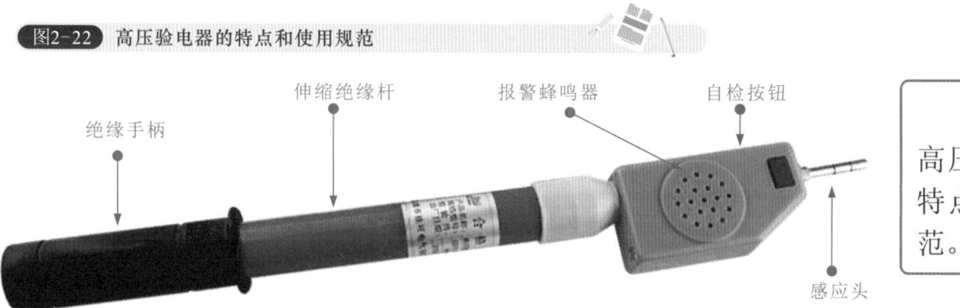

图 2-22为高压验电器的特点和使用规范。

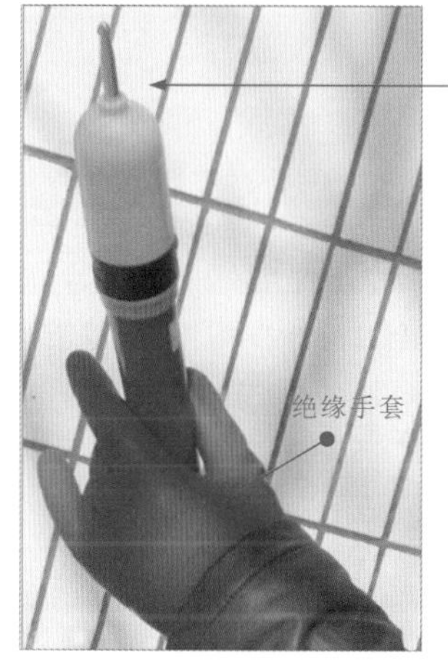

使用高压验电器进行检测前，应先戴好绝缘手套，然后将高压验电器伸缩绝缘杆调整至需要的长度，并进行固定

检测时，为了操作人员的安全，必须将手握在绝缘手柄上，不可触碰到伸缩绝缘杆上，并且需要慢慢靠近被测设备或供电线路，直至接触设备或供电线路，若该过程中高压验电器无任何反应，则表明该设备或供电线路不带电；若在靠近过程中，高压验电器发光或发声等，则表明该设备带电，即可停止靠近，完成验电操作

2.4.2 万用表

万用表是一种多功能、多量程的便携式检测工具，主要用于电气设备、供配电设备以及电动机的检测工作，根据结构功能和使用特点的不同，万用表有指针万用表和数字万用表两种。

1 指针万用表

图2-23 指针万用表的特点和使用规范

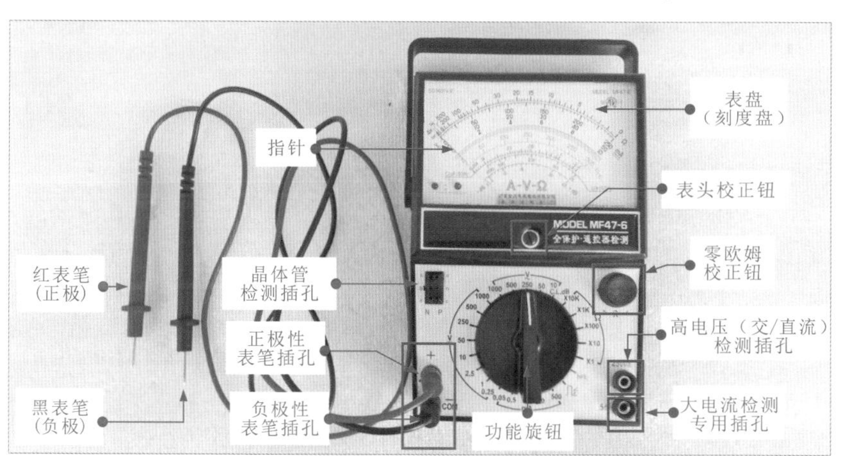

如图2-23所示，指针万用表又称为模拟万用表。它是由指针刻度盘、功能旋钮、表头校正钮、零欧姆调节旋钮、表笔连接端、表笔等构成。

图2-23 指针万用表的特点和使用规范（续）

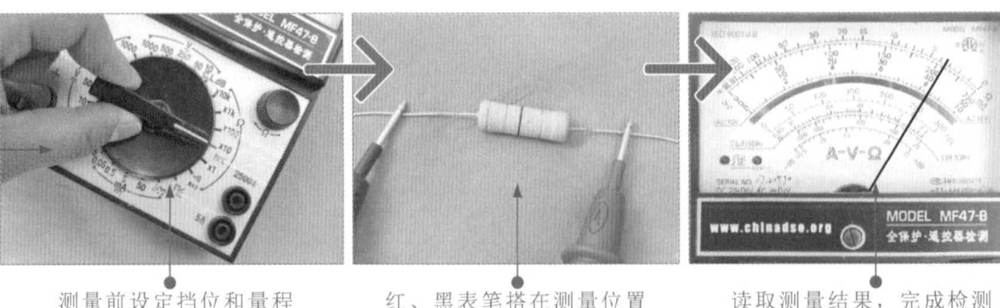

在电工作业中，常使用指针式万用表对电路的电流、电压、电阻进行测量。测量时要根据测量环境和对象调整设置挡位量程，然后按照操作规范，将万用表红、黑表笔搭在相应的检测位置即可

测量前设定挡位和量程　　红、黑表笔搭在测量位置　　读取测量结果，完成检测

❷ 数字万用表

图2-24 数字万用表的特点和使用规范

如图2-24所示，数字万用表可以直接将测量结果以数字的方式直观地显示出来，具有显示清晰、读取准确等特点。它主要由液晶显示屏、功能旋钮、功能按键、表笔插孔、附加测试器及热电偶传感器等构成。

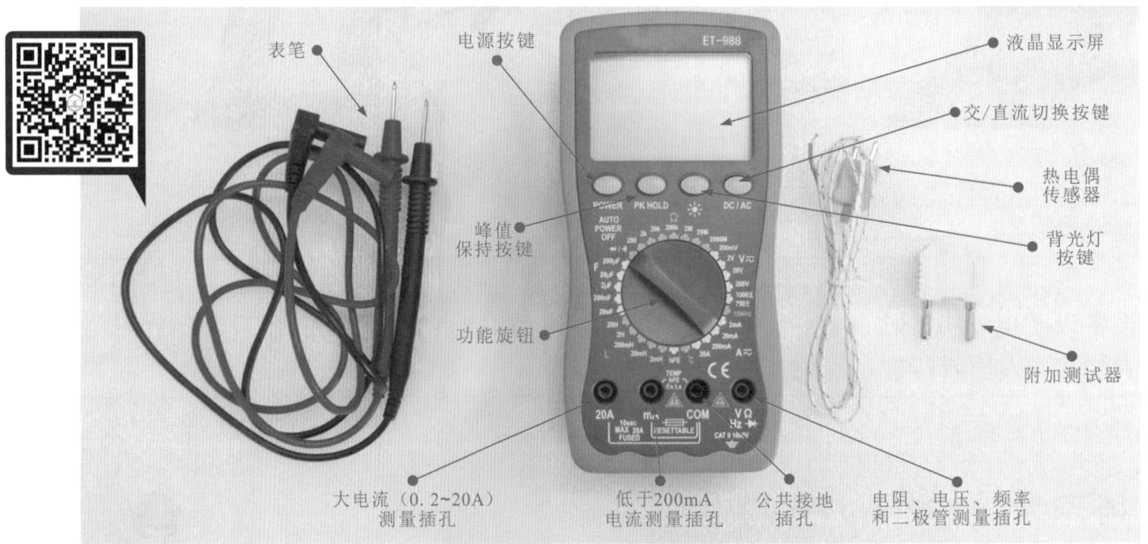

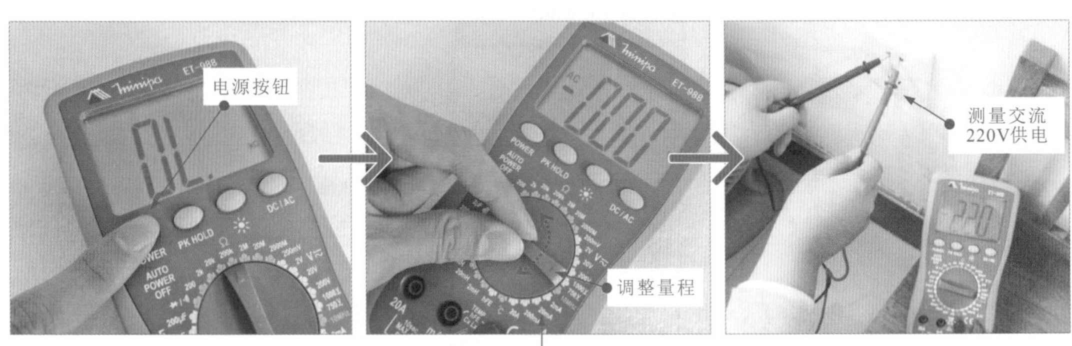

数字式万用表的使用方法与指针式万用表基本类似。在测量之初，首先要打开数字式万用表的电源开关，然后根据测量需求对量程进行设置和调整，调整好后，即可通过表笔与检测点的接触完成测量

2.4.3 钳形表

在电工操作中，钳形表主要用于检测电气设备或线缆工作时的电压与电流，在使用钳形表检测电流时不需要断开电路，便可通过钳形表对导线的电磁感应进行电流的测量，是一种较为方便的测量仪器。

图2-25 钳形表的特点和使用规范

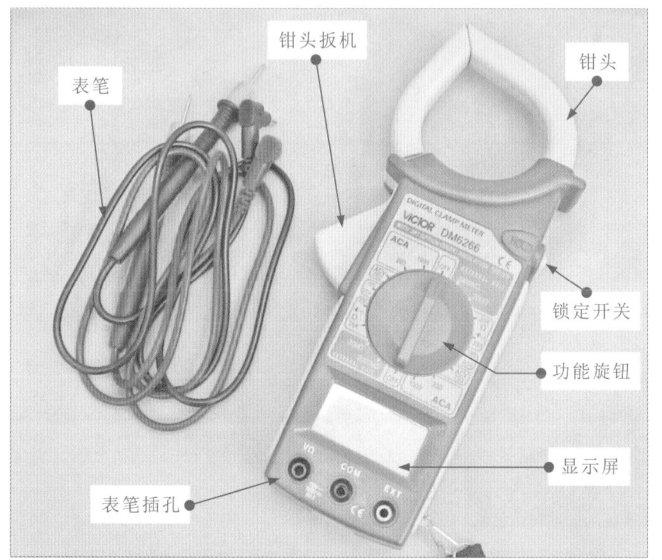

如图2-25所示，钳形表主要由钳头、钳头扳机、保持按钮、功能旋钮、液晶显示屏、表笔插孔和红、黑表笔等构成。

钳头扳机用以控制钳头的开合

测试电流时根据测量需求调整设置挡位量程。然后按压钳头扳机使钳口张开，使待测线缆中的火线置于钳口中，松开钳口扳机使钳口紧闭，即可观察测量结果。此时若按下“HOLD键”锁定开关，可将测量结果保留，以方便测量操作完毕后读取测量值

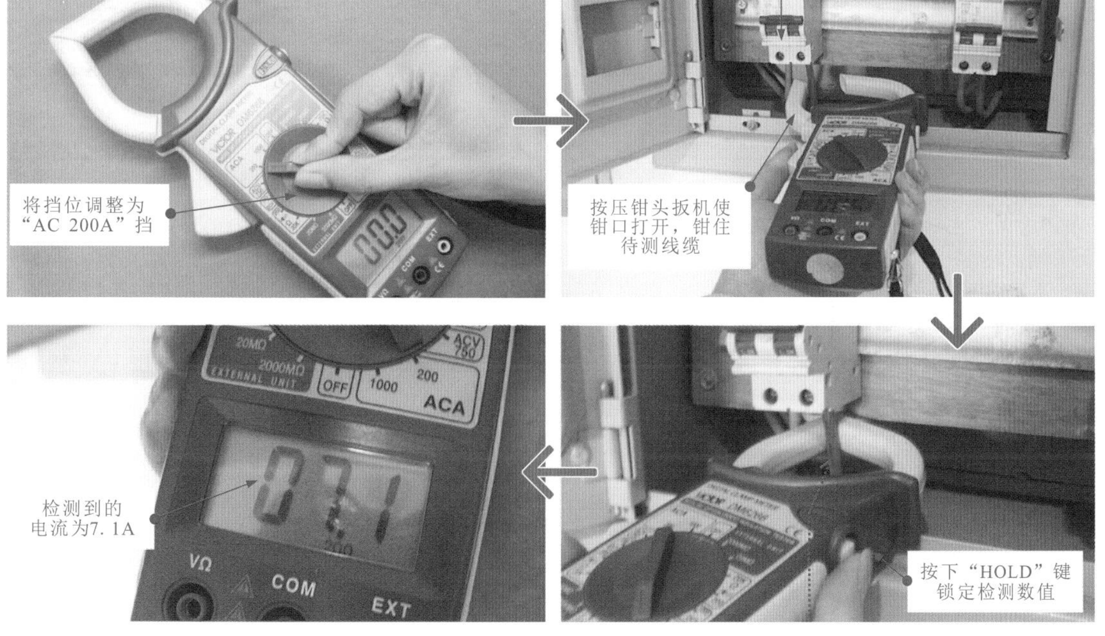

2.4.4 兆欧表

兆欧表主要用于检测电气设备、家用电器及线缆的绝缘电阻或高值电阻。兆欧表可以测量所有导电型、抗静电型及静电泄放型材料的阻抗或电阻。使用兆欧表检测出绝缘性能不良的设备和产品，可以有效地避免发生触电伤亡及设备损坏等事故。

图2-26 兆欧表的特点和使用规范

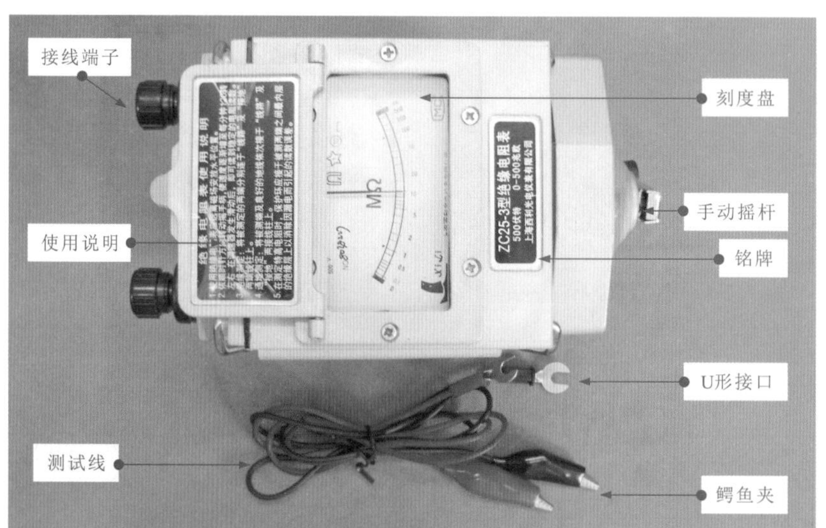

如图2-26所示，兆欧表主要由刻度盘、指针、接线端子（E接地接线端子、L火线接线端子）、铭牌、手动摇杆、红测试线及黑测试线等组件构成。

使用绝缘电阻表进行检测时，应当严格按照绝缘电阻表的操作规范进行。这样可以保证绝缘电阻表测量准确的同时也可保证设备和人身的安全

例如，检测供电线路相线对地是否绝缘时，将绝缘电阻表的红测试线连接在相线上，再将黑测试线连接在地线上。顺时针摇动绝缘电阻表上的手动摇杆，观察绝缘电阻表的指针的变化

表针停止摆动时若停留在200MΩ左右的位置，说明地线与相线之间的绝缘性能良好

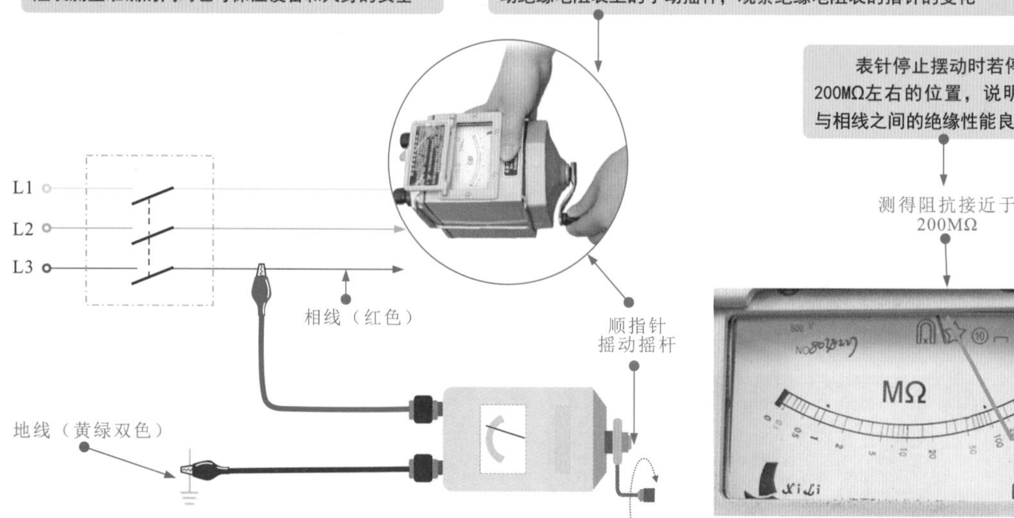

使用兆欧表测量时，要保持兆欧表稳定，防止在摇动摇杆时晃动。在转动摇杆时，应当由慢至快，若发现指针指向零，则应当立即停止摇动，以防兆欧表损坏。在检测过程中，严禁用手触碰测试端，以防电击；检测结束进行拆线时，也不要触及引线的金属部分。

2.4.5 万能电桥

万能电桥是一种精密的测量仪表，可用于精确测量电容量、电感量和电阻值等电气参数。在电工操作中，常用万能电桥精确检测电动机、变压器等电气部件中绕组的直流电阻，并根据精确测量结果判断电动机或变压器性能的好坏。

图2-27 万能电桥的特点和使用规范

如图2-27所示，万能电桥主要由各种测量调整旋钮、带鳄鱼夹的测试线构成。使用时，应严格按照操作规范操作，测量结果精确，可靠性高。

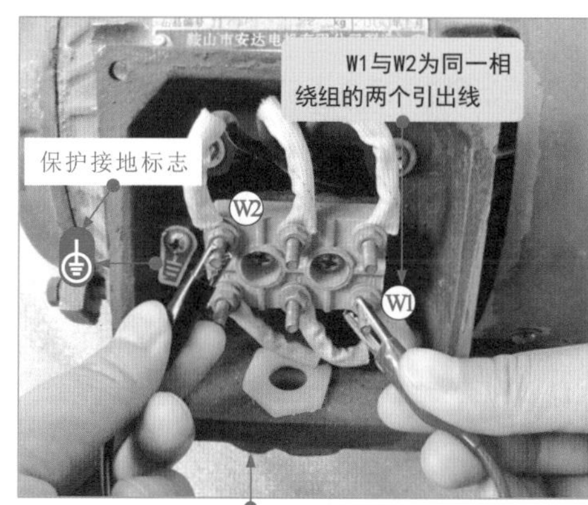

将万用电桥测试线上的鳄鱼夹夹在电动机一相绕组的两端引出线上，检测电阻值

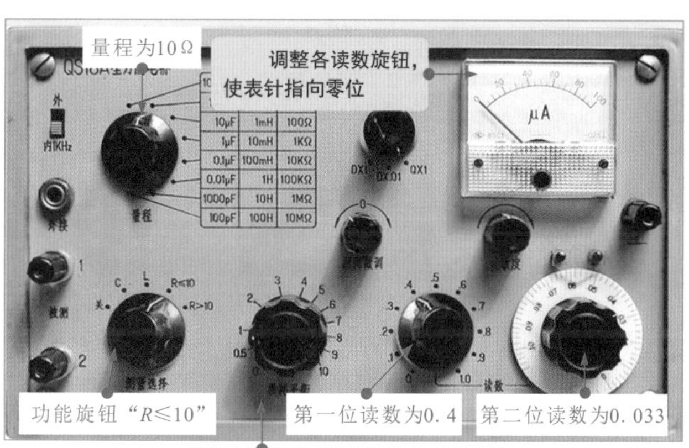

万用电桥实测数值为0.433×10Ω=4.33Ω，属于正常范围

第3章 常用电气部件

3.1 开关的功能特点与检测

3.1.1 开关的功能特点

开关是一种控制电路闭合、断开的电气部件，主要用于对自动控制系统电路发出操作指令，从而实现对供配电线路、照明线路、电动机控制线路等实用电路的自动控制。

图3-1 常见开关的实物外形

如图3-1所示，根据结构功能的不同，较常用的开关通常包含开启式负荷开关、按钮开关、位置检测开关及隔离开关等。

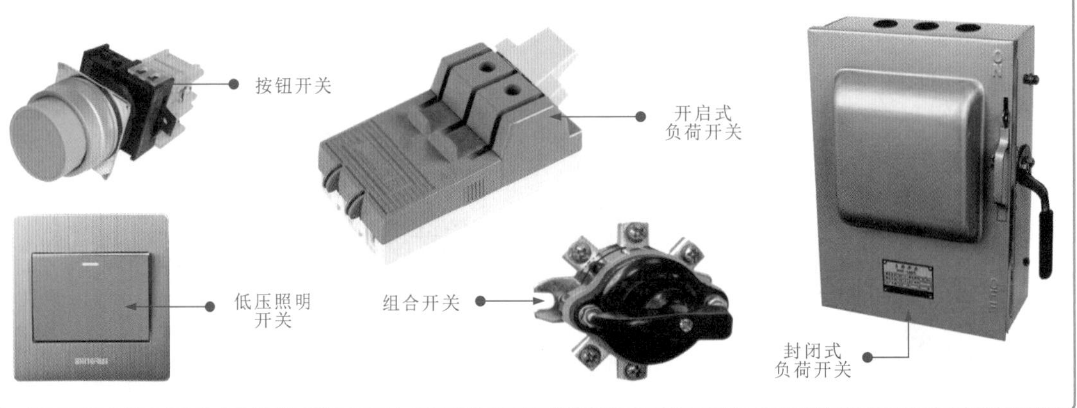

按钮开关是一种手动操作的电气开关，其触点允许通过的电流很小，因此，一般情况下，按钮开关不直接控制主电路的通、断，通常应用于控制电路中作为控制开关使用。

低压照明开关主要用于照明线路中控制照明灯的亮、灭状态。低压照明开关通常将其相关的参数信息标注在开关的背面，可以通过这些相关的标识信息将其安装在合适的环境中。

开启式负荷开关又称胶盖闸刀开关，作为低压电气照明电路、建筑工地供电、农用机械供电及分支电路的配电开关等，在带负荷状态下接通或切断电源电路。开启式负荷开关按其极数的不同，主要分为两极式（250V）和三极式（380V）两种。

封闭式负荷开关又称铁壳开关，是在开启式负荷开关的基础上改进的一种手动开关，其操作性能和安全防护都优于开启式负荷开关。封闭式负荷开关通常用于额定电压小于500V、额定电流小于200A的电气设备中。封闭式负荷开关内部使用速断弹簧，保证了外壳在打开的状态下，不能进行合闸，提高了封闭式负荷开关的安全防护能力。

组合开关又称转换开关，是由多组开关构成的，是一种转动式的闸刀开关，主要用于接通或切断电路。组合开关具有体积小、寿命长、结构简单、操作方便等优点，通常在机床设备或其他的电气设备中应用比较广泛。

图3-2 开关的功能特点

“断开”
“闭合”

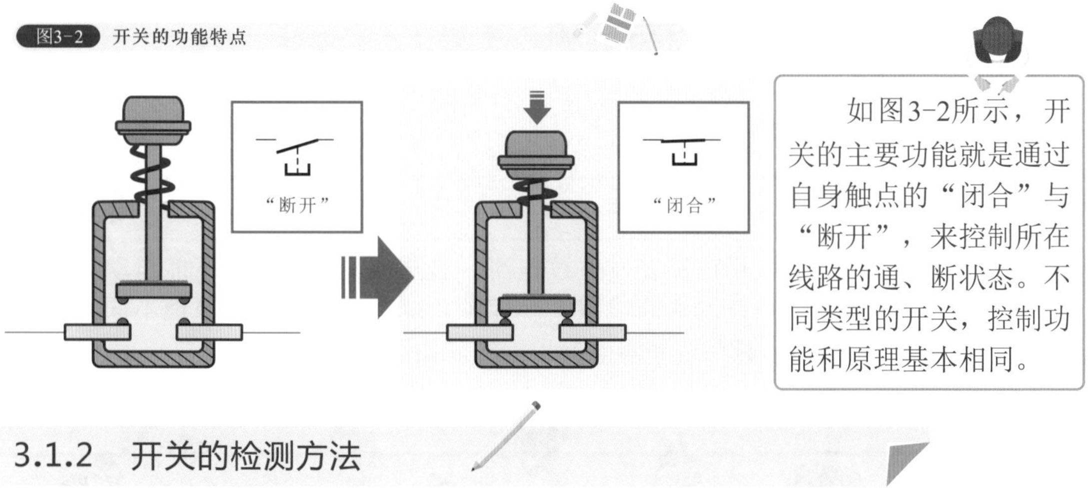

如图3-2所示，开关的主要功能就是通过自身触点的“闭合”与“断开”，来控制所在线路的通、断状态。不同类型的开关，控制功能和原理基本相同。

3.1.2 开关的检测方法

检测开关时，可通过外观直接判断开关性能是否正常，还可以借助万用表对其本身的性能进行检测。下面以常见的常开按钮开关为例介绍检测的基本方法。

图3-3 常开按钮开关的检测方法

图3-3为常开按钮开关的检测方法。

“断开”
使用万用表检测常开按钮开关接线端的电阻值
① 将万用表的红、黑表笔分别搭在常开按钮开关的两接线端上
无穷大
MODEL MF47-8
A-V-Ω
② 在正常情况下，按钮开关触点处于断开状态，万用表测得的阻值为无穷大
“闭合”
③ 万用表的表笔位置不动，按下常开按钮开关的按钮，再次检测
0Ω
④ 万用表测得的电阻值应为0Ω，若所测量结果不符，则表明该常开按钮开关损坏

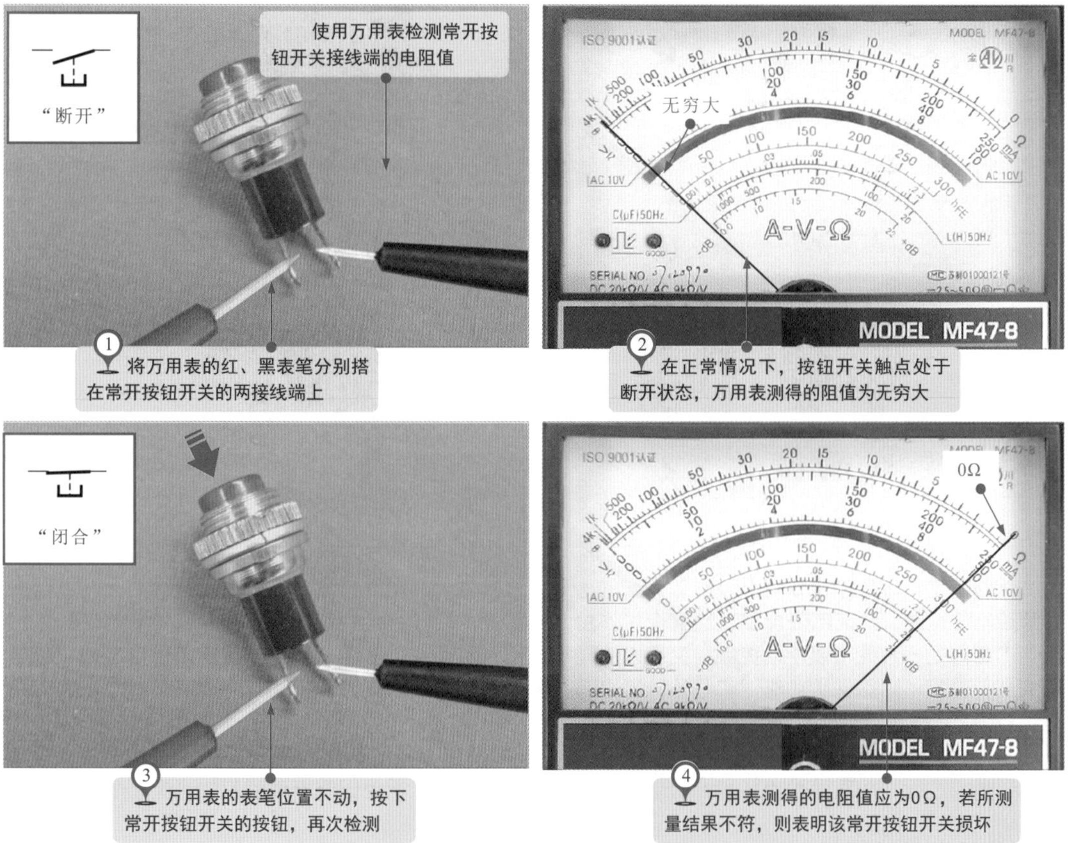

3.2 保护器的功能特点与检测

3.2.1 保护器的功能特点

图3-4 常见保护器的实物外形

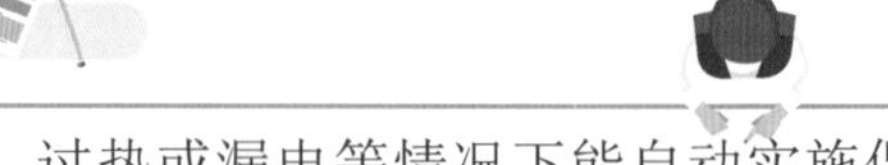

保护器是指对其所应用电路在发生过电流、过热或漏电等情况下能自动实施保护功能的器件，一般采取自动切断线路实现保护功能。根据结构和原理不同，常见的保护器主要有熔断器、断路器和漏电保护器等，如图3-4所示。

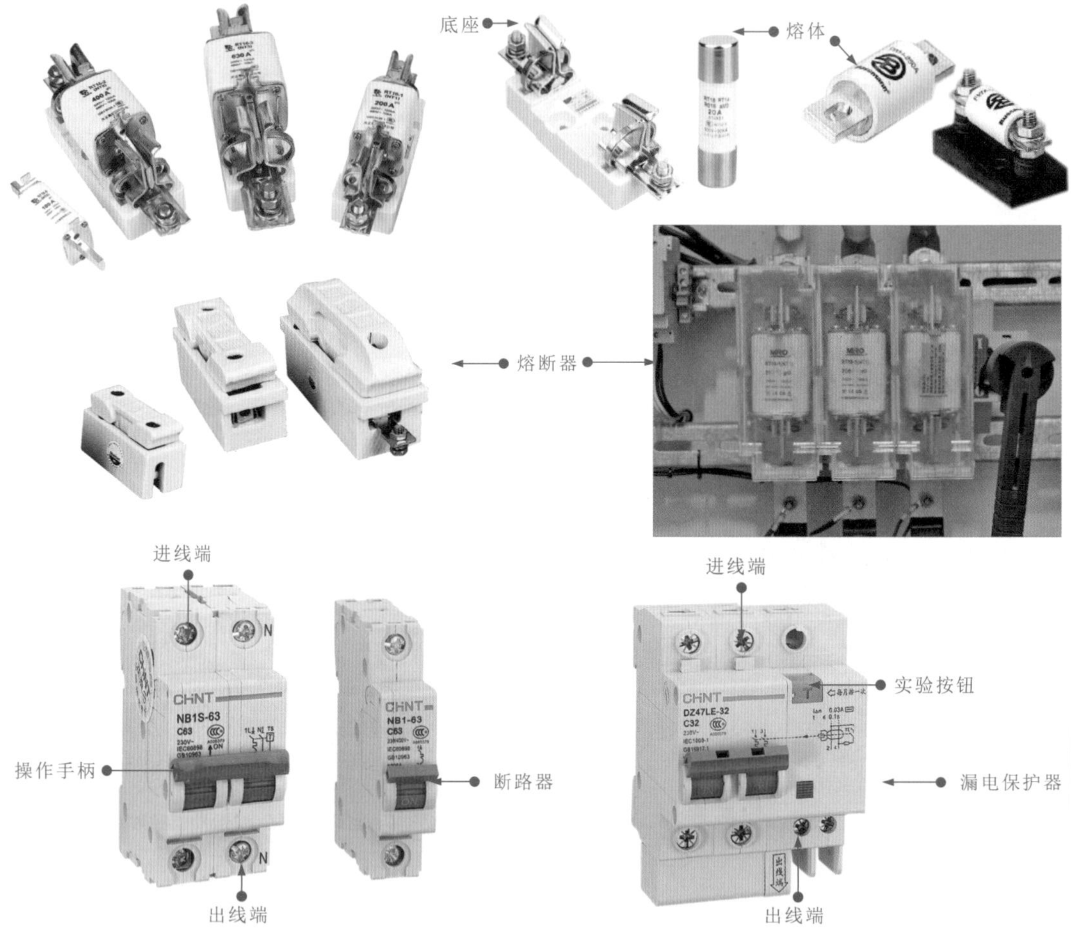

熔断器是在电路中用作短路及过载保护的一种电气部件。当电路出现过载或短路故障时，熔断器内部的熔丝会熔断，从而断开电路，起到保护作用。

断路器是一种既可以手动控制，又可以自动控制的一种开关，主要用于接通或切断供电电路。该类开关具有过载、短路保护功能，有些品种还具有欠电压保护功能，常用于不频繁接通和切断电源的电路中。

漏电保护器实际上是一种具有漏电保护功能的开关，所以俗称为漏电保护开关。这种开关具有漏电、触电、过载、短路保护功能，对防止触电伤亡事故的发生、避免因漏电而引起的火灾事故等具有明显的效果。

图3-5 保护器件的功能特点

如图3-5所示，保护器件的主要功能是在电路中根据自身特点实现过流、过载或漏电等保护。例如，熔断器通常串接在电源供电电路中，当电路中的电流超过熔断器允许值时，熔断器会自身熔断，从而使电路断开，起到保护的作用。

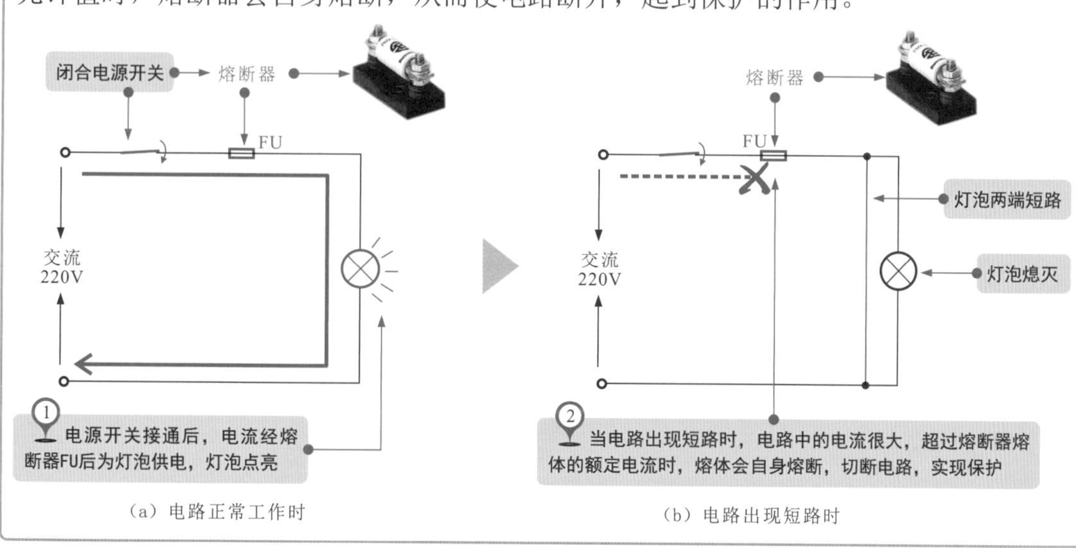

（a）电路正常工作时　　（b）电路出现短路时

由图可知，熔断器串联在被保护电路中，当电路出现过载或短路故障时，通过熔断器切断电路进行保护。例如，当灯泡之间由于某种原因而被导体连在一起时，电源被短路，电流由短路的捷径可通过，不再流过灯泡，此时回路中仅有很小的电源内阻，使电路中的电流很大，流过熔断器的电流也很大，这时熔断器会自身熔断，切断电路，进行保护。

3.2.2 保护器的检测方法

结合保护器的功能特点，检测保护器主要是在保护器件的初始状态和保护状态下，检测保护器件的动作情况，以此判断保护器件的性能状态。

图3-6 保护器件的检测方法

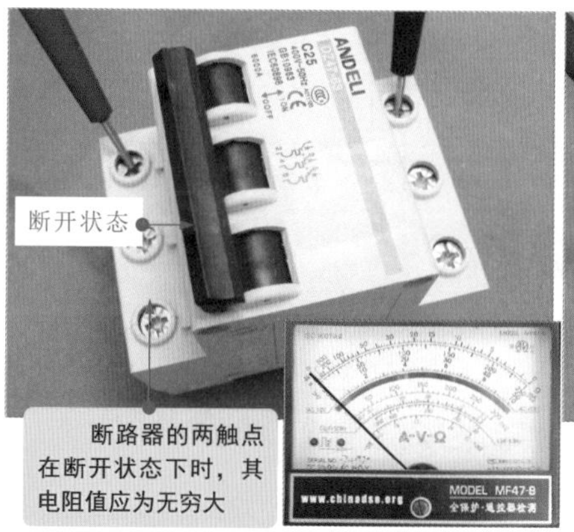

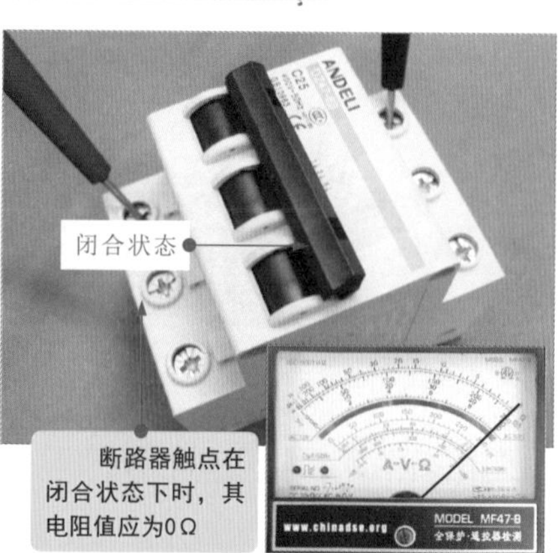

如图3-6所示，以断路器为例，用万用表检测其操作手柄在断开和闭合状态时，进、出线端子间的通断判断好坏。

3.3 继电器的功能特点与检测

3.3.1 继电器的功能特点

继电器是一种根据外界输入量（电、磁、声、光、热）来控制电路“接通”或“断开”的电动控制器件，当输入量的变化达到规定要求时，在电气输出电路中，使控制量发生预定的跃阶变化。其输入量可以是电压、电流等电量，也可是非电量，如温度、速度、压力等，输出量则是触头的动作。

图3-7 继电器的功能特点

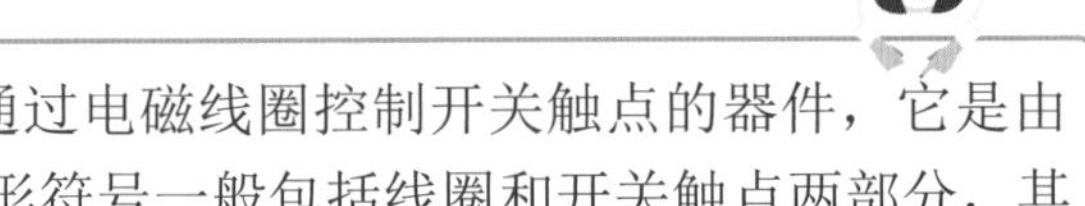

如图3-7所示，继电器是一种由弱电通过电磁线圈控制开关触点的器件，它是由驱动线圈和开关触点两部分组成的，其图形符号一般包括线圈和开关触点两部分，其中开关触点的数量可以为多个。

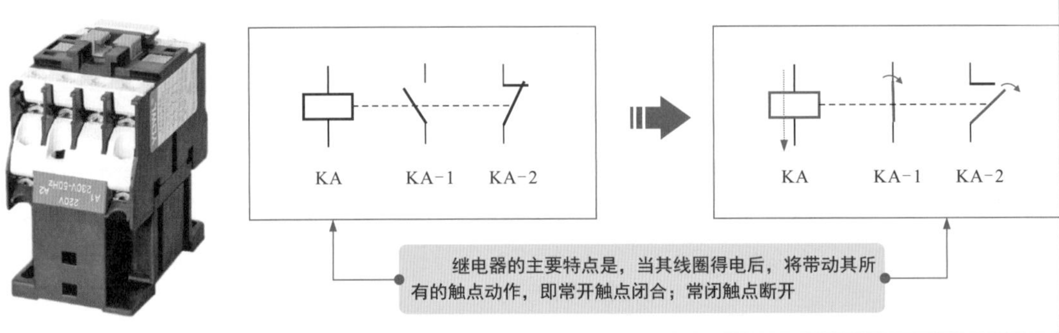

图3-8 常见的继电器实物外形

如图3-8所示，常见的继电器主要有电磁继电器、热继电器、中间继电器、时间继电器、速度继电器、压力继电器、电压继电器、电流继电器等。

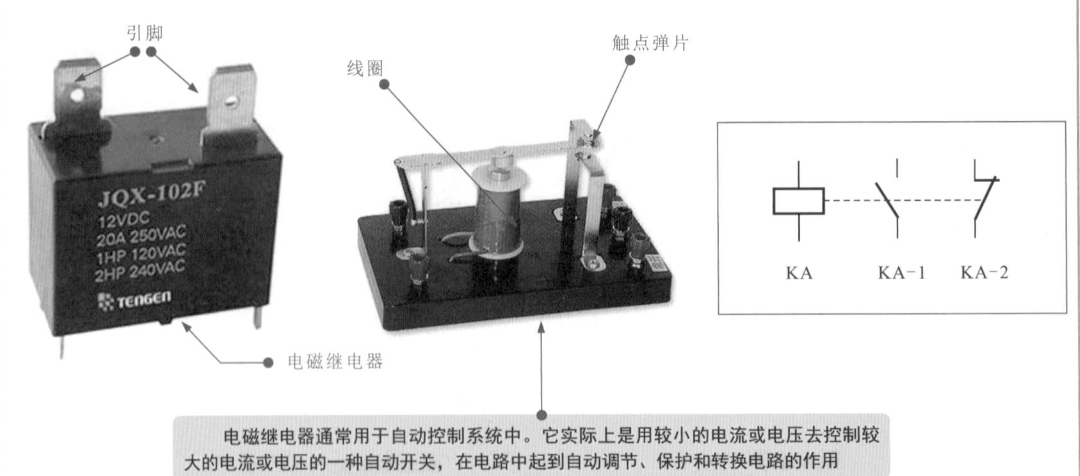

图3-8 常见的继电器实物外形（续）

中间继电器实际上是一种动作值与释放值固定的电压继电器，是用来增加控制电路中信号数量或将信号放大的继电器。在电动机电路中常用来控制其他接触器或电气部件

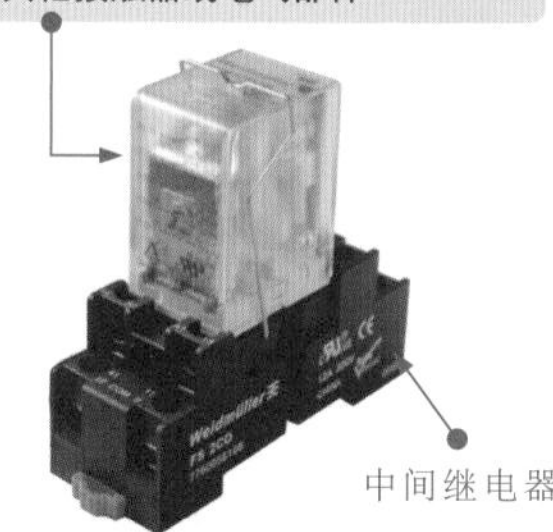

中间继电器

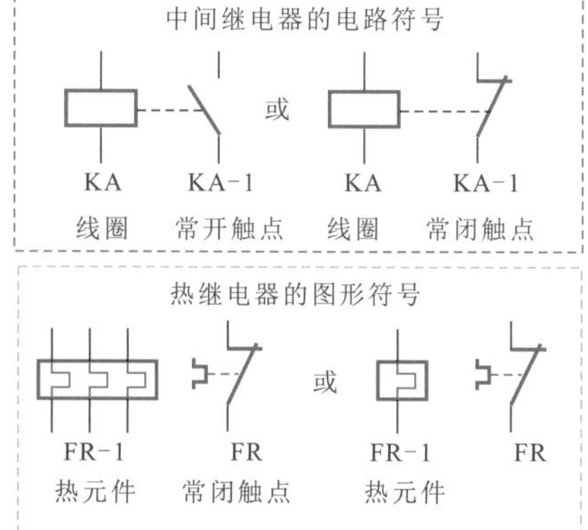

热继电器是一种过热保护元件，利用电流的热效应来推动动作机构使触点闭合或断开的电气部件。由于热继电器发热元件具有热惯性，所以在电路中不能作瞬时过载保护，更不能作短路保护使用

热继电器

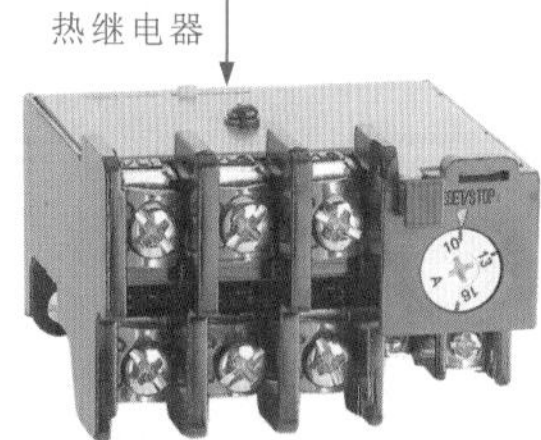

时间继电器收到控制信号，经过一段时间后，触点动作使输出电路产生跳跃式的改变。当该动作信号消失时，输出的部分也需要延时或限时动作

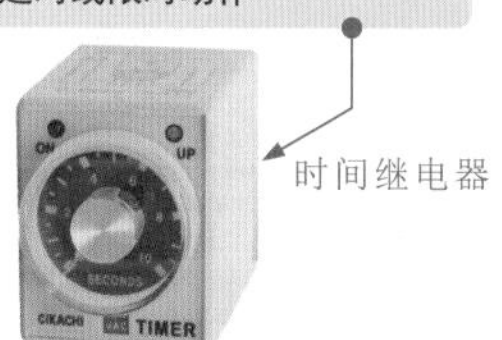

时间继电器

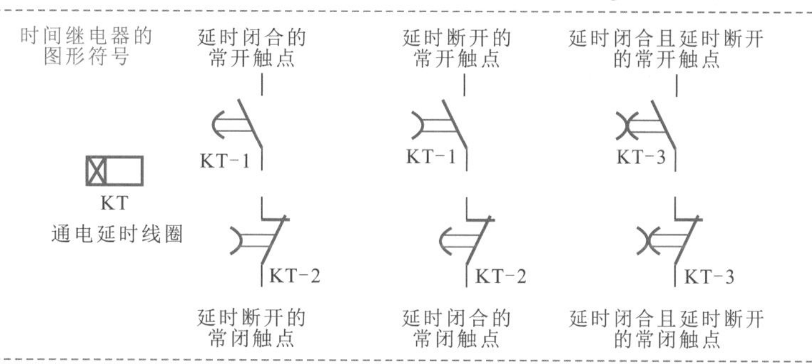

速度继电器又称为反接制动继电器，是通过对三相电机速度的检测进行制动控制的继电器，主要是与接触器配合使用，实现电动机的反接制动

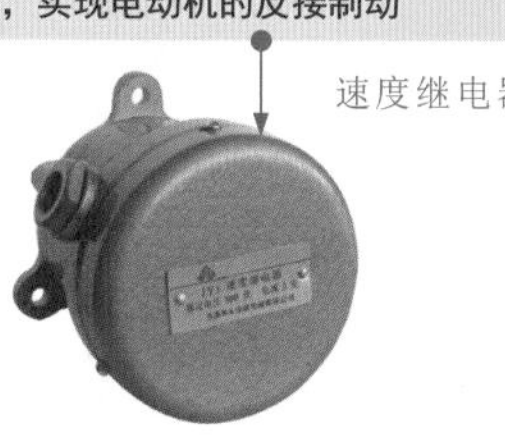

速度继电器

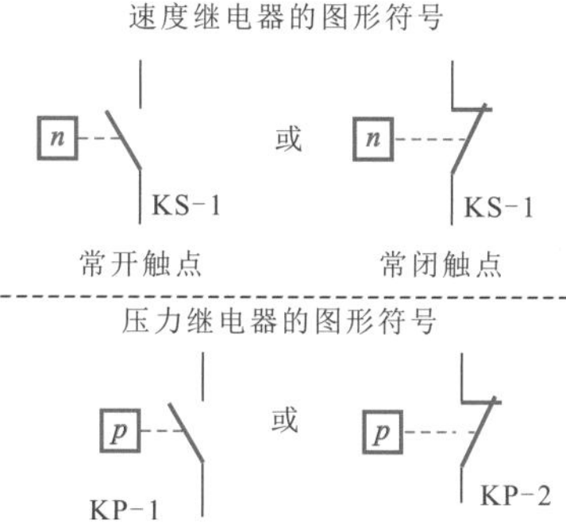

压力继电器是将压力转换成电信号的液压器件。在液压系统中，当液体的压力达到预定值时，其触点会相应动作，主要用来控制水、油、气体以及蒸气等的压力

压力继电器

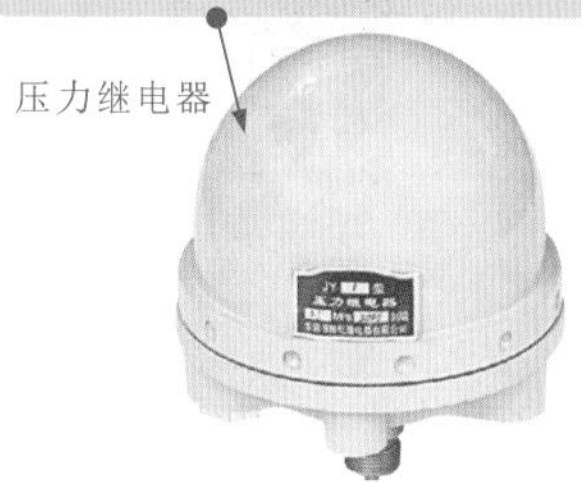

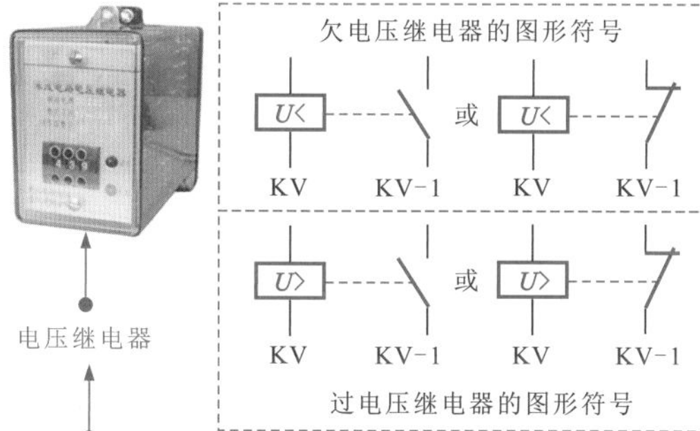

电压继电器

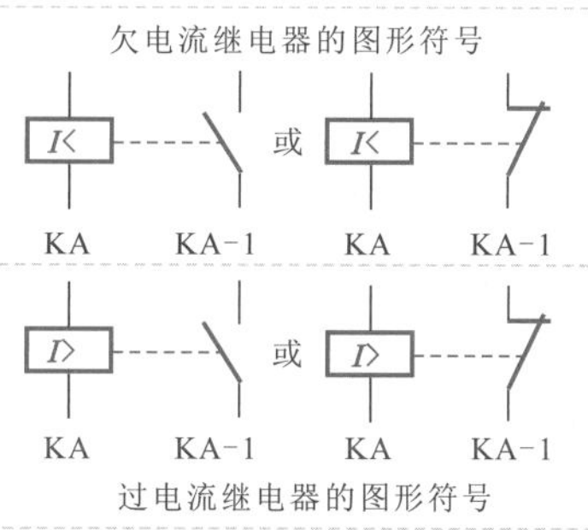

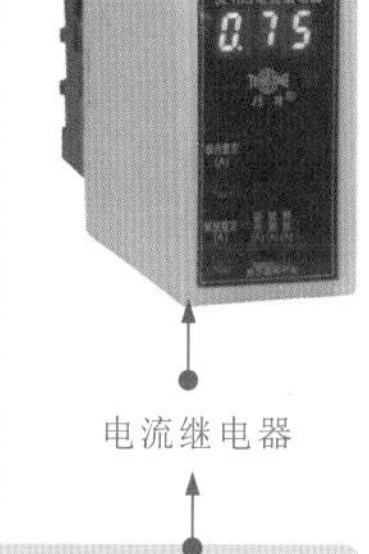

电流继电器

电压继电器又称为零电压继电器，是一种按电压值的大小而动作的继电器。当输入的电压值达到设定的电压时，其触点会做出相应动作。电压继电器根据动作电压的不同，可以分为过电压继电器和欠电压继电器

电流继电器是当继电器的电流超过整定值时，引起开关电器有延时或无延时动作的继电器。主要用于频繁启动和重载启动的场合，作为电动机和主电路的过载和短路保护。电流继电器根据动作电流的不同，可以分为过电流继电器和欠电流继电器

3.3.2 继电器的检测方法

检测继电器，一般可借助万用表检测继电器引脚间（包括线圈引脚间、触点引脚间）的阻值是否正常。

图3-9 继电器的检测方法

如图3-9所示，下面以典型的电磁继电器为例，借助万用表检测其各引脚间的阻值，来判断继电器的性能好坏。

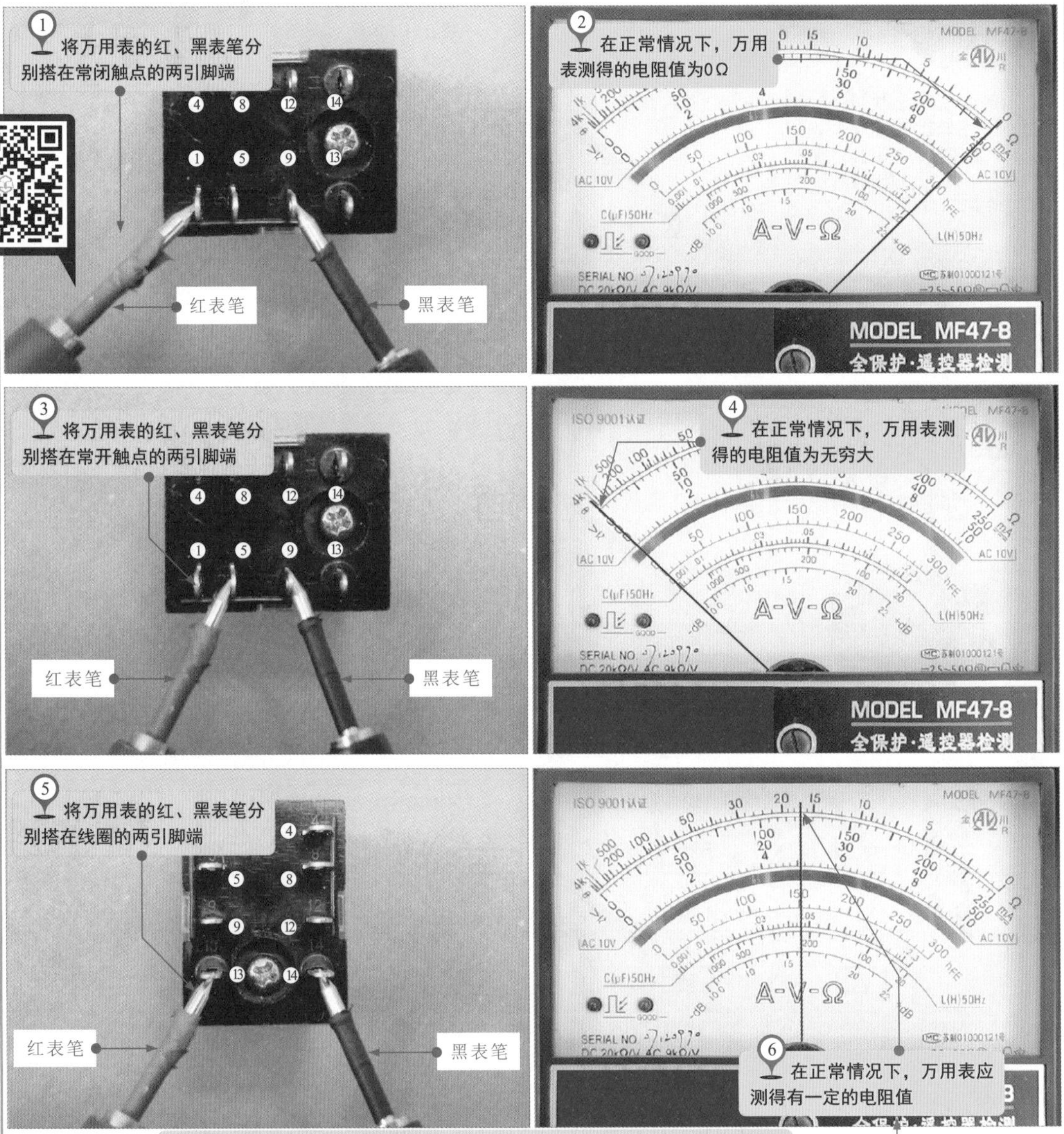

1 将万用表的红、黑表笔分别搭在常闭触点的两引脚端
红表笔
黑表笔
2 在正常情况下，万用表测得的电阻值为0Ω
3 将万用表的红、黑表笔分别搭在常开触点的两引脚端
红表笔
黑表笔
4 在正常情况下，万用表测得的电阻值为无穷大
5 将万用表的红、黑表笔分别搭在线圈的两引脚端
红表笔
黑表笔
6 在正常情况下，万用表应测得有一定的电阻值
MODEL MF47-8
全保护·遥控器检测

在正常情况下，常闭触点间的电阻值为0Ω，常开触点间的电阻值为无穷大，线圈应有一定的电阻值。否则，说明继电器内部存在异常或已经损坏

3.4 接触器的功能特点与检测

3.4.1 接触器的功能特点

接触器是一种由电压控制的开关装置，适用于远距离频繁地接通和断开交直流电路的系统中。它属于一种控制类器件，是电力拖动系统、机床设备控制线路、自动控制系统中使用最广泛的低压电器之一。

图3-10 常见接触器的实物外形和特点

如图3-10所示，根据触点通过电流的种类，接触器主要可分为交流接触器和直流接触器两类。

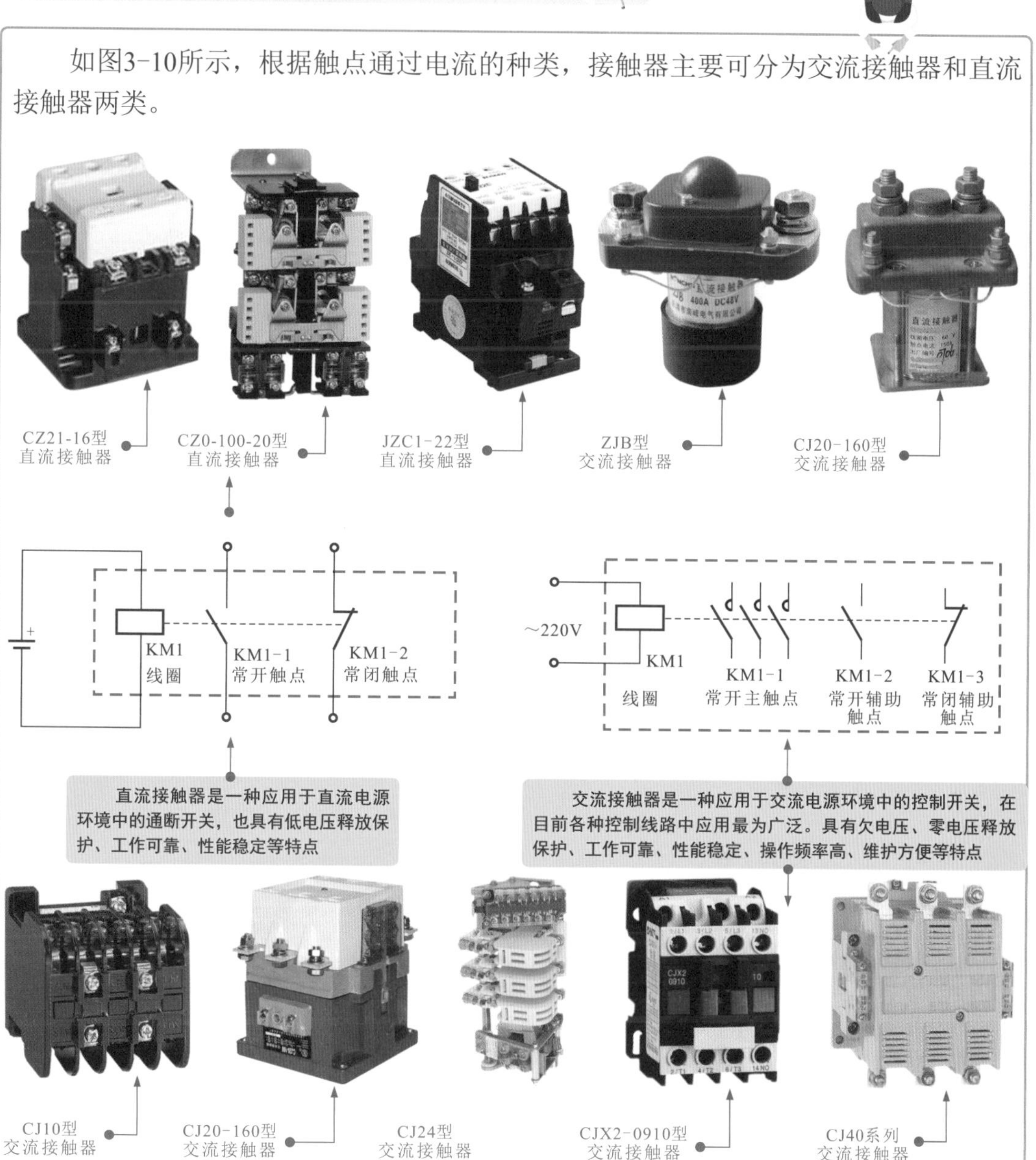

图3-11 接触器的工作特性

如图3-11所示，接触器主要包括线圈、衔铁和触点几部分。工作时，核心过程即在线圈得电状态下，使上下两块衔铁磁化相互吸合，衔铁动作带动触头动作，如常开触点闭合、常闭触点断开。

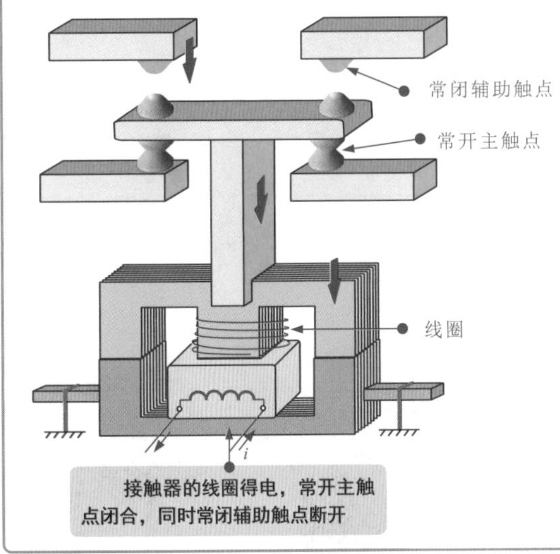

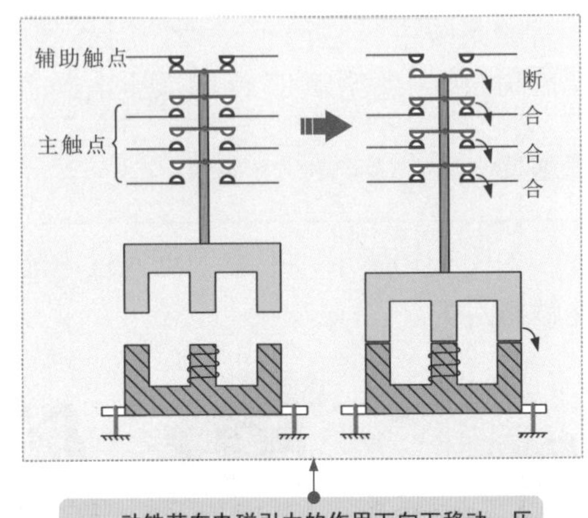

图3-12 接触器在电路中的功能特点

如图3-12所示，在实际控制线路中，接触器一般利用主触点接通或分断主电路及其连接负载。用辅助触点执行控制指令。在水泵的启、停控制线路中，控制线路中的交流接触器KM主要是由线圈、一组常开主触点KM-1、两组常开辅助触点和一组常闭辅助触点构成的。

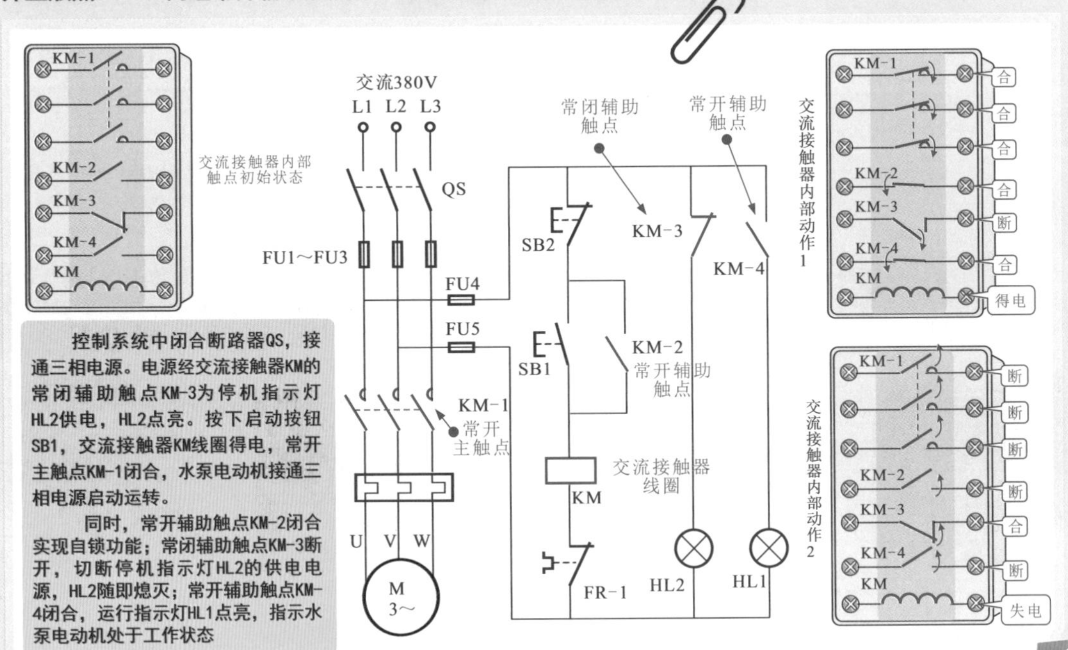

3.4.2 接触器的检测方法

检测接触器可参考继电器的检测方法，借助万用表检测接触器各引脚间（包括线圈间、常开触点间、常闭触点间）阻值；或在路状态下，检测线圈未得电或得电状态下，触点所控制电路的通断状态来判断性能好坏。

图3-13 接触器的检测方法

如图3-13所示，以典型交流接触器为例介绍接触器的检测方法。

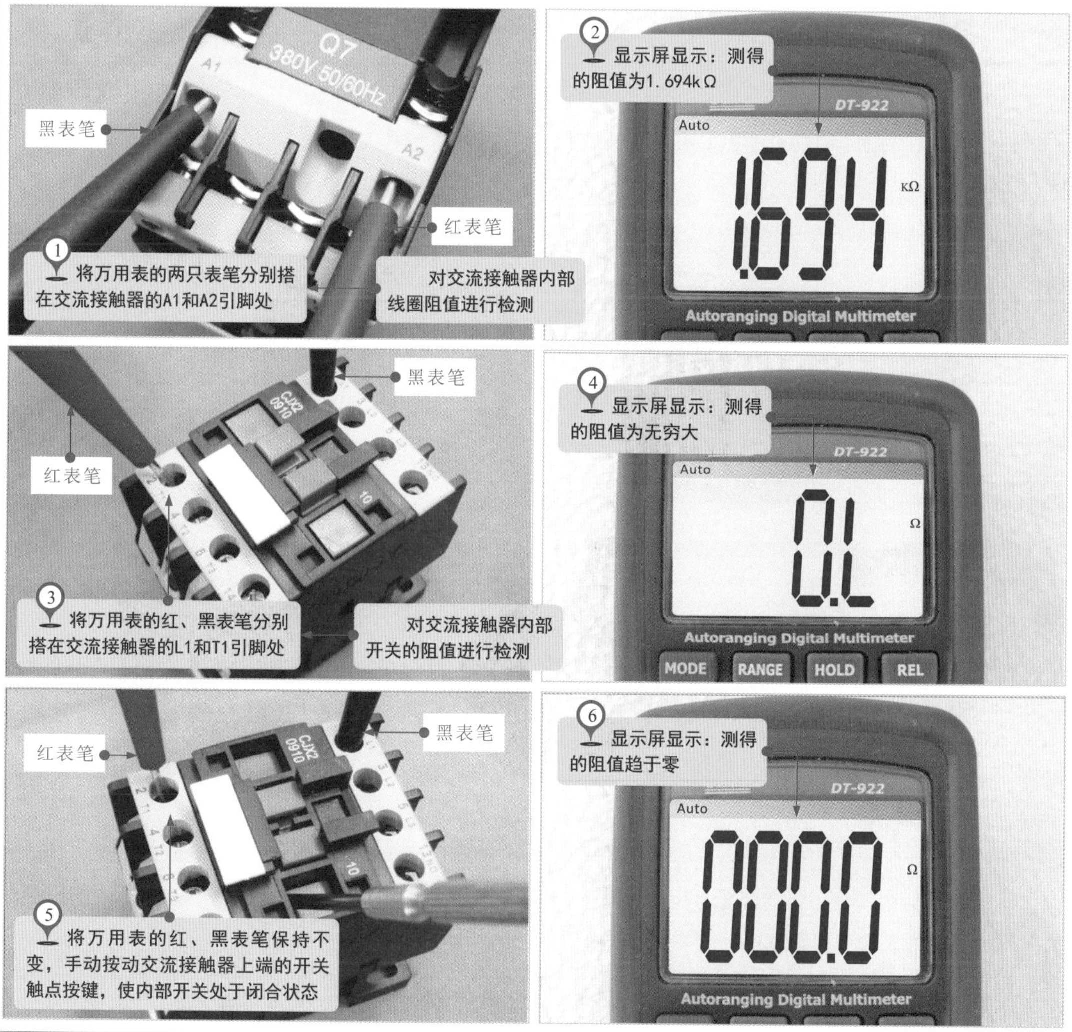

黑表笔

红表笔

① 将万用表的两只表笔分别搭在交流接触器的A1和A2引脚处

对交流接触器内部线圈阻值进行检测

② 显示屏显示：测得的阻值为1.694kΩ

黑表笔

红表笔

③ 将万用表的红、黑表笔分别搭在交流接触器的L1和T1引脚处

对交流接触器内部开关的阻值进行检测

④ 显示屏显示：测得的阻值为无穷大

红表笔

黑表笔

⑤ 将万用表的红、黑表笔保持不变，手动按动交流接触器上端的开关触点按键，使内部开关处于闭合状态

⑥ 显示屏显示：测得的阻值趋于零

使用同样的方法再将万用表的两表笔分别搭在其他两组对应引脚处（L2和T2、L3和T3、NO端），对其开关的闭合与断开状态进行检测。当交流接触器内部线圈通电时，会使内部开关触点吸合；当内部线圈断电时，内部触点断开。因此，对该交流接触器进行检测时，需依次对其内部线圈阻值及内部开关在开启与闭合状态时的阻值进行检测。由于是断电检测交流接触器的好坏，因此需要按动交流接触器上端的开关触点按键，强制将触点闭合进行检测。

3.5 变压器的功能特点与检测

3.5.1 变压器的功能特点

变压器是一种利用电磁感应原理制成，可以传输、改变电能或信号的功能部件。变压器的应用十分广泛，供配电线路、电气设备及电子设备等均会用到变压器设备，在电路中可传输交流电，起到电压变换、电流变换、阻抗变换或隔离等作用。

图3-14 常见变压器的实物外形

如图3-14所示，变压器的类型很多，根据电源相数的不同，可分为单相变压器和三相变压器；根据功能不同，可分为检测用变压器（电流互感器、电压互感器）、电源变压器等。

单相变压器是一种初级绕组为单相绕组的变压器。单相变压器的初级绕组和次级绕组均缠绕在铁芯上，初级绕组为交流电压输入端，次级绕组为交流电压输出端。

三相变压器是电力设备中应用比较多的一种变压器。三相变压器实际上是由3个相同容量的单相变压器组合而成的。初级绕组（高压线圈）为三相，次级绕组（低压线圈）也为三相。

电流互感器又称为电流检测变压器。它的输出端通常连接电流表，用以指示电路的工作电流。

电压互感器又称为电压检测变压器。从功能意义上讲，电压互感器是一种特殊的变压器件。它主要用来为测量仪表（如电压表）、继电保护装置或控制装置供电，以测量线路的电压、功率或电能等，或对低压线路中的电气部件提供保护。

电源变压器一般应用在电子电器设备的控制电源、照明、指示等电路中。一般情况下，电源变压器的电源输入端为一次绕组，输出端为二次绕组。

图3-15 变压器的基本结构

如图3-15所示，变压器是将两组或两组以上的线圈绕制在同一个线圈骨架上或绕在同一铁芯上制成的。通常，与电源相连的线圈称为初级绕组，其余的线圈称为次级绕组。

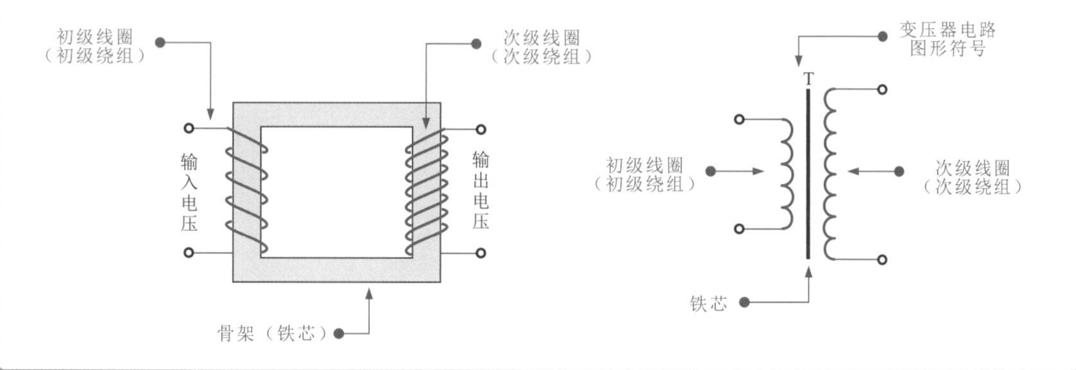

图3-16 变压器的功能特点

如图3-16所示，变压器是利用电感线圈靠近时的互感原理，将电能或信号从一个电路传向另一个电路。变压器是变换电压的器件，提升或降低交流电压是变压器在电工电路中的主要功能。

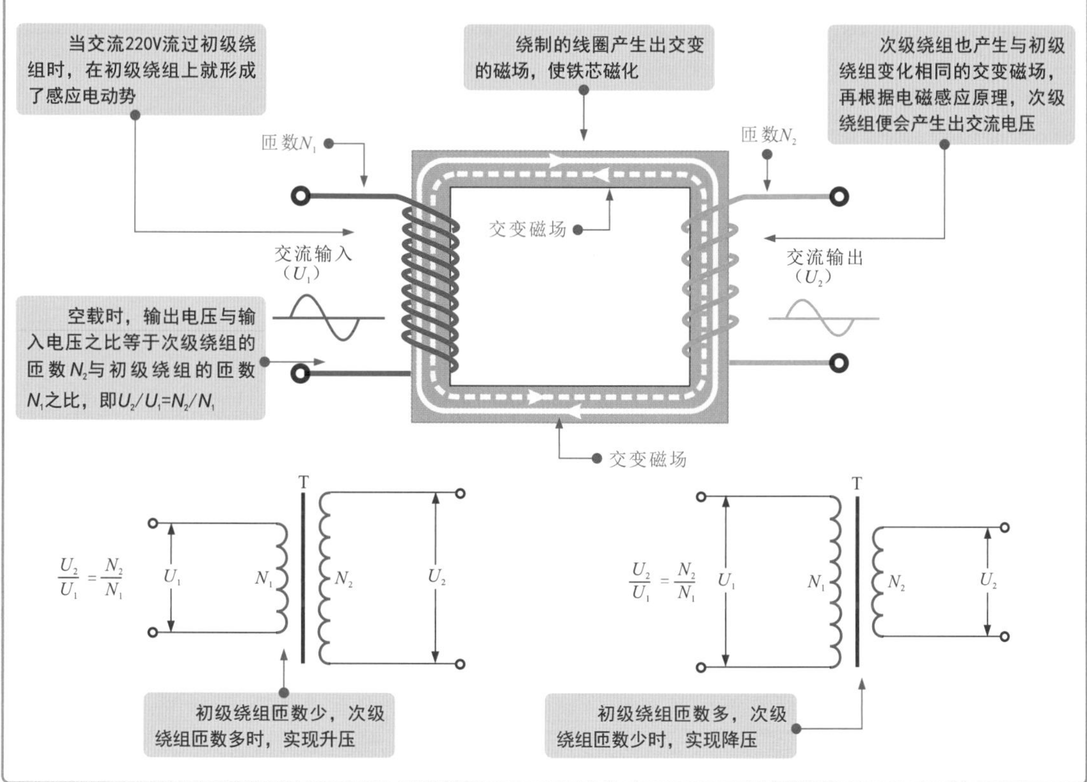

图3-17 三相变压器的功能特点示意图

如图3-17所示，三相变压器主要用于三相供电系统中的升压或降压，常用的就是将几千伏的高压变为380V的低压，为用电设备提供动力电源。

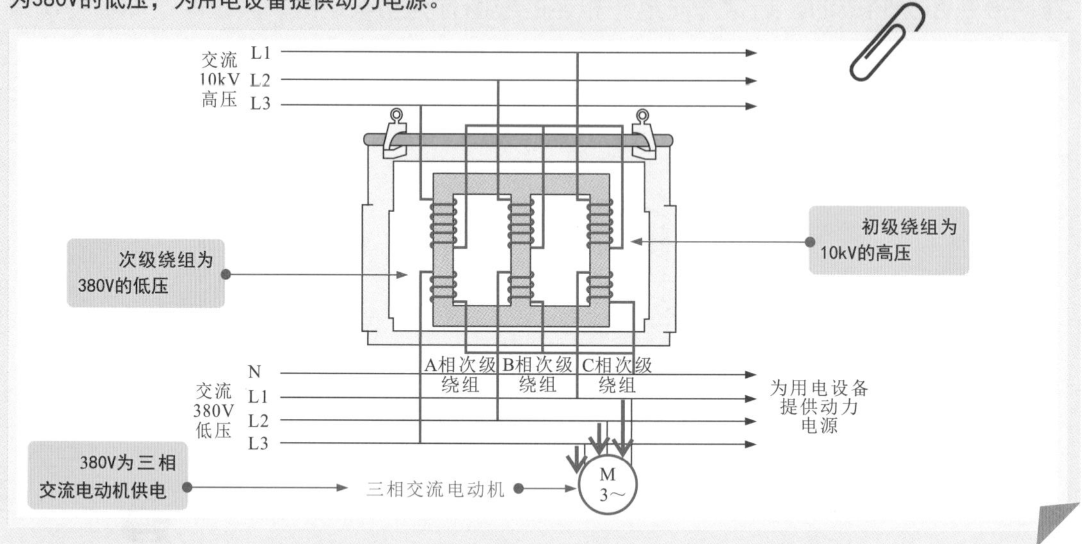

3.5.2 变压器的检测方法

检测变压器时，可先对待测变压器的外观进行检查，看是否损坏，确保无烧焦、引脚无断裂等，如有上述情况，则说明变压器已经损坏。接着根据实测变压器的功能特点，确定检测的参数类型，如常见有检测变压器的绝缘电阻、检测绕组间的电阻、检测输入和输出电压等。

1 检测变压器的绝缘电阻

图3-18 变压器绝缘电阻的检测方法

如图3-18所示，以检测三相变压器（电力变压器）的绝缘电阻为例。使用兆欧表测量电力变压器的绝缘电阻是检测设备绝缘状态最基本的方法。这种测量手段能有效地发现设备受潮、部件局部脏污、绝缘击穿、瓷件破裂、引线接外壳以及老化等问题。

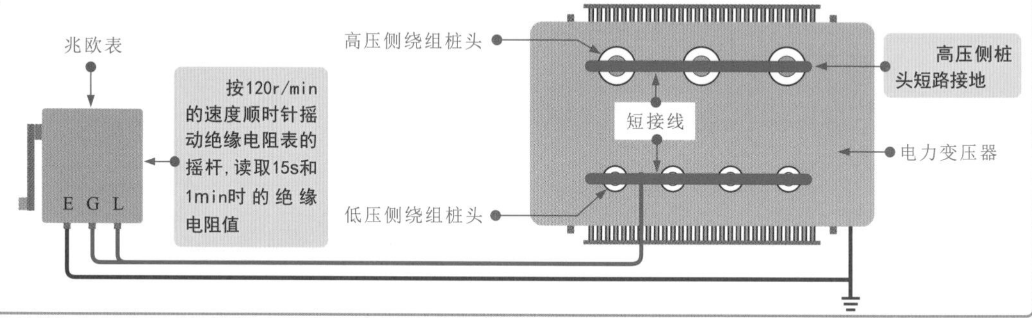

对三相变压器绝缘电阻的测量主要分低压绕组对外壳的绝缘电阻测量、高压绕组对外壳的绝缘电阻测量和高压绕组对低压绕组的绝缘电阻测量。以低压绕组对外壳的绝缘电阻测量为例。将高、低压侧的绕组桩头用短接线连接。接好兆欧表，按120r/min的速度顺时针摇动绝缘电阻表的摇杆，读取15s和1min时的绝缘电阻值。将实测数据与标准值进行比对，即可完成测量。

高压绕组对外壳的绝缘电阻测量则是将“线路”端子接三相变压器高压侧绕组桩头，“接地”端子与三相变压器接地连接即可。

若检测高压绕组对低压绕组的绝缘电阻时，将“线路”端子接三相变压器高压侧绕组桩头，“接地”端子接低压侧绕组桩头，并将“屏蔽”端子接三相变压器外壳。

另外需要注意的是，使用兆欧表测量三相变压器绝缘电阻前，要断开电源，并拆除或断开设备外接的连接线缆，使用绝缘棒等工具对三相变压器充分放电（约5min为宜）。

接线测量时，要确保测试线的接线必须准确无误。

测量完毕，断开兆欧表时要先将“电路”端测试引线与测试桩头分开后，再降低兆欧表摇速，否则会烧坏兆欧表。测量完毕，在对三相变压器测试桩头充分放电后，方可允许拆线。

❷ 检测变压器绕组的阻值

变压器绕组阻值的测量主要是用来检查变压器绕组接头的焊接质量是否良好、绕组层匝间有无短路、分接开关各个位置接触是否良好以及绕组或引出线有无折断等情况。

图3-19 变压器绕组阻值的检测方法

如图3-19所示，以典型的小型三相变压器为例，借助直流电桥可精确测量变压器绕组的阻值。

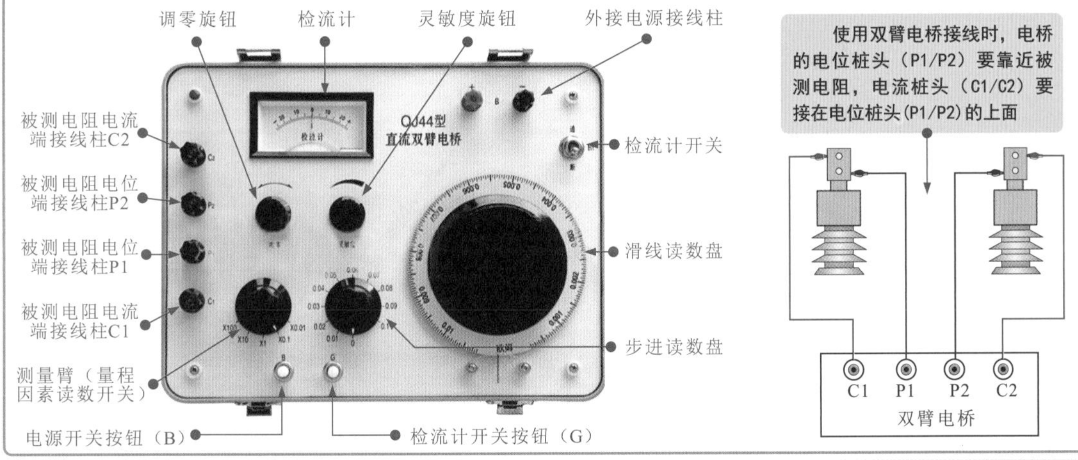

调零旋钮
检流计
灵敏度旋钮
外接电源接线柱
被测电阻电流端接线柱C2
被测电阻电位端接线柱P2
被测电阻电位端接线柱P1
被测电阻电流端接线柱C1
测量臂（量程因素读数开关）
QJ44型 直流双臂电桥
检流计开关
滑线读数盘
步进读数盘
电源开关按钮（B）
检流计开关按钮（G）
使用双臂电桥接线时，电桥的电位桩头（P1/P2）要靠近被测电阻，电流桩头（C1/C2）要接在电位桩头(P1/P2)的上面
C1 P1 P2 C2
双臂电桥

在测量前，将待测变压器的绕组与接地装置连接，进行放电操作。放电完成后拆除一切连接线。连接好电桥对变压器各相绕组（线圈）的直流电阻值进行测量。

估计被测变压器绕组的阻值，将电桥倍率旋钮置于适当位置，检流计灵敏度旋钮调至最低位置，将非被测线圈短路接地。先打开电源开关按钮（B）充电，充足电后按下检流计开关按钮（G），迅速调节测量臂，使检流计指针向检流计刻度中间的零位线方向移动，增大灵敏度微调，待指针平稳停在零位上时记录被测线圈电阻值（被测线圈电阻值=倍率数×测量臂电阻值）。

测量完毕，为防止在测量具有电感的直流电阻时其自感电动势损坏检流计，应先按检流计开关按钮（G），再放开电源开关按钮（B）。

③ 检测变压器输入和输出电压

变压器的主要功能是实现电压的传输和变换。因此，检测电源类的小型变压器时，可在通电条件下检测其输入和输出的电压值，来判断变压器的性能。

图3-20 电源变压器输入和输出电压的检测方法

如图3-20所示，电源变压器的电压检测主要是指在通电的情况下，检测输入电压值和输出电压值，正常情况下输出端应有变换后的电压输出。

电源变压器的电源输入端，即一次绕组输入端
电源变压器的电源输出端，即二次绕组输出端
一次绕组端
二次绕组端
在检测电源变压器前需要先确定变压器的绕组

不同类型的电源变压器，其二次绕组匝数不同，数量也可能不同，输出电压值也不相同

一次侧
二次侧
一次侧
二次侧（12V）
二次侧（22V）

电路符号

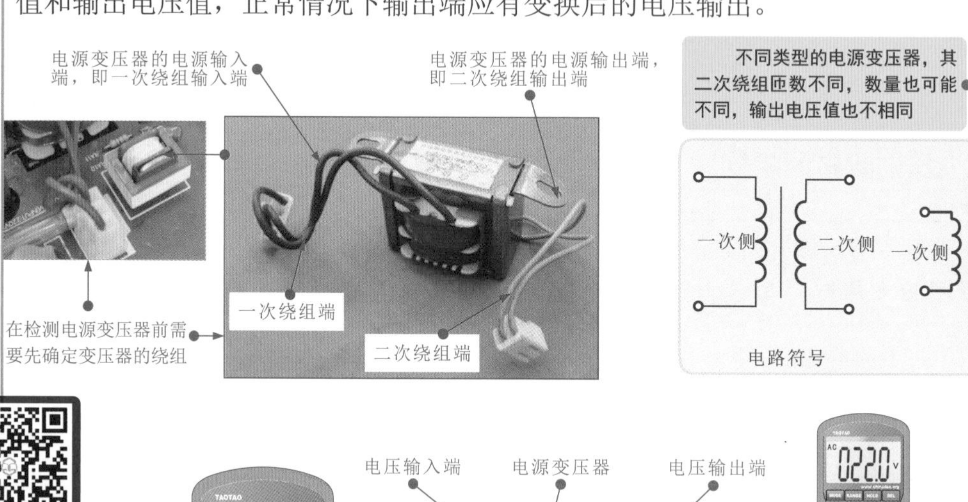

电压输入端
电源变压器
电压输出端
T
220V 交流输入
黄
~22V
黄
蓝
~16V
蓝
220.3
022.0
016.0
使用万用表检测电源变压器输入电压值
使用万用表检测电源变压器的输出交流电压值
检测电压值时，万用表的红、黑表笔不需要区分正负极

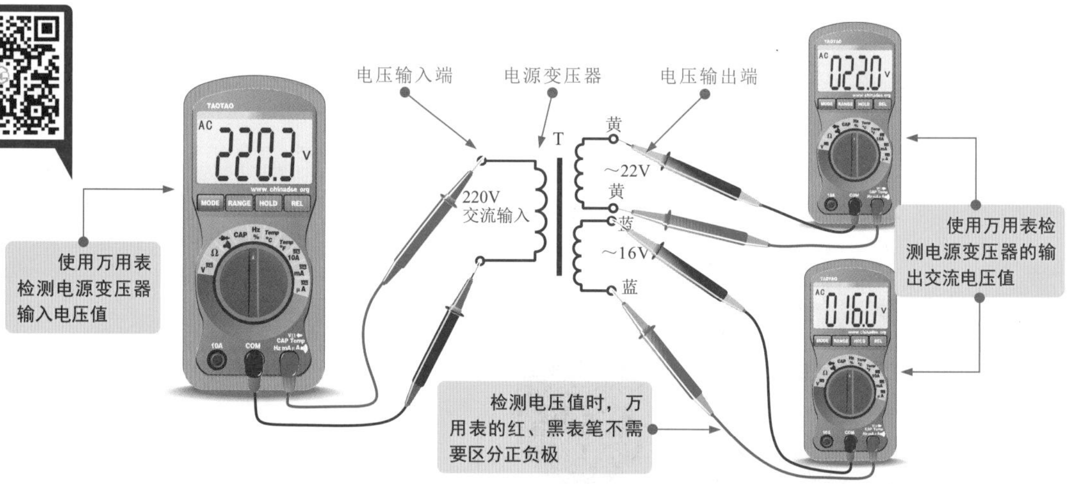

电源变压器输入、输出电压值的标识。
输入：220V 50Hz（红）；输出：蓝 16V 黄 22V。

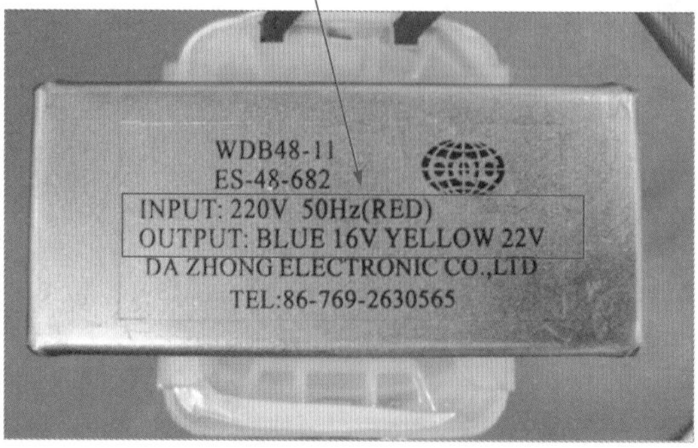

WDB48-11
ES-48-682
INPUT: 220V 50Hz(RED)
OUTPUT: BLUE 16V YELLOW 22V
DA ZHONG ELECTRONIC CO.,LTD
TEL:86-769-2630565

电源变压器

测量值为220.3V，属于正常范围

红表笔
黑表笔
220.3

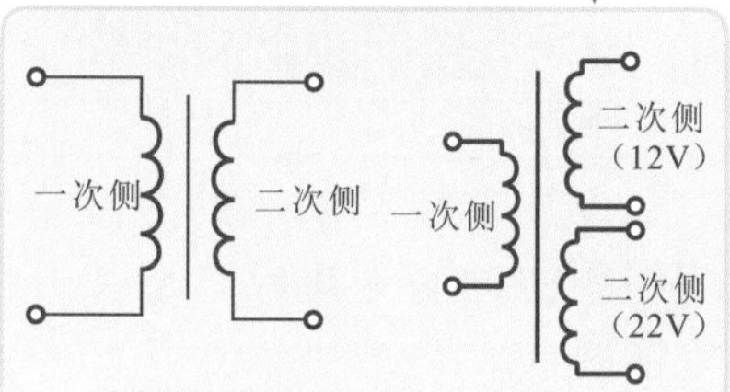

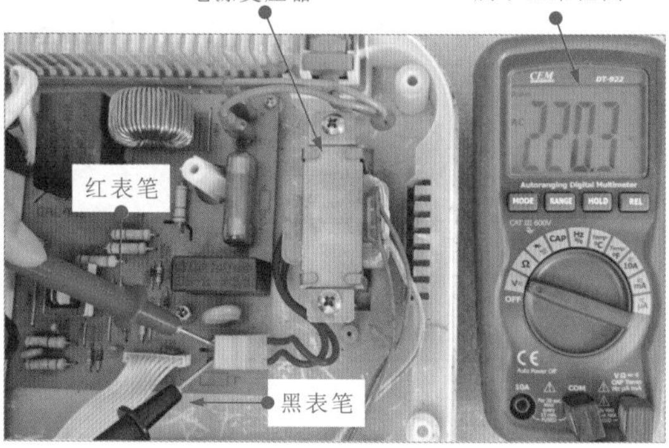

图3-21 其他类型变压器的检测方法

在常见的变压器中，电流互感器和电压互感器属于较特殊的一类变压器，检测该类变压器时，需要结合变压器的具体功能特点，对相应的工作状态和参数进行检测，来判断变压器的好坏。

例如，图3-21所示，电流互感器正常工作一般需要连接电流表，在正常供电的情况下，通过观察电流表的指示情况，可判断电流互感器是否有故障。当怀疑电流互感器异常时，还可借助万用表检测绕组引脚间的阻值完成进一步判断。

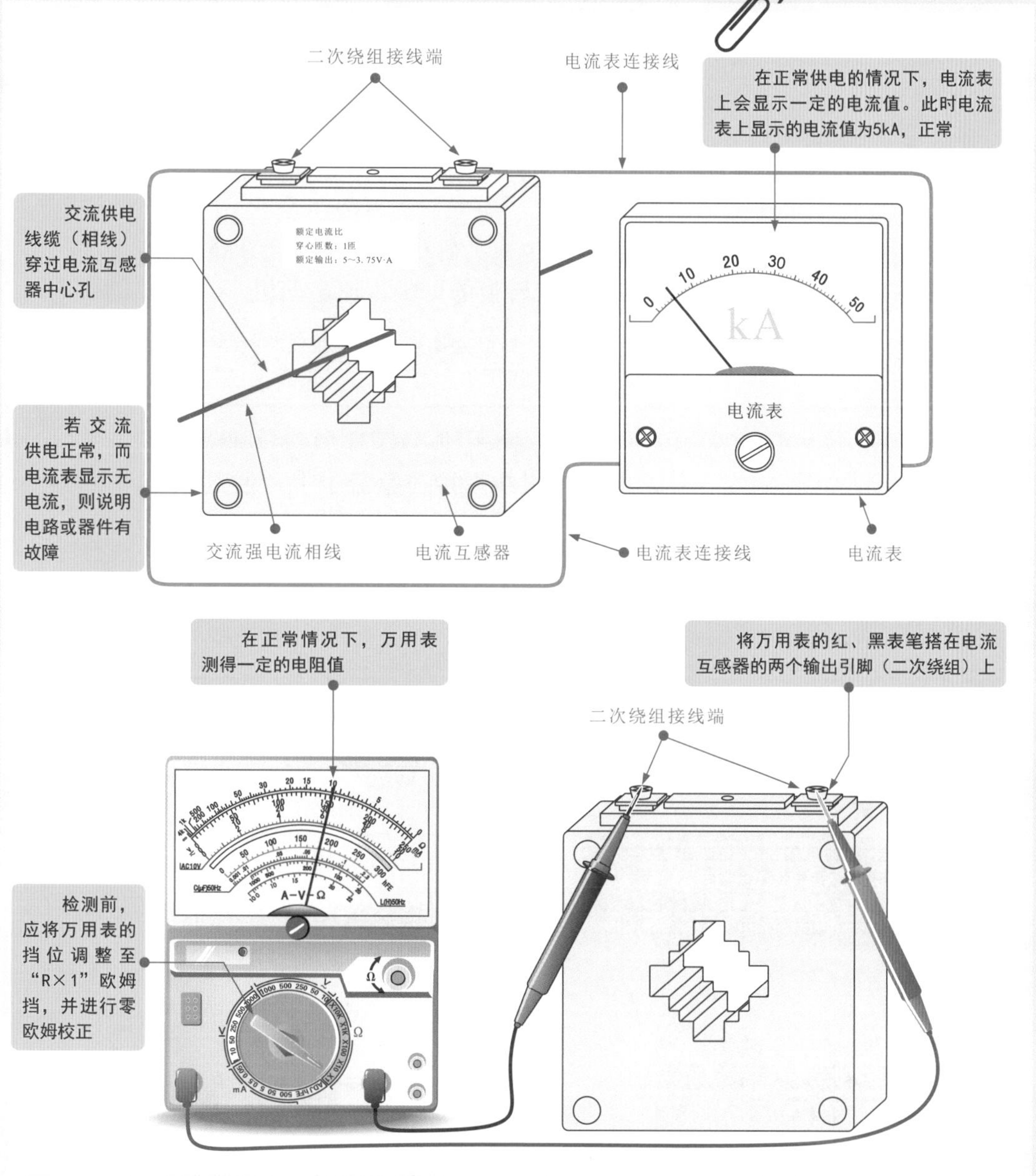

二次绕组接线端

电流表连接线

在正常供电的情况下，电流表上会显示一定的电流值。此时电流表上显示的电流值为5kA，正常

交流供电线缆（相线）穿过电流互感器中心孔

额定电流比
穿心匝数：1匝
额定输出：5～3.75V·A

0 10 20 30 40 50
kA
电流表

若交流供电正常，而电流表显示无电流，则说明电路或器件有故障

交流强电流相线

电流互感器

电流表连接线

电流表

在正常情况下，万用表测得一定的电阻值

将万用表的红、黑表笔搭在电流互感器的两个输出引脚（二次绕组）上

二次绕组接线端

检测前，应将万用表的挡位调整至“R×1”欧姆挡，并进行零欧姆校正

有些电流互感器既有二次绕组，又有一次绕组，因此除了对二次绕组的电阻值进行检测外，还需要对一次绕组的电阻值（导体）进行检测，具体检测方法同上。正常时一次绕组（导体）电阻值应趋于0Ω，若出现无穷大的情况，则说明电流互感器已经损坏。

第4章 电动机的拆卸与检修

4.1 电动机的种类结构

电动机是一种利用电磁感应原理将电能转换为机械能的动力部件。在实际应用中，不同场合下，电动机的种类多种多样。

4.1.1 永磁式直流电动机

永磁式直流电动机是指定子磁极是由永久磁体组成，利用永磁体提供磁场，使转子在磁场的作用下旋转，从而实现电能转换的一类直流电动机。

图4-1 永磁式直流电动机的结构组成

如图4-1所示，永磁式直流电动机的定子磁体与圆柱形外壳制成一体，转子绕组绕制在铁芯上与转轴制成一体，绕组的引线焊接在整流子上，通过电刷为其供电，电刷安装在定子机座上与外部电源相连。

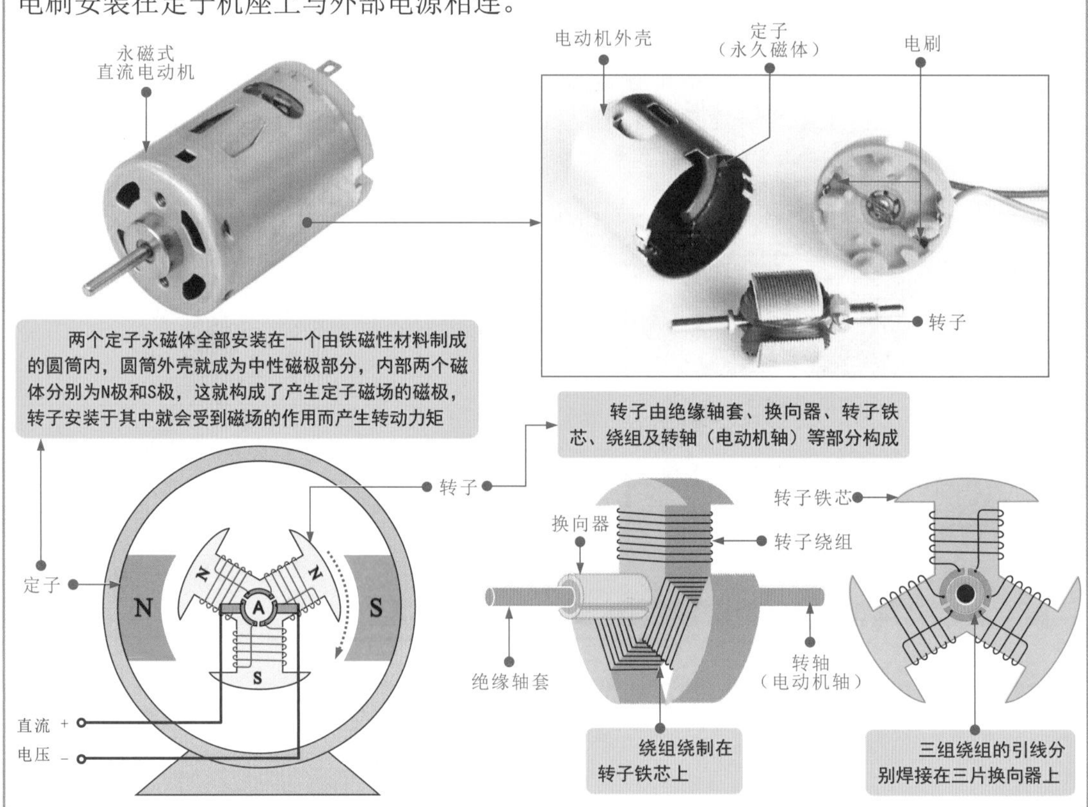

4.1.2 电磁式直流电动机

图4-2 电磁式直流电动机的结构组成

如图4-2所示，电磁式直流电动机是将用于产生定子磁场的永磁体用电磁铁取代，定子铁芯上绕有绕组（线圈），转子部分是由转子铁芯、绕组（线圈）及转轴组成的。

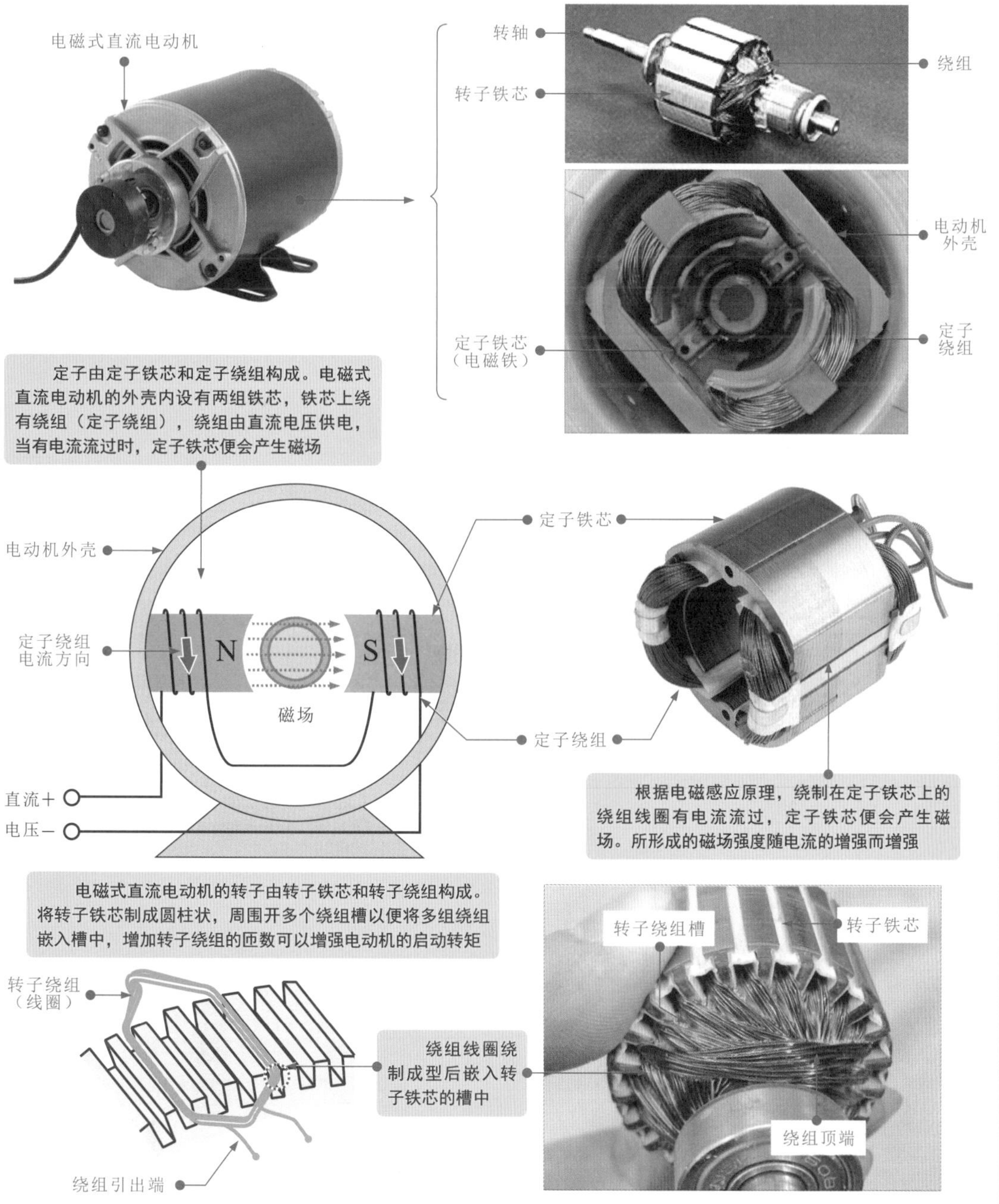

电磁式直流电动机

转轴

转子铁芯

绕组

电动机外壳

定子铁芯（电磁铁）

定子绕组

定子由定子铁芯和定子绕组构成。电磁式直流电动机的外壳内设有两组铁芯，铁芯上绕有绕组（定子绕组），绕组由直流电压供电，当有电流流过时，定子铁芯便会产生磁场

电动机外壳

定子绕组电流方向

N

S

磁场

直流+

电压−

定子铁芯

定子绕组

根据电磁感应原理，绕制在定子铁芯上的绕组线圈有电流流过，定子铁芯便会产生磁场。所形成的磁场强度随电流的增强而增强

电磁式直流电动机的转子由转子铁芯和转子绕组构成。将转子铁芯制成圆柱状，周围开多个绕组槽以便将多组绕组嵌入槽中，增加转子绕组的匝数可以增强电动机的启动转矩

转子绕组（线圈）

绕组线圈绕制成型后嵌入转子铁芯的槽中

绕组引出端

转子绕组槽

转子铁芯

绕组顶端

4.1.3 有刷直流电动机

图4-3 有刷直流电动机的结构组成

如图4-3所示，有刷直流电动机是指内部设置有电刷和换向器部件的一类直流电动机。有刷直流电动机主要由定子、转子、电刷和换向器等构成。

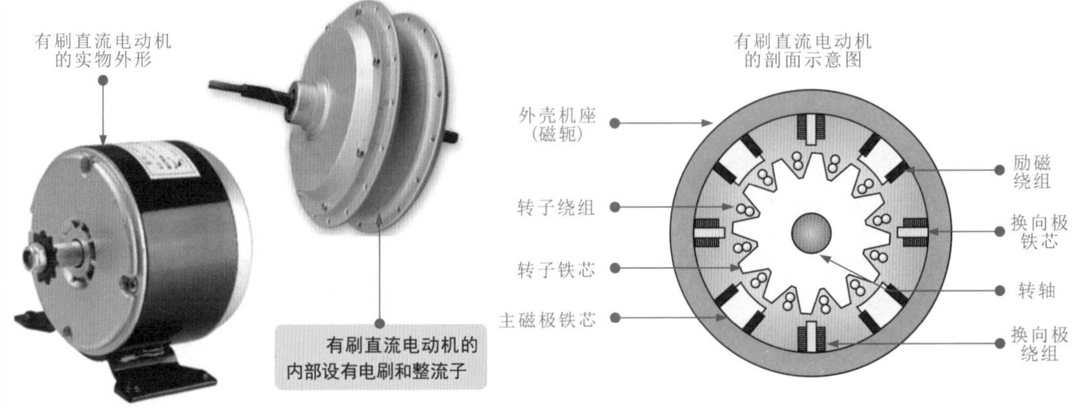

有刷直流电动机的定子部分主要由主磁极（定子永磁铁或绕组）、衔铁、端盖等部分组成

有刷直流电动机的转子部分主要由转子铁芯、转子绕组、轴承、电动机轴等部分组成

转子绕组按一定规则嵌放在转子铁芯槽内，是有刷直流电动机的电路部分，也是产生感应电动势形成电磁转矩进行能量转换的重要部分

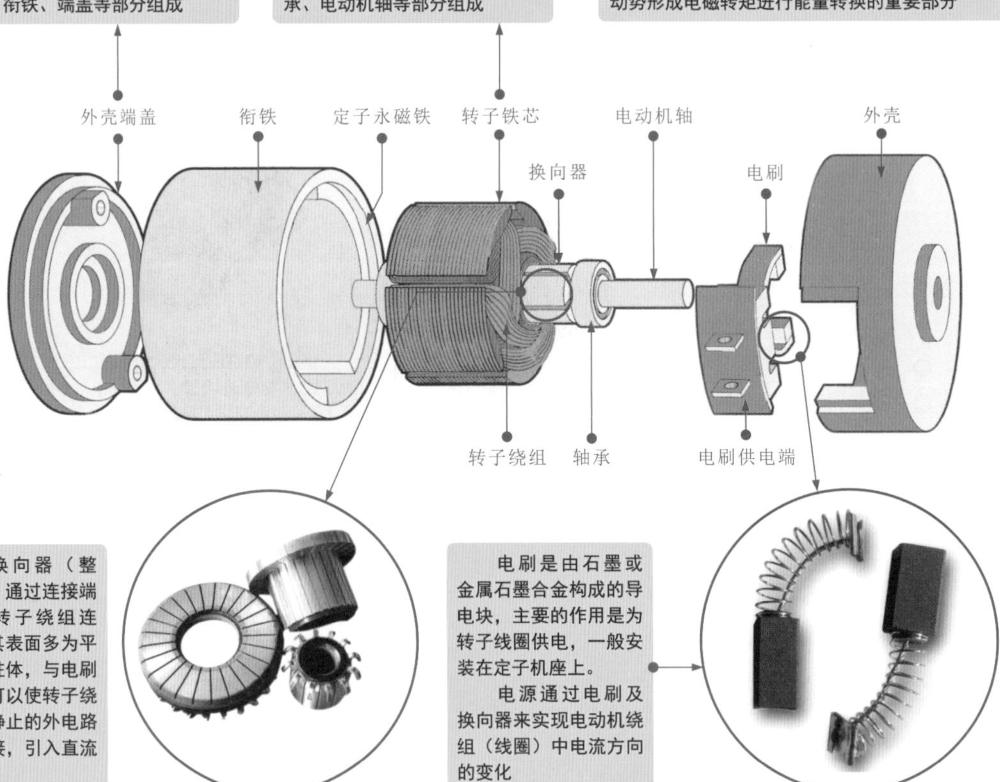

换向器（整流子）通过连接端子与转子绕组连接。其表面多为平滑圆柱体，与电刷配合可以使转子绕组与静止的外电路相连接，引入直流供电

电刷是由石墨或金属石墨合金构成的导电块，主要的作用是为转子线圈供电，一般安装在定子机座上。

电源通过电刷及换向器来实现电动机绕组（线圈）中电流方向的变化

4.1.4 无刷直流电动机

无刷直流电动机是指没有电刷和换向器的电动机，其转子是由永久磁钢制成的，绕组绕制在定子上。定子上的霍尔元件用于检测转子磁极的位置，以便借助该位置信号控制定子绕组中的电流方向和相位，并驱动转子旋转。

图4-4 无刷直流电动机的结构组成

如图4-4所示，无刷直流电动机外形多样，但基本结构相同，都是由外壳、转轴、轴承、定子绕组、转子磁钢、霍尔元件等构成的。

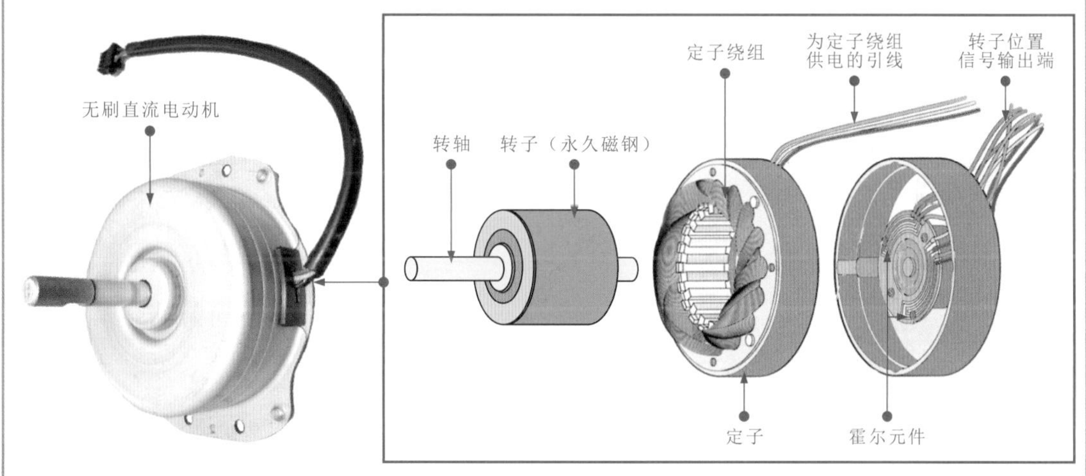

图4-5 无刷直流电动机内的霍尔元件

如图4-5所示，无刷直流电动机中的霍尔元件是电动机中的传感器件，一般被固定在电动机的定子上。霍尔元件用于检测转子磁极的位置，以便借助该位置信号控制定子绕组中的电流方向和相位，并驱动转子旋转。

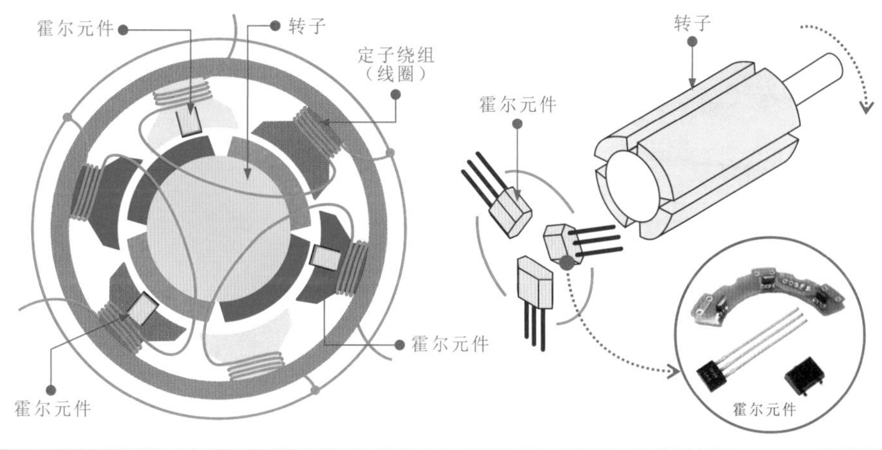

4.1.5 交流同步电动机

交流同步电动机是指转动速度与供电电源频率同步的电动机。这种电动机工作在电源频率恒定的条件下，其转速也恒定不变，与负载无关。

交流同步电动机在结构上有两种，即转子用直流电驱动励磁的同步电动机和转子不需要励磁的同步电动机。

图4-6 转子用直流电驱动励磁的同步电动机结构

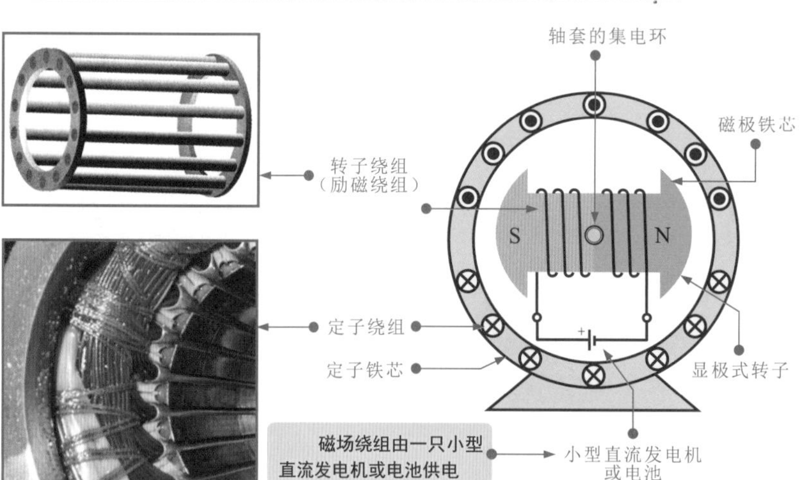

如图4-6所示，转子用直流电驱动励磁的同步电动机主要是由显极式转子、定子及磁场绕组、轴套滑环等构成的。

图4-7 转子不需要励磁的同步电动机结构

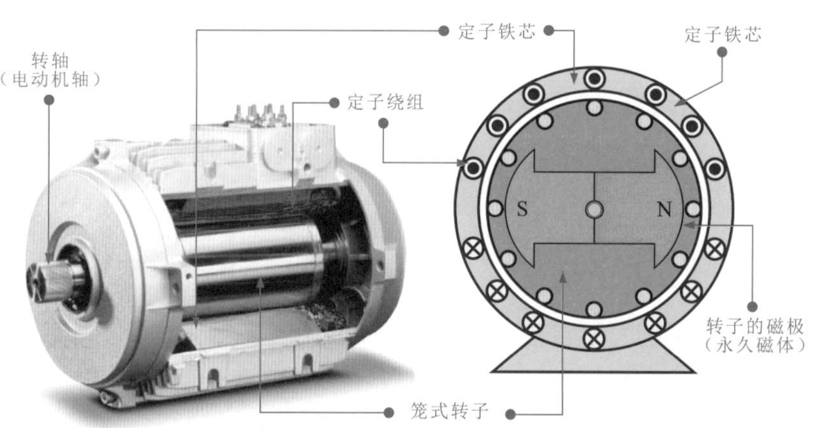

笼式转子磁极用来产生启动转矩，当电动机的转速到达一定值时，转子的显极就跟踪定子绕组的电流频率达到同步，显极的极性是由定子感应出来的，它的极数与定子的极数相等，当转子的速度达到一定值后，转子上的笼式绕组就失去作用，靠转子磁极跟踪定子磁极，使其同步

如图4-7所示，转子不需要励磁的同步电动机也主要由显极式转子和定子构成。显极式的表面切成平面，并装有笼式绕组。转子磁极是由磁钢制成的，具有保持磁性的特点，用来产生启动转矩。

同步电动机的转子转速$n=60\ f/p$（f为电源频率，p为电动机中磁极的对数）。
如果磁极对数为1，电源的频率为50Hz，则电动机的转速为60×50/1=3000r/min。
如果磁极对数为2，则转速为60×50/2=1500r/min。

4.1.6 交流异步电动机

交流异步电动机是指电动机的转动速度与供电电源的频率不同步，其转速始终低于同步转速的一类电动机。

根据供电方式不同，交流异步电动机主要分为单相交流异步电动机和三相交流异步电动机两种。

图4-8 单相交流异步电动机的结构

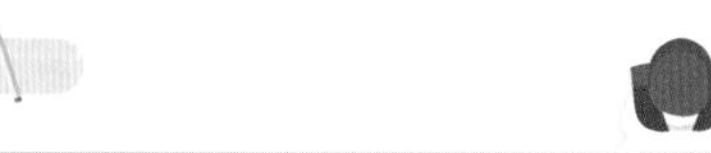

如图4-8所示，单相交流异步电动机是指采用单相电源（一根相线、一根零线构成的交流220V电源）进行供电的交流异步电动机。其主要由静止的定子、旋转的转子、转轴、轴承、端盖等部分构成。

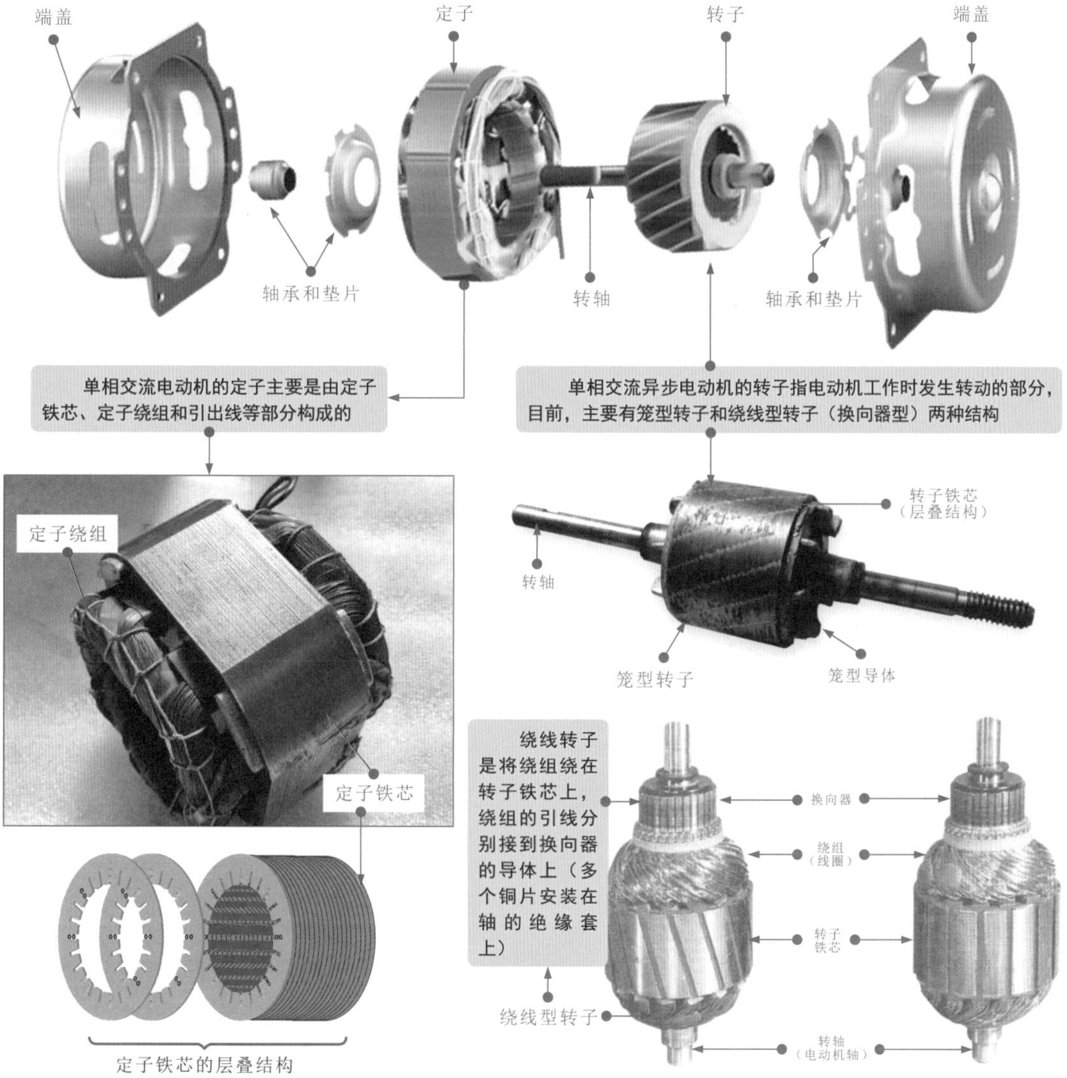
端盖
定子
转子
端盖
轴承和垫片
转轴
轴承和垫片
单相交流电动机的定子主要是由定子铁芯、定子绕组和引出线等部分构成的
单相交流异步电动机的转子指电动机工作时发生转动的部分，目前，主要有笼型转子和绕线型转子（换向器型）两种结构
定子绕组
定子铁芯
定子铁芯的层叠结构
转子铁芯（层叠结构）
转轴
笼型转子
笼型导体
绕线转子是将绕组绕在转子铁芯上，绕组的引线分别接到换向器的导体上（多个铜片安装在轴的绝缘套上）
换向器
绕组（线圈）
转子铁芯
转轴（电动机轴）
绕线型转子

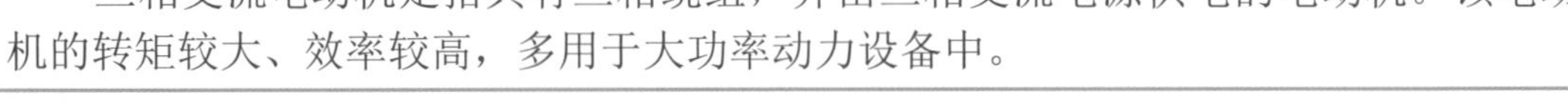

三相交流电动机是指具有三相绕组，并由三相交流电源供电的电动机。该电动机的转矩较大、效率较高，多用于大功率动力设备中。

图4-9 三相交流异步电动机的结构

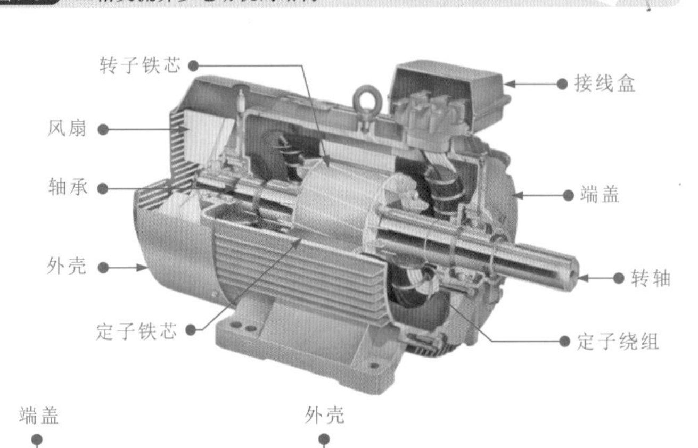

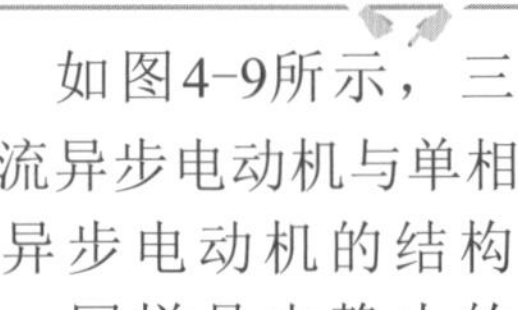

如图4-9所示，三相交流异步电动机与单相交流异步电动机的结构相似，同样是由静止的定子、旋转的转子、转轴、轴承、端盖、外壳等部分构成的。

三相交流异步电动机的定子部分通常安装固定在电动机外壳内，与外壳制成一体。在通常情况下，三相交流异步电动机的定子部分主要是由定子绕组和定子的铁芯部分构成的

转子是三相交流异步电动机的旋转部分，通过感应电动机定子形成的旋转磁场，产生感应转矩而转动。

三相交流异步电动机的转子有两种结构形式，即笼型和绕线型转子

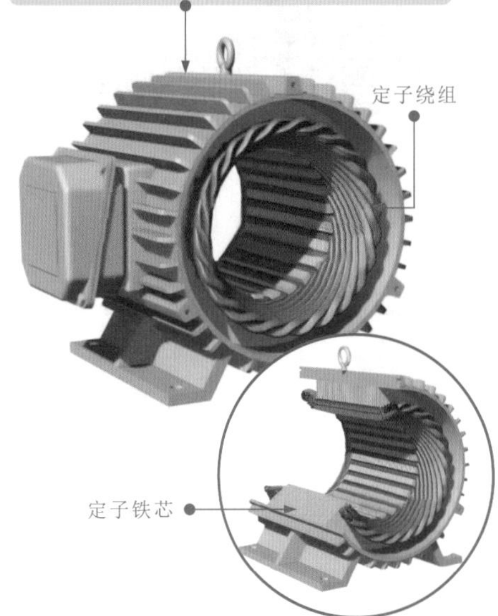

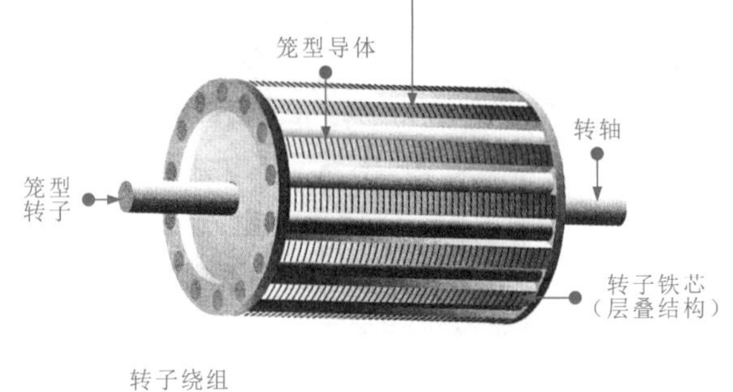

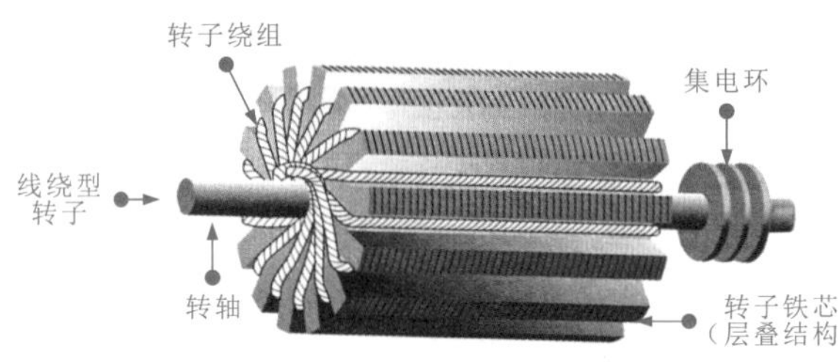

4.2 电动机的拆卸

在检修电动机时，无论是对内部电气部件的检修，还是对机械部件连接状态以及磨损情况进行核查，都需要掌握电动机的拆卸技能。

4.2.1 有刷直流电动机的拆卸

如图4-10所示，以电动自行车中的有刷直流电动机为例，拆卸有刷直流电动机主要分为拆卸端盖、分离有刷直流电动机的定子和转子、拆卸电刷及电刷架等环节。

图4-10 有刷直流电动机的拆卸方法

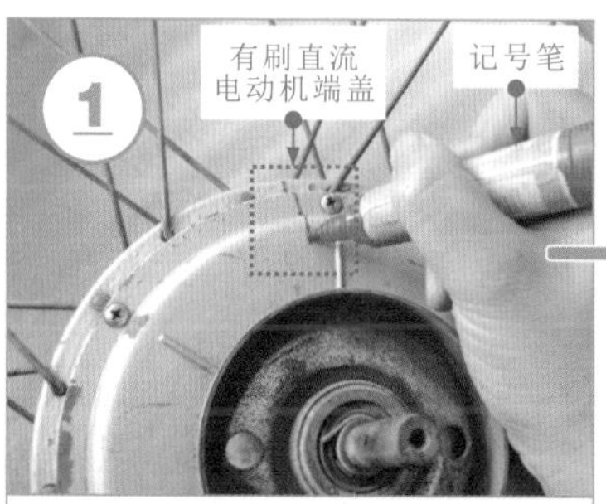

使用记号笔在有刷直流电动机的前、后端盖上做好拆装标记。

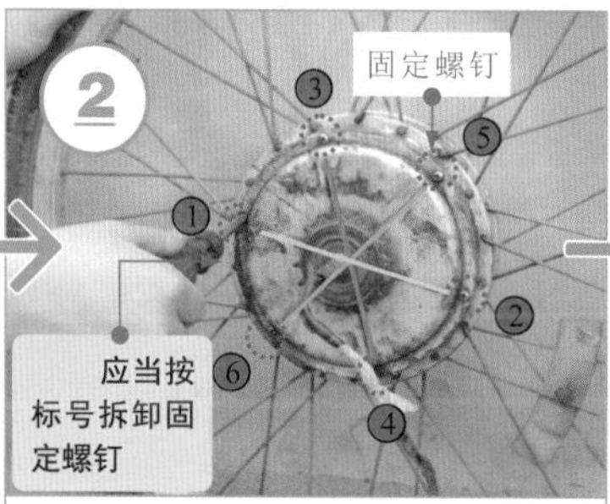

使用螺钉旋具将有刷直流电动机前、后端盖的固定螺钉按对角顺序分别拧下。

撬动两侧端盖，使其与电动机主体分离，即可取下端盖。

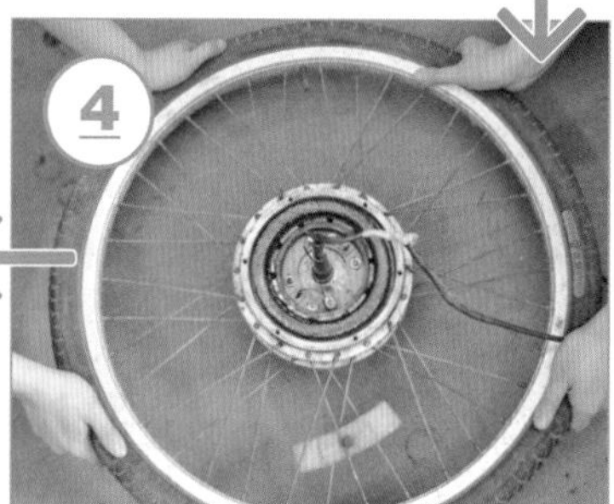

将后轮带有连接引线的一端朝上，用力向下压，使定子与转子分离。

将定子从转子中取出，即可使定子与转子部分分离。

观察定子中电刷架的固定方式，用螺钉旋具拧下固定螺钉。

将电刷架从有刷直流电动机的定子中分离出来。

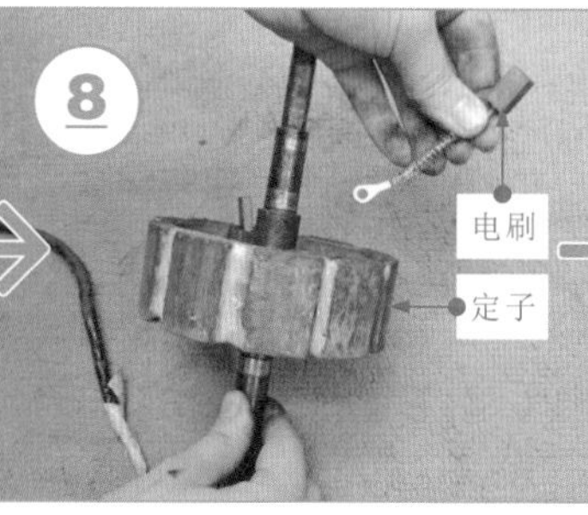

将电刷从电刷架和定子中抽出，即可取下电刷。

至此，有刷直流电动机的拆卸基本完成，可对相关部件进行检查或检修。

4.2.2 无刷直流电动机的拆卸

如图4-11所示，以电动自行车中的无刷直流电动机为例，拆卸无刷直流电动机主要分为拆卸端盖、分离电动机的定子和转子等环节。

图4-11 无刷直流电动机的拆卸方法

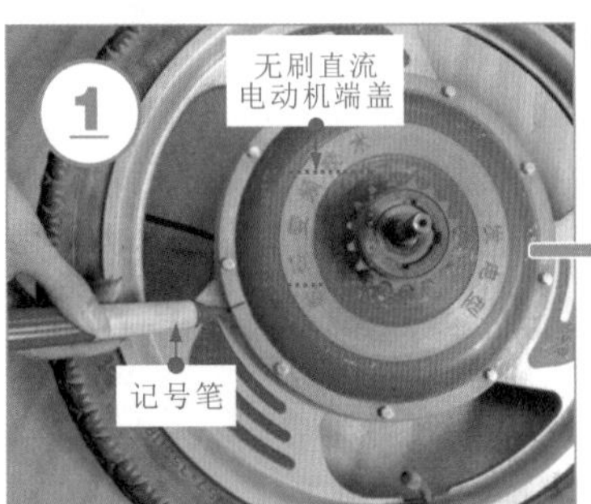

使用记号笔在无刷直流电动机的前、后端盖上做好拆装标记。

使用螺钉旋具将无刷直流电动机前后端盖的固定螺钉按对角顺序分别拧下。

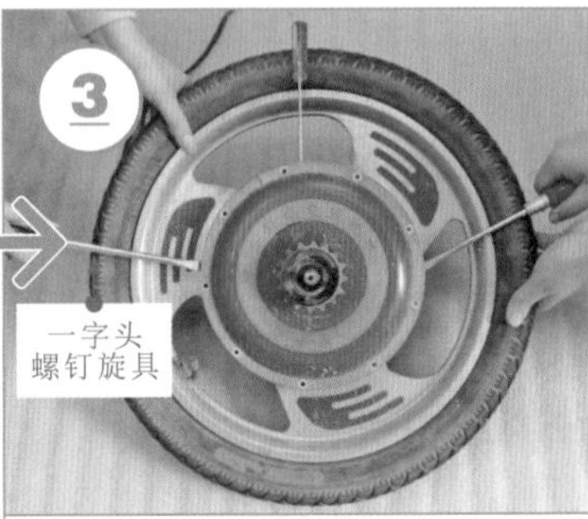

将后端盖缝隙处分别插入一字头螺钉旋具，轻轻向外侧撬动。

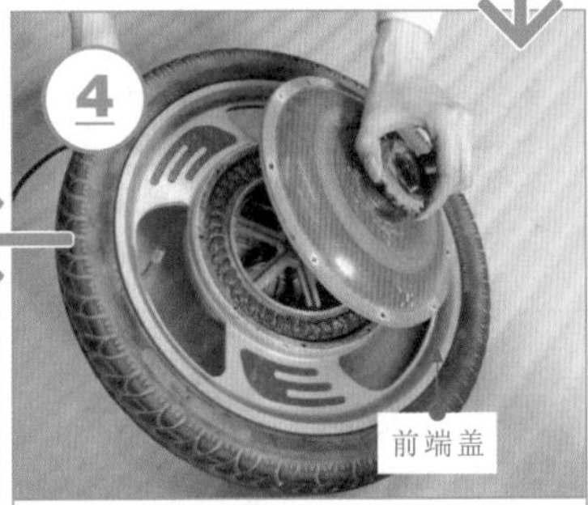

从无刷直流电动机上取下松动的后端盖。

此时，另外一侧的前端盖也可以与电动机分离了，将其取下完成端盖的拆卸。

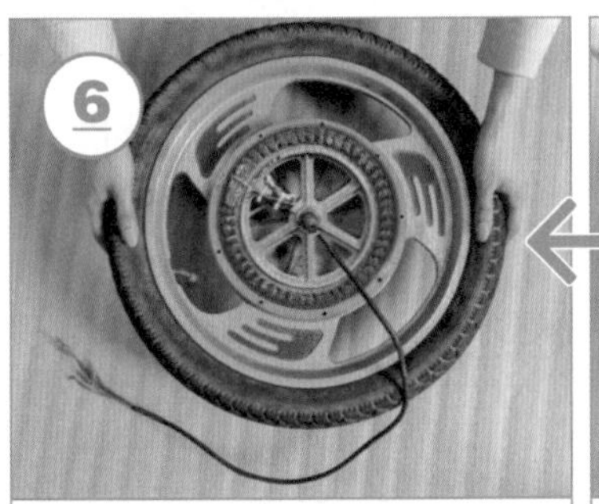

适当向下用力按压无刷直流电动机的转子部分（电动自行车车轮部分）。

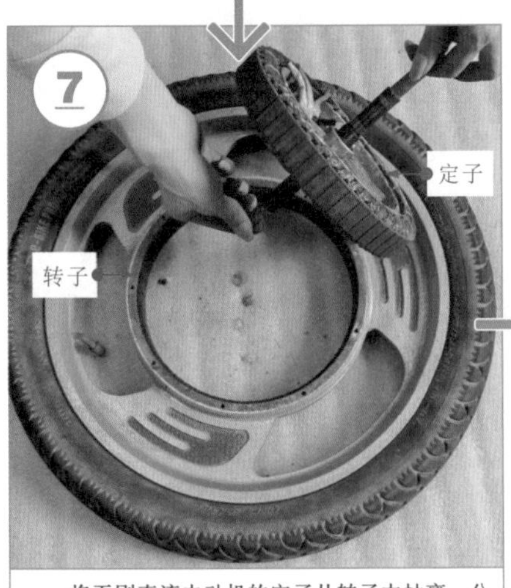

将无刷直流电动机的定子从转子中抽离，分离转子与定子。

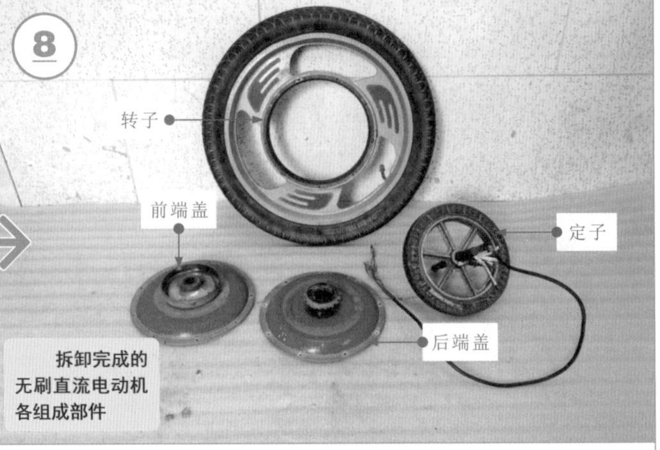

至此，无刷直流电动机拆卸完成。此时便可根据实际需要，对相应的定子、转子、端盖等相关部分进行检查或养护。

4.2.3 单相交流电动机的拆卸

如图4-12所示，单相交流电动机的结构多种多样，但其基本的拆卸方法大致相同，这里我们以常见的电风扇中的单相交流电动机为例，了解一下这种类型电动机的具体拆卸方法。

图4-12 单相交流电动机的拆卸方法

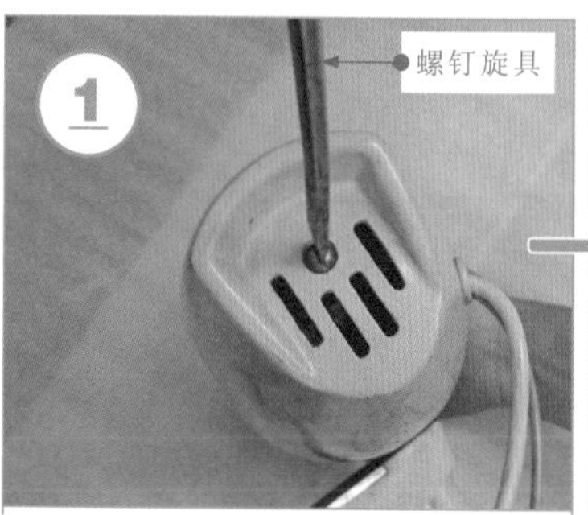

使用一字头螺钉旋具拧下端盖后部（后壳）上的固定螺钉。

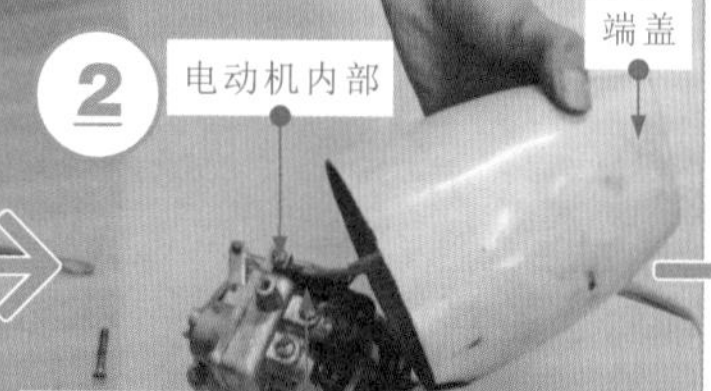

取下螺钉后，即可向上提起电动机后端盖，将其分离。

使用一字槽螺钉旋具顶住端盖固定螺栓，拧动螺杆将其拆下。

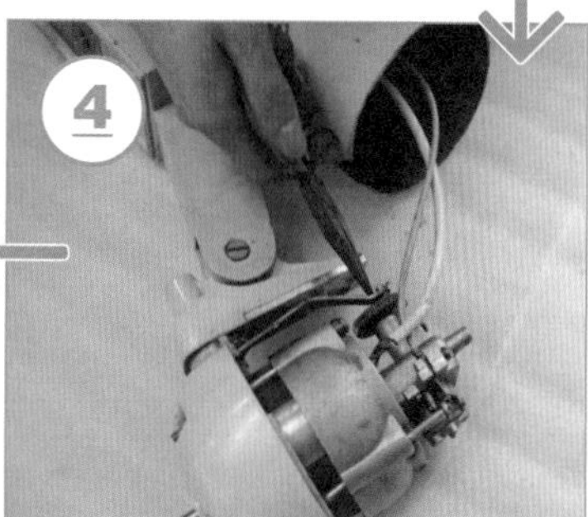

使用尖嘴钳子将电动机固定前端盖拉杆的销子夹直抽出，并将拉杆取下。

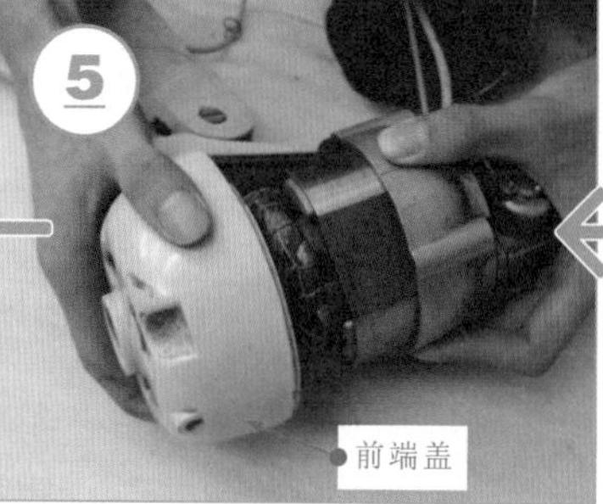

用双手握住电动机的前端盖及定子和转子，用力均匀晃动，取下电动机前端盖。

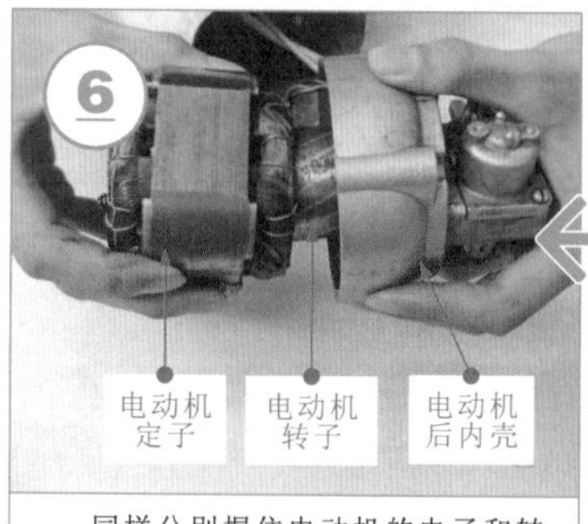

同样分别握住电动机的电子和转子，将定子与转子及后内壳分离开。

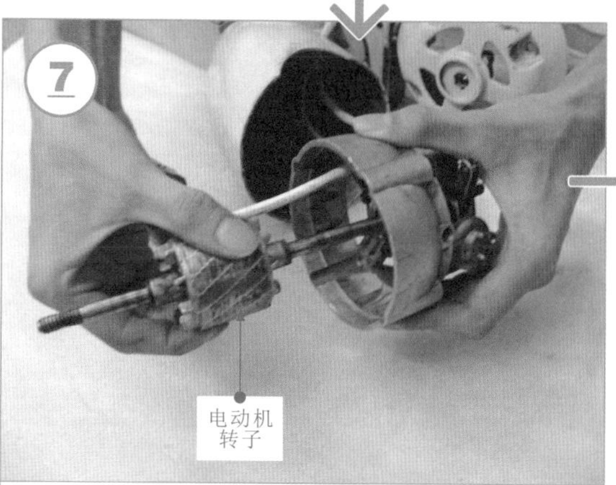

双手握住电动机的后内壳和转子，用力均匀地向外轻轻晃动，将转子从后内壳抽出。

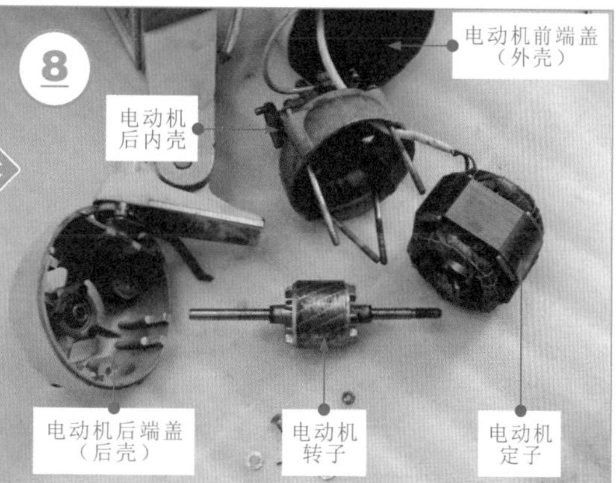

至此，单相交流电动机的定子与转子分离开来，完成单相交流电动机的拆卸。

4.2.4 三相交流电动机的拆卸

图4-13 三相交流电动机的拆卸方法

如图4-13所示，三相交流电动机的结构也是多种多样的，但其基本的拆卸方法大致相同，这里以常见的三相交流电动机为例，了解这种类型电动机的具体拆卸方法。

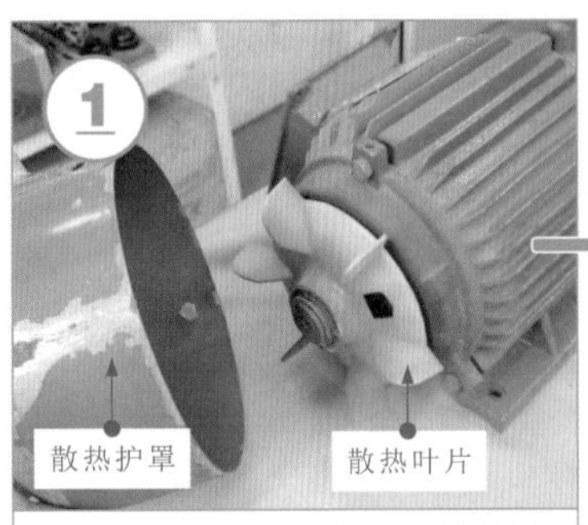

使用螺钉旋具拧下散热护罩的固定螺钉，取下护罩。

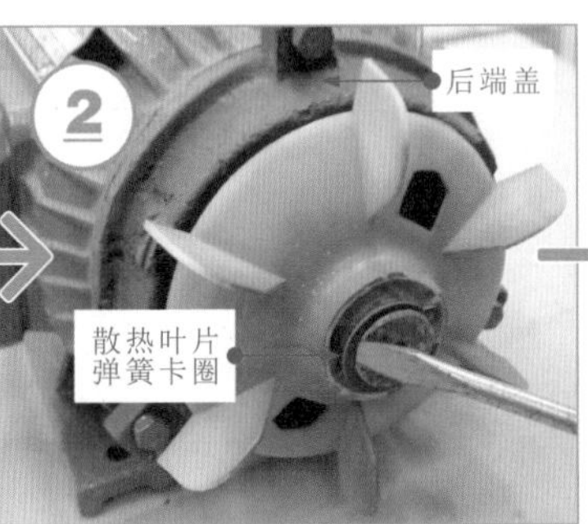

撬下固定散热叶片的弹簧卡圈，取下散热叶片。

使用扳手将电动机前端盖的固定螺母拧下。

从多个方位均匀撬开端盖，使端盖与机身分离。

将电动机后端盖连同电动机转子一同取下，电动机转子与定子分离。

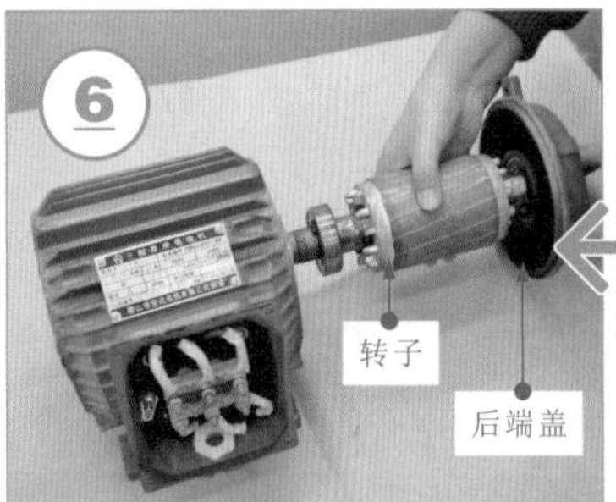

将电动机转子整体从该电动机定子及基座部分抽出。

至此，三相交流电动机各部件拆卸完成。此时，便可根据实际需求，对电动机转子、转轴、定子铁芯、定子绕组、轴承等部分进行检修或维护。

4.3 电动机的检测

电动机作为一种以绕组（线圈）为主要电气部件的动力设备，在检测时，主要是对绕组及传动状态进行检测，包括绕组电阻值、绝缘电阻值、空载电流及转速等方面。

4.3.1 电动机绕组电阻值的检测

绕组是电动机的主要组成部件，在电动机的实际应用中，其损坏的概率相对较高。检测时，一般可用万用表的电阻挡进行粗略检测，也可以使用万用电桥进行精确检测，进而判断绕组有无短路或断路故障。

图4-14 借助万用表粗略测量电动机绕组的电阻值

如图4-14所示，用万用表检测电动机绕组的电阻值是一种比较常用、简单易操作的测试方法，该方法可粗略检测出电动机内各相绕组的电阻值，根据检测结果可大致判断出电动机绕组有无短路或断路故障。

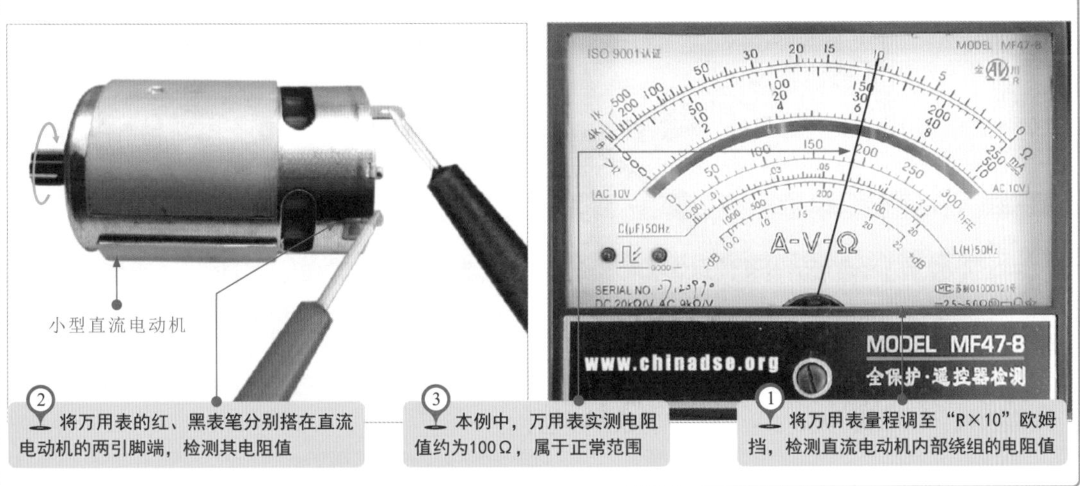

图4-15 直流电动机绕组检测原理示意图

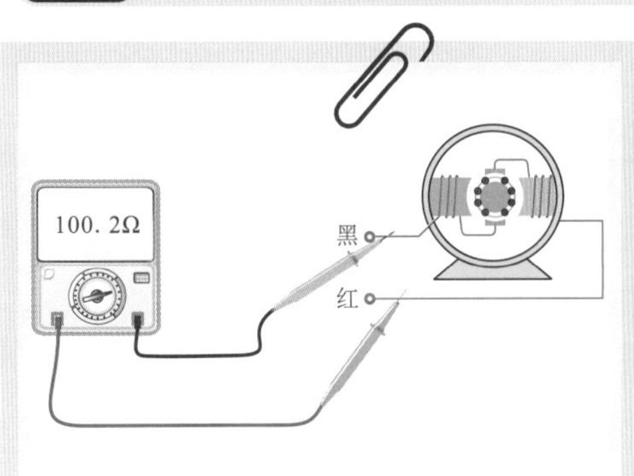

如图4-15所示，普通直流电动机是通过电源和换向器为绕组供电，这种电动机有两根引线。检测直流电动机绕组电阻值时，相当于检测一个电感线圈的电阻值，因此应能检测到一个固定的数值，当检测一些小功率直流电动机时，其因受万用表内电流的驱动而会旋转。

判断直流电动机本身的性能时，除检测绕组的电阻值外，还需要对绝缘电阻值进行检测，检测方法可参考前文的操作步骤。正常情况下，电阻值应为无穷大，若测得的电阻值很小或为0Ω，则说明直流电动机的绝缘性能不良，内部导电部分可能与外壳相连。

图4-16 单相交流电动机绕组电阻值的检测

如图4-16所示，用万用表分别检测单相交流电动机绕组的电阻值，根据检测结果可大致判断该类电动机内部绕组有无短路或断路情况。

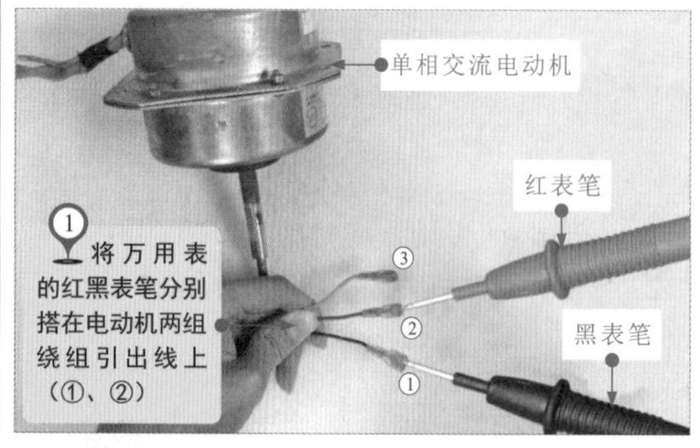

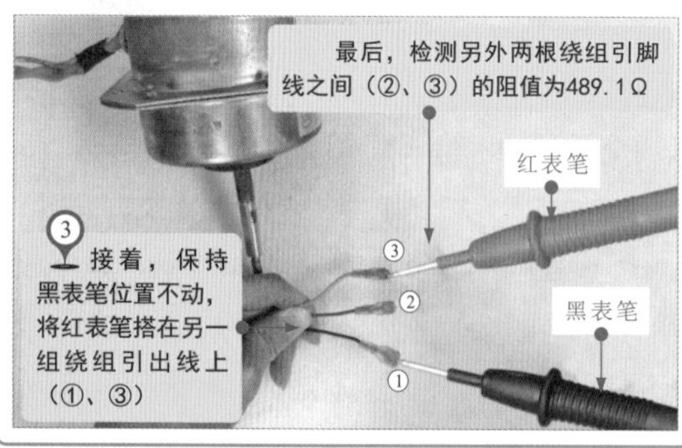

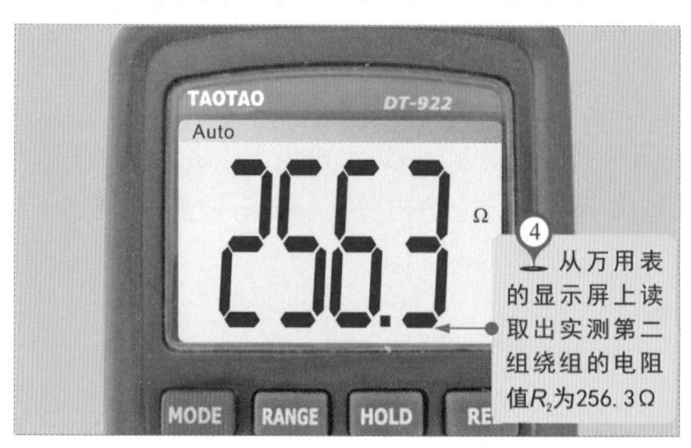

图4-17 单相交流电动机与三相交流电动机绕组阻值关系

如图4-17所示，若所测电动机为单相电动机，则检测两两引线之间阻值，得到的三个数值R_1、R_2、R_3应满足其中两个数值之和等于第三个值（$R_1+R_2=R_3$）。若R_1、R_2、R_3任意一阻值为无穷大，则说明绕组内部存在断路故障。

若所测电动机为三相电动机，则检测两两引线之间阻值，得到的三个数值R_1、R_2、R_3应满足三个数值相等（$R_1=R_2=R_3$）。若R_1、R_2、R_3任意一阻值为无穷大，则说明绕组内部存在断路故障。

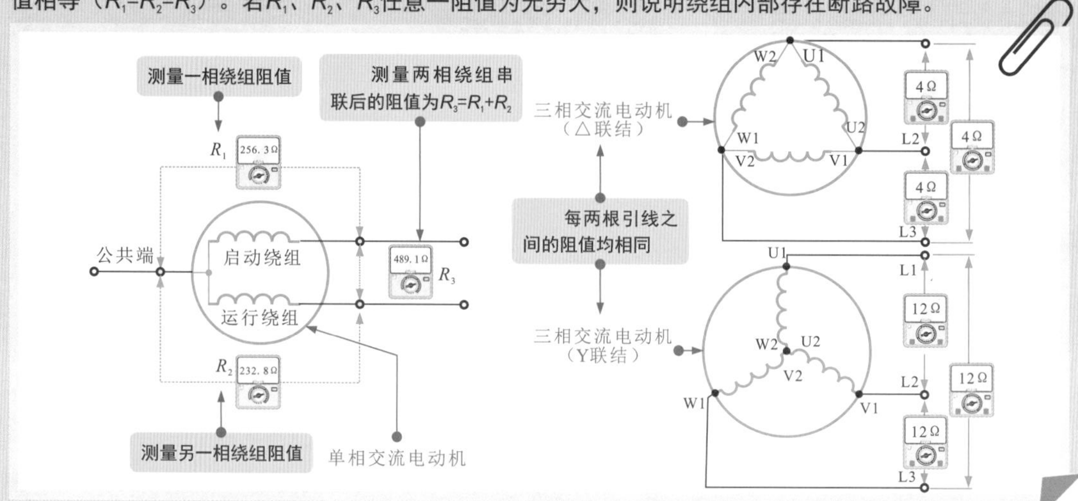

除使用万用表粗略测量电动机绕组电阻值外，还可借助万用电桥精确测量电动机绕组的直流电阻，即使偏差微小也能够被发现，这是判断电动机的制造工艺和性能是否良好的有效测试方法。

图4-18 借助万用电桥精确测量电动机绕组的阻值

图4-18为以典型三相交流电动机为例，了解电动机绕组电阻值的精确检测方法。

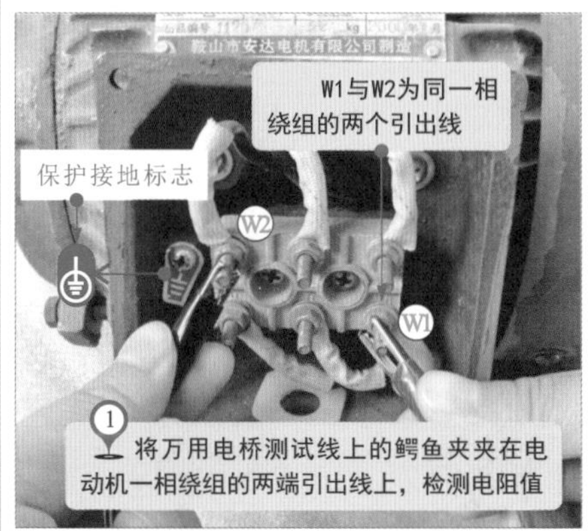

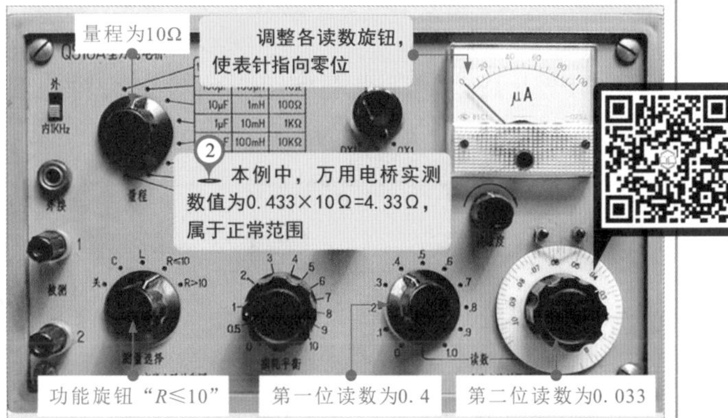

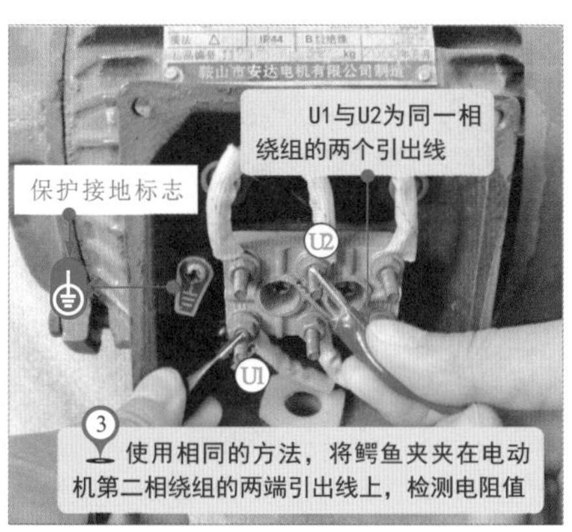

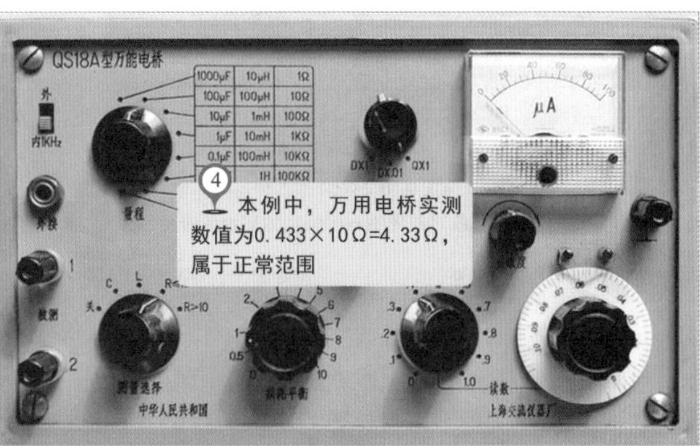

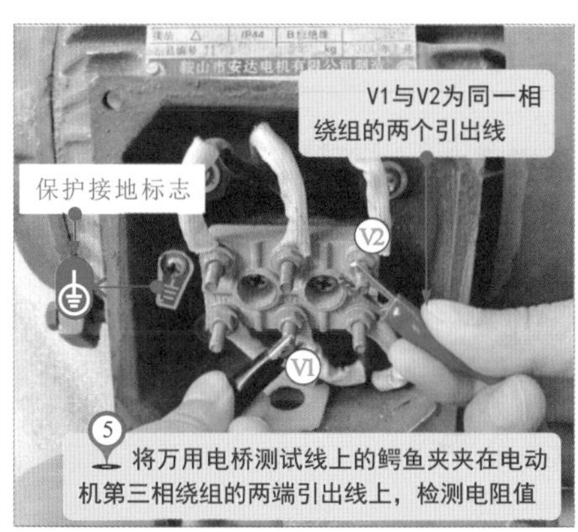

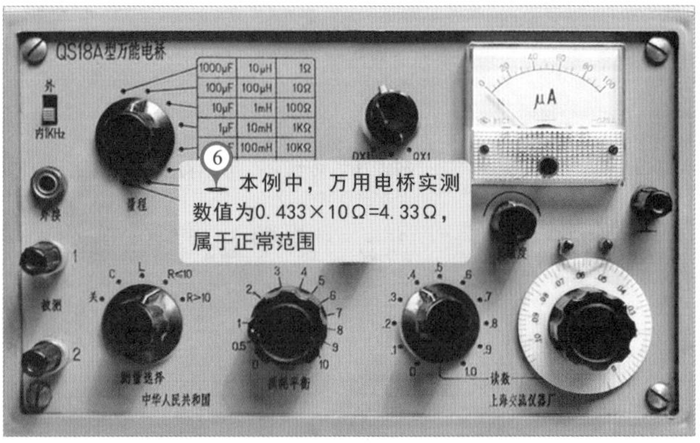

若测得三组绕组的电阻值不同，则绕组内可能有短路或断路情况。若通过检测发现电阻值出现较大的偏差，则表明电动机的绕组已损坏

4.3.2 电动机绝缘电阻的检测

电动机绝缘电阻的检测是指检测电动机绕组与外壳之间、绕组与绕组之间的绝缘性，以此来判断电动机是否存在漏电（对外壳短路）、绕组间短路的现象。测量绝缘电阻一般使用绝缘电阻表进行测试。

图4-19 电动机绕组与外壳之间绝缘电阻的检测方法

如图4-19所示，将绝缘电阻表分别与待测电动机绕组接线端子和接地端连接，转动绝缘电阻表手柄，检测电动机绕组与外壳之间的绝缘电阻。

将绝缘电阻表的黑色测试线接在交流电动机的接地端上，红色测试线接在其中一相绕组的出线端子上

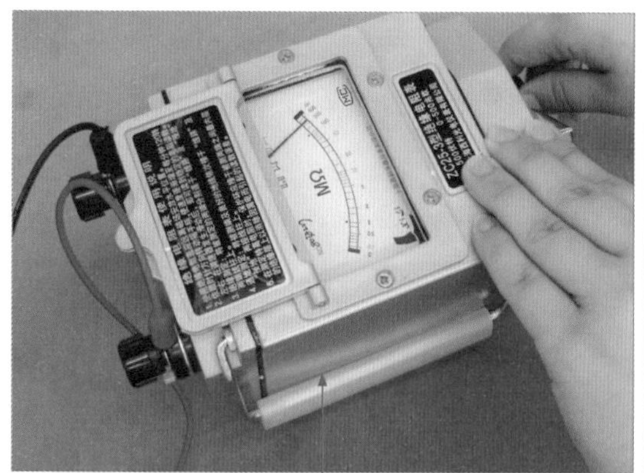

顺时针匀速转动绝缘电阻表的手柄，观察绝缘电阻表指针的摆动变化，绝缘电阻表实测绝缘电阻值大于1MΩ，正常

使用绝缘电阻表检测交流电动机绕组与外壳间的绝缘电阻值时，应匀速转动绝缘电阻表的手柄，并观察指针的摆动情况，本例中，实测绝缘电阻值均大于1MΩ。

为确保测量值的准确度，需要待绝缘电阻表的指针慢慢回到初始位置，然后再顺时针摇动绝缘电阻表的手柄，检测其他绕组与外壳的绝缘电阻值是否正常，若检测结果远小于1MΩ，则说明电动机绝缘性能不良或内部导电部分与外壳之间有漏电情况。

图4-20 电动机绕组与绕组之间绝缘电阻的检测方法

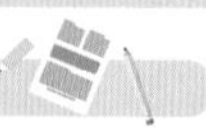

如图4-20所示，借助绝缘电阻表检测电动机绕组与绕组之间的绝缘电阻。

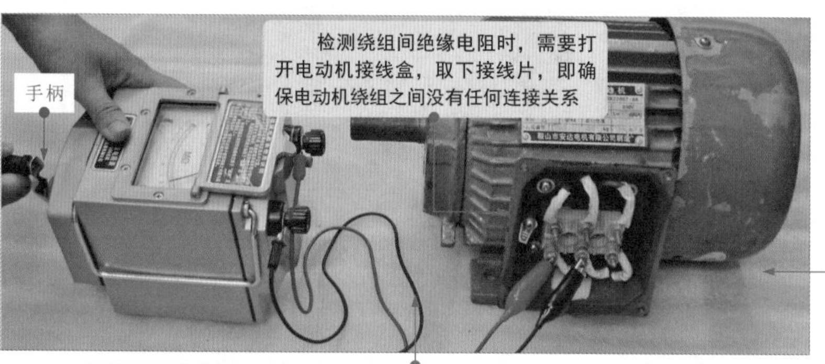

将绝缘电阻表的鳄鱼夹分别夹在不相连的两相绕组引线上，然后匀速转动绝缘电阻表的手柄。在正常情况下，绕组与绕组间的绝缘电阻值应大于1MΩ

若测得电动机的绕组与绕组之间的绝缘电阻值为零或阻值较小，则说明电动机绕组与绕组之间存在短路现象

4.3.3 电动机空载电流的检测

检测电动机的空载电流就是在电动机未带任何负载的情况下检测绕组中的运行电流，多用于单相交流电动机和三相交流电动机的检测。

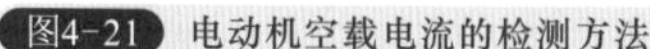

图4-21 电动机空载电流的检测方法

如图4-21所示，借助钳形表检测电动机的空载电流。

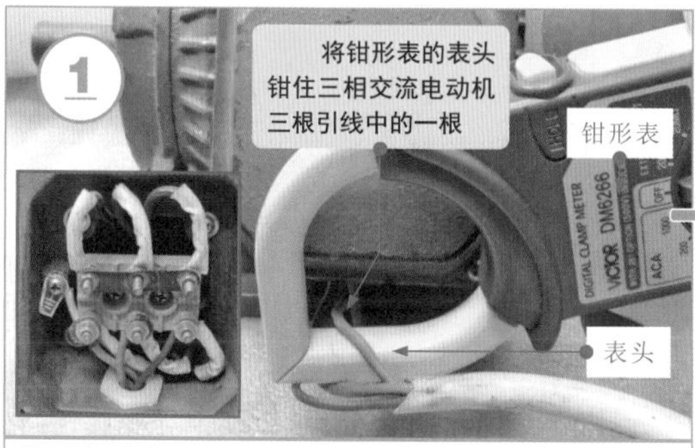

① 使用钳形表检测三相交流电动机中一根引线的空载电流值。

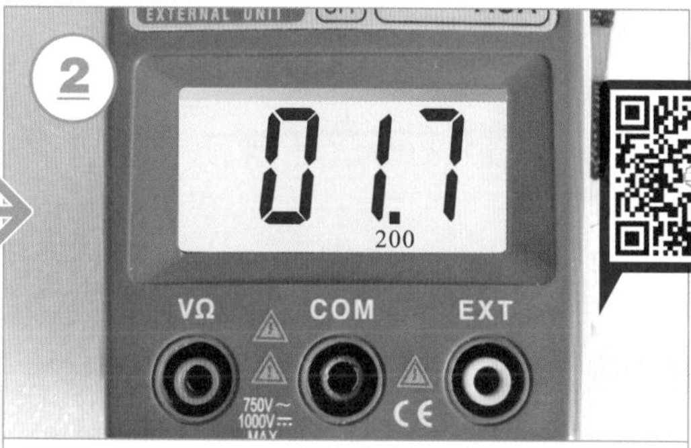

② 本例中，钳形表实际测得稳定后的空载电流为1.7A。

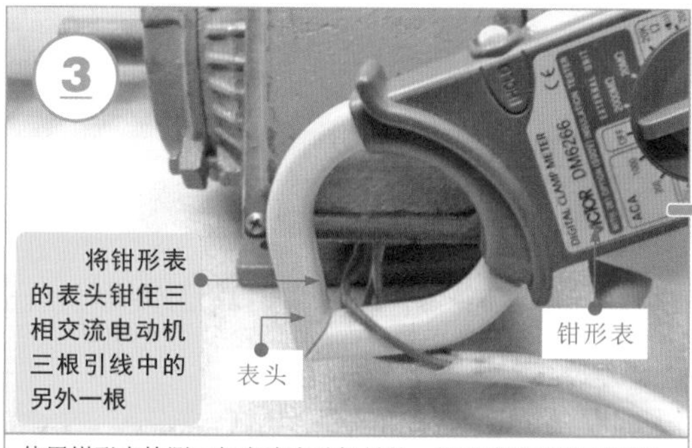

③ 使用钳形表检测三相交流电动机另外一根引线的空载电流值。

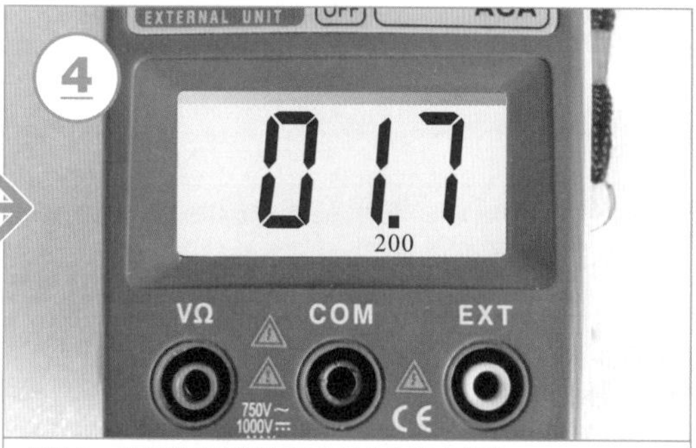

④ 本例中，钳形表实际测得稳定后的空载电流为1.7A。

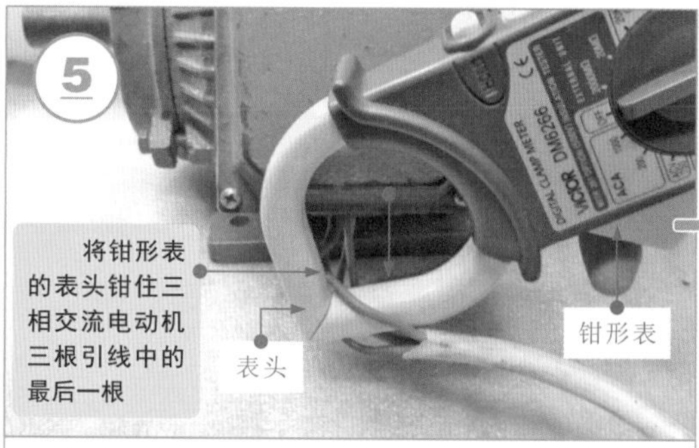

⑤ 使用钳形表检测三相交流电动机最后一根引线的空载电流值。

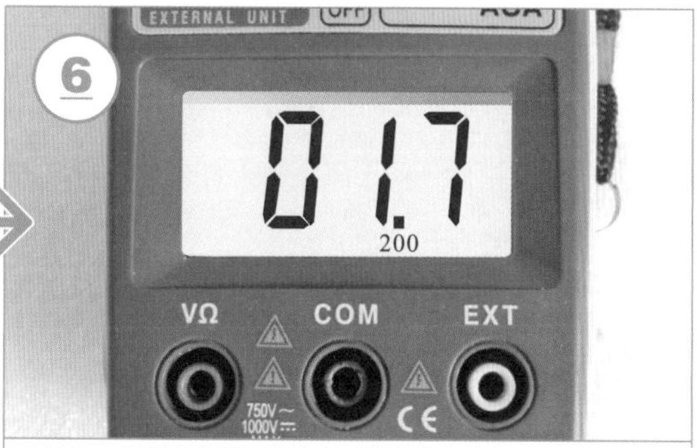

⑥ 本例中，钳形表实际测得稳定后的空载电流为1.7A。

若测得的空载电流过大或三相空载电流不均衡，则说明电动机存在异常。一般情况下，空载电流过大的原因主要有电动机内部铁芯不良、电动机转子与定子之间的间隙过大、电动机线圈的匝数过少、电动机绕组连接错误。所测电动机为2极1.5kW容量的电动机，其空载电流约为额定电流的40%～55%。

4.3.4 电动机转速的检测

电动机的转速是指电动机运行时每分钟旋转的转数。测试电动机的实际转速，并与铭牌上的额定转速进行比较，可检查电动机是否存在超速或堵转现象。

图4-22 电动机转速的检测方法

如图4-22所示，检测电动机的转速一般使用专用的电动机转速表。

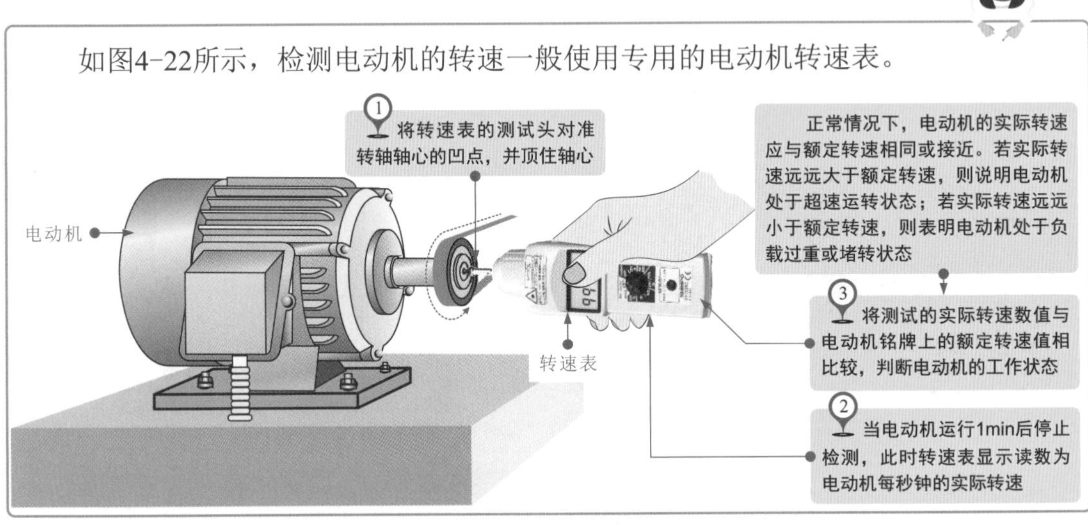

图4-23 电动机额定转速的确定

如图4-23所示，对于没有铭牌的电动机，在进行转速检测时，应先确定其额定转速，通常可用指针万用表进行简单的判断。

首先将电动机各绕组之间的连接金属片取下，使各绕组之间保持绝缘，然后再将万用表的量程调至0.05mA挡，将红、黑表笔分别接在某一绕组的两端，匀速转动电动机主轴一周，观测一周内万用表指针左右摆动的次数。当万用表指针摆动一次时，表明电流正负变化一个周期，为2极电动机；当万用表指针摆动两次时，则为4极电动机，依次类推，三次则为6极电动机。

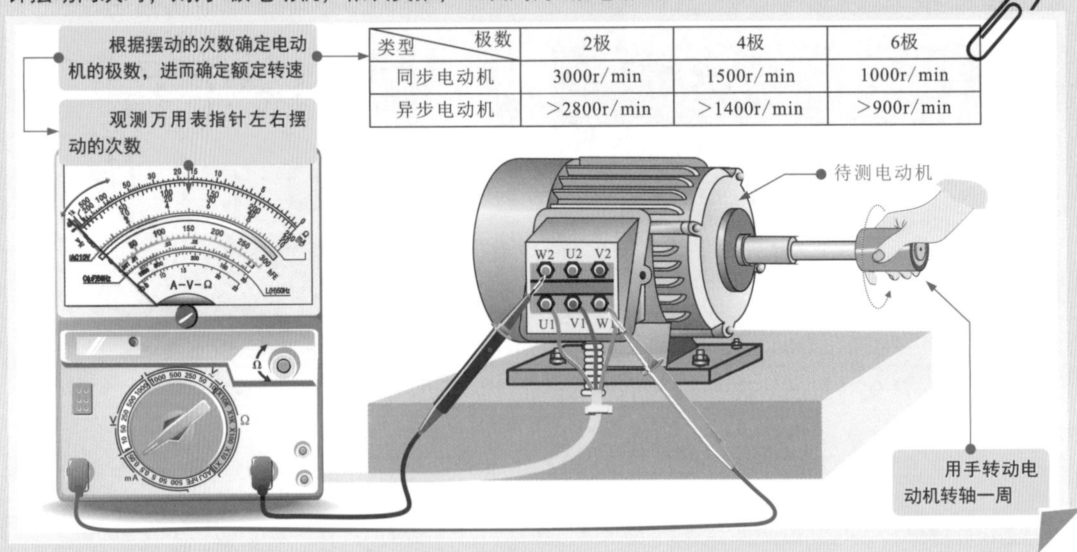

类型 \ 极数	2极	4极	6极
同步电动机	3000r/min	1500r/min	1000r/min
异步电动机	>2800r/min	>1400r/min	>900r/min

4.4 电动机主要部件的检修

电动机的铁芯、转轴、电刷、集电环（换向器）的都是容易磨损的部件，检修电动机时应重点对上述部件进行检修。

4.4.1 电动机铁芯的检修

铁芯通常包含定子铁芯和转子铁芯两个部分。铁芯检修主要应从铁芯锈蚀、铁芯松弛、铁芯烧损、铁芯扫膛及槽齿弯曲等方面进行检查修复。

❶ 铁芯表面锈蚀的检修

图4-24 铁芯表面锈蚀的修复处理

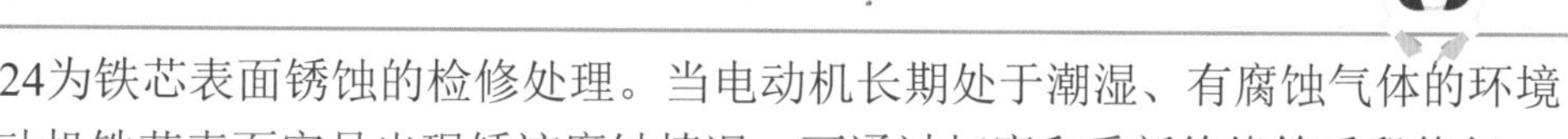

图4-24为铁芯表面锈蚀的检修处理。当电动机长期处于潮湿、有腐蚀气体的环境中时，电动机铁芯表面容易出现锈迹腐蚀情况。可通过打磨和重新绝缘等手段修复。

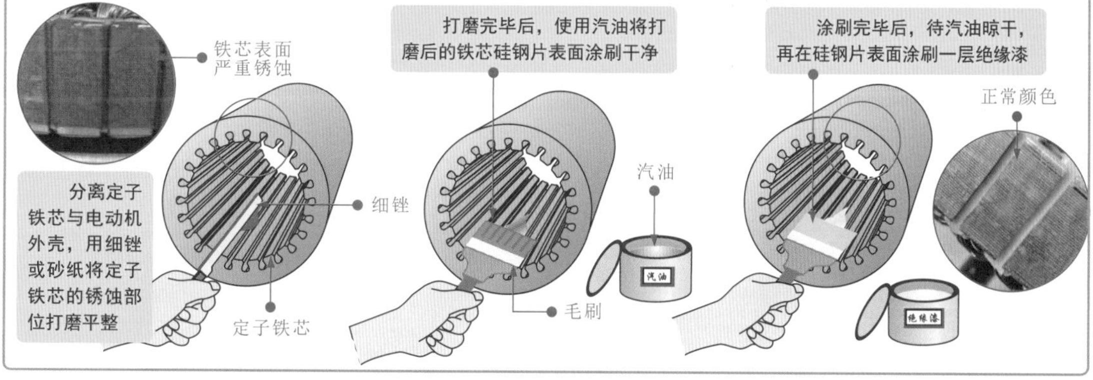

❷ 定子铁芯松弛的检修

图4-25 定子铁芯松弛的检修方法

图4-25为定子铁芯松弛的检修方法。电动机在运行时，铁芯由于受热膨胀会受到附加压力，使绝缘漆膜压平，硅钢片间密和度降低，从而易出现松动现象。

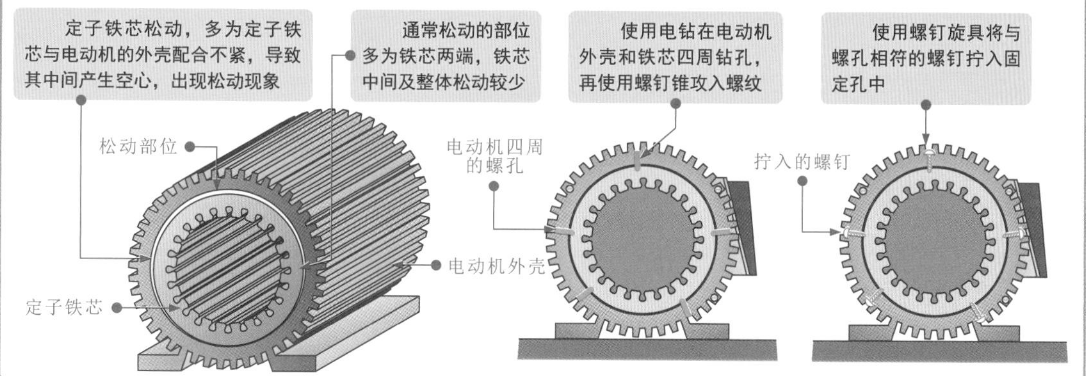

③ 转子铁芯松弛的检修

图4-26 转子铁芯松弛的检修方法

当电动机转子铁芯出现松动现象时，其松动部位多为转子铁芯与转轴之间的连接部位。对于该类故障可采用螺母紧固的方法进行修复。图4-26为转子铁芯松弛的检修方法。

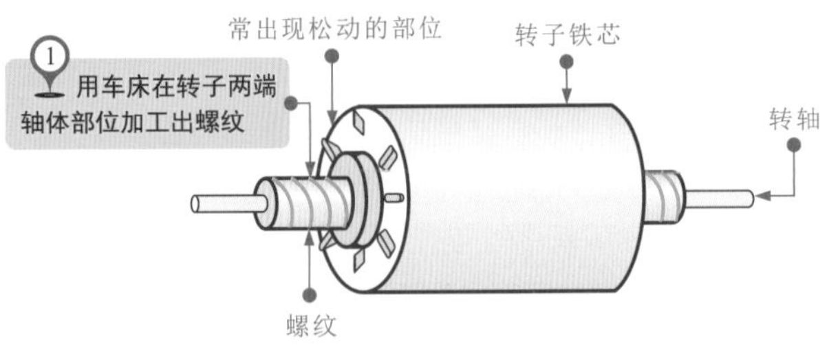

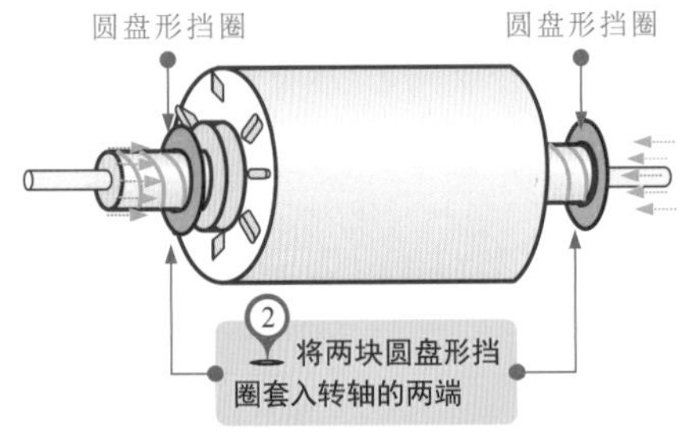

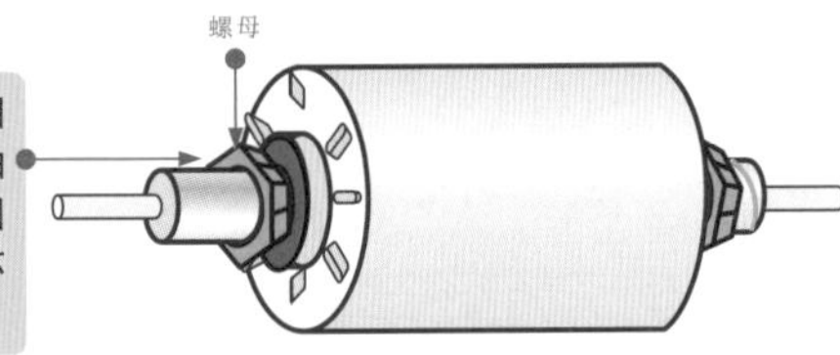

④ 铁芯槽齿弯曲的检修

图4-27 铁芯槽齿弯曲的检修方法

电动机铁芯槽齿弯曲、变形会导致电动机工作异常。如绕组受挤压破坏绝缘、绕制绕组无法嵌入铁芯槽中等。图4-27为铁芯槽齿弯曲的检修方法。

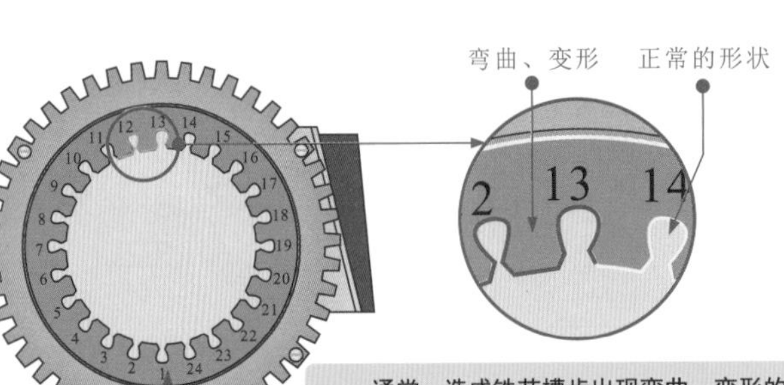

通常，造成铁芯槽齿出现弯曲、变形的原因主要有以下几点：

- ◆电动机发生扫膛时，与铁芯槽齿发生碰撞，引起槽齿弯曲、变形
- ◆拆卸绕组时，由于用力过猛，将铁芯撬弯变形，从而损伤槽齿压板，使槽口宽度产生变化
- ◆当铁芯出现松动时，由于电磁力的作用，也会使铁芯槽齿出现弯曲、变形的故障现象
- ◆当铁芯冲片出现凹凸不平现象时，将会造成铁芯槽内不平
- ◆当使用喷灯烧除旧线圈的绝缘层时，使槽齿过热而产生变形，导致冲片向外翘或弹开

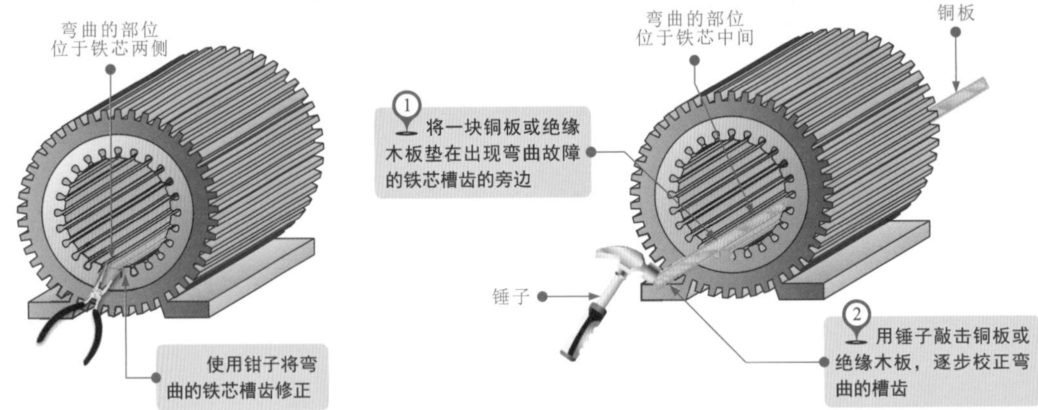

4.4.2 电动机转轴的检修

图4-28 电动机转轴的常规检修方法

图4-28为电动机转轴的常规检修方法。转轴是电动机输出机械能的主要部件。它穿插在电动机转子铁芯的中心部位，支撑转子铁芯旋转。由于转轴材质不好或强度不够、转轴与关联部件配合异常、正反冲击作用、拆装操作不当等均可造成转轴损坏。其中，电动机转轴常见的故障主要有转轴弯曲、轴颈磨损、出现裂纹、键槽磨损等。若电动机转轴损坏严重，则只能进行更换。

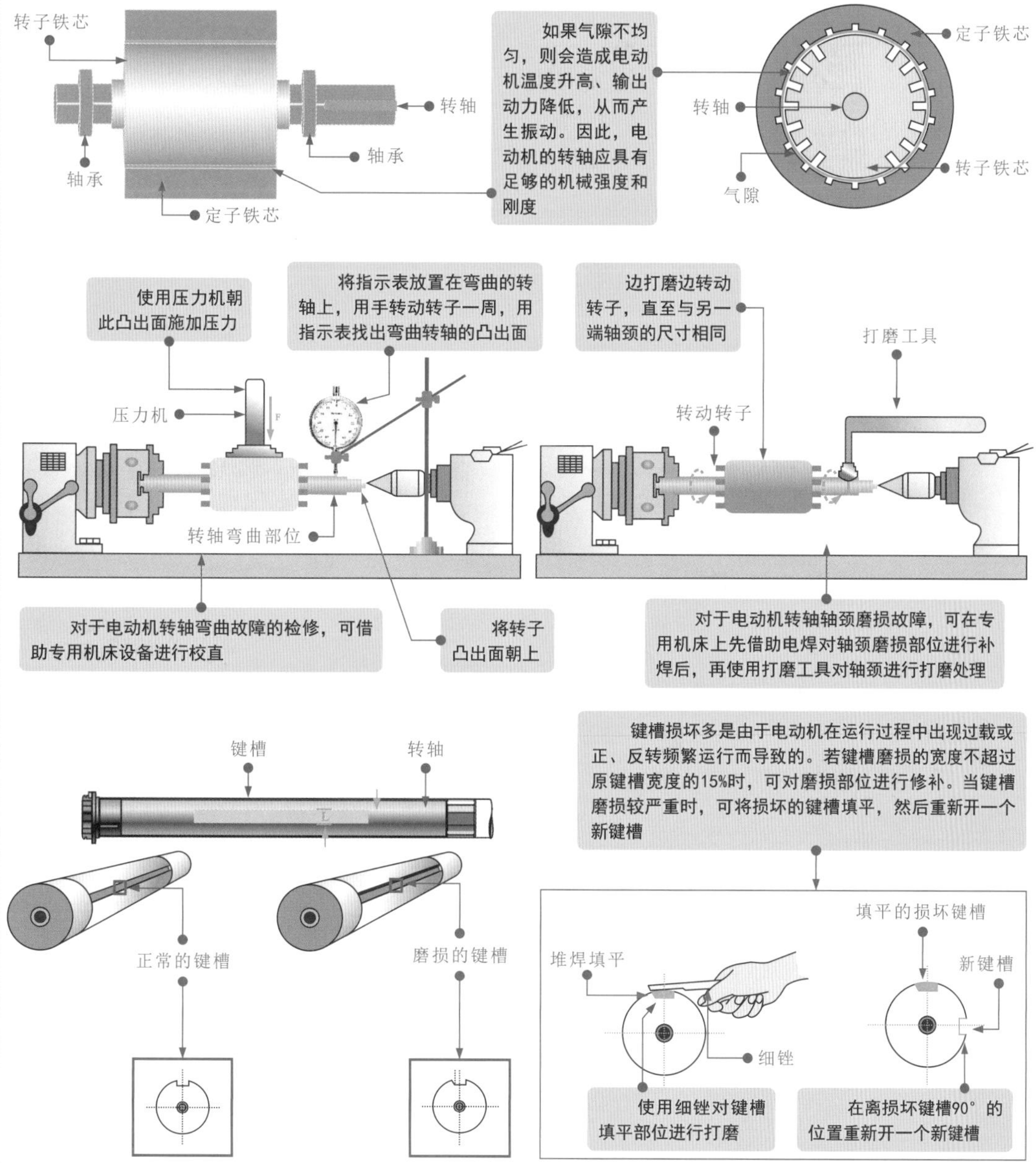

转子铁芯

转轴

轴承

轴承

定子铁芯

如果气隙不均匀，则会造成电动机温度升高、输出动力降低，从而产生振动。因此，电动机的转轴应具有足够的机械强度和刚度

定子铁芯

转轴

转子铁芯

气隙

使用压力机朝此凸出面施加压力

将指示表放置在弯曲的转轴上，用手转动转子一周，用指示表找出弯曲转轴的凸出面

边打磨边转动转子，直至与另一端轴颈的尺寸相同

打磨工具

压力机

转动转子

转轴弯曲部位

对于电动机转轴弯曲故障的检修，可借助专用机床设备进行校直

将转子凸出面朝上

对于电动机转轴轴颈磨损故障，可在专用机床上先借助电焊对轴颈磨损部位进行补焊后，再使用打磨工具对轴颈进行打磨处理

键槽

转轴

正常的键槽

磨损的键槽

键槽损坏多是由于电动机在运行过程中出现过载或正、反转频繁运行而导致的。若键槽磨损的宽度不超过原键槽宽度的15%时，可对磨损部位进行修补。当键槽磨损较严重时，可将损坏的键槽填平，然后重新开一个新键槽

填平的损坏键槽

堆焊填平

新键槽

细锉

使用细锉对键槽填平部位进行打磨

在离损坏键槽90°的位置重新开一个新键槽

4.4.3 电动机电刷的检修

图4-29为电动机电刷的故障特点和检修代换方法。电刷是有刷直流电动机中的关键部件。它与集电环（或换向器）配合向转子绕组传递电流。在直流电动机中，电刷还担负着对转子绕组中的电流进行换向的任务。由于电刷的工作特点，机械磨损是电刷的主要故障表现，若发现电刷磨损严重，应选择同规格的电刷进行代换。

图4-29 电动机电刷的故障特点和检修代换方法

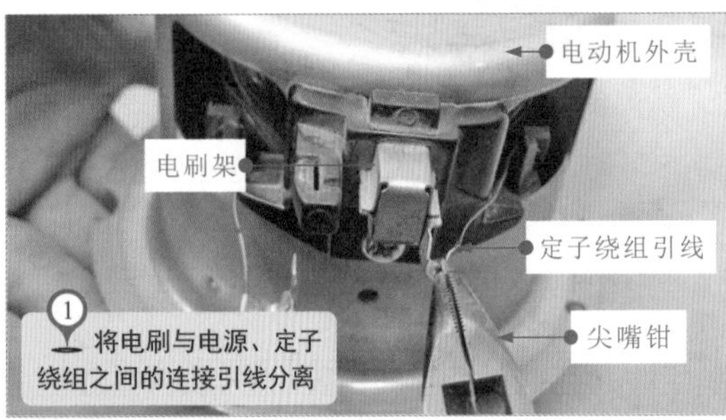

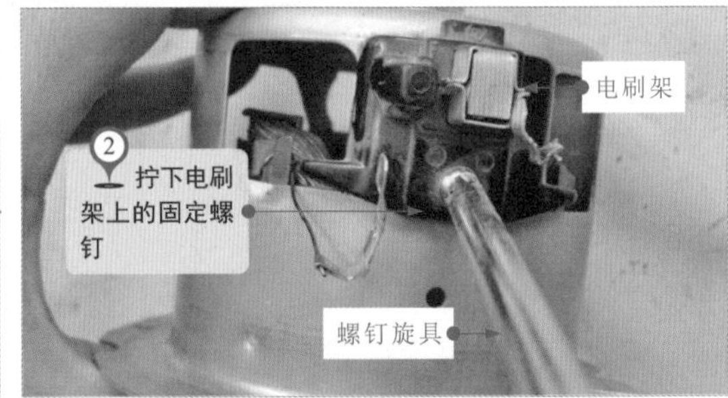

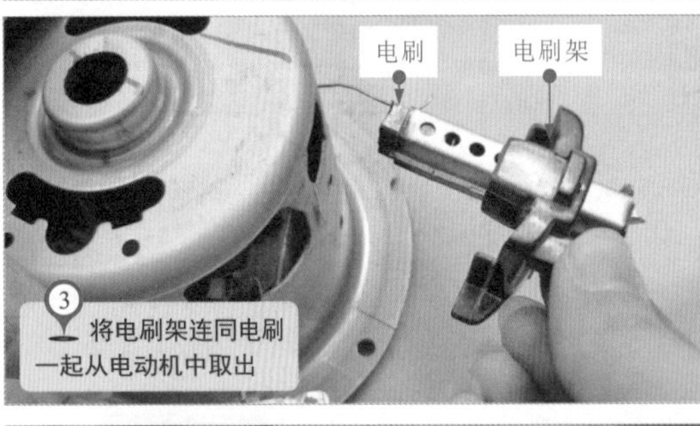

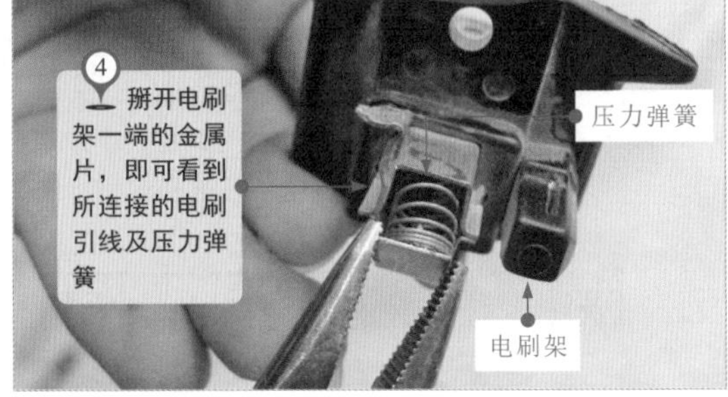

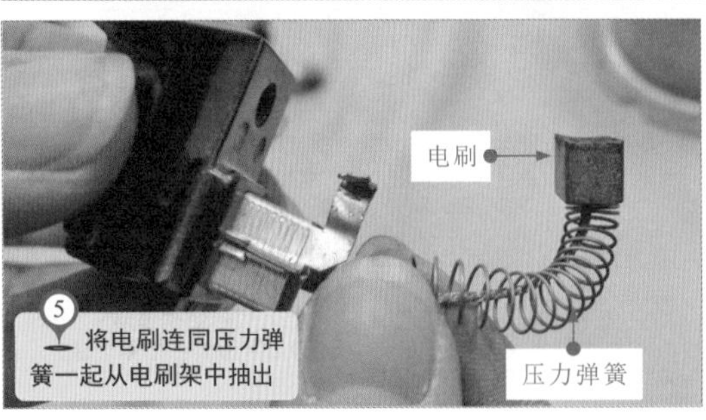

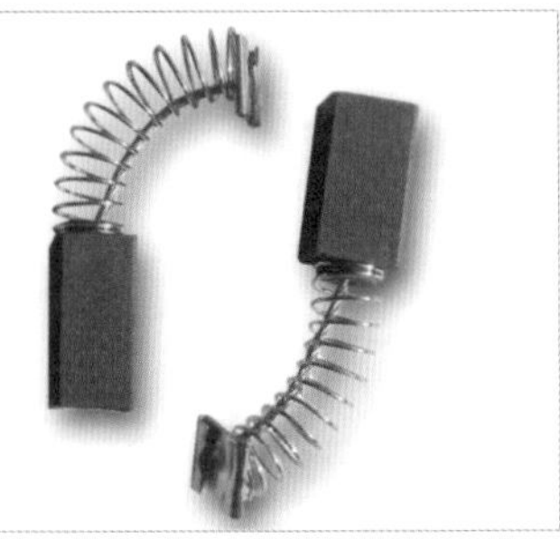

4.4.4 电动机集电环（换向器）的检修

电动机集电环（换向器）通常安装在电动机转子上，通过铜条导体直接与转子绕组连接，用于与电刷配合为转子绕组供电。

❶ 换向器氧化磨损的检修

图4-30为换向器氧化磨损的检修方法。换向器在长期的使用过程中，由于长期磨损、磕碰或频繁拆卸等，经常会引起换向器导体表面、壳体等部位出现氧化、磨损、裂痕、烧伤等故障。

图4-30 换向器氧化磨损的检修方法

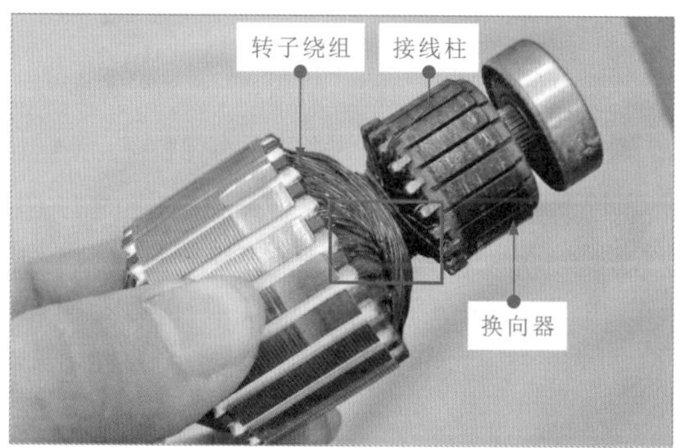

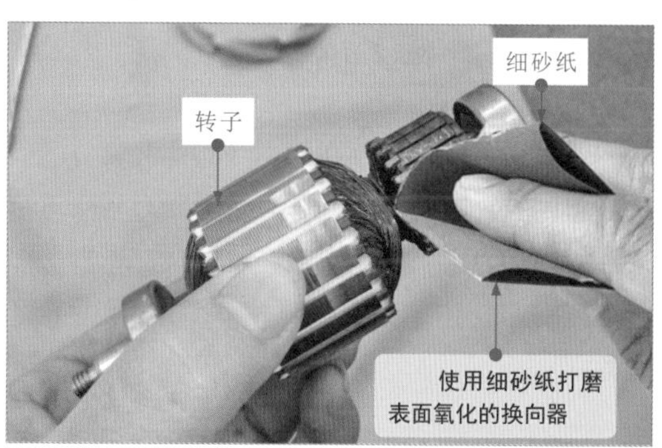

❷ 集电环铜环松动的检修

图4-31 集电环铜环松动的检修方法

图4-31为集电环铜环松动的检修方法。 集电环上的铜环松动，通常会造成集电环与电刷因接触不稳定产生打火现象，使集电环表面出现磨损或过热现象。

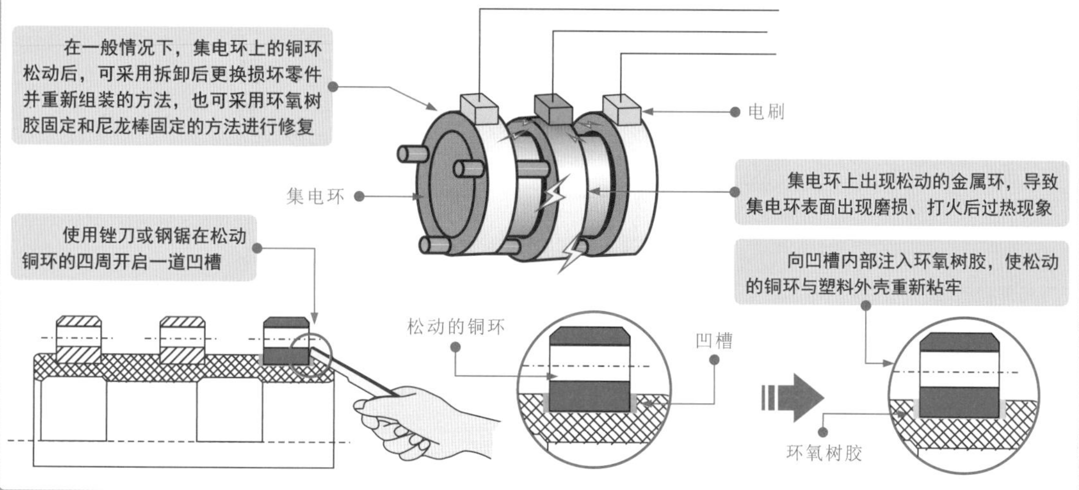

第5章 电工安全与触电急救

5.1 保护接地与保护接零

5.1.1 保护接地

保护接地是将电气设备正常情况下不带电的金属外壳及金属构架接地，以防止电气设备在绝缘损坏或意外情况下金属外壳带电，确保人身安全。

图5-1 电气设备外壳没有保护接地的危害

如图5-1所示，在正常情况下，电气设备的金属外壳与带电部分是绝缘的，电气设备外壳上不会带电。但如果电气设备内部绝缘体老化或损坏，与外壳短接时，电就可能传到金属外壳上来，电气设备外壳就会带电。如果外壳没有接地，这时若操作人员触碰到电气设备外壳，电流就会经分布电容回到电源形成回路，操作人员便会触电。

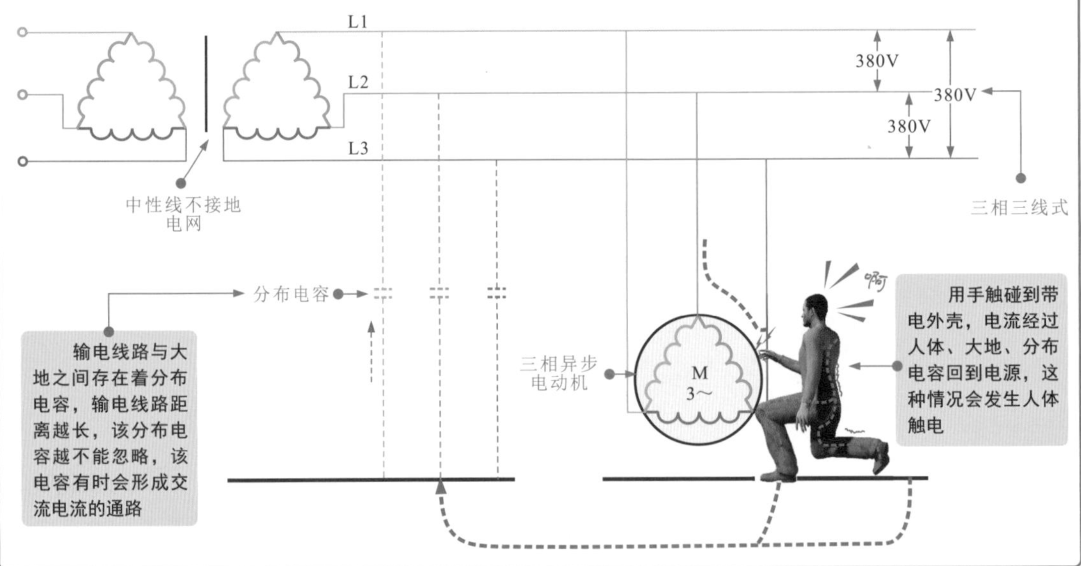

若电气设备外壳接地，当操作人员触碰到电气设备外壳，由于接地电阻相对于人体电阻很小，所以大部分短路电流会经过接地装置形成回路，电流就会通过地线流入大地，而流过人体的电流很小，对人身的安全威胁也就大为减小；另外当漏电电流较大时，线路中的漏电保护装置动作，切断线路电源，实现保护功能。

图5-2 保护接地的功效

图5-2为采用保护接地的功效。

L1
L2
L3
380V
380V
380V
中性线不接地电网
分布电容
漏电电流经接地线、接地体、分布电容送回电源，由线路漏电保护装置动作切断电源，实现保护
三相异步电动机
M 3～
有接地保护的电气设备，一旦发生漏电，经过接地装置的电流大
接地线
接地体
保护接地就是用一根较粗的电线（最好是铜线，铝线容易被腐蚀或碰断，一般不能用作接地线），一头接在设备外壳上，另一头接在埋入地下一定深度和长度的角钢上，即接地体。
接地线与接地体称为接地装置

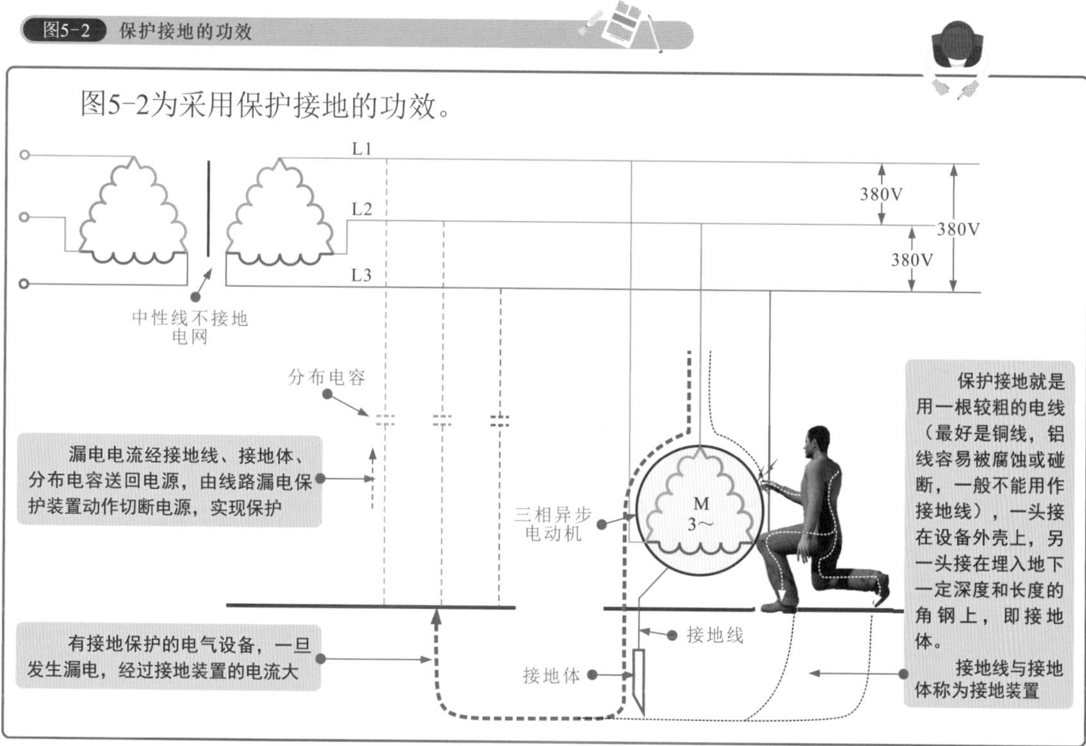

图5-3 保护接地的应用

如图5-3所示，保护接地适用于不接地的电网系统，在该系统中，主要是正常情况下不带电，但由于绝缘损坏或其他原因可能出现危险电压的金属部分，均应采用保护接地措施（另有规定者除外）。

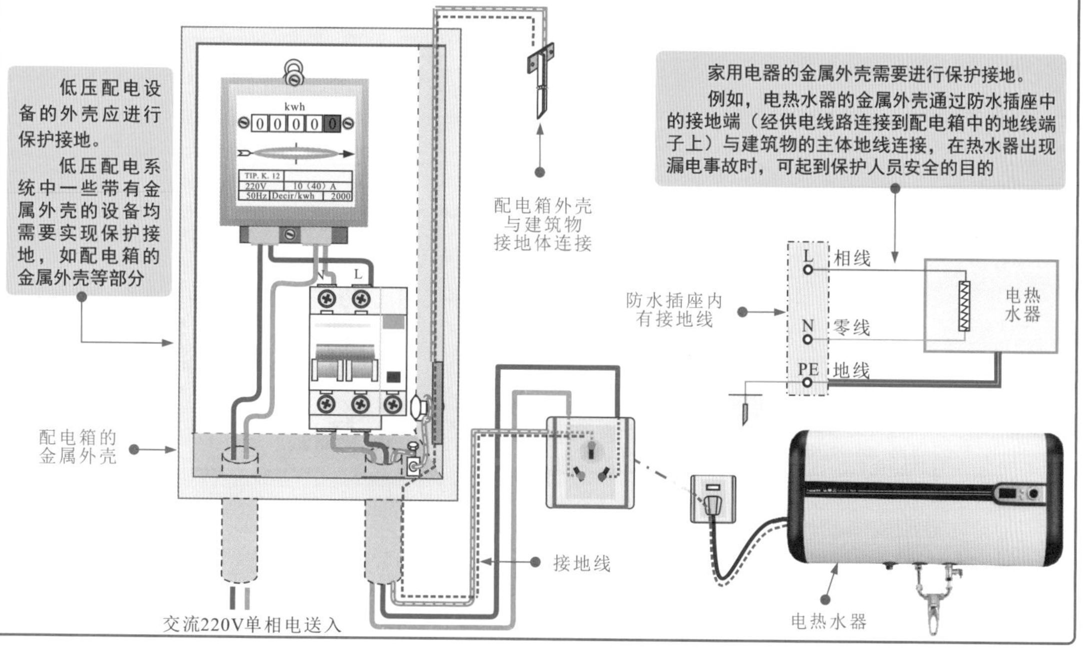

低压配电设备的外壳应进行保护接地。
低压配电系统中一些带有金属外壳的设备均需要实现保护接地，如配电箱的金属外壳等部分
kwh
配电箱外壳与建筑物接地体连接
家用电器的金属外壳需要进行保护接地。
例如，电热水器的金属外壳通过防水插座中的接地端（经供电线路连接到配电箱中的地线端子上）与建筑物的主体地线连接，在热水器出现漏电事故时，可起到保护人员安全的目的
L 相线
N 零线
PE 地线
电热水器
防水插座内有接地线
配电箱的金属外壳
接地线
交流220V单相电送入
电热水器

5.1.2 保护接零

保护接零是指在中性点接地的系统中，将电气设备正常运行时不带电的金属外壳及与外壳相连的金属构架与系统中的中性线连接起来，以保护人身安全的保护措施。

图5-4 保护接零的原理

如图5-4所示，保护接中性线路中，电气设备的金属外壳、底座等与线路中的中性线相连。当电气设备绝缘异常，导致某一相与外壳连接使外壳带电时，由于外壳采用了接零保护措施，此时形成相线与中性线的单相短路，短路电流较大，使线路上的熔断器等保护装置迅速动作，切断电源，实现保护作用。

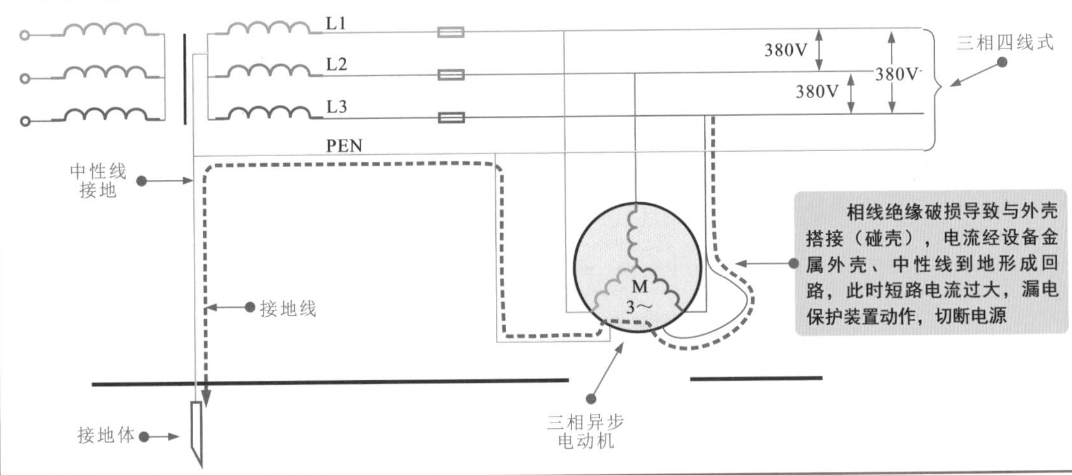

图5-5 保护接零的功效

图5-5为保护接零的功效。

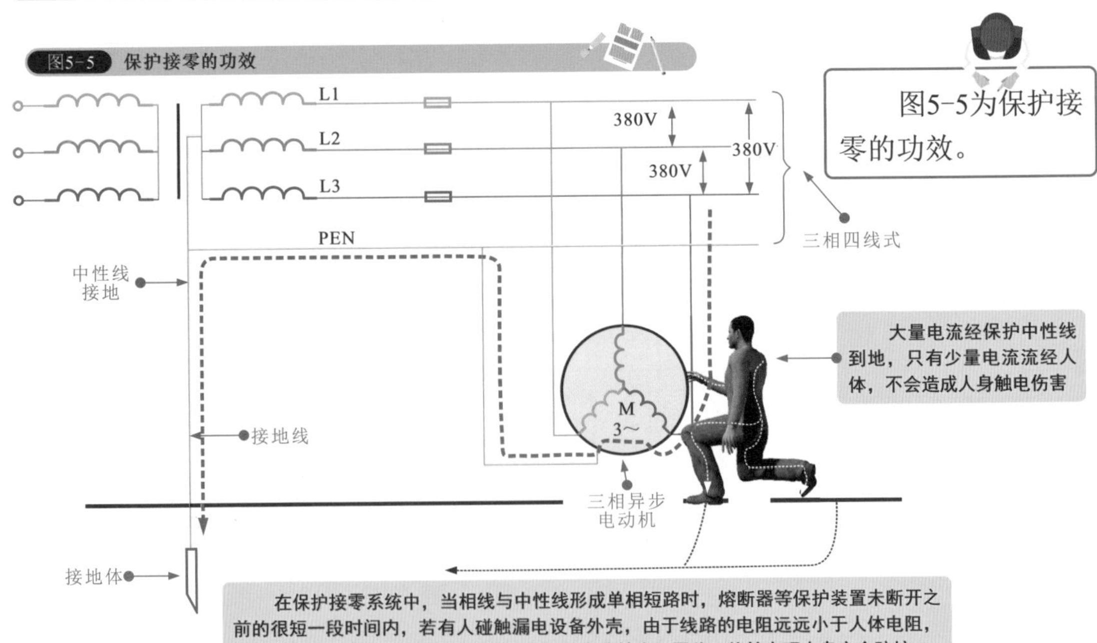

保护接零主要应用于1000V以下，电源中性点直接接地的供电系统中，常见于变压器低压侧中性点直接接地的380/220V三相四线式电网中，如应急照明及消防供电等需要自用配电变压器的系统中。

该类电网中，一旦发生单相短路故障，线路中的保护接零措施将最大程度体现出短路电流，该电流能够使线路中的保护装置迅速自动切断故障线路电源，实现保护功效。

图5-6 保护接零应用时的注意事项

如图5-6所示，保护接零线路中，由于设备金属外壳直接与零线连接，若零线出现断线、带电等情况将十分危险，因此对采用该类保护措施的线路需要特别强调线路的基本要求和应用时的注意事项。

保护接零系统中，一旦中性点断线，在断线处后面的所有电气设备的外壳或底座无法与大地连接，一旦内部相线出现碰壳情况，断线处后面的零线和与其相连的电气设备的外壳都将带上等于相电压的对地电压，极易发生触电事故。

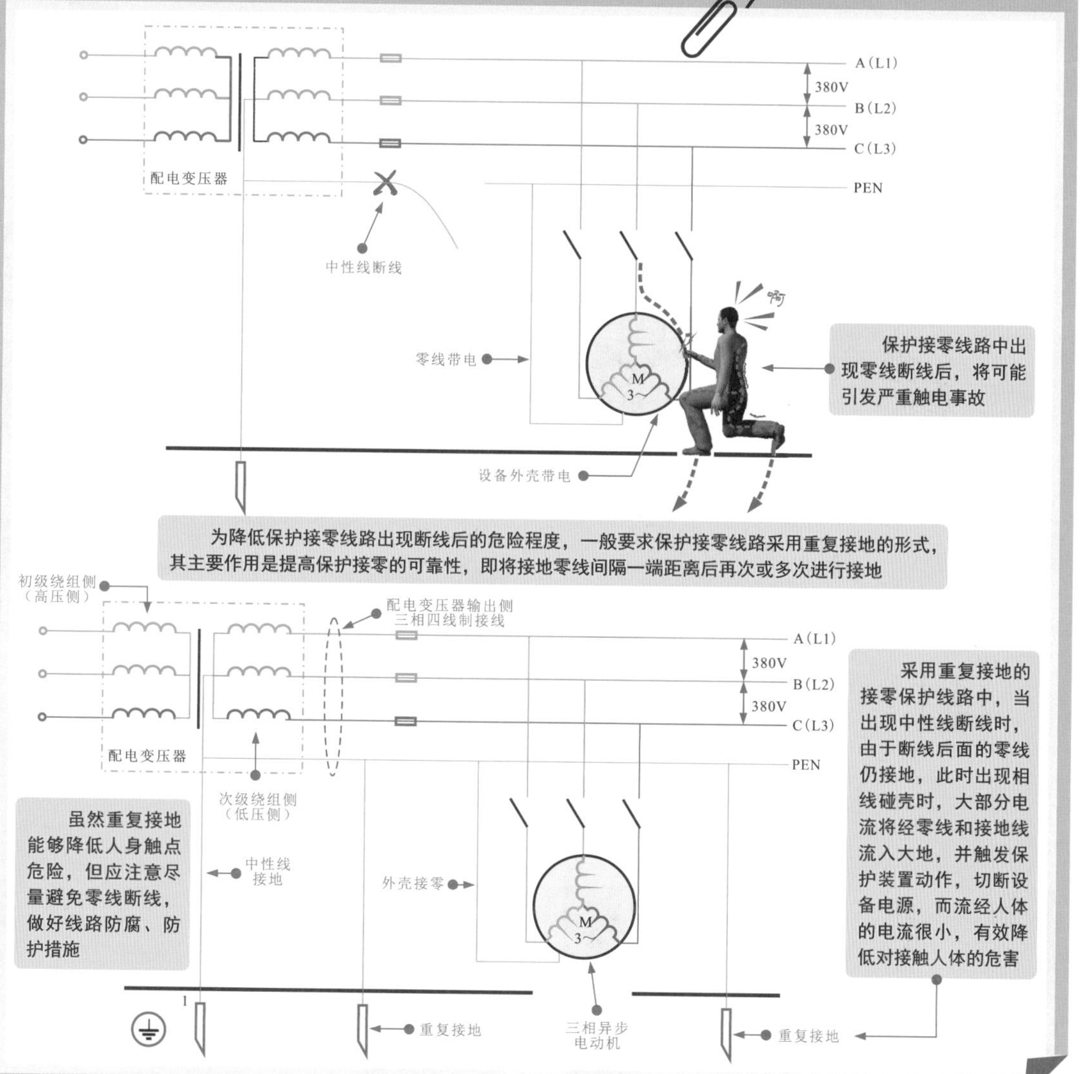

A（L1）
380V
B（L2）
380V
C（L3）
PEN
配电变压器
中性线断线
零线带电
M 3~
保护接零线路中出现零线断线后，将可能引发严重触电事故
设备外壳带电

为降低保护接零线路出现断线后的危险程度，一般要求保护接零线路采用重复接地的形式，其主要作用是提高保护接零的可靠性，即将接地零线间隔一端距离后再次或多次进行接地

初级绕组侧（高压侧）
配电变压器输出侧三相四线制接线
A（L1）
380V
B（L2）
380V
C（L3）
PEN
配电变压器
次级绕组侧（低压侧）
中性线接地
外壳接零
M 3~
三相异步电动机
重复接地
重复接地

虽然重复接地能够降低人身触点危险，但应注意尽量避免零线断线，做好线路防腐、防护措施

采用重复接地的接零保护线路中，当出现中性线断线时，由于断线后面的零线仍接地，此时出现相线碰壳时，大部分电流将经零线和接地线流入大地，并触发保护装置动作，切断设备电源，而流经人体的电流很小，有效降低对接触人体的危害

5.2 静电的危害与预防

5.2.1 静电的危害

静电（static electricity）是一种处于静止状态（或不流动状态）的电荷。通常，通过相对运动、摩擦或接触会使电荷聚集于人体或其他物体，这就是静电。

静电的危害主要有三方面：第一方面是静电会直接影响生产，导致设备或产品故障，影响设备和产品的寿命等；第二方面是静电的电击现象可导致操作失误而诱发的人身事故或设备故障；第三方面是静电可直接引发爆炸、火灾等事故。

❶ 静电会影响生产

图5-7 静电对生产的影响

静电会对生产造成直接影响，如图5-7所示。静电可能引起电子设备（如计算机等）故障或误动作，影响正常运行；静电易造成电磁干扰，引发无电线通信异常等危害；静电会导致精密电子元器件内部击穿断路，造成设备故障；静电会加速元件老化，降低设备使用寿命，妨碍生产。

降低设备及产品的寿命
精密电子元件、集成电路击穿！
静电会降低元件的使用寿命
静电火花
静电对芯片内部造成的破坏
静电易造成集成电路、半导体器件生产合格率降低
静电吸附导致纱线缠结、缠绕断头，降低纺织品质量
静电吸附导致纸张间粘连，造成套印不准，影响印刷速度和品质
静电吸附导致粉粒吸附在设备上，影响粉粒输送，或损坏设备

❷ 静电对人体的危害

图5-8 静电对人体的危害

静电会对人体造成电击的伤害。静电的电击伤害极易导致人体的应激反应，使电工作业人员动作失常，诱发触电、高空坠落或设备故障等二次事故，如图5-8所示。

一般情况下，普通静电电击的危害程度较小，人体受到电击后不会危及生命。但一些特殊环境下，也可能造成严重后果。例如，电工操作人员在作业中，受到静电电击可能因精神紧张导致工作失误，或因较大电击而摔倒，造成二次事故等。

静电电击的程度与静电电压大小有关，静电电压越大，电击程度越大，引起的危害程度也越大

静电电压（kV）	电击程度
1～2.5	放电部位有轻微冲击感，不疼痛，有微弱的放电响声
2.5～3	有轻微刺痛感，可看到放电火花
3～5	手指有较强的刺痛感，有电击感觉
5～7	手指、手掌有电击疼痛感、轻微麻木感，有明显放电啪啪声
7～9	手指剧痛，手掌、手腕部有强烈电击感、麻木感
9以上	手指剧烈麻木，有电流流过感觉，有强烈电击感

❸ 静电会引发爆炸、火灾等重大事故

图5-9 静电会引发爆炸、火灾

静电放电时会产生火花，这些火花使易燃易爆品或存在易燃易爆的粉尘、油雾、气体等的生产场所（如石油、化工、煤矿、矿井等）极易引起爆炸和火灾，这也是静电造成的最严重危害，如图5-9所示。

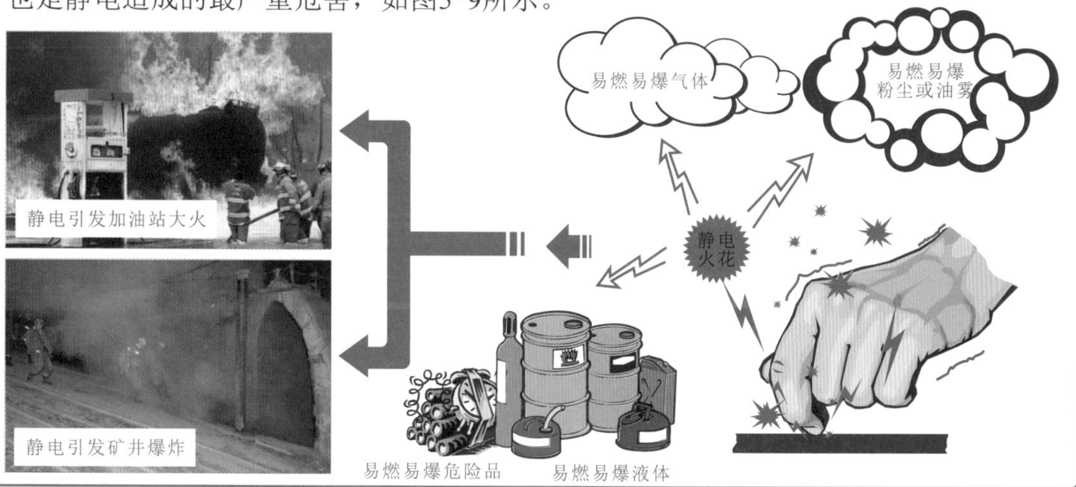

5.2.2 静电的预防

静电预防是指为防止静电积累所引起的人身电击、电子设备失误、电子器件失效和损坏，严重的火灾和爆炸事故，以及对生产制造业的妨碍等危害所采取的防范措施。

目前，预防静电的关键是限制静电的产生、加快静电的释放、进行静电的中和等，常采用的预防措施主要包括接地、搭接、增加环境空气湿度、中和电荷、使用抗静电剂等。

❶ 接地

图5-10 采用接地预防静电

接地是进行静电预防最简单、最常用的一种措施。接地的关键是将物体上的静电电荷通过接地导线释放到大地。

接地分为人体接地和设备接地两种，如图5-10所示。

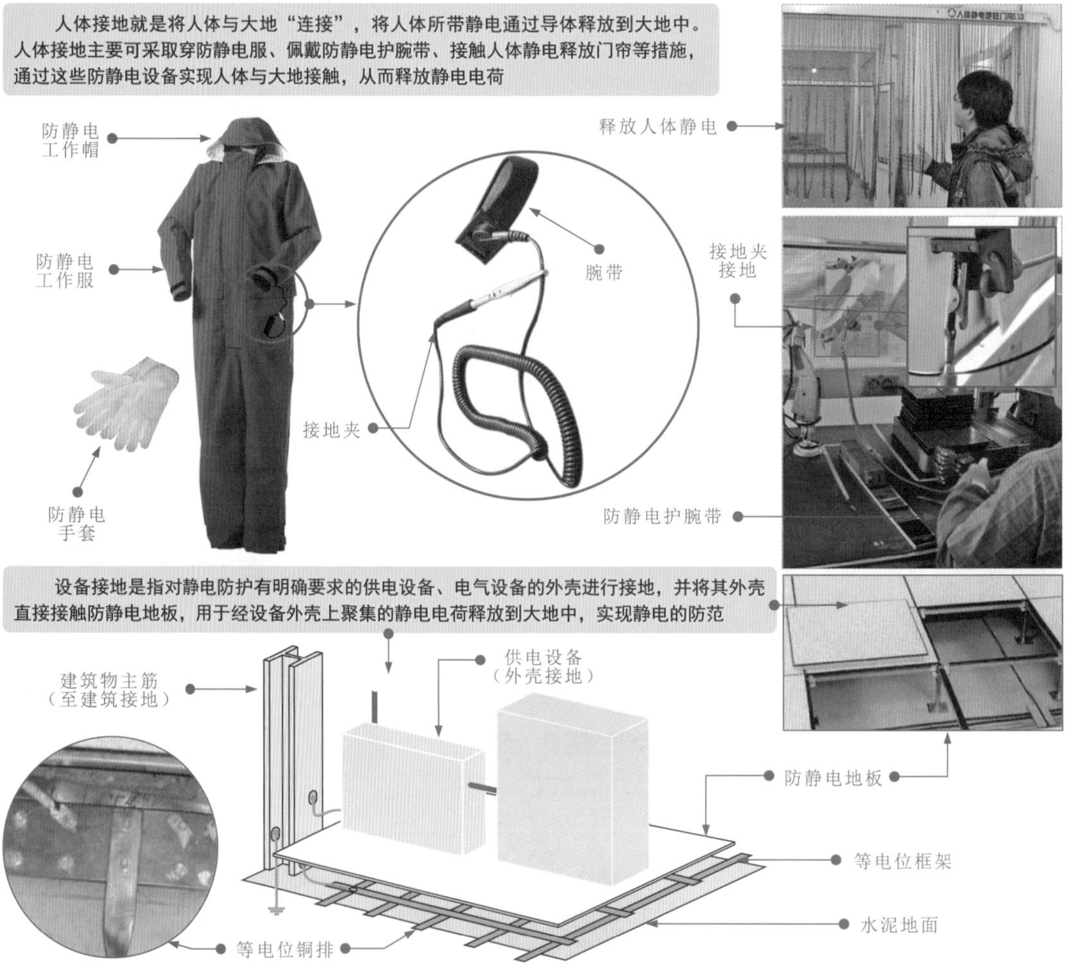

人体接地就是将人体与大地“连接”，将人体所带静电通过导体释放到大地中。人体接地主要可采取穿防静电服、佩戴防静电护腕带、接触人体静电释放门帘等措施，通过这些防静电设备实现人体与大地接触，从而释放静电电荷

防静电工作帽
防静电工作服
防静电手套
腕带
接地夹
释放人体静电
接地夹接地
防静电护腕带

设备接地是指对静电防护有明确要求的供电设备、电气设备的外壳进行接地，并将其外壳直接接触防静电地板，用于经设备外壳上聚集的静电电荷释放到大地中，实现静电的防范

建筑物主筋（至建筑接地）
供电设备（外壳接地）
防静电地板
等电位框架
水泥地面
等电位铜排

❷ 搭接

图5-11 采用搭接方法预防静电

搭接或跨接是指将距离较近（小于100mm）的两个以上独立的金属导体，如金属管道之间、管道与容器之间进行电气上的连接，如图5-11所示，使其相互间基本处于相同的电位，防止静电积累。

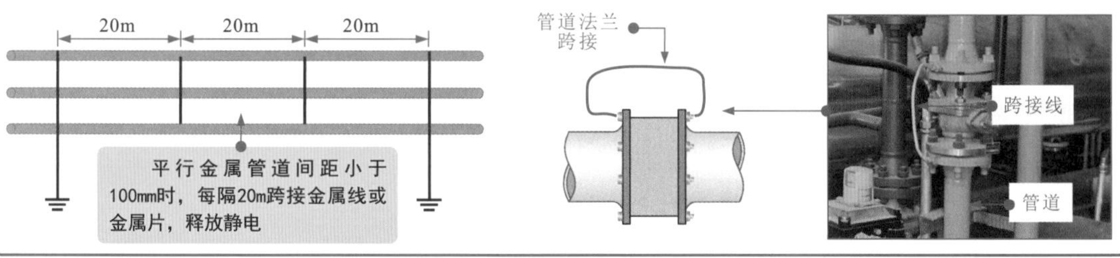

❸ 静电中和

图5-12 采用静电中和法预防静电

静电中和是进行静电防范的主要措施，是指借助静电中和器将空气分子电离出与带电物体静电电荷极性相反的电荷，并与带电物体的静电电荷相互抵消，从而达到消除静电的目的，如图5-12所示。

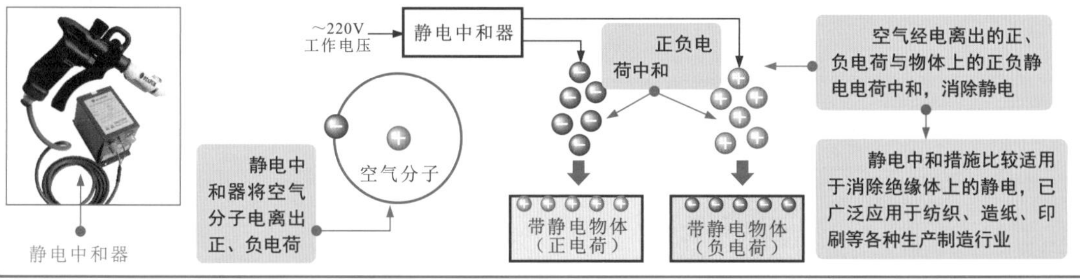

❹ 使用抗静电剂

图5-13 采用抗静电剂预防静电

对于一些高绝缘材料，无法有效释放静电时，可采用添加抗静电剂的方法，以增大材料的导电率，使静电加速释放，消除静电危害， 如图5-13所示。

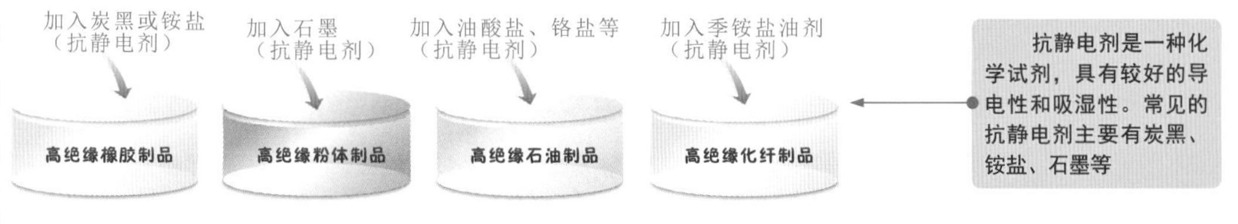

增加湿度也可预防静电. 增加湿度是指增加空气湿度，利于静电电荷释放，并有效限制静电电荷的积累。一般情况下，空气相对湿度保持70%以上利于消除静电危害。

5.3 触电的危害与应急处理

5.3.1 触电的危害

触电是电工作业中最常发生的，也是危害最大的一类事故。触电所造成的危害主要体现在当人体接触或接近带电体造成触电事故时，电流流经人体，对接触部位和人体内部器官等造成不同程度的伤害，甚至威胁到生命，造成严重的伤亡事故。

图5-14 人体触电时形成的电流

如图5-14所示，当人体接触设备的带电部分并形成电流通路的时候，就会有电流流过人体，从而造成触电。

相线
~220V
人体直接与交流220V接触
零线
构成回路
地线
相线
~380V
构成回路
相线
人体直接与交流380V接触

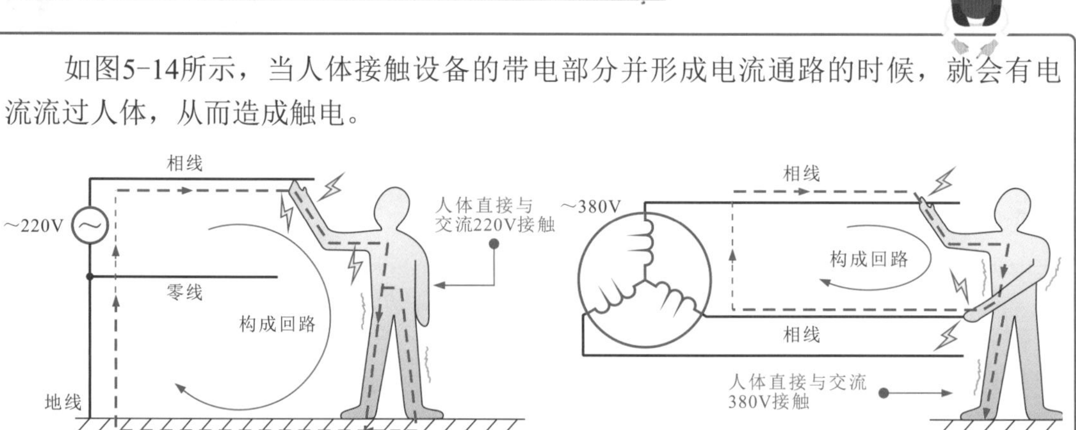

图5-15 不同触电电流引起的不同伤害

如图5-15所示，触电电流是造成人体伤害的主要原因，触电电流的大小不同，触电引起的伤害也会不同。触电电流按照伤害大小可分为感觉电流、摆脱电流、伤害电流和致死电流。

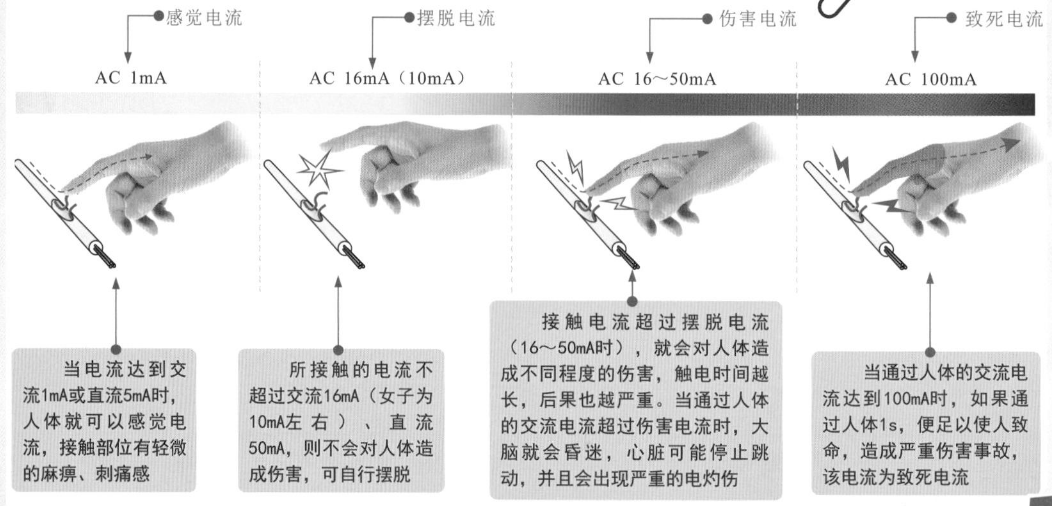

感觉电流
AC 1mA
摆脱电流
AC 16mA（10mA）
伤害电流
AC 16~50mA
致死电流
AC 100mA
当电流达到交流1mA或直流5mA时，人体就可以感觉电流，接触部位有轻微的麻痹、刺痛感
所接触的电流不超过交流16mA（女子为10mA左右）、直流50mA，则不会对人体造成伤害，可自行摆脱
接触电流超过摆脱电流（16~50mA时），就会对人体造成不同程度的伤害，触电时间越长，后果也越严重。当通过人体的交流电流超过伤害电流时，大脑就会昏迷，心脏可能停止跳动，并且会出现严重的电灼伤
当通过人体的交流电流达到100mA时，如果通过人体1s，便足以使人致命，造成严重伤害事故，该电流为致死电流

根据触电电流危害程度的不同，触电的危害主要表现为“电伤”和“电击”两大类。

图5-16 触电的电伤危害

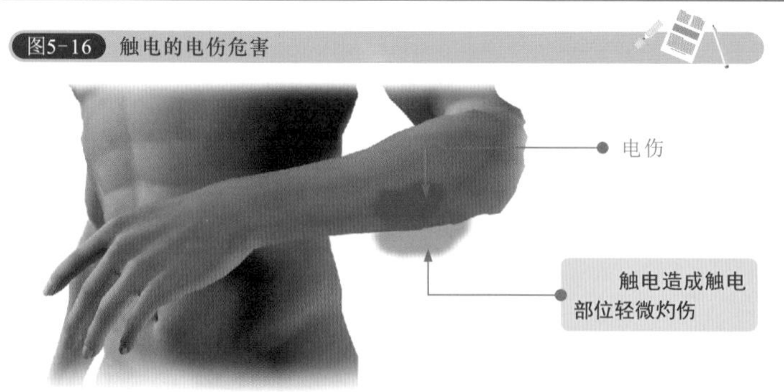

如图5-16所示，“电伤”主要是指电流通过人体某一部分或电弧效应而造成的人体表面伤害，主要表现为烧伤或灼伤。

图5-17 电伤引起的其他危害

如图5-17所示，一般情况下，虽然“电伤”不会直接造成十分严重的伤害，但可能会因电伤造成精神紧张等情况，从而导致摔倒、坠落等二次事故，即间接造成严重危害，需要注意防范。

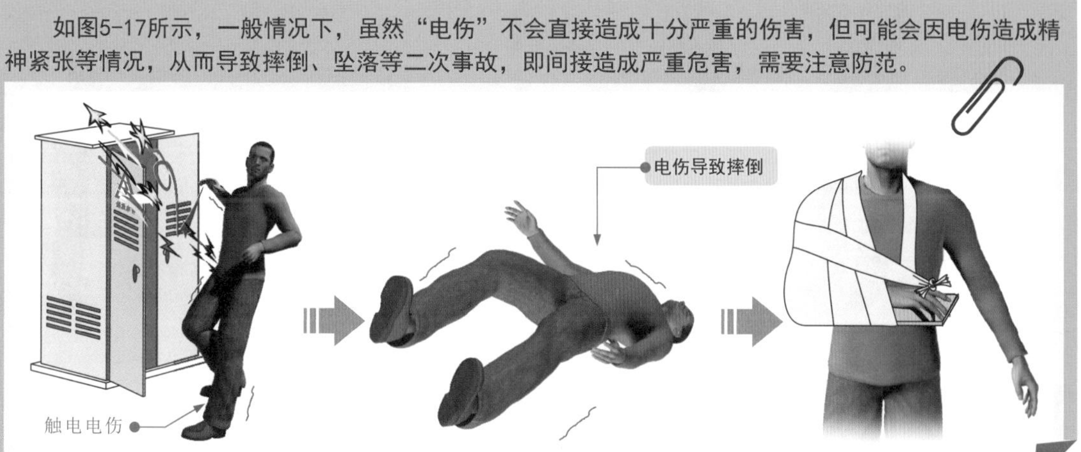

图5-18 触电的电击危害

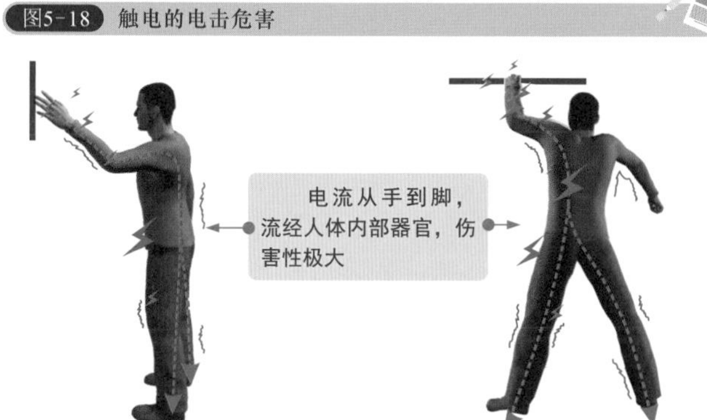

如图5-18所示，“电击”是指电流通过人体内部而造成内部器官如心脏、肺部和中枢神经等的损伤。电流通过心脏时，危害性最大。相比较来说，“电击”比“电伤”造成的危害更大。

值得一提的是，不同的触电电流频率，对触电者造成的损害也会有差异。实验证明，触电电流的频率越低，对人身的伤害越大，频率为40～60Hz的交流电对人体最为危险，随着频率的增高，触电危险的程度会随之下降。

除此之外，触电者自身的状况也在一定程度上会影响触电造成的伤害。身体健康状况、精神状态及表面皮肤的干燥程度、触电的接触面积和穿着服饰的导电性都会对触电伤害造成影响。

5.3.2 触电的种类

在电工操作中，常见的触电类型主要有单相触电、两相触电和跨步触电。

① 单相触电

图5-19 单相触电

如图5-19所示，单相触电是指人体在地面上或其他接地体上，手或人体的某一部分触及三相线中的其中一根相线，在没有采用任何防范的情况下时，电流就会从接触相线经过人体流入大地，这种情形称为单相触电。

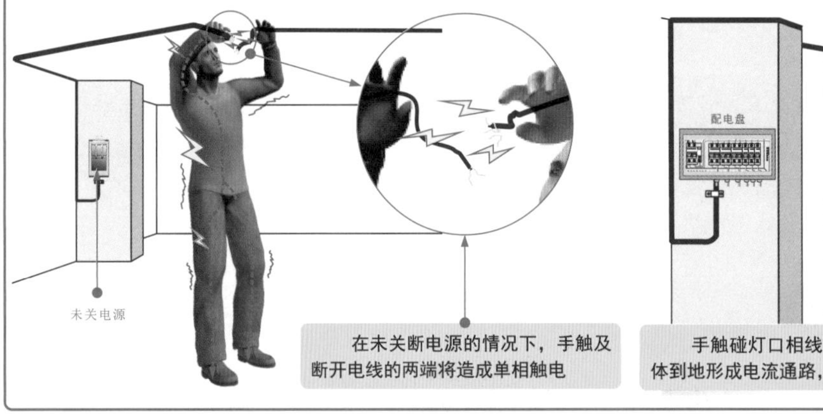

② 两相触电

图5-20 两相触电

如图5-20所示，两相触电是指人体两处同时触及两相带电体（三根相线中的两根）所引起的触电事故。这时人体承受的是交流380V电压。其危险程度远大于单相触电，轻则烧伤或致残，严重会引起死亡。

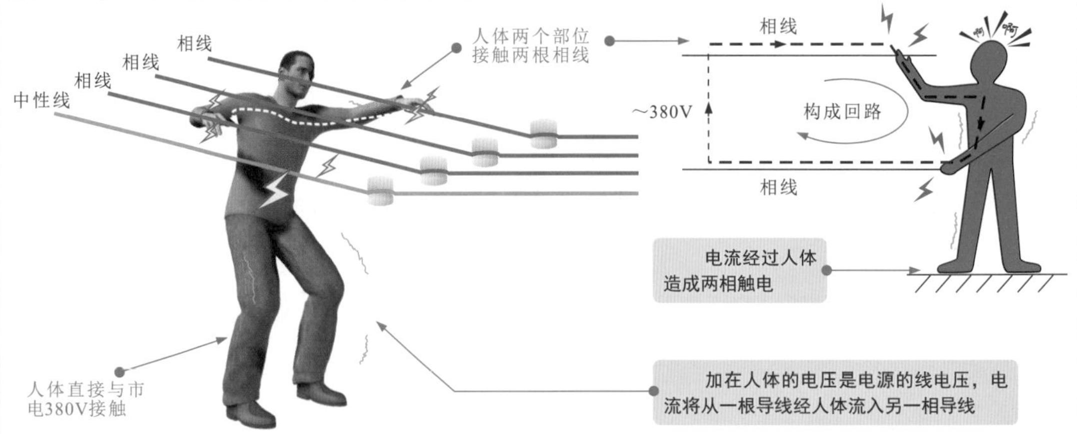

③ 跨步触电

图5-21 跨步触电

如图5-21所示，当架空线路的一根高压相线断落在地上，电流便会从相线的落地点向大地流散，于是地面上以相线落地点为中心，形成了一个特定的带电区域（半径为8～10m），离电线落地点越远，地面电位也越低。人进入带电区域后，当跨步前行时，由于前后两只脚所在地的电位不同，两脚前后间就有了电压，两条腿便形成了电流通路，这时就有电流通过人体，造成跨步触电。

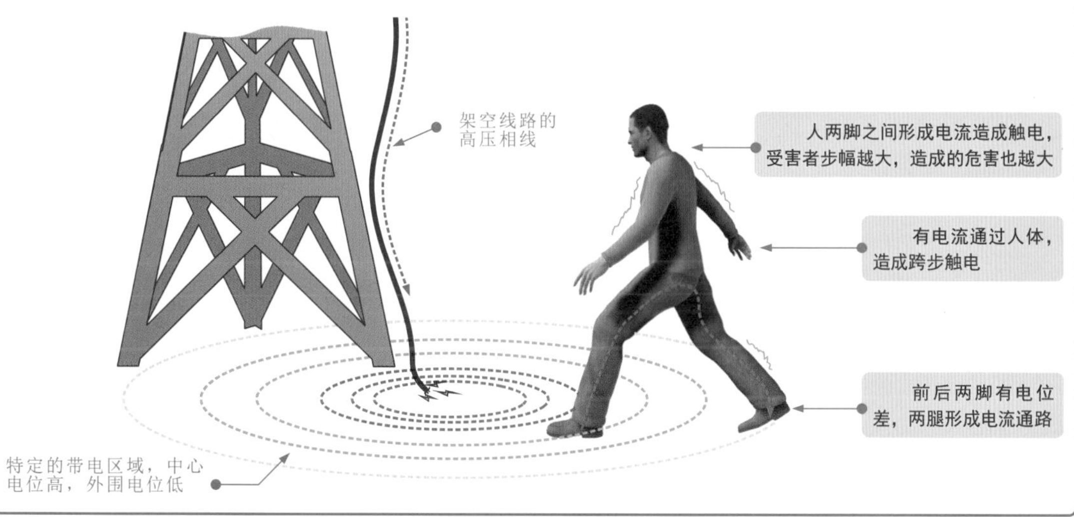

5.3.3 摆脱触电的应急措施

触电事故发生后，救护者要保持冷静，迅速观察现场，采取最直接、最有效的断电措施实施救援，让触电者尽快摆脱触电环境。

图5-22 低压触电环境的脱离

如图5-22所示，低压触电环境的脱离是指触电者的触电电压低于1000V的环境下若救护者在开关附近，应当马上断开电源开关，然后再将触电者移开进行急救。

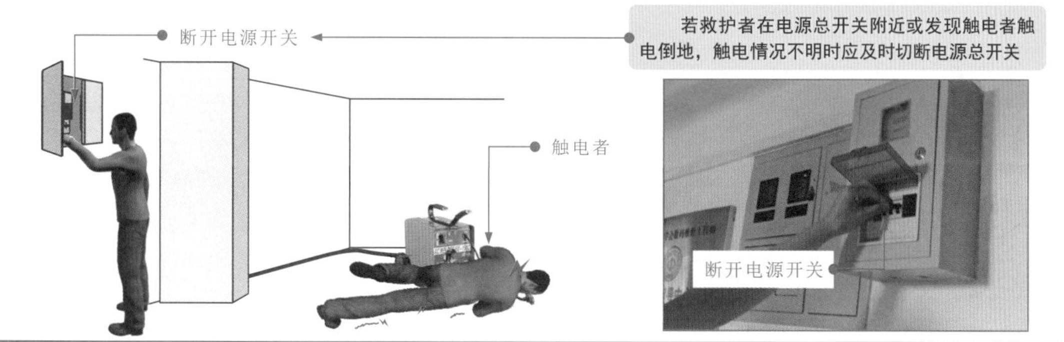

图5-23 触电应急方法演示

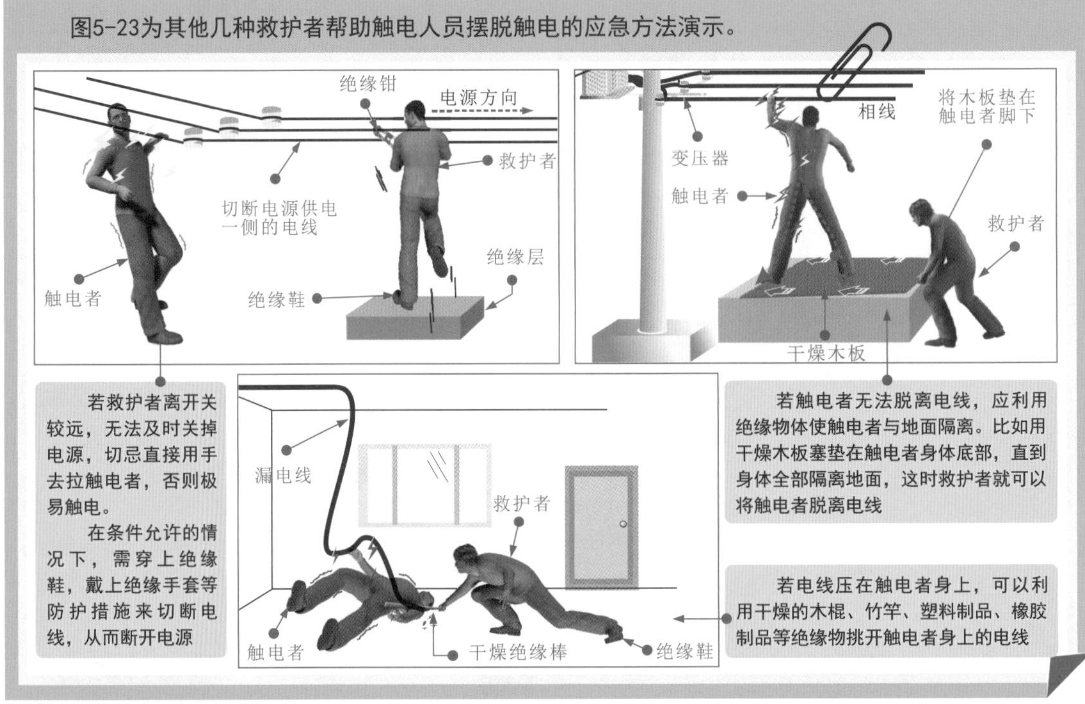

高压触电脱离是指在电压达到1000V以上的高压线路和高压设备的触电事故中脱离电源的方法。当发生高压触电事故时，其应急措施应比低压触电更加谨慎，因为高压已超出安全电压范围很多，接触高压时一定会发生触电事故，而且在不接触时，靠近高压也会发生触电事故。

一旦出现高压触电事故，应立即通知有关电力部门断电，在之前没有断电的情况下，不能接近触电者。否则，有可能会产生电弧，导致抢救者烧伤。

图5-24 高压触电环境的脱离

救护者
金属线
高压漏电设备
触电者
危险距离
8～10m
接地

在高压的情况下，一般的低压绝缘材料会失去绝缘效果，因此，不能用低压绝缘材料去接触带电部分，需利用高电压等级的绝缘工具拉开电源，例如高压绝缘手套、高压绝缘鞋等

如图5-24所示，若发现在高压设备附近有人触电，切不可盲目上前，可采取抛金属线（钢、铁、铜、铝等）急救的方法。即先将金属线的一端接地，然后抛另一端金属线，这里注意抛出的另一端金属线不要碰到触电者或其他人，同时救护者应与断线点保持8～10 m的距离，以防跨步电压伤人。

5.3.4 触电急救

触电者脱离触电环境后，不要将其随便移动，应将触电者仰卧，并迅速解开触电者的衣服、腰带等，保证其正常呼吸，疏散围观者，保证周围空气畅通，同时拨打120急救电话。做好以上准备工作后，就可以根据触电者的情况做相应的救护。

❶ 呼吸、心跳情况的判断

图5-25 触电的急救措施

当发生触电事故时，若触电者意识丧失，应在10s内迅速观察并判断伤者呼吸及心跳情况，如图5-25所示。

若触电者神志清醒，但有心慌、恶心、头痛、头昏、出冷汗、四肢发麻、全身无力等症状，则应让触电者平躺在地，并仔细观察触电者，最好不要让触电者站立或行走。

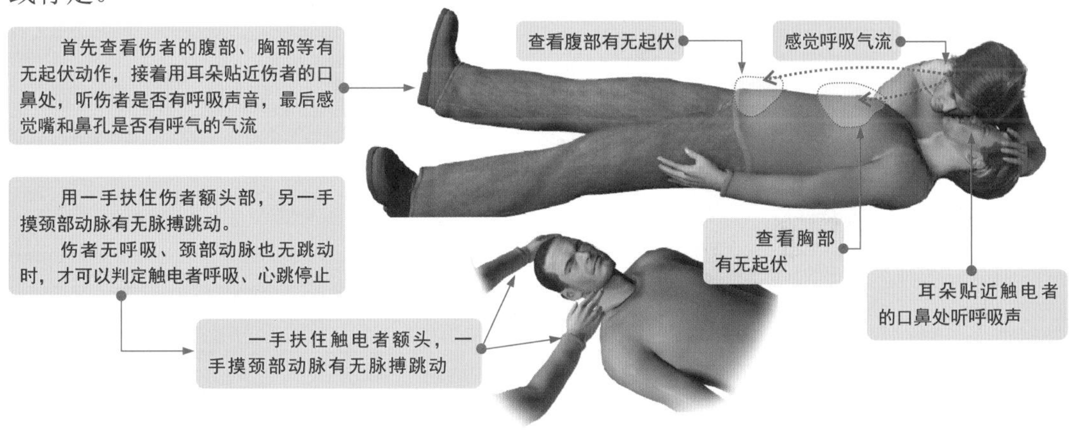

若触电者已经失去知觉，但仍有轻微的呼吸和心跳，则应让触电者就地仰卧平躺，要让气道通畅，应把触电者衣服及有碍于其呼吸的腰带等物解开，帮助其呼吸，并且在5s内呼叫触电者或轻拍触电者肩部，以判断触电者意识是否丧失。在触电者神志不清时，不要摇动触电者的头部或呼叫触电者。

图5-26 触电者的正确躺卧姿势

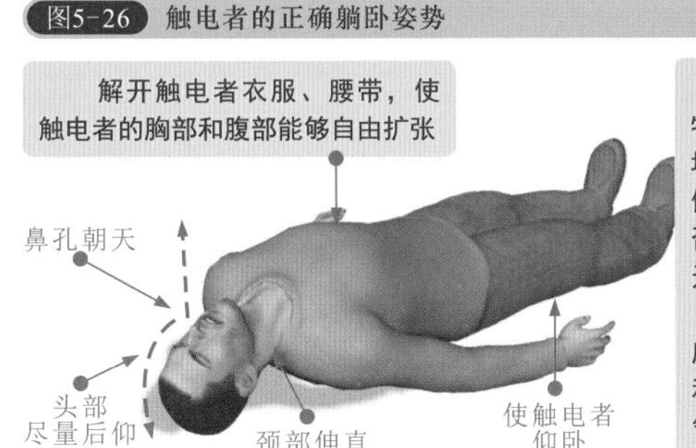

发现口腔内有异物，如食物、呕吐物、血块、脱落的牙齿、泥沙、假牙等，均应尽快清理，否则也可造成气道阻塞。无论选用何种畅通气道（开放气道）的方法，均应使耳垂与下颌角的连线和伤者仰卧的平面垂直，气道方可开放

图5-26为触电者的正确躺卧姿势。天气炎热时，应使触电者在阴凉的环境下休息。天气寒冷时，应帮触电者保温并等待医生到来。

❷ 急救措施

图5-27 人工呼吸前的准备工作

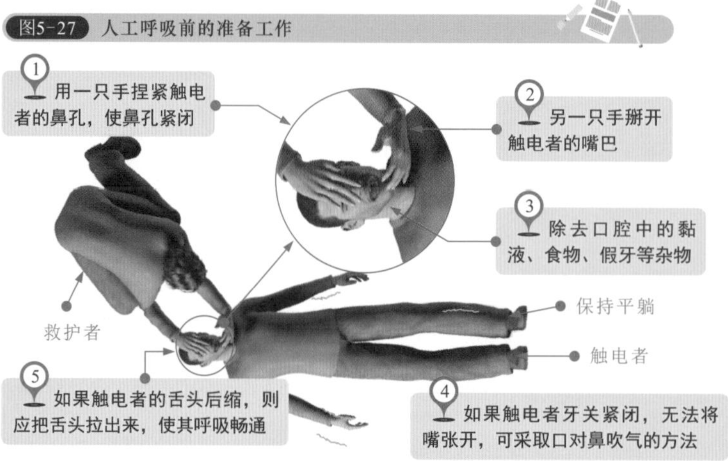

通常情况下，若正规医疗救援不能及时到位，而触电者已无呼吸，但是仍然有心跳时，应及时采用人工呼吸法进行救治。在进行人工呼吸前，首先要确保触电者口鼻的畅通，如图5-27所示。

图5-28 人工呼吸急救措施

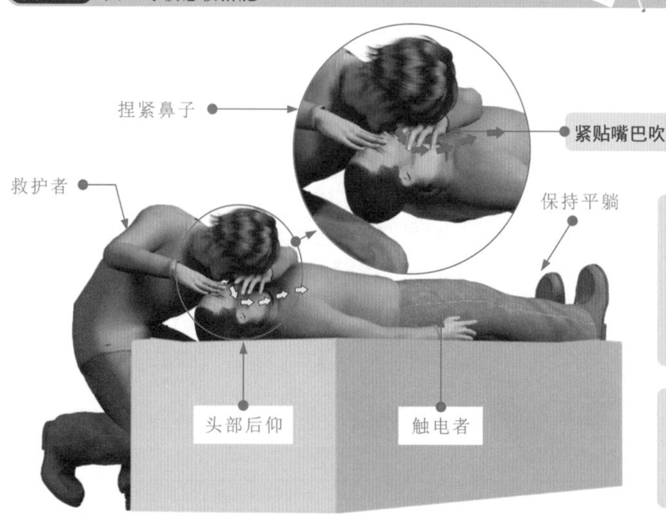

做完前期准备后，开始进行人工呼吸，如图5-28所示。

救护者深吸一口气，紧贴着触电者的嘴巴大口吹气，使其胸部膨胀，然后救护者换气，放开触电者的嘴鼻，使触电者自动呼气，如此反复进行上述操作，吹气时间为2～3s，放松时间为2～3s，5s左右为一个循环。重复操作，中间不可间断，直到触电者苏醒为止

在进行人工呼吸时，救护者吹气时要捏紧鼻孔，紧贴嘴巴，不能漏气，放松时应能使触电者自动呼气，对体弱者和儿童吹气时只可小口吹气，以免肺泡破裂

图5-29 胸外心脏按压急救

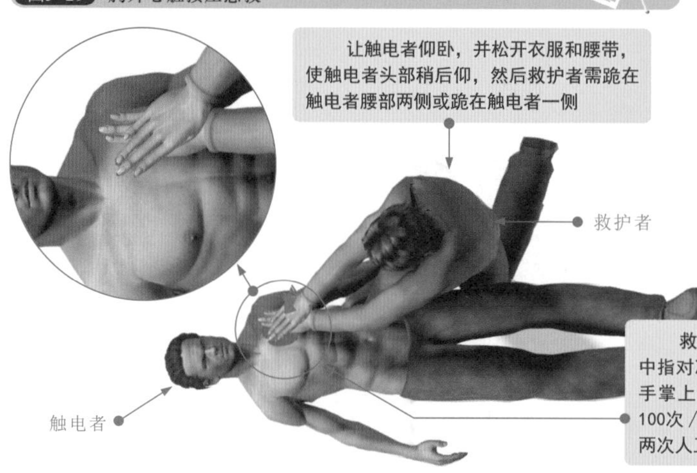

在触电者心音微弱、心跳停止或脉搏短而不规则的情况下，可采用胸外心脏按压救治的方法来帮助触电者恢复正常心跳，如图5-29所示。

图5-30 胸外心脏按压救治的按压点

寻找正确的按压点位时，可将右手食指和中指沿着触电者的右侧肋骨下缘向上，找到肋骨和胸骨结合处的中点，如图5-30所示。将两根手指并齐，中指放置在胸骨与肋骨结合处的中点位置，食指平放在胸骨下部（按压区），将左手的手掌根紧挨着食指上缘，置于胸骨上；然后将定位的右手移开，并将掌根重叠放于左手背上，有规律按压即可。

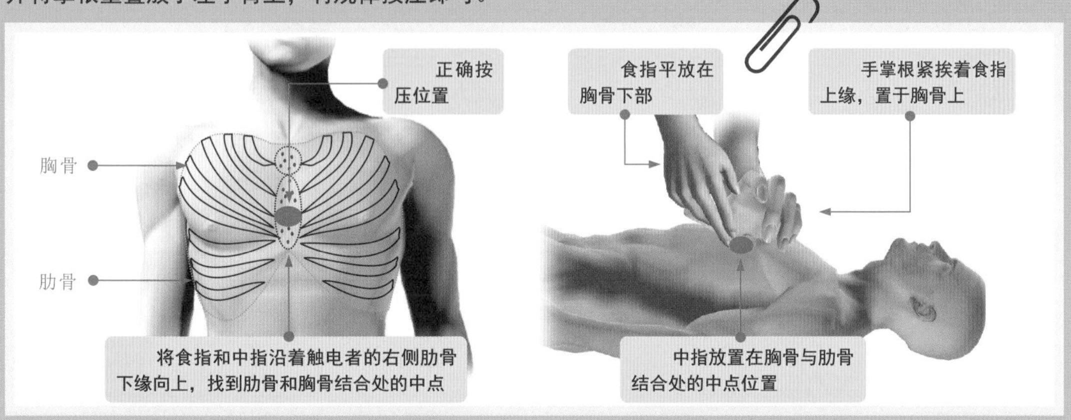

在抢救过程中，要不断观察触电者面部动作，若嘴唇稍有开合，眼皮微微活动，喉部有吞咽动作，则说明触电者已有呼吸，可停止救助。如果触电者仍没有呼吸，需要同时利用人工呼吸和胸外心脏按压法进行治疗。

在抢救的过程中，如果触电者身体僵冷，医生也证明无法救治时，才可以放弃治疗。反之，如果触电者瞳孔变小，皮肤变红，则说明抢救收到了效果，应继续救治。

5.4 外伤急救与电气灭火

5.4.1 外伤急救

在电工作业过程中，碰触尖锐利器、电击、高空作业等可能会造成电工操作人员出现各种体表外部的伤害事故，其中较易发生的外伤主要有割伤、摔伤和烧伤三种，对不同的外伤要采用正确的急救措施。

❶ 割伤应急处理

图5-31 割伤的应急处理

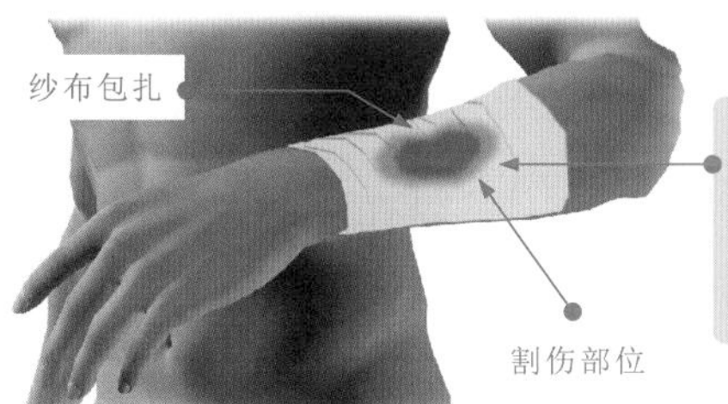

如图5-31所示，伤者割伤出血时，需要在割伤的部位用棉球蘸取少量的酒精或盐水将伤口清洗干净，另外，为了保护伤口，用纱布（或干净的毛巾等）包扎。

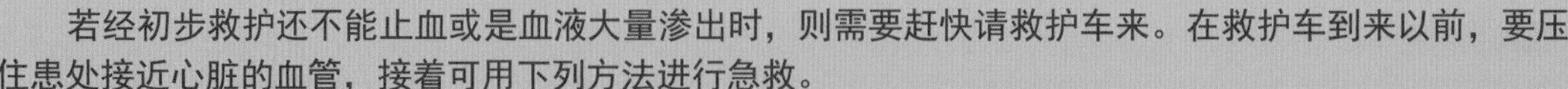

若经初步救护还不能止血或是血液大量渗出时，则需要赶快请救护车来。在救护车到来以前，要压住患处接近心脏的血管，接着可用下列方法进行急救。

（1）手指割伤出血：受伤者可用另一只手用力压住受伤处两侧。

（2）手、手肘割伤出血：受伤者需要用四个手指，用力压住上臂内侧隆起的肌肉，若压住后仍然出血不止，则说明没有压住出血的血管，需要重新改变手指的位置。

（3）上臂、腋下割伤出血：这种情形必须借助救护者来完成。救护者拇指向下、向内用力压住伤者锁骨下凹处的位置即可。

（4）脚、胫部割伤出血：这种情形也需要借助救护者来完成。首先让受伤者仰躺，将其脚部微微垫高，救护者用两只拇指压住受伤者的股沟、腰部、阴部间的血管即可。

2 摔伤应急处理

图5-32 不同程度摔伤伤害的应急措施

在电工作业过程中，摔伤主要发生在一些登高作业中。摔伤应急处理的原则是先抢救、后固定。首先快速准确查看受伤者的状态，应根据不同受伤程度和部位进行相应的应急救护措施，如图5-32所示。

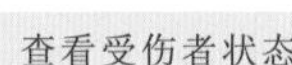

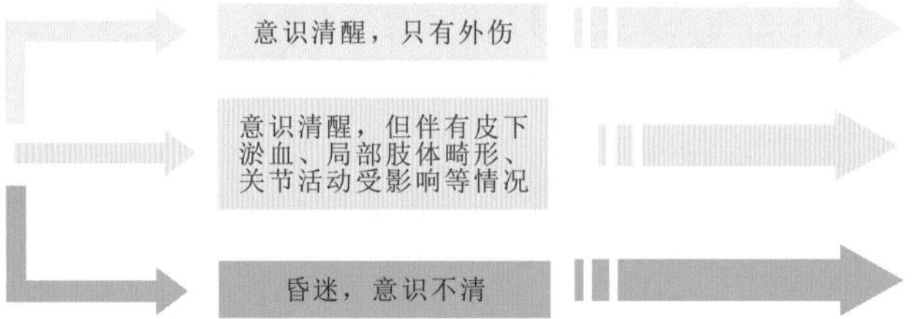

图5-33 摔伤应急处理

若受伤者是从高处坠落、受挤压等，则可能有胸腹内脏破裂出血，需采取恰当的救治措施，如图5-33所示。

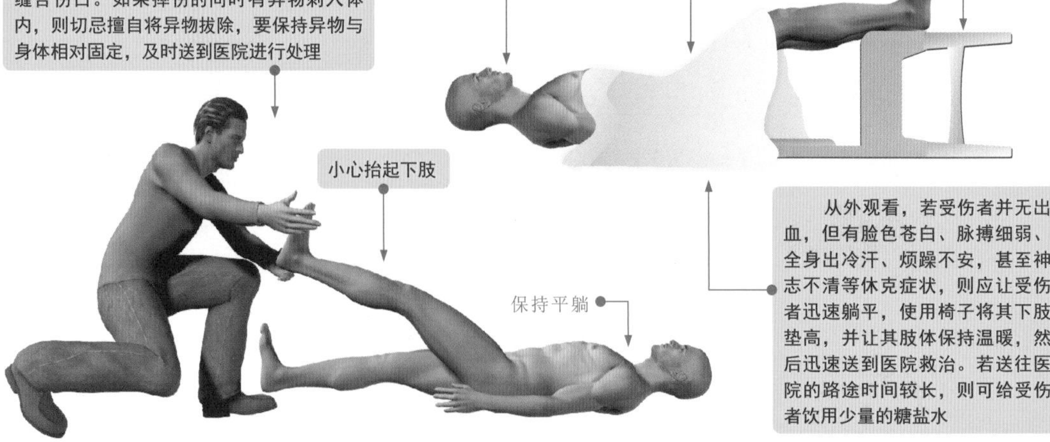

图5-34 肢体骨折的固定方法

利用受伤者身体固定

利用夹板固定骨折部位

利用夹板固定骨折部位

如图5-34所示，肢体骨折时，一般用夹板、木棍、竹竿等将断骨上、下两个关节固定，也可用受伤者的身体进行固定，以免骨折部位移动，减少受伤者疼痛，防止受伤者的伤势恶化。

图5-35 颈椎和腰椎骨折的急救方法

图5-35为颈椎和腰椎骨折的急救方法。

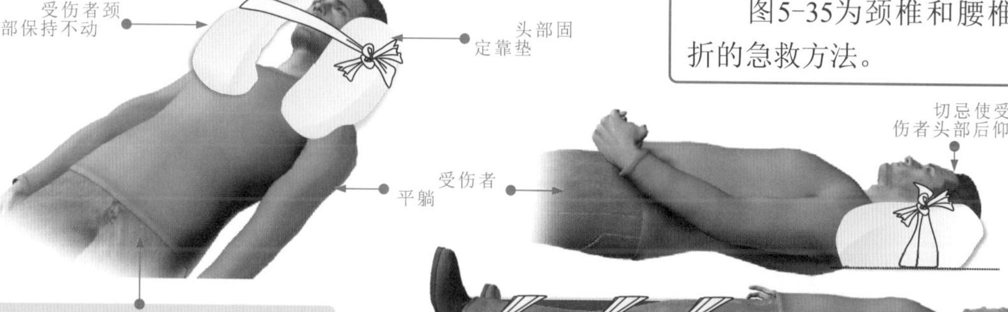

颈椎骨折时，一般先让伤者平卧，将沙土袋或其他代替物放在头部两侧，使颈部固定不动。切忌使受伤者头部后仰、移动或转动其头部

当出现腰椎骨折时，应让受伤者平卧在平硬的木板上，并将腰椎躯干及两侧下肢一起固定在木板上，预防受伤者瘫痪

5.4.2 烧伤处理

图5-36 烧伤的应急处理措施

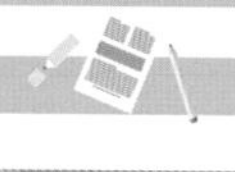

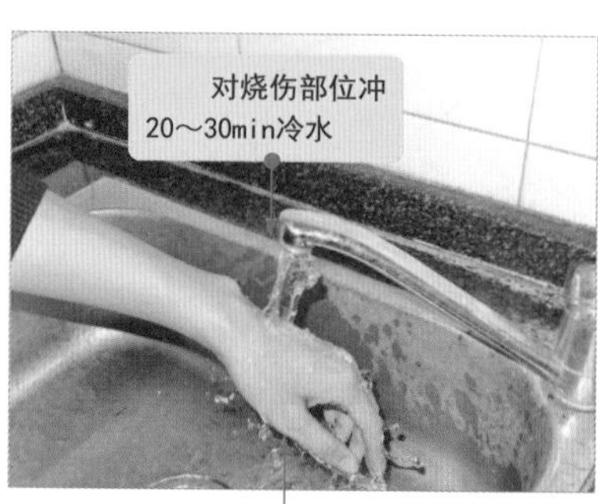

及时使用冷水冲、泡烧伤部位，可通过降温缓解疼痛，并在冲泡过程中小心去除烧伤部位的衣物

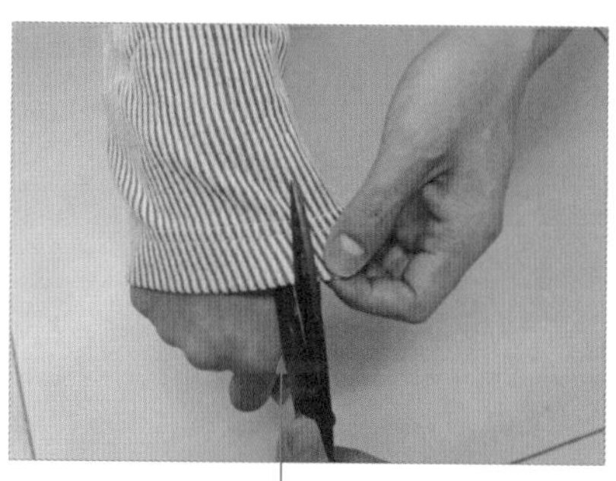

使用剪刀将烧伤部位的衣物剪开，再小心与烧伤部位分离

如图5-36所示，烧伤多由于触电及火灾事故引起。一旦出现烧伤，应及时对烧伤部位进行降温处理，并在降温过程中小心除去衣物，可能降低伤害，然后等待就医。

5.4.3 电气灭火的应急处理

电气火灾通常是指由于电气设备或电气线路操作、使用或维护不当而直接或间接引发的火灾事故。一旦发生电气火灾事故，应及时切断电源，拨打火警电话119报警，并使用身边的灭火器灭火。

图5-37 电气灭火的规范操作

如图5-37所示，灭火时，应保持有效喷射距离和安全角度（不超过45°），对火点由远及近，猛烈喷射，并用手控制喷管（头）左右、上下来回扫射，与此同时，快速推进，保持灭火剂猛烈喷射的状态，直至将火扑灭。

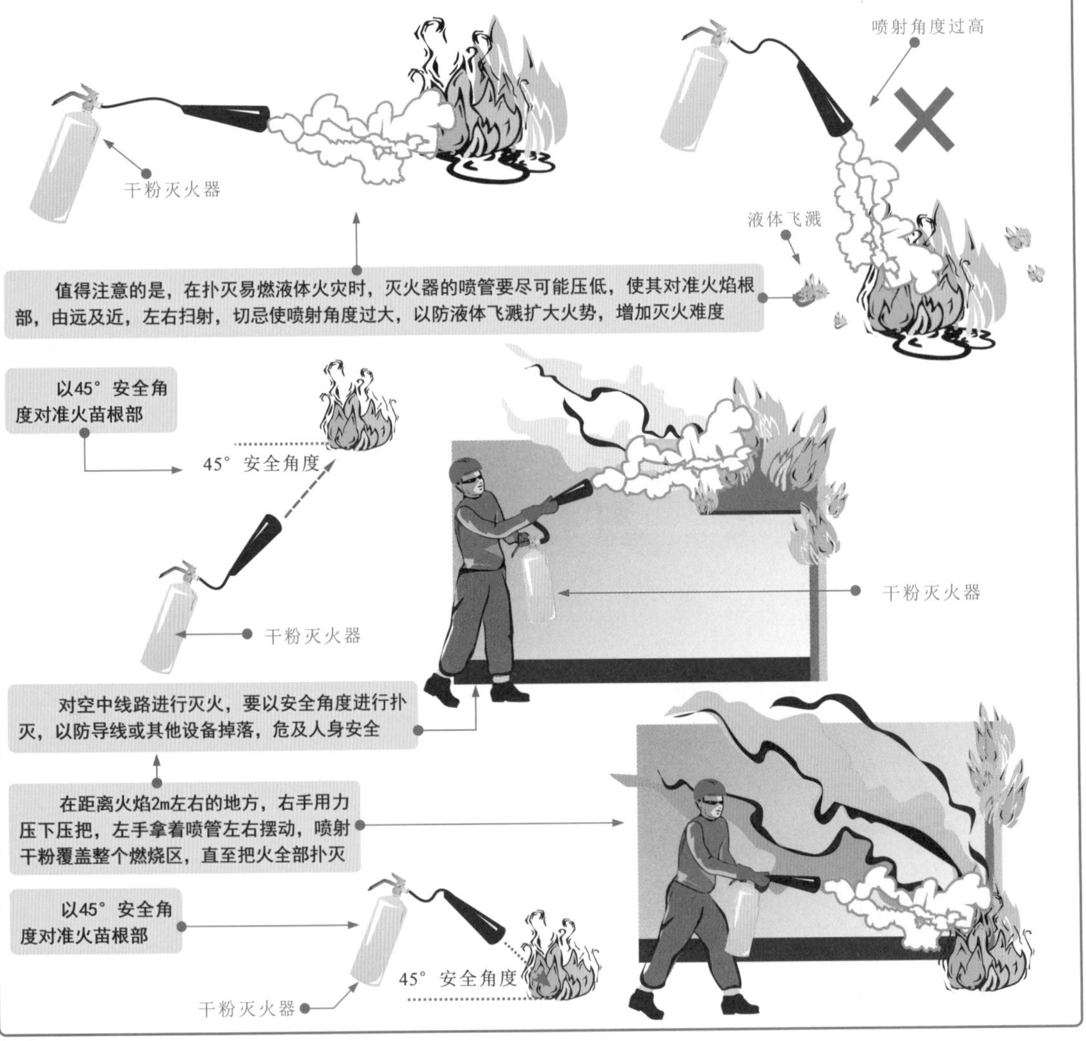

一般来说，对于电气线路引起的火灾，应选择干粉灭火器、二氧化碳灭火器、二氟一氯一溴甲烷灭火器（1211灭火器）或二氟二溴甲烷灭火器，这些灭火器中的灭火剂不具有导电性。

第6章
导线的加工与连接

6.1 线缆的剥线加工

6.1.1 塑料硬导线的剥线加工

塑料硬导线的剥线加工通常使用钢丝钳、剥线钳、斜口钳或电工刀进行操作，不同的操作工具，具体的剥线方法也有所不同。

❶ 使用钢丝钳剥削塑料硬导线

如图6-1所示，使用钢丝钳剥削塑料硬导线的绝缘层是电工操作中常使用的一种简单快捷的操作方法，一般适用于剥削横截面积小于4mm^{2}的塑料硬导线。

图6-1 使用钢丝钳剥削塑料硬导线

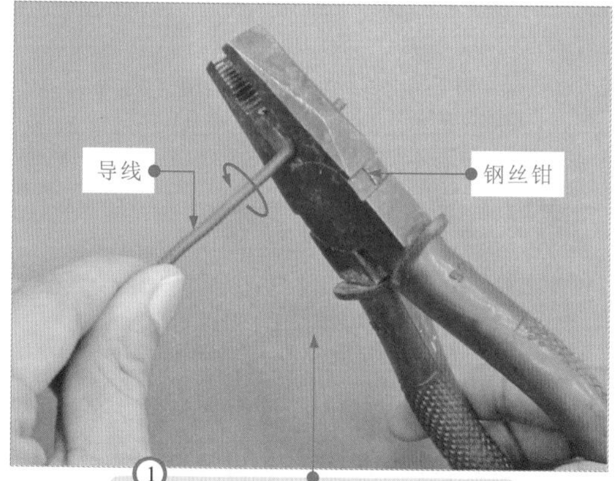

①左手握住导线一端，右手用钢丝钳刀口绕导线旋转一周轻轻切破绝缘层

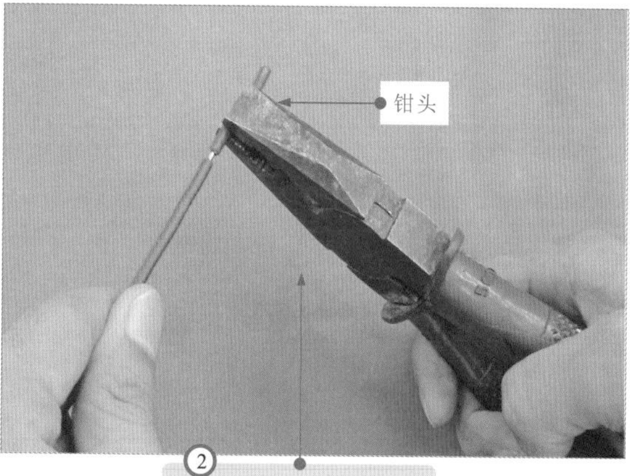

②右手握住钢丝钳，用钳头钳住要去掉的绝缘层

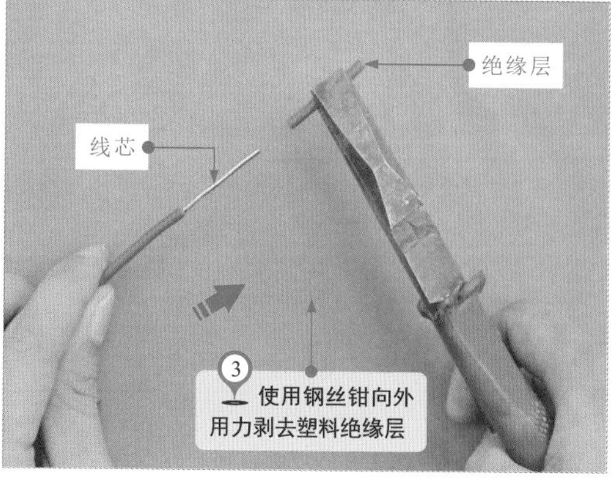

③使用钢丝钳向外用力剥去塑料绝缘层

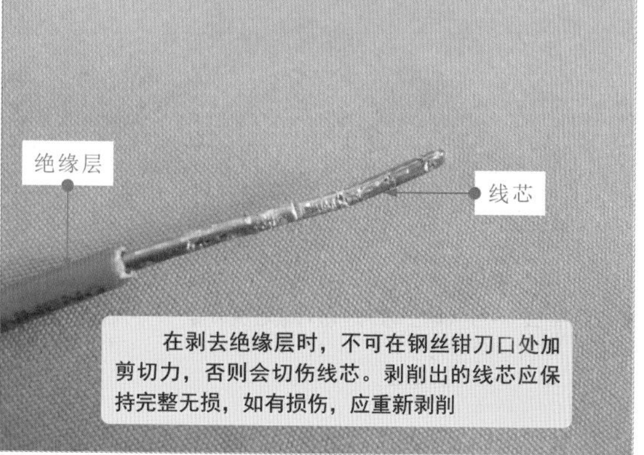

在剥去绝缘层时，不可在钢丝钳刀口处加剪切力，否则会切伤线芯。剥削出的线芯应保持完整无损，如有损伤，应重新剥削

❷ 使用剥线钳剥削塑料硬导线

如图6-2所示，使用剥线钳剥削塑料硬导线的绝缘层也是电工操作中比较规范和简单的方法。一般适用于剥削横截面积大于4mm²的塑料硬导线绝缘层。

图6-2 使用剥线钳剥削塑料硬导线的方法

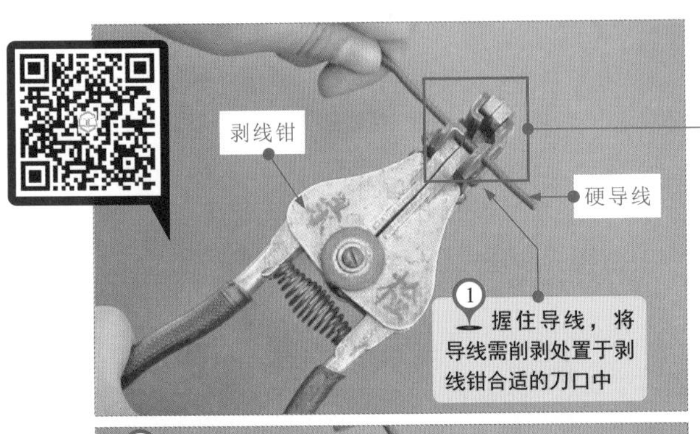

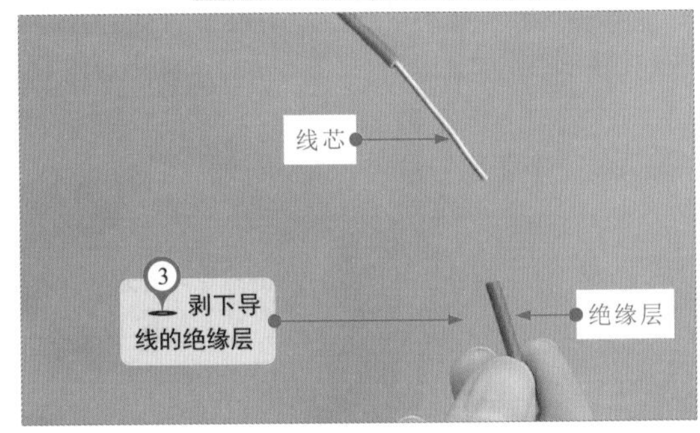

❸ 使用电工刀剥削塑料硬导线

图6-3 使用电工刀剥削塑料硬导线绝缘层的方法

如图6-3所示，一般横截面积大于4mm²塑料硬导线的绝缘层还可以使用电工剥削。

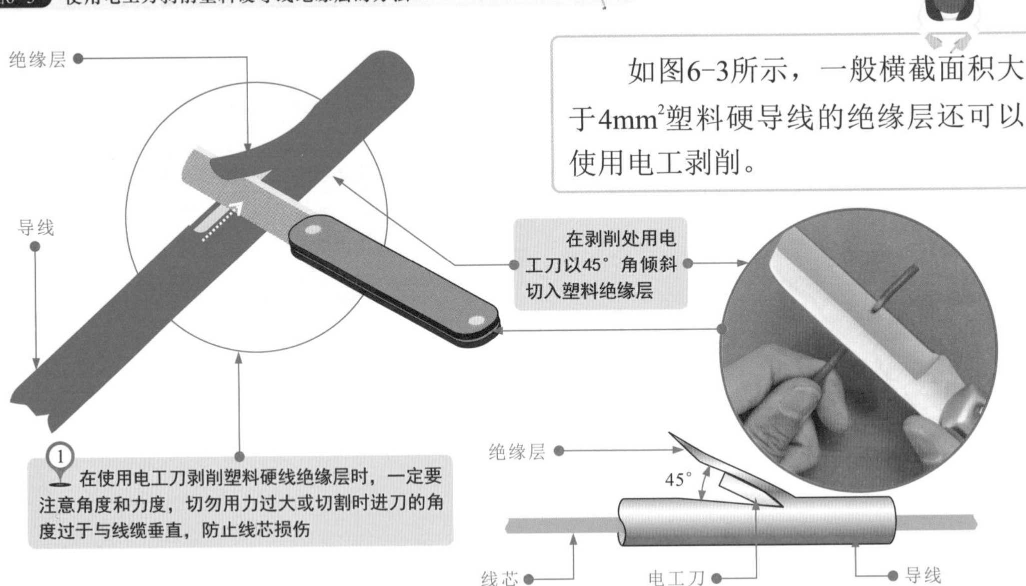

图6-3 使用电工刀剥削塑料硬导线绝缘层的方法（续）

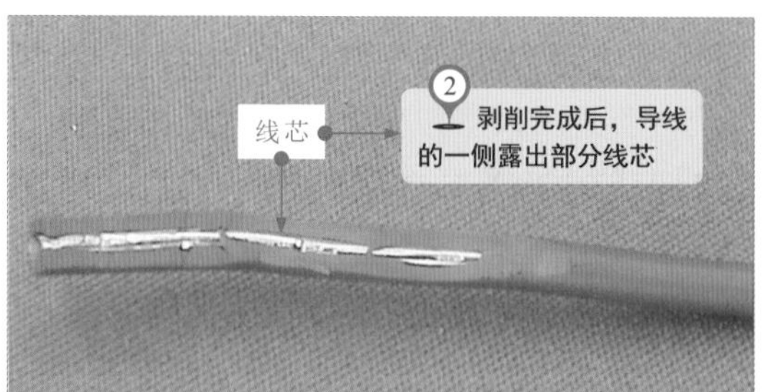

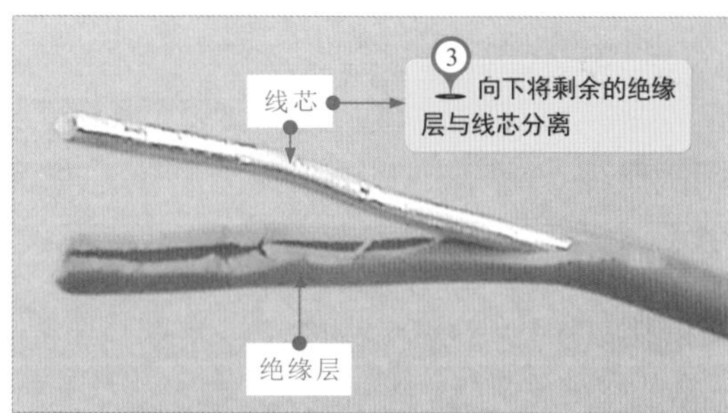

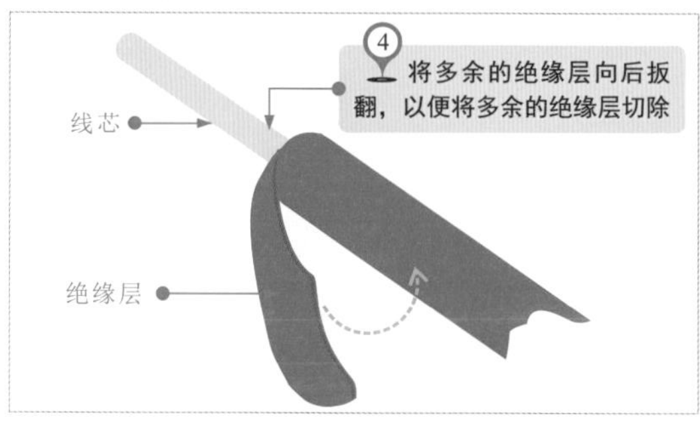

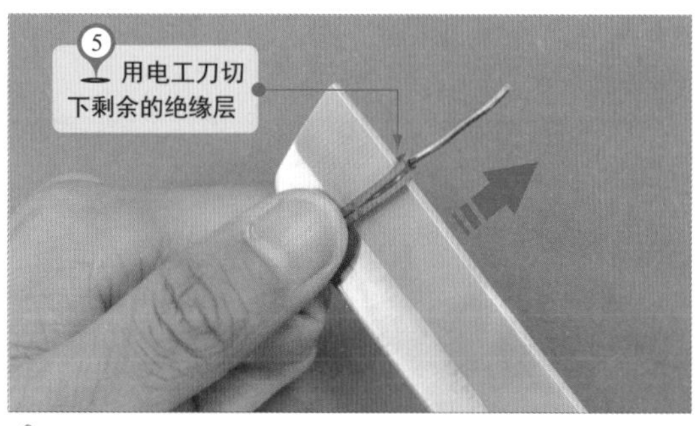

6.1.2 塑料软导线的剥线加工

如图6-4所示，塑料软导线也是家装电工常用的一种电气线材。塑料软导线的绝缘层通常采用剥线钳剥削。

图6-4 塑料软导线绝缘层的剥削方法

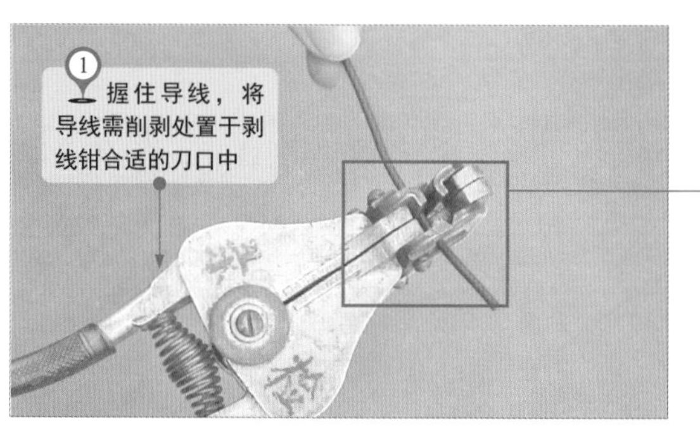

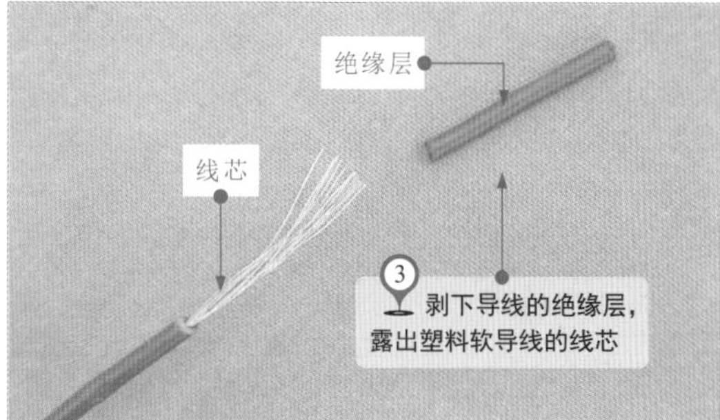

6.1.3 塑料护套线的剥线加工

如图6-5所示，塑料护套线缆是将两根带有绝缘层的导线用护套层包裹在一起，剥削时要先剥削护套层，再分别剥削里面两根导线的绝缘层。塑料护套层通常采用电工刀进行剥削。

图6-5 塑料护套线护套层的剥削方法

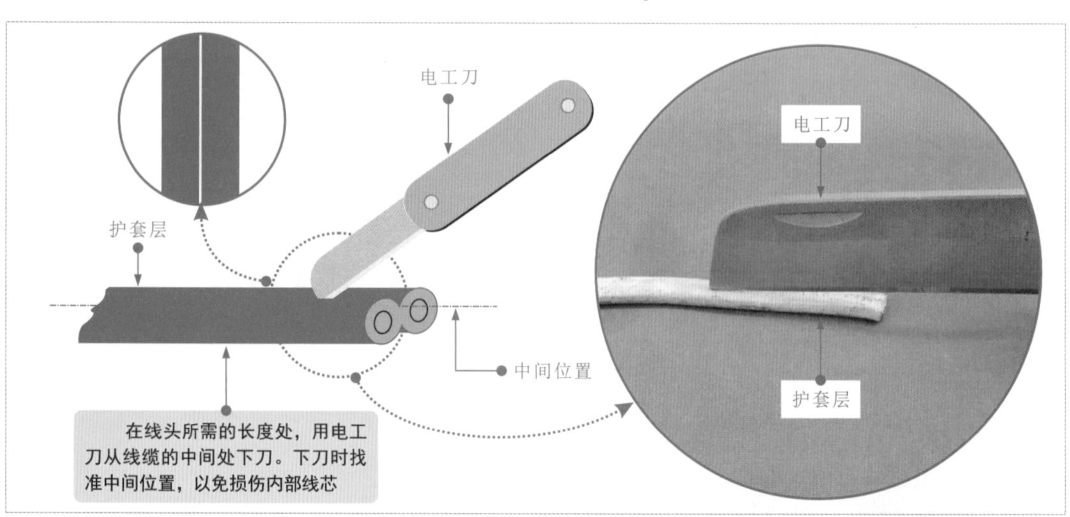

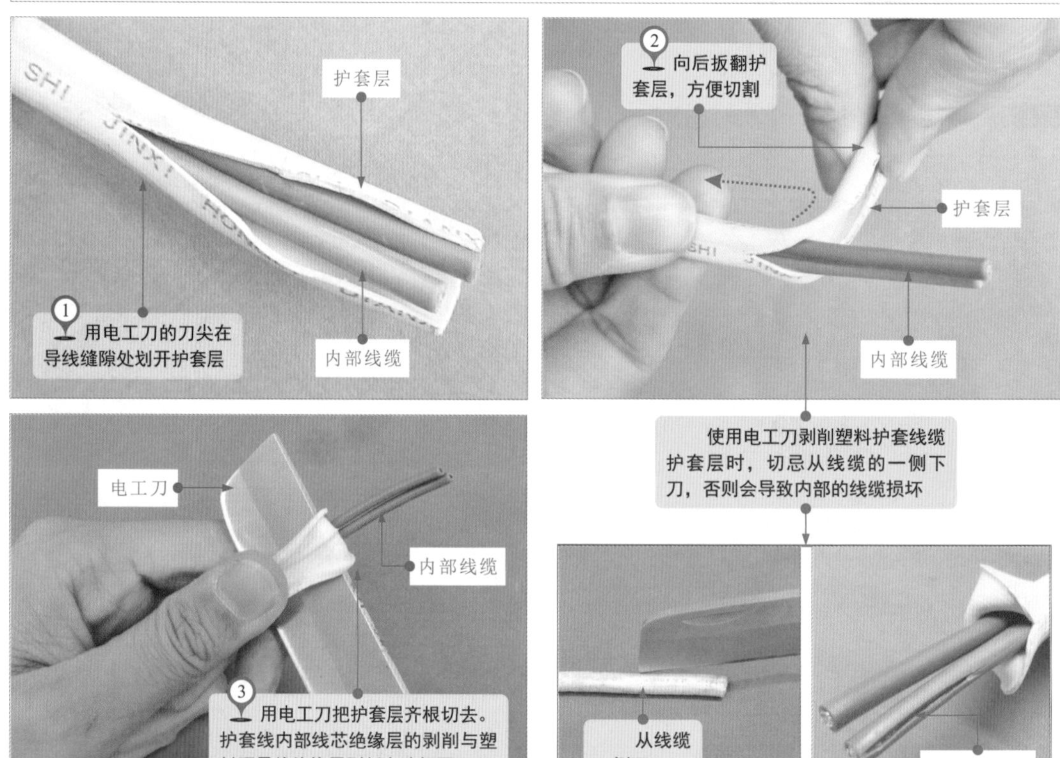

6.1.4 漆包线的剥线加工

如图6-6所示，漆包线的绝缘层是将绝缘漆喷涂在线缆上。加工漆包线时，应根据线缆的直径选择合适的加工工具。

图6-6 漆包线的剥线加工方法

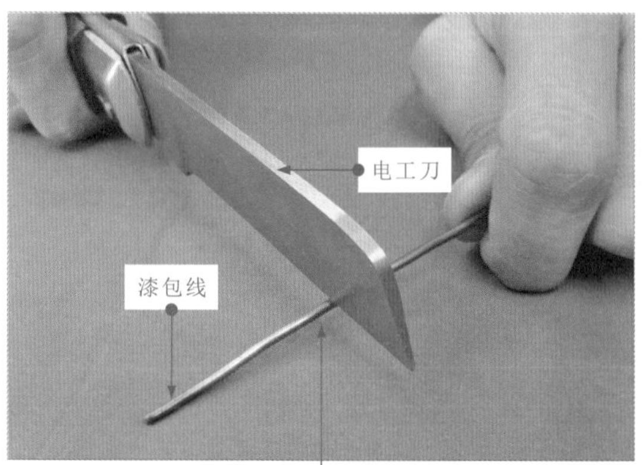

直径在0.6mm以上的漆包线可以使用电工刀去除绝缘漆。用电工刀轻轻刮去漆包线上的绝缘漆直至漆层剥落干净

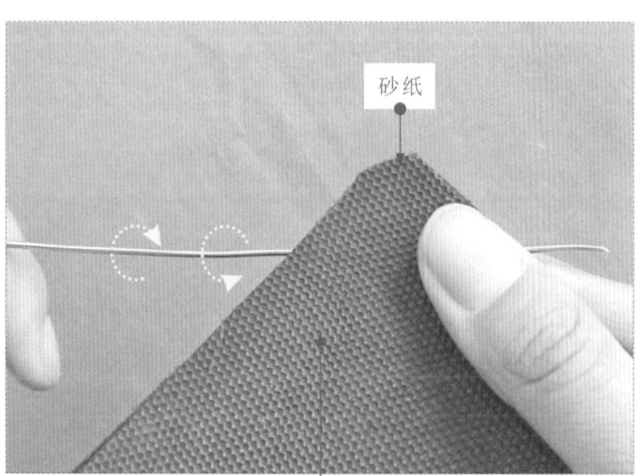

直径在0.15～0.6mm的漆包线通常使用细砂纸或布去除绝缘漆。用细砂纸夹住漆包线，旋转线头，去除绝缘漆

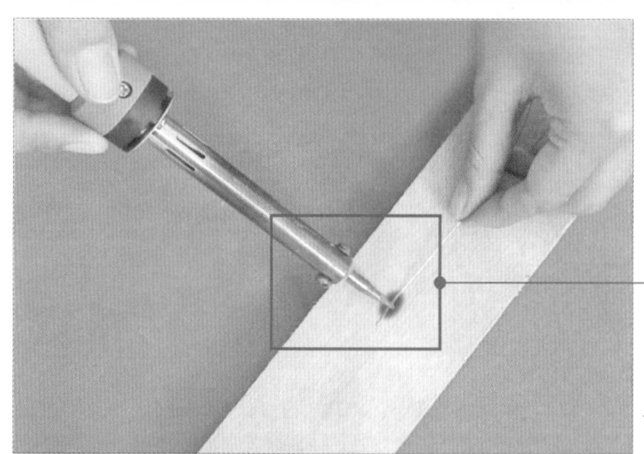

将电烙铁加热并沾锡后在线头上来回摩擦几次去除绝缘漆，同时线头上会有一层焊锡，便于后面的连接操作

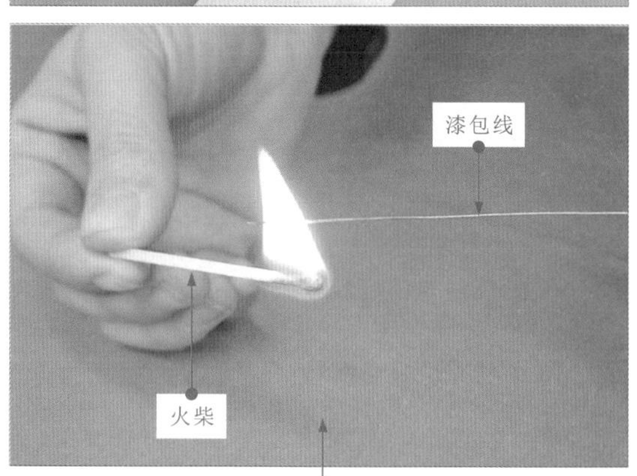

在没有电烙铁的情况下，可用火剥落绝缘层。用微火将漆包线线头加热，漆层加热软化后，用软布擦拭即可

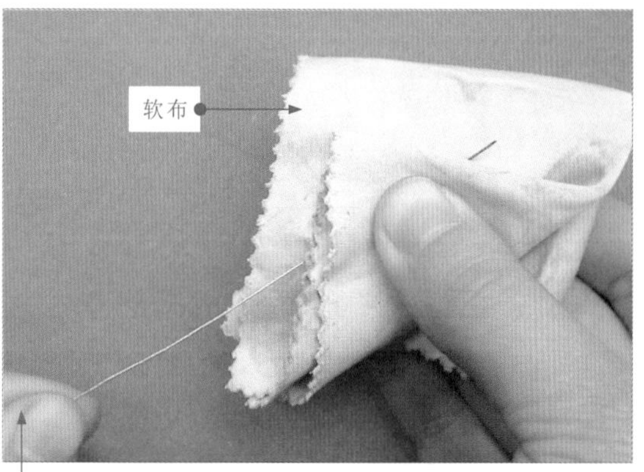

该方法通常是应用于直径在0.15mm以下的漆包线，这类线缆线芯较细，使用刀片或砂纸容易将线芯折断或损伤

6.2 线缆的连接

在去除了导线线头的绝缘层后，就可进行线缆的连接操作了。下面安排了4个连接操作环节，分别是线缆的缠绕连接、线缆的绞接连接、线缆的扭绞连接、线缆的绕接连接。

6.2.1 线缆的缠接

❶ 单股导线的缠绕式对接

如图6-7所示，当连接两根较粗的单股导线时，通常选择缠绕式对接方法。

图6-7 单股导线的缠绕式对接方法

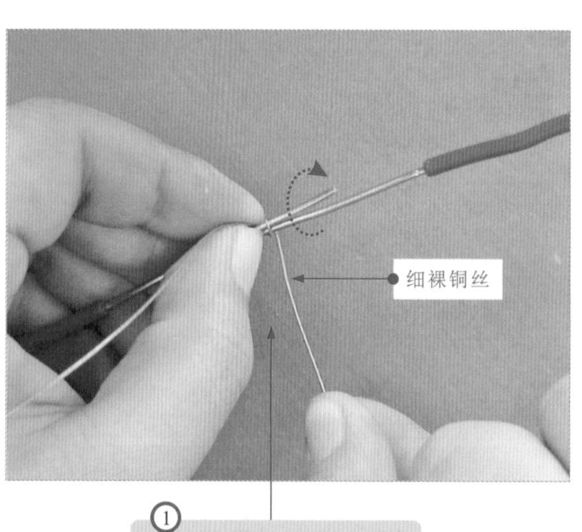

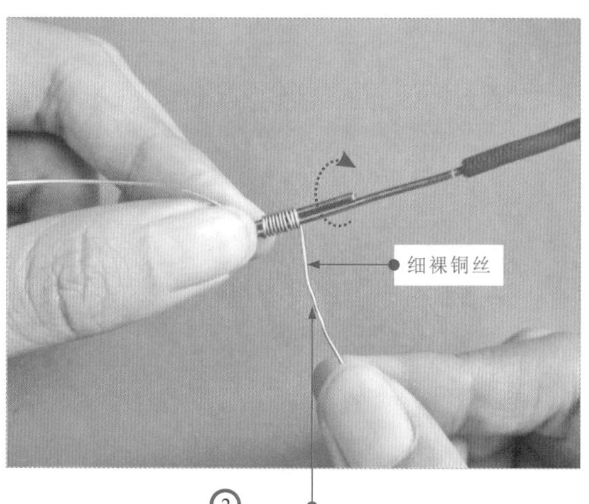

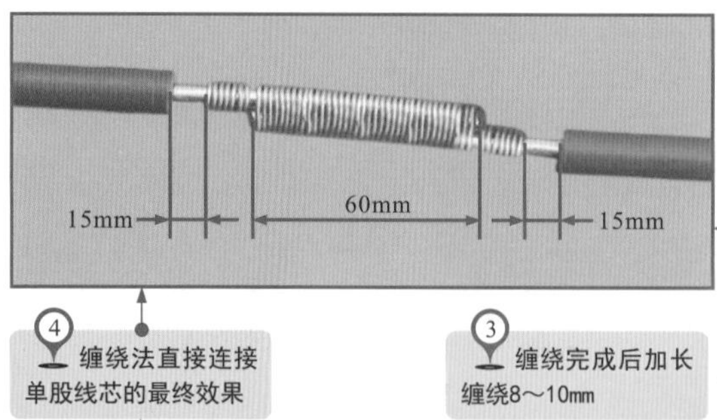

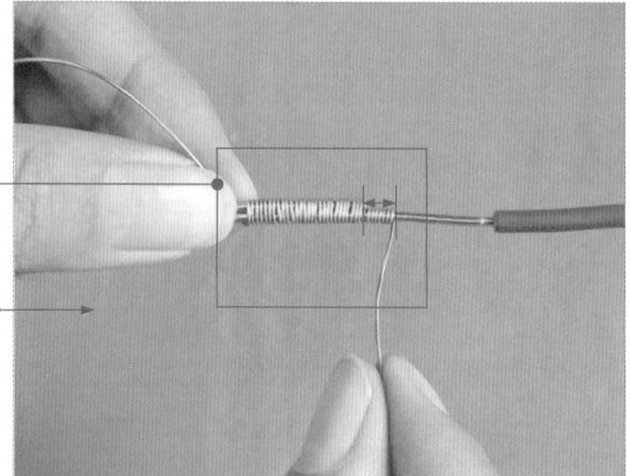

值得注意的是，若连接导线的直径为5mm，则缠绕长度应为60mm；若导线直径大于5mm，则缠绕长度应为90mm。将导线缠绕好后，还要在两端的导线上各自再缠绕 8～10mm（5圈）的长度

❷ 单股导线的缠绕式T形连接

如图6-8所示，当连接一根支路和一根主路单股导线时，通常采用缠绕式T形连接。

图6-8 单股导线的缠绕式T形连接方法

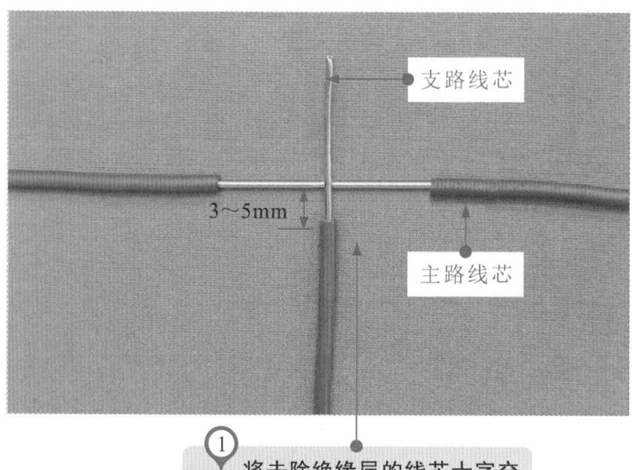

① 将去除绝缘层的线芯十字交叠，支路线芯根部留出3～5mm裸线

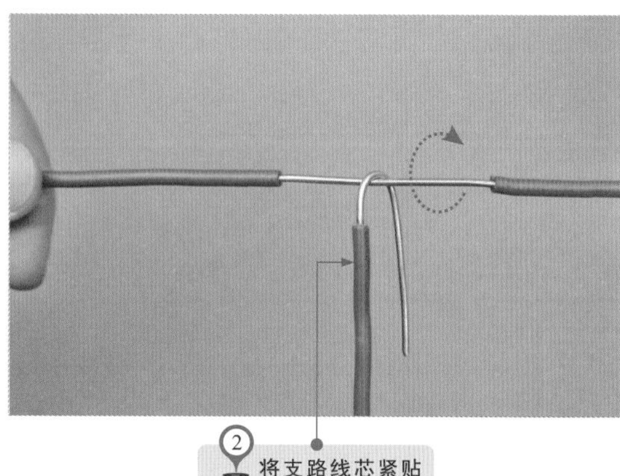

② 将支路线芯紧贴主路线芯开始密绕

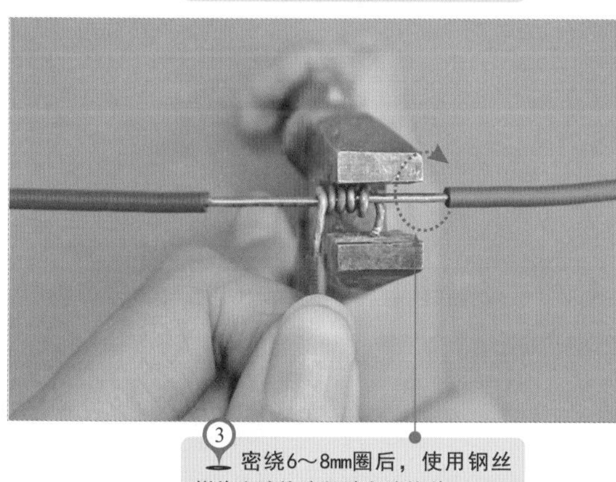

③ 密绕6～8mm圈后，使用钢丝钳将支路线头紧贴主路线芯

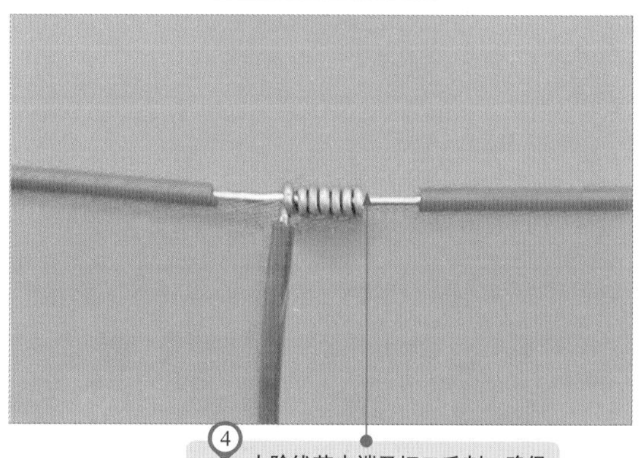

④ 去除线芯末端及切口毛刺，确保支路线芯与主路线芯良好的缠绕效果

图6-9 横截面积较小的单股导线缠绕式T形连接

如图6-9所示，对于横截面积较小的单股导线，可以将支路线芯在干线线芯上环绕扣结，然后沿干线线芯顺时针贴绕。

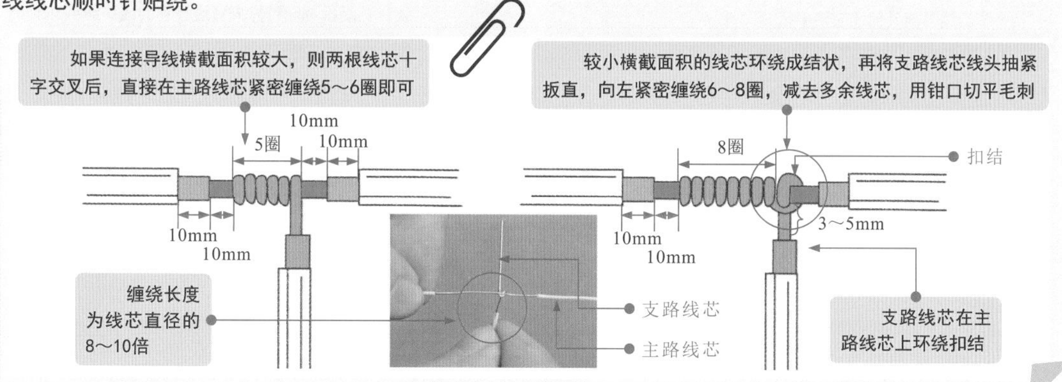

③ 多股导线的缠绕式对接

如图6-10所示，连接两根多股塑料软导线可采用简单的缠绕式对接方法。

图6-10 多股导线的缠绕式对接方法

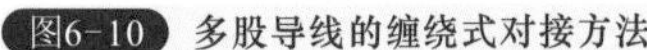

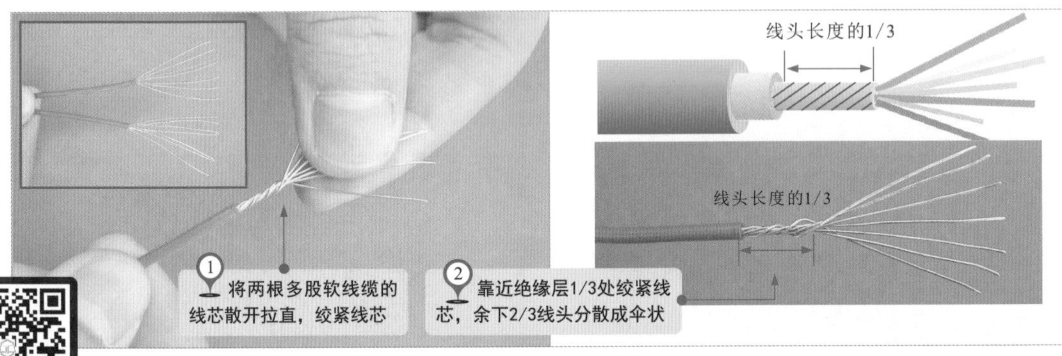

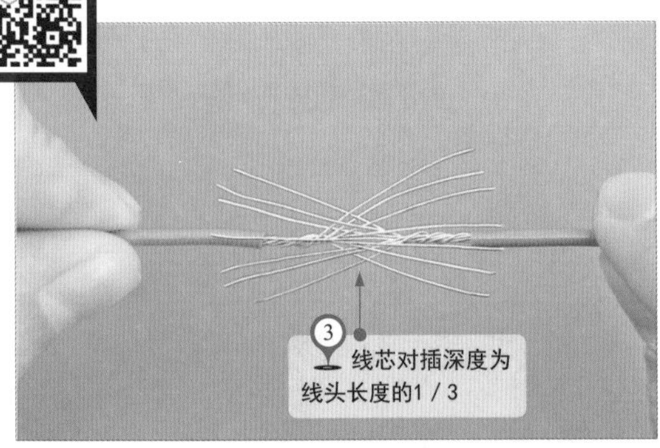

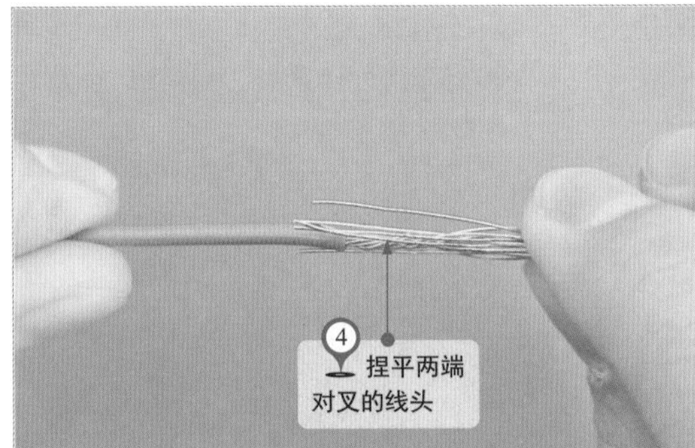

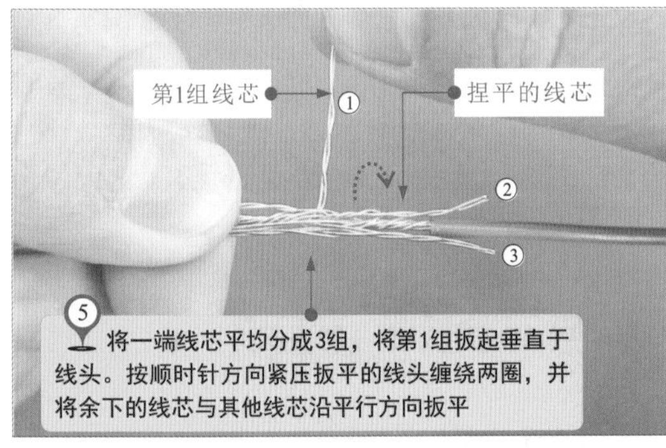

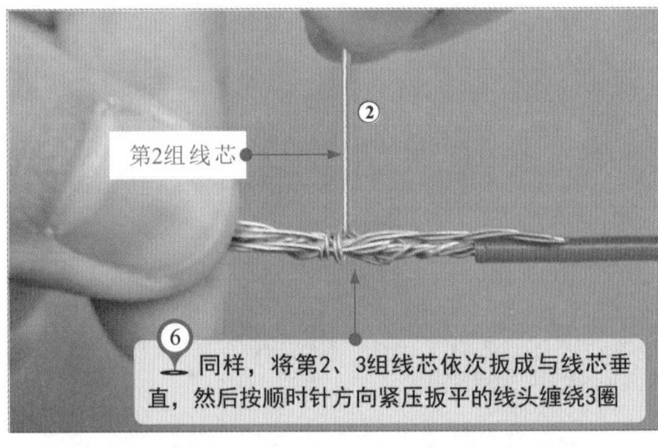

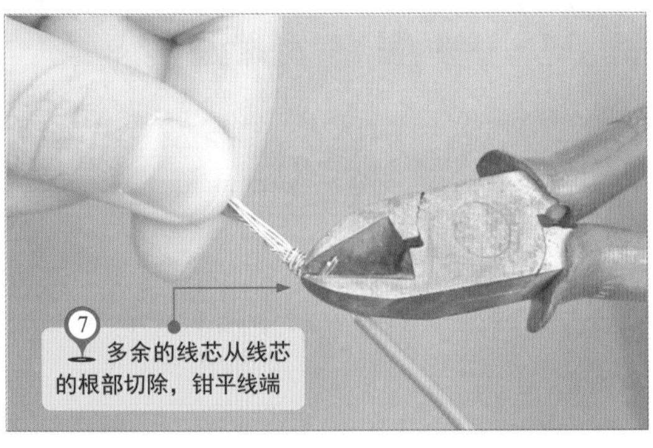

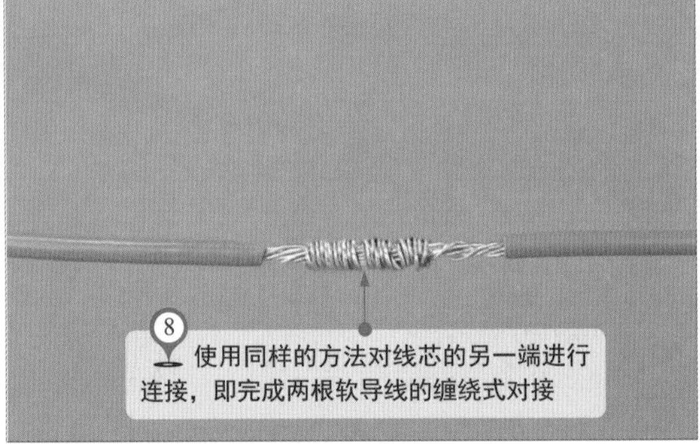

4 多股导线的缠绕式T形连接

如图6-11所示，当连接一根支路多股导线与一根主路多股导线时，通常采用缠绕式T形连接的方式。

图6-11 多股导线的缠绕式T形连接

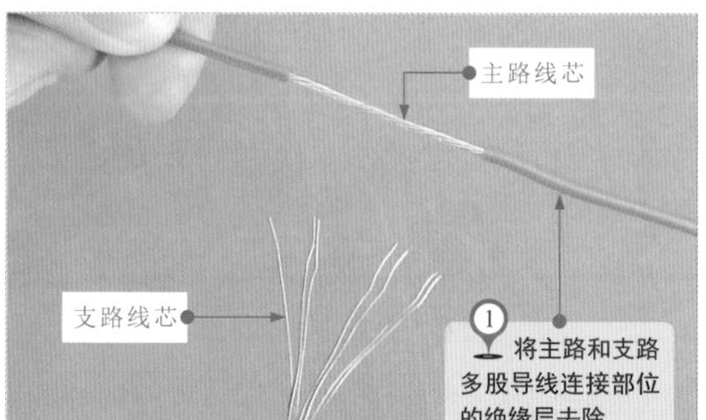

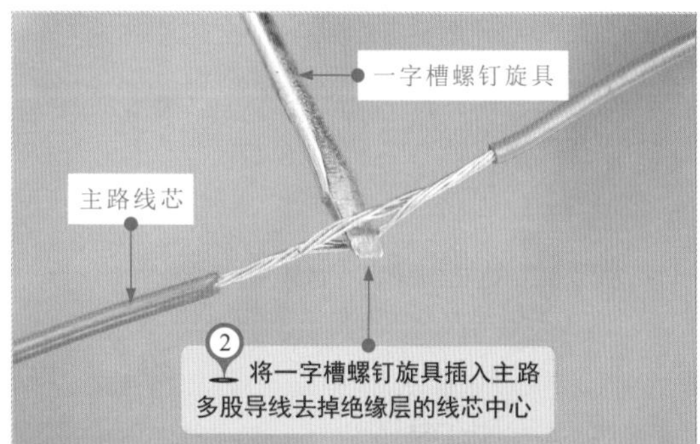

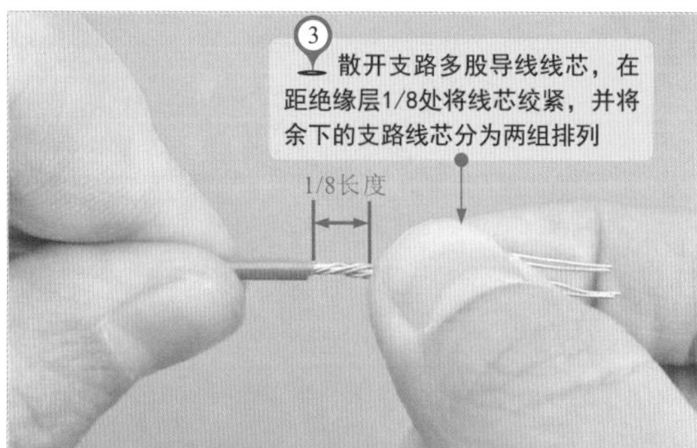

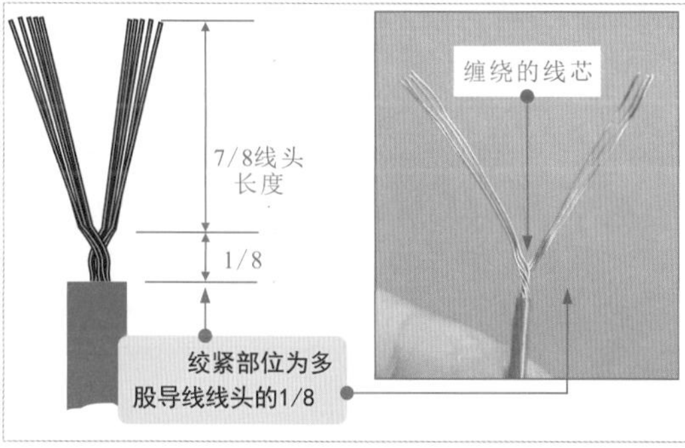

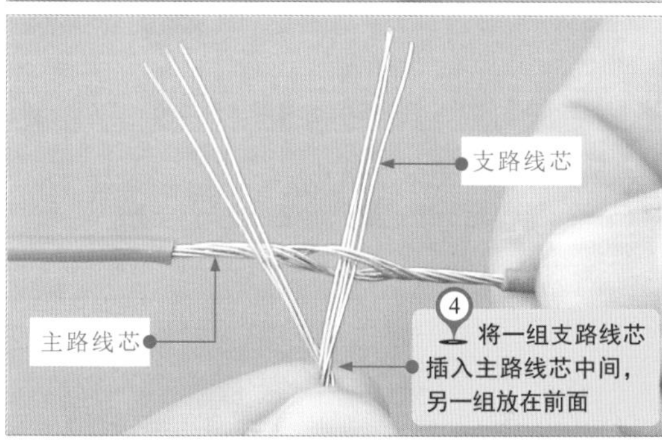

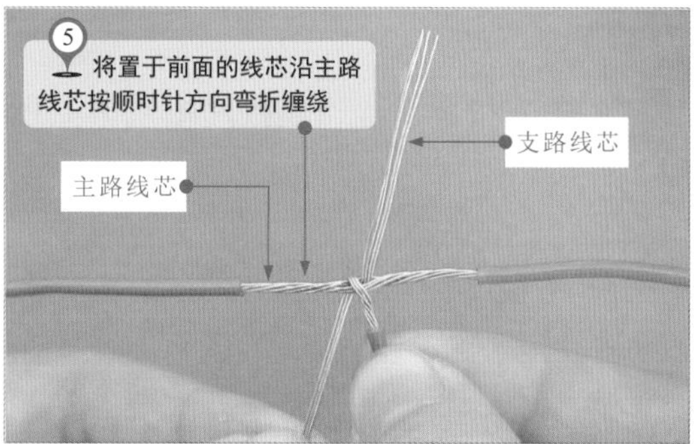

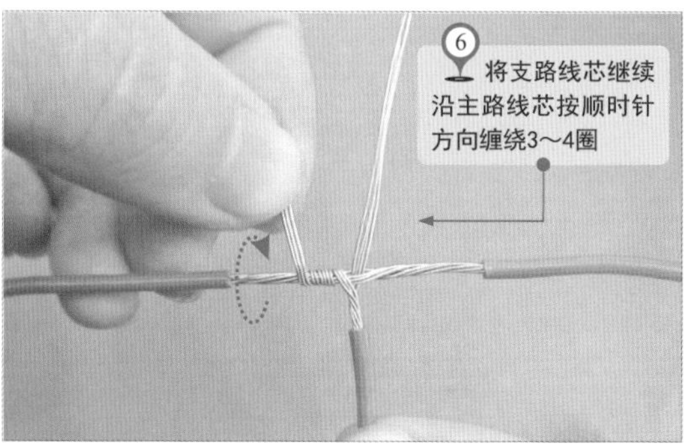

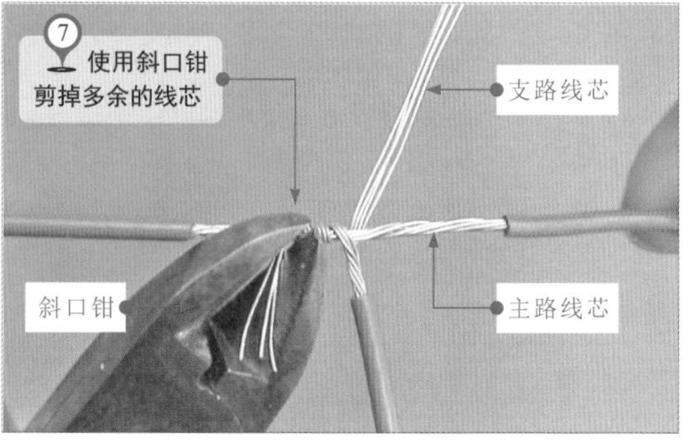

图6-11 多股导线的缠绕式T形连接（续）

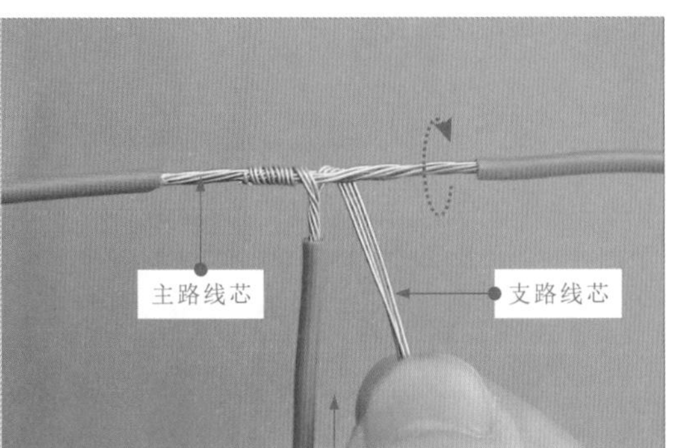

⑧ 使用同样的方法将另一组支路线芯沿主路线芯按顺时针方向弯折缠绕

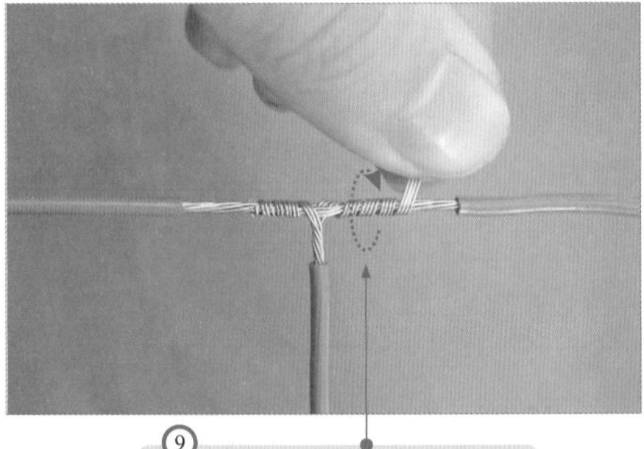

⑨ 将支路线芯继续沿主路线芯按顺时针方向缠绕3～4圈

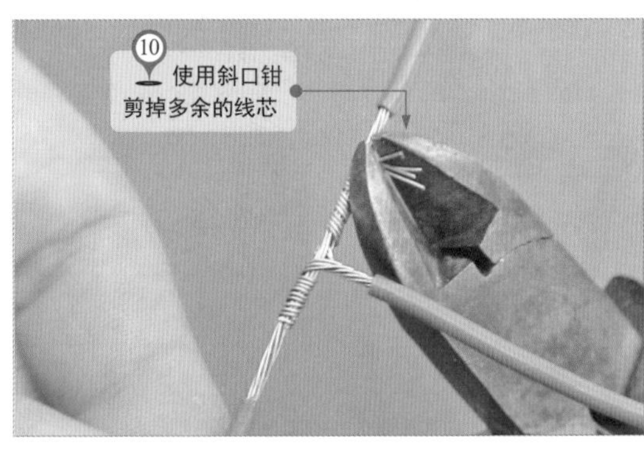

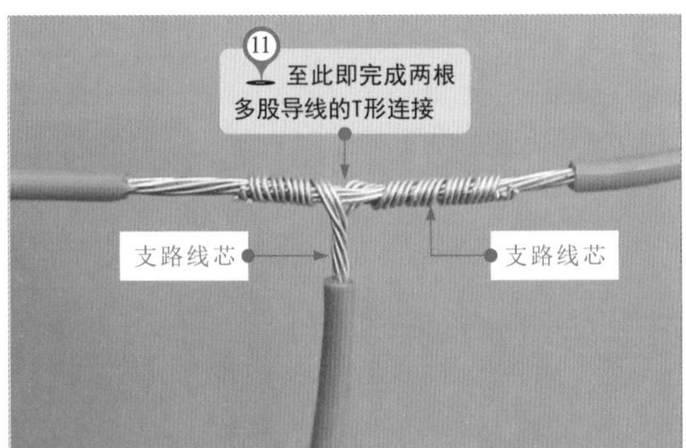

6.2.2 线缆的绞接

如图6-12所示，当连接两根横截面积较小的单股导线时，通常采用绞接（X形连接）方法。

图6-12 单股导线的绞接连接

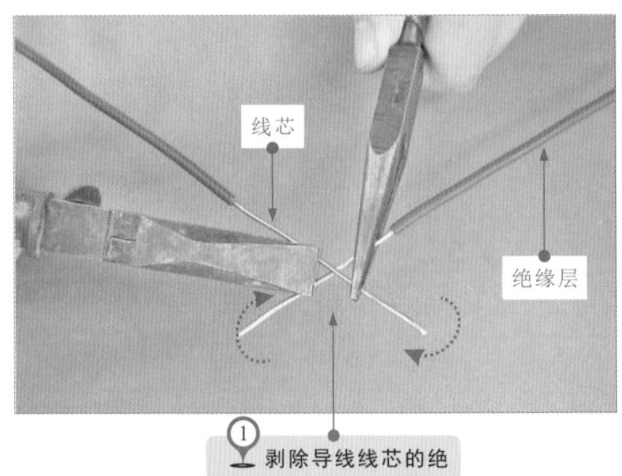

① 剥除导线线芯的绝缘层，并使其呈X形相交

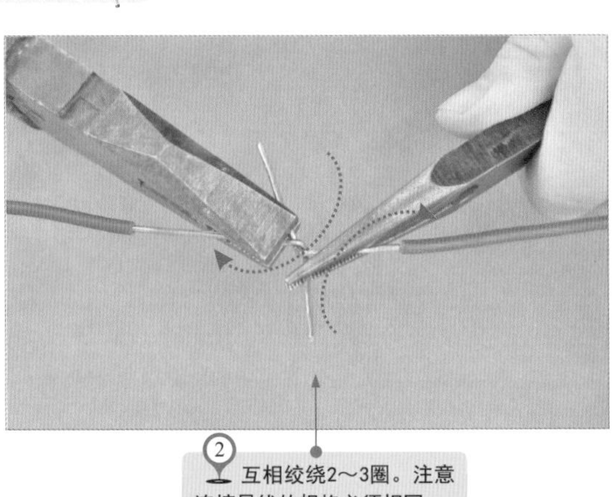

② 互相绞绕2～3圈。注意连接导线的规格必须相同

图6-12 单股导线的绞接连接（续）

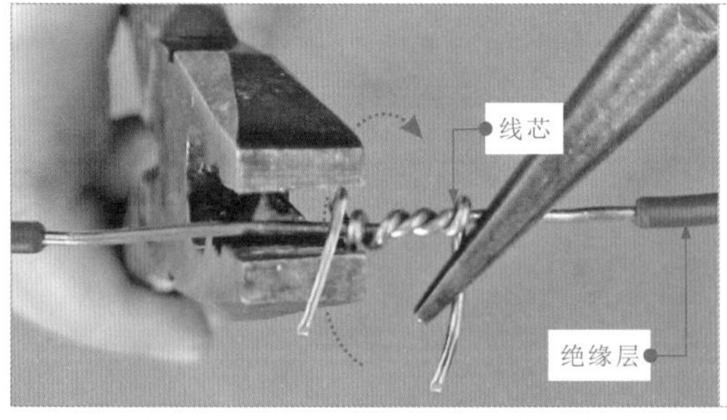

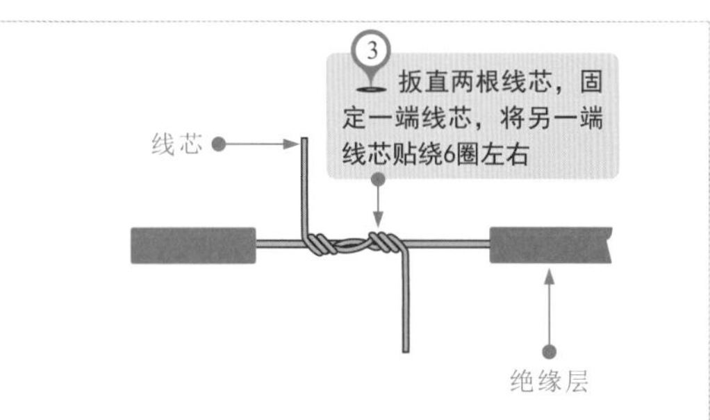

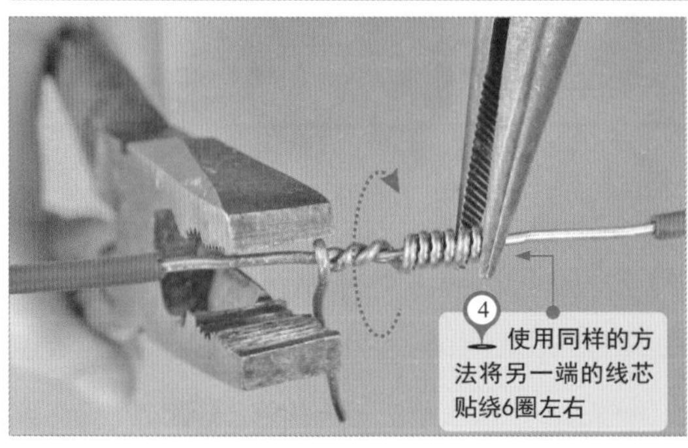

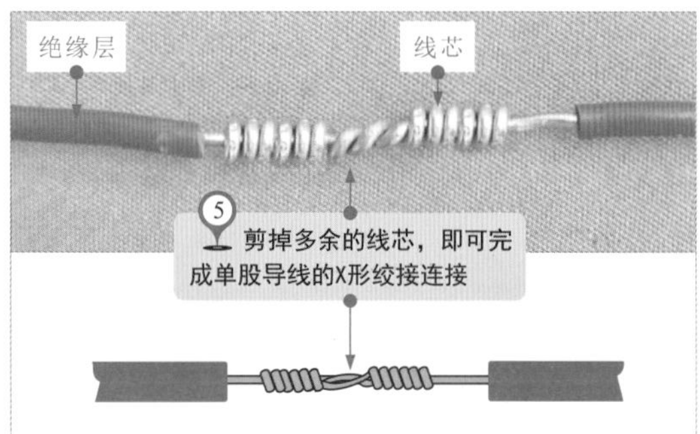

6.2.3 线缆的扭接

图6-13 单股导线的扭绞连接

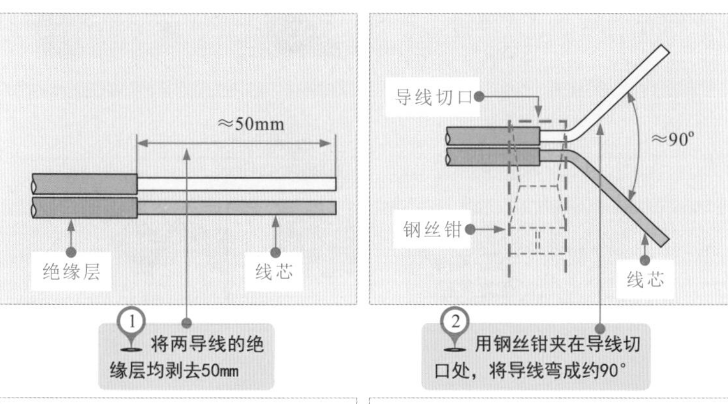

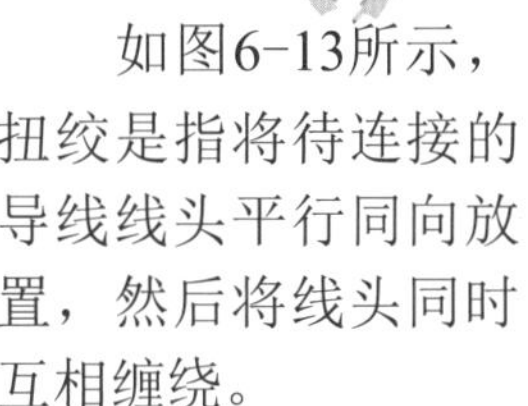

如图6-13所示，扭绞是指将待连接的导线线头平行同向放置，然后将线头同时互相缠绕。

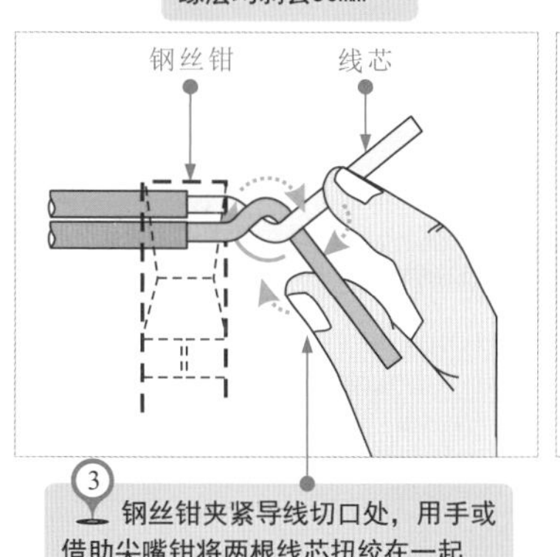

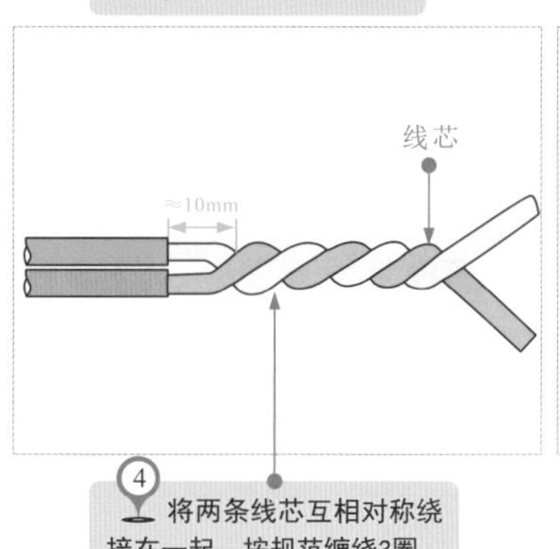

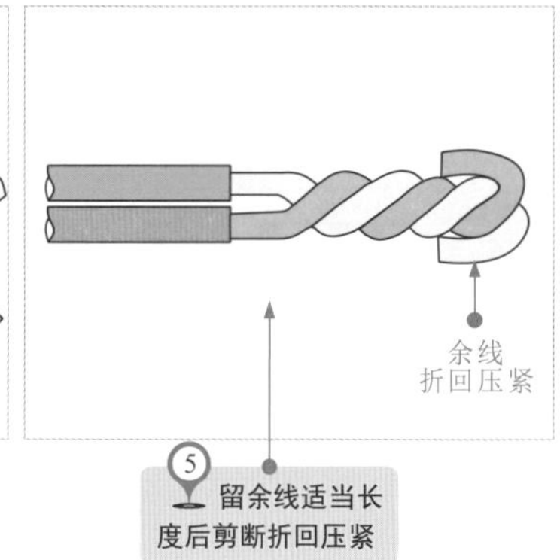

6.2.4 线缆的绕接

图6-14 三根单股导线的绕接连接

如图6-14所示，绕接也称为并头连接，一般适用于三根导线连接时，即将第三根导线线头绕接在另外两根导线线头上的方法。

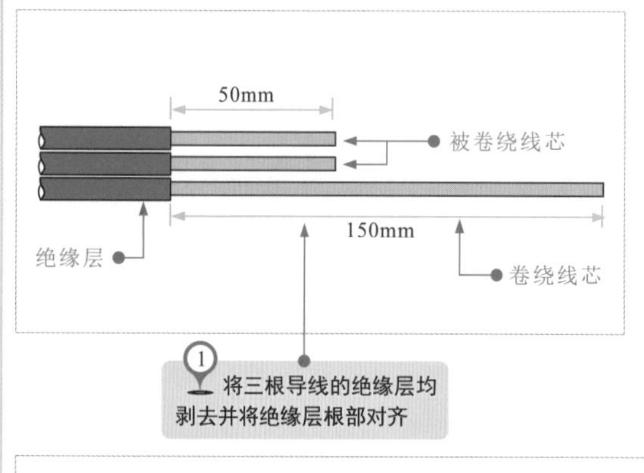

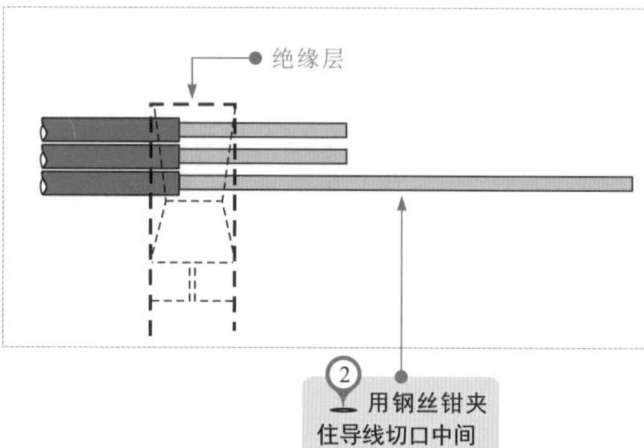

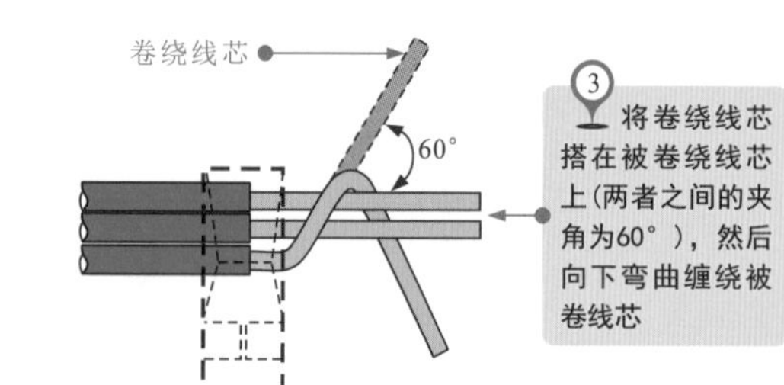

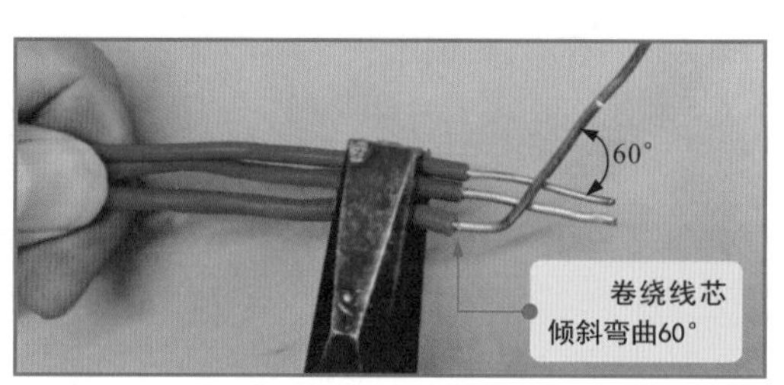

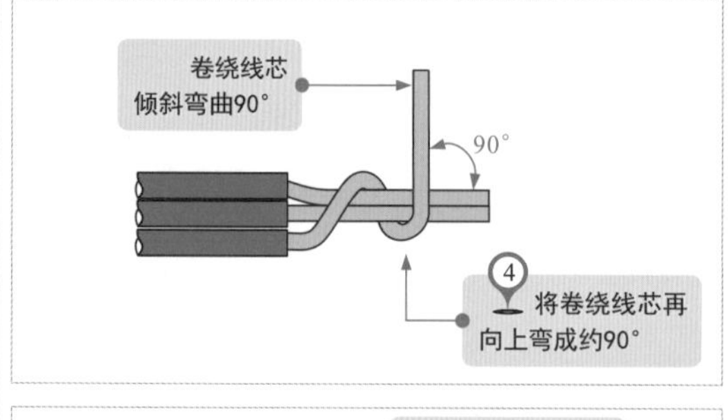

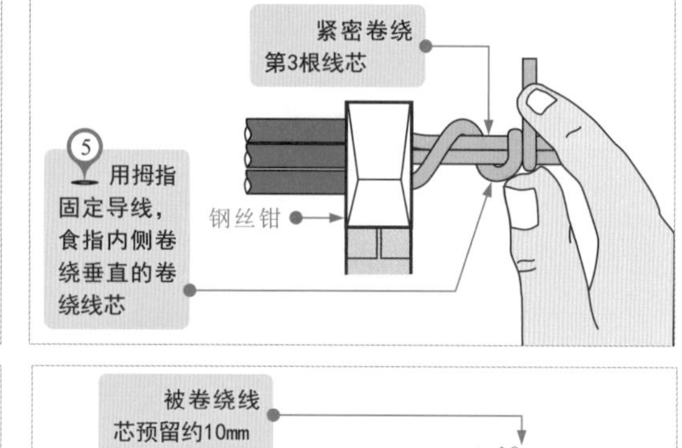

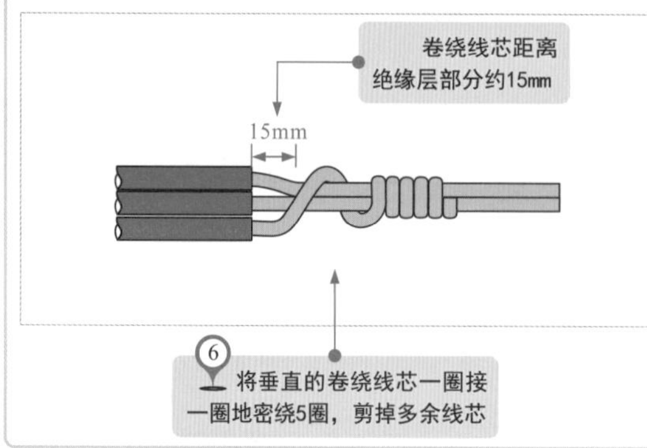

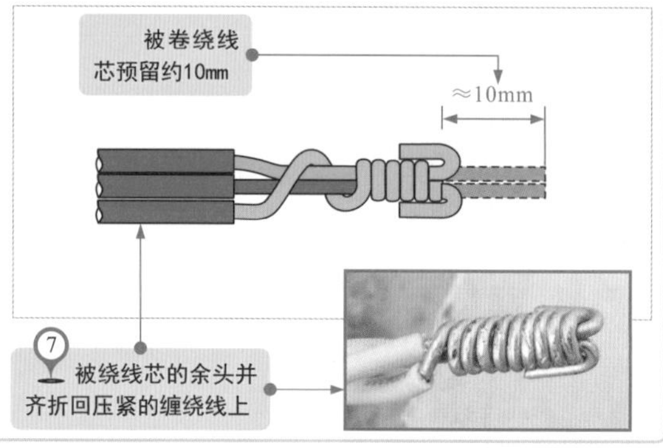

6.2.5 线缆的线夹连接

图6-15 塑料硬导线的线夹连接

如图6-15所示，电工操作中，常用线夹连接硬导线，操作简单，安装牢固可靠。

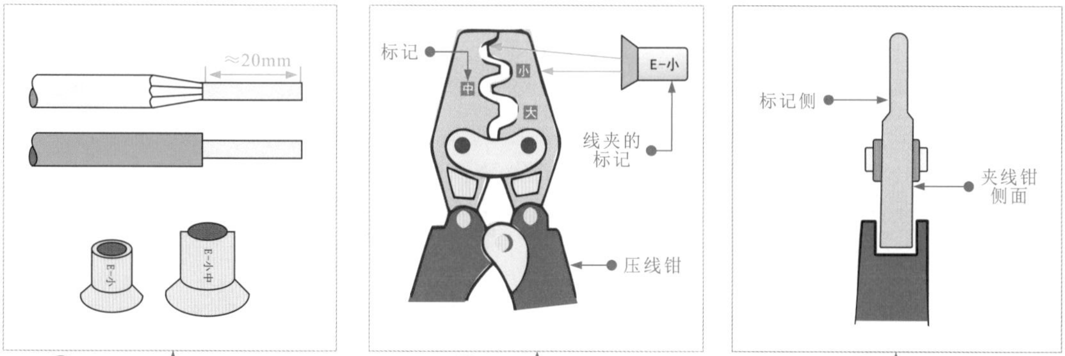

≈20mm

E-小

E-小中

① 剥去硬导线的绝缘层约20mm，根据导线直径选择线夹型号

标记

中

小

大

E-小

线夹的标记

压线钳

② 根据硬导线线径，选择压线钳压接的位置

标记侧

夹线钳侧面

③ 确认线夹放入的位置

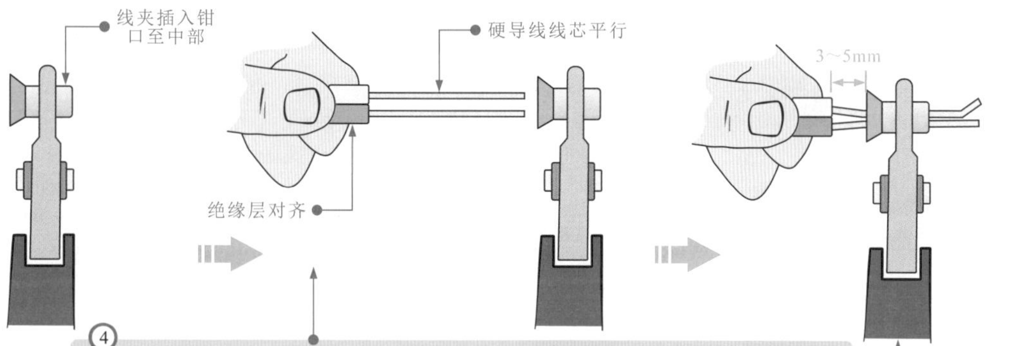

线夹插入钳口至中部

硬导线线芯平行

绝缘层对齐

3～5mm

④ 将线夹放入压线钳中，先轻轻夹持确认具体操作位置，然后将硬导线的线芯平行插入线夹中，要求线夹与硬导线的绝缘层间距3～5mm，然后用力压线，使线夹牢固压接在硬导线线芯上

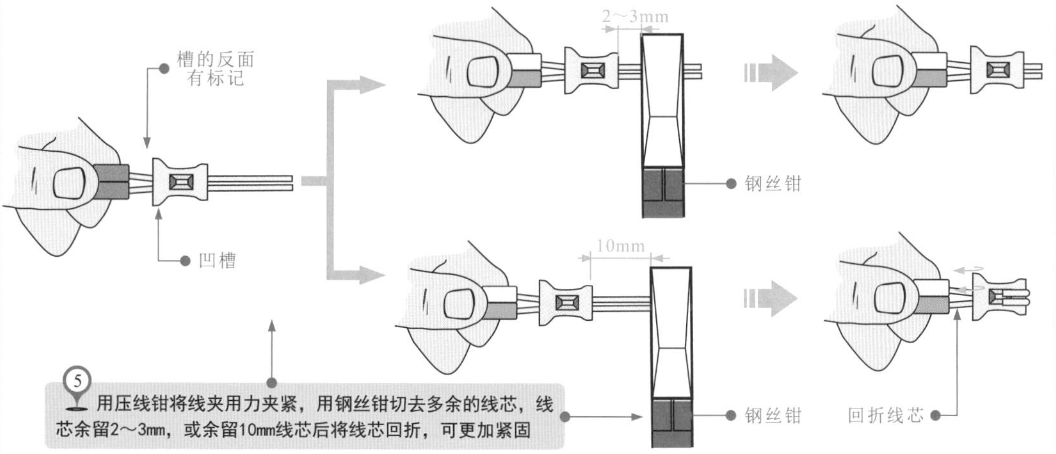

槽的反面有标记

凹槽

2～3mm

钢丝钳

10mm

钢丝钳

回折线芯

⑤ 用压线钳将线夹用力夹紧，用钢丝钳切去多余的线芯，线芯余留2～3mm，或余留10mm线芯后将线芯回折，可更加紧固

6.3 线缆连接头的加工

在线缆的加工连接中，加工处理线缆连接头也是电工操作中十分重要的一项技能。根据线缆类型分为塑料硬导线连接头的加工和塑料软导线连接头的加工两种。

6.3.1 塑料硬导线连接头的加工

图6-16 塑料硬导线连接头的加工处理

如图6-16所示，塑料硬导线一般可以直接连接，需要平接时，应提前加工连接头，即需将塑料硬导线的线芯加工为大小合适的连接环。

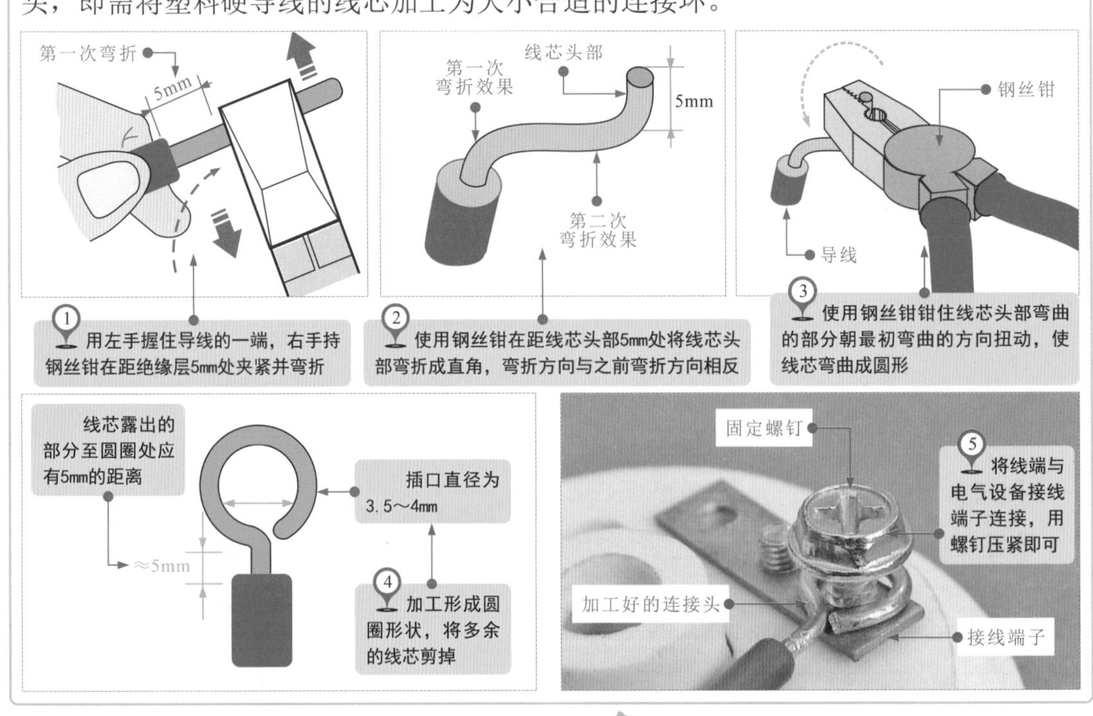

图6-17 塑料硬导线封端合格与不合格情况

硬导线封端操作中，应当注意连接环弯压质量，若尺寸不规范或弯压不规范，都会影响接线质量，在实际操作过程中，若出现不合规范的封端时，需要剪掉，重新加工，如图6-17所示。

环圈合适
环圈不足
环圈重叠
连接线过长
环圈过大

加工合格的硬导线封端

环圈不足易造成连接不牢固，易诱发短路

环圈重叠会引起接触不良

连接线露出过长有漏电危险

环圈过大，易造成接触不良，甚至可能有短路危险

6.3.2 塑料软导线连接头的加工

塑料软导线在连接使用时，常见的有绞绕式连接头的加工、缠绕式连接头的加工及环形连接头的加工三种形式。

① 绞绕式连接头的加工

如图6-18所示，绞绕式加工是将塑料软导线的线芯采用绞绕式操作，需要用一只手握住线缆绝缘层处，另一只手捻住线芯，向一个方向旋转，使线芯紧固整齐即可完成连接头的加工。

图6-18 绞绕式连接头的加工方法

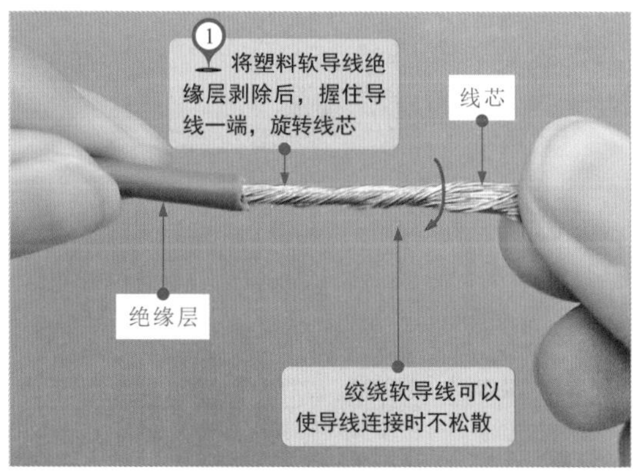

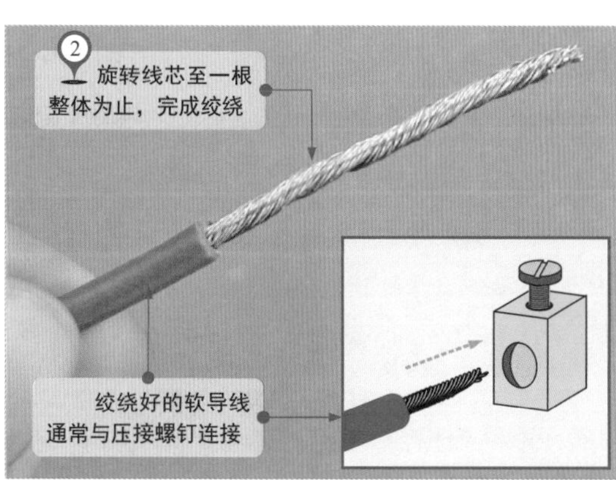

② 缠绕式连接头的加工

如图6-19所示，当塑料软导线插入某些连接孔中时，可能由于多股软线缆的线芯过细，无法插入，所以需要在绞绕的基础上，将其中一根线芯沿一个方向由绝缘层处开始向上缠绕，直至缠绕到顶端，完成缠绕式加工。

图6-19 缠绕式连接头的加工方法

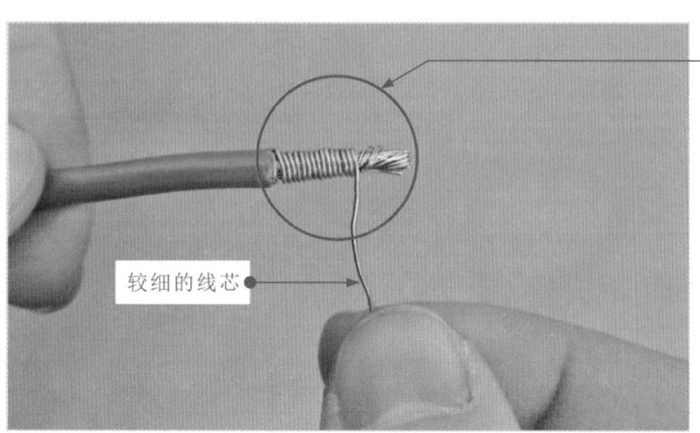

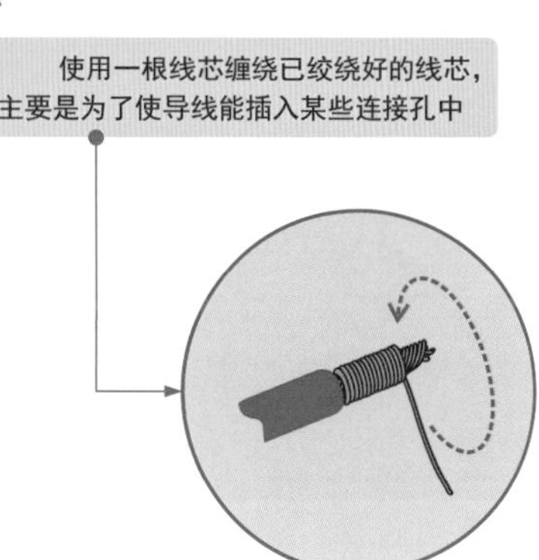

③ 环形连接头的加工

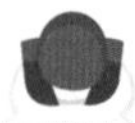

如图6-20所示，将塑料软导线与柱形接线端子连接时，需将线芯加工为环形。

图6-20 环形连接头的加工方法

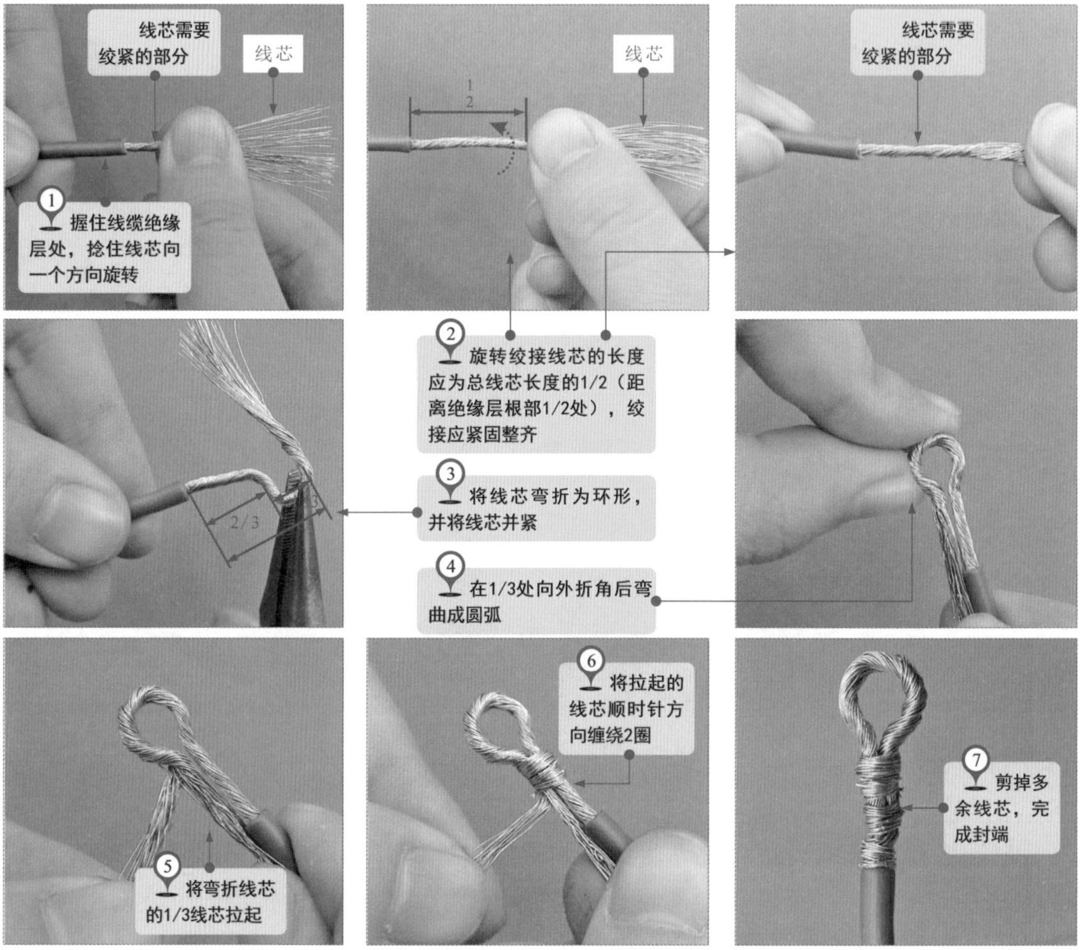

线芯需要绞紧的部分
线芯
① 握住线缆绝缘层处，捻住线芯向一个方向旋转
线芯
1/2
线芯需要绞紧的部分
② 旋转绞接线芯的长度应为总线芯长度的1/2（距离绝缘层根部1/2处），绞接应紧固整齐
2/3
③ 将线芯弯折为环形，并将线芯并紧
④ 在1/3处向外折角后弯曲成圆弧
⑤ 将弯折线芯的1/3线芯拉起
⑥ 将拉起的线芯顺时针方向缠绕2圈
⑦ 剪掉多余线芯，完成封端

图6-21 环形连接头的其他加工方法

线缆的连接头除以上几种加工方式外，还有一种是多股线芯与接线螺钉的连接方法，可在多股导线与接线螺钉连接之前，先将线芯与螺钉绞紧，如图6-21所示。

先将线缆的一端缠绕在螺钉上
将线缆向回缠绕固定在螺钉上，并与剩余线缆拧在一起固定

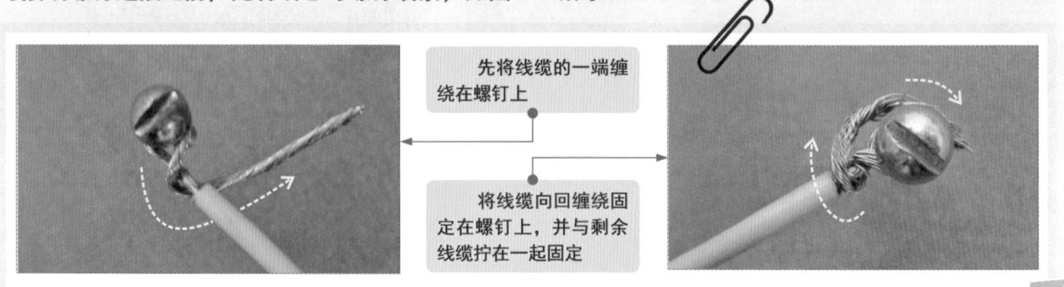

6.4 线缆焊接与绝缘层恢复

6.4.1 线缆的焊接

图6-22 线缆的焊接方法

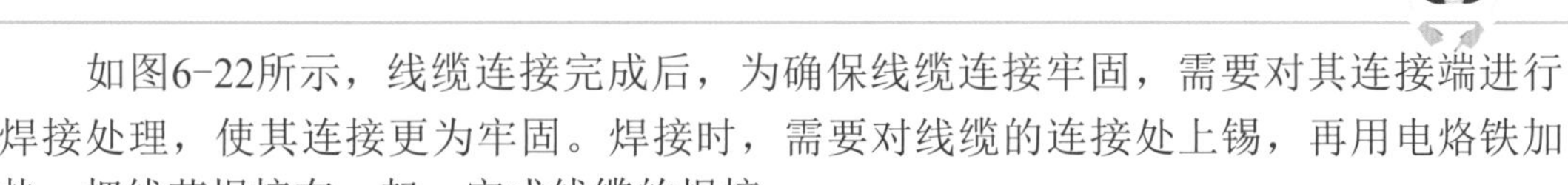

如图6-22所示，线缆连接完成后，为确保线缆连接牢固，需要对其连接端进行焊接处理，使其连接更为牢固。焊接时，需要对线缆的连接处上锡，再用电烙铁加热，把线芯焊接在一起，完成线缆的焊接。

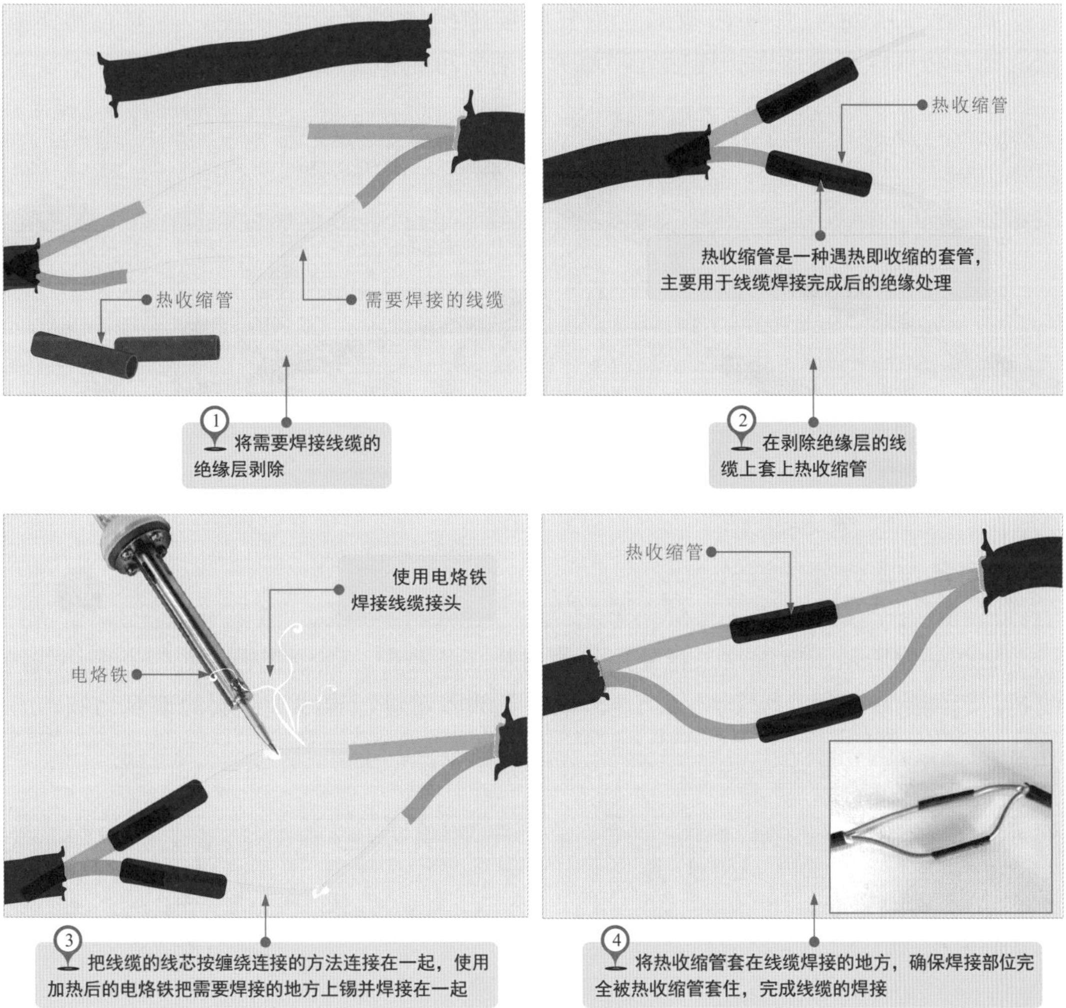

热收缩管

需要焊接的线缆

① 将需要焊接线缆的绝缘层剥除

热收缩管

热收缩管是一种遇热即收缩的套管，主要用于线缆焊接完成后的绝缘处理

② 在剥除绝缘层的线缆上套上热收缩管

使用电烙铁焊接线缆接头

电烙铁

③ 把线缆的线芯按缠绕连接的方法连接在一起，使用加热后的电烙铁把需要焊接的地方上锡并焊接在一起

热收缩管

④ 将热收缩管套在线缆焊接的地方，确保焊接部位完全被热收缩管套住，完成线缆的焊接

线缆的焊接除了使用绕焊外，还有钩焊、搭焊。其中，钩焊的操作方法是将导线弯成钩形钩在接线端子上，用钳子夹紧后再焊接，这种方法的强度低于绕焊，但操作简便；搭焊的操作方法是用焊锡把导线搭到接线端子上直接焊接，仅用在临时连接或不便于缠、钩的地方及某些接插件上，这种连接最方便，但强度及可靠性最差。

6.4.2　线缆绝缘层的恢复

线缆连接或绝缘层遭到破坏后，必须恢复绝缘性能才可以正常使用，并且恢复后，强度应不低于原有绝缘层。常用的绝缘层恢复方法有两种：一种是使用热收缩管恢复绝缘层；另一种是使用绝缘材料包缠法。

❶ 使用热收缩管恢复线缆的绝缘层

图6-23　使用热收缩管恢复线缆绝缘层的方法

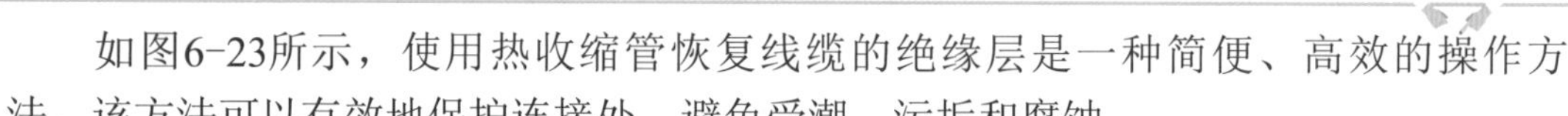

如图6-23所示，使用热收缩管恢复线缆的绝缘层是一种简便、高效的操作方法。该方法可以有效地保护连接处，避免受潮、污垢和腐蚀。

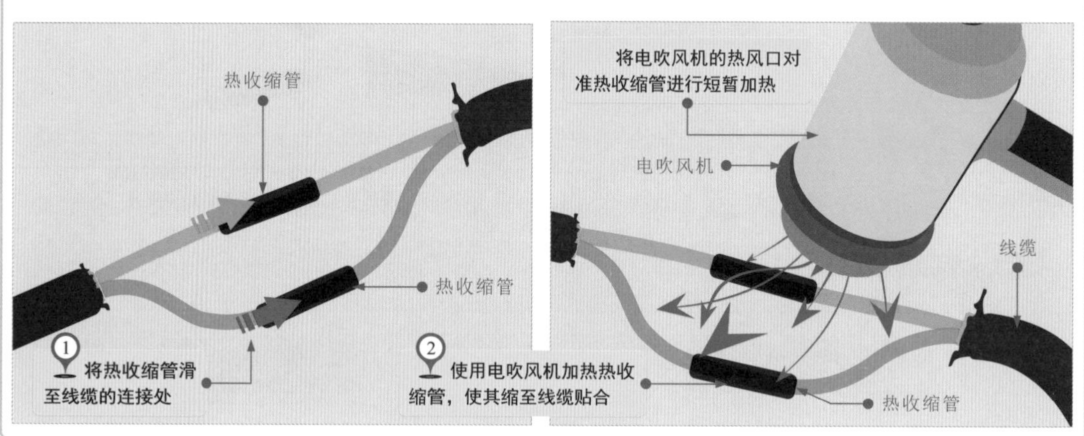

❷ 使用包缠法恢复线缆的绝缘层

如图6-24所示，包缠法是指使用绝缘材料（黄腊带、涤纶膜带、胶带）缠绕线缆线芯，起到绝缘作用，恢复绝缘功能。以常见的胶带进行导线绝缘层的恢复为例。

图6-24　使用包缠法恢复线缆绝缘层的方法

① 包缠时，需要从完整绝缘层上开始包缠。一般从距连接点两根带宽的绝缘层位置包裹，沿干线继续包缠至另一端

② 缠绕时，每圈的绝缘胶带应覆盖到前一圈胶带一半的位置上，包至另一端时也需同样包入完整绝缘层上两根带宽的距离

图6-25 220V和380V线路绝缘层的恢复

一般情况下，在220V线路上恢复导线绝缘时，应先包缠一层黄蜡带（或涤纶薄膜带），再包缠一层绝缘胶带；380V线路恢复绝缘时，先包缠二三层黄蜡带（或涤纶薄膜带），再包缠两层绝缘胶带，同时，应严格按照规范进行缠绕操作，如图6-25所示。

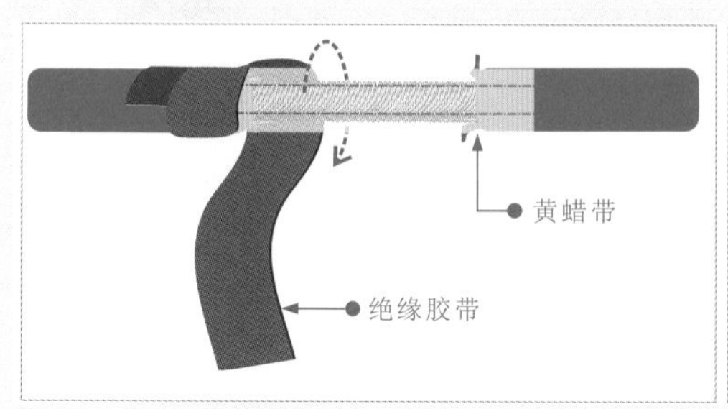

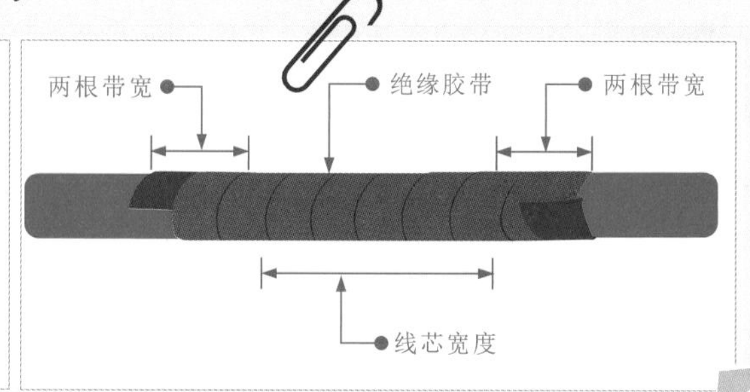

图6-26 分支线缆连接点绝缘层的恢复方法

如图6-26所示，导线绝缘层的恢复是较为普通和常见的，在实际操作中还会遇到分支导线连接点绝缘层的恢复，恢复时，需要用胶带从距分支连接点两根带宽的位置进行包裹。

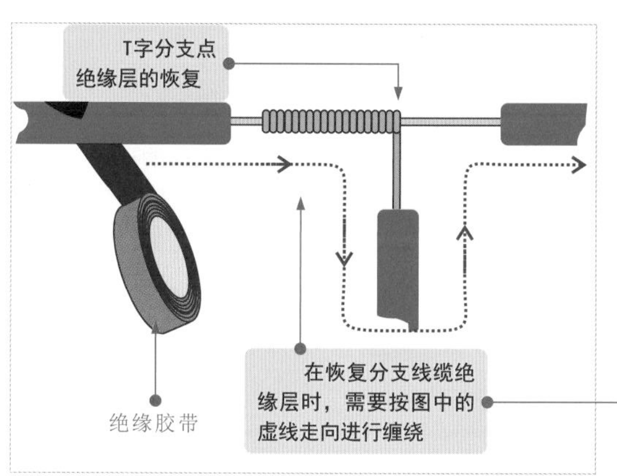

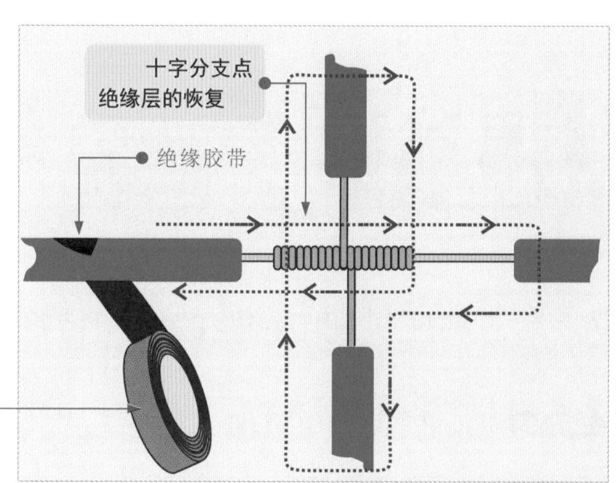

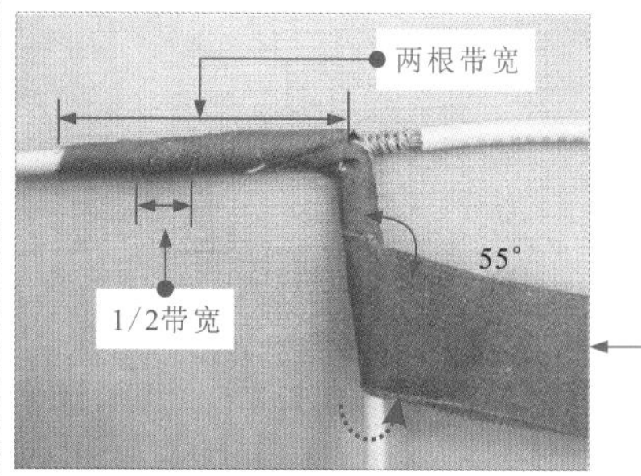

超出支路连接处两个带宽后向回包缠，再沿主路继续包缠至另一端，即完成绝缘恢复

离分支点两根带宽处，以与导线倾斜55°角、每层压1/2带宽的方式开始缠绕，缠绕至分支点处时紧贴线芯沿支路缠绕

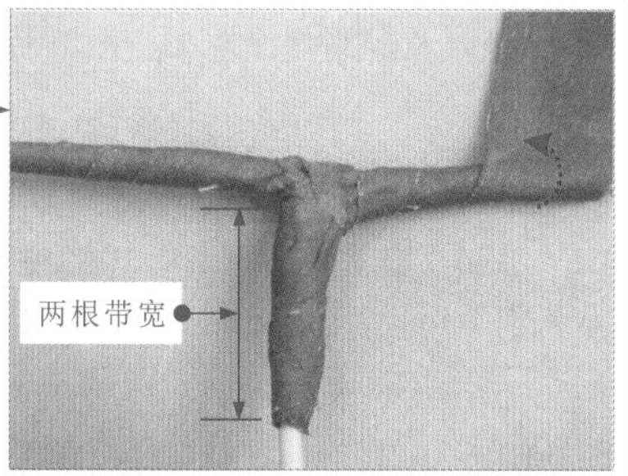

在包裹线缆时，间距应为1/2带宽，当胶带包至分支点处时，应紧贴线芯沿支路包裹，超出连接处两个带宽后向回包裹，再沿干线继续包缠至另一端

第7章 供配电系统的安装与调试

7.1 供配电线路的结构特征

图7-1 供配电线路的特点

供配电线路是指用于提供、分配和传输电能的线路，按其所承载电能类型的不同可分为高压供配电线路和低压供配电线路两种，如图7-1所示。

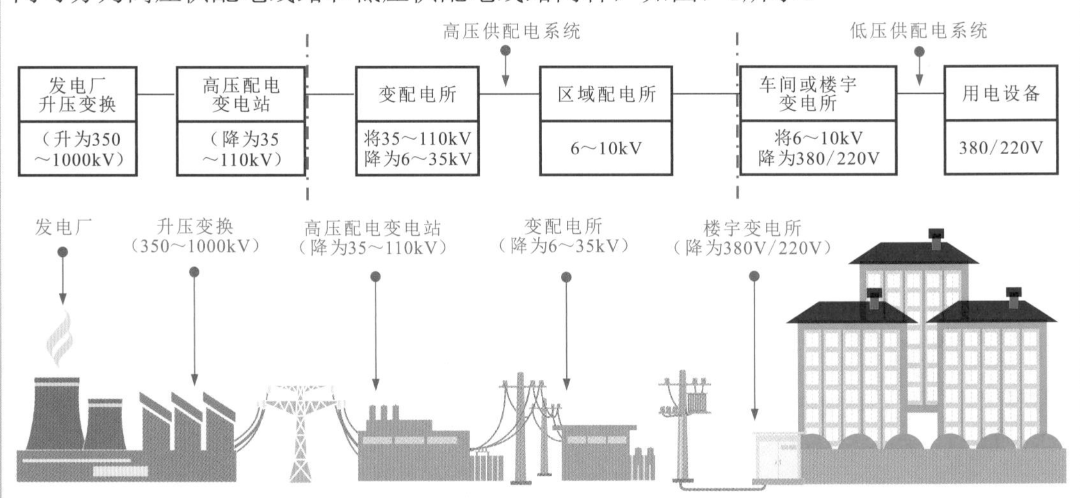

7.1.1 高压供配电线路的结构特征

图7-2 高压供配电线路的实际应用

高压供配电线路应用于各种电力传输、变换和分配场所，如常见的高压架空线路、高压变电所、车间或楼宇变电所等，如图7-2所示。

图7-3 典型高压供配电线路的结构

高压供配电线路是由各种高压供配电器件和设备组合连接形成的。该线路中，电气设备的接线方式和连接关系都可以利用电路图表示。图7-3为典型高压供配电线路的结构。

WL1
35kV
QS1
高压隔离开关
避雷器
QS4
QS2
高压断路器
QF1
F1
TV1
T1
6300kVA
Y. d11
35/10kV
电力变压器
QF2
QS3
=WB
高压熔断器
FU1
FU2
F4
50kVA
10/0. 4kV
Y. yno
T3
F3
F2
TV2
电压互感器

高压供配电线路中其他几种电气部件的电路图形符号

QL 高压负荷隔离开关
高压熔断器式负荷开关
L 电抗器
TA 电流互感器
FU 高压熔断器（跌落式）

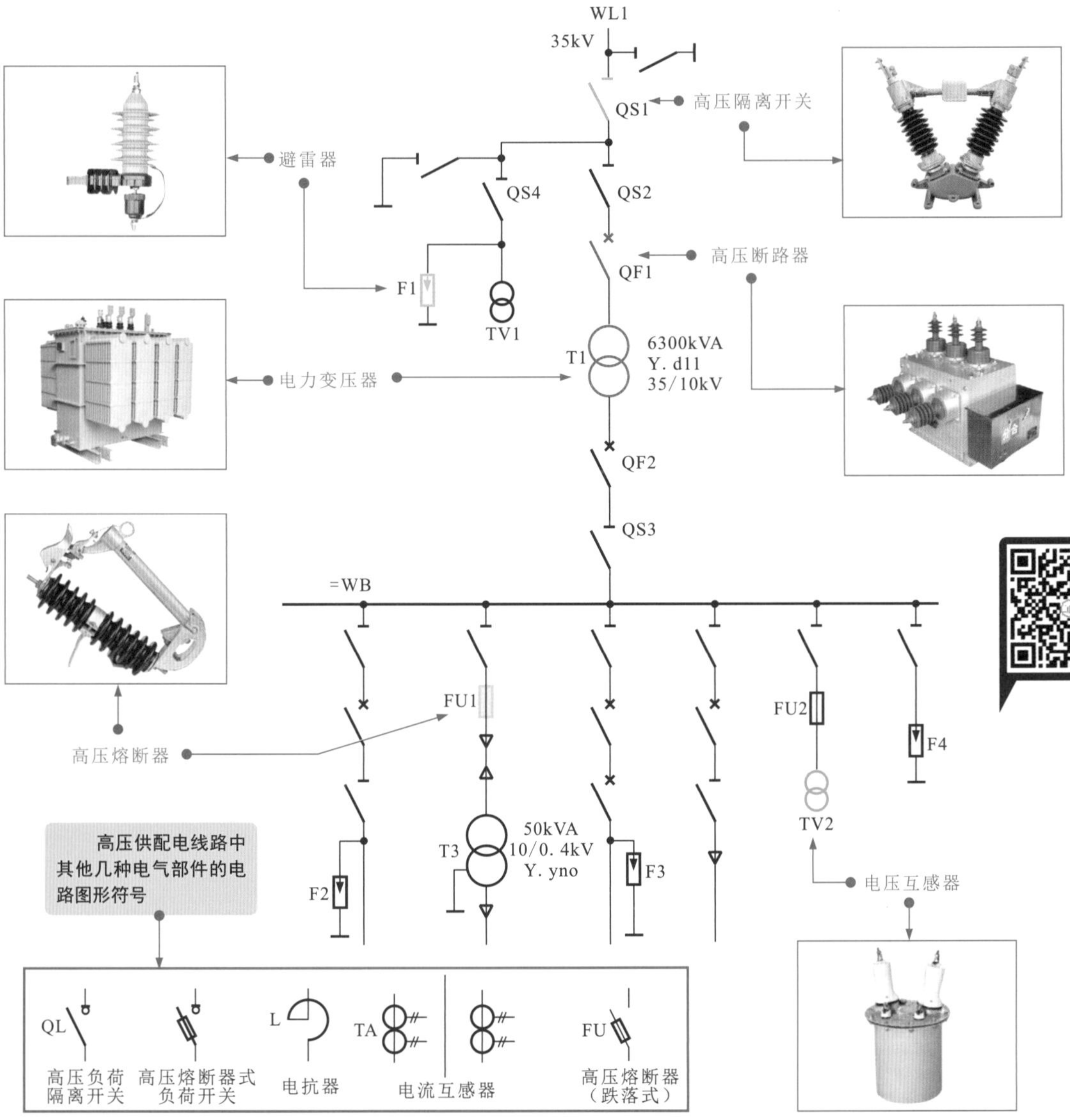

供配电线路作为一种传输、分配电能的电路，与一般的电工电路有所区别。在通常情况下，供配电线路的连接关系比较简单、线路中电压或电流传输的方向也比较单一，基本上都是按照顺序关系从上到下或从左到右传输，且其大部分组成器件只是简单地实现接通与断开的两种状态，没有复杂的变换、控制和信号处理电路。

线路中，不同图形符号代表不同的组成部件，部件间的连接线体现出了连接关系。当线路中开关类器件断开时，其后级所有的线路均无供电；当逐一闭合各开关类部件时，电源逐级向后级电路传输，后级不同的分支线路即完成对前级线路的分配。

7.1.2 低压供配电线路的结构特征

低压供配电线路是指传输和分配380/220V低压的线路，通常可直接作为各用电设备或用电场所的电源。

图7-4 典型低压供配电线路的结构和连接关系示意图

图7-4为典型低压供配电线路的结构和连接关系示意图。低压供配电系统是由各种低压供配电器件和设备组合连接形成的。

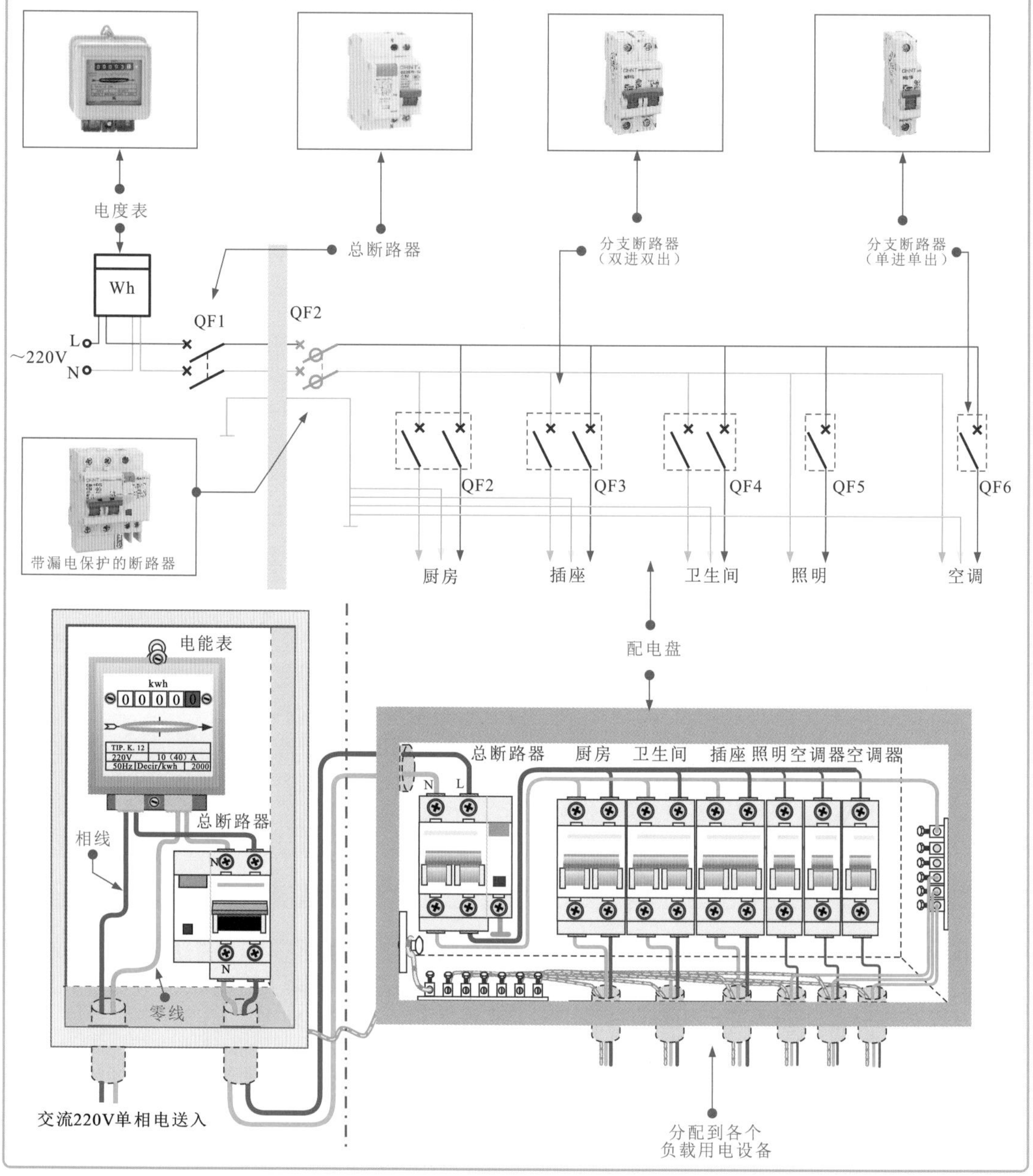

电度表
Wh
总断路器
分支断路器
（双进双出）
分支断路器
（单进单出）
QF1
QF2
~220V
L
N
带漏电保护的断路器
QF2
QF3
QF4
QF5
QF6
厨房
插座
卫生间
照明
空调
配电盘
电能表
kwh
TIP. K. 12
220V
10（40）A
50Hz
Decir/kwh
2000
总断路器
相线
零线
交流220V单相电送入
总断路器
厨房
卫生间
插座
照明
空调器
空调器
N
L
分配到各个
负载用电设备

7.2 供配电系统的规划设计与设备安装

7.2.1 供配电系统的规划设计

本节以小区低压供配电系统为例，介绍供配电系统的规划设计。小区供配电线路决定小区内公共照明、消防、楼宇对讲、家庭照明和用电等多方面的运行。规划线路需要遵循必要的设计要求，如配电室选址要求、防火要求、电磁屏蔽等。

❶ 选址要求

图7-5 小区低压配电室的选址要求

总变配电室是变配电系统的中间枢纽，变配电室的建筑与安装应严格遵照建筑电气安装工程的要求，设计时，应参照供电半径的要求（150m），接近负荷中心，满足末端客户的电压质量。低压配电柜一般设计安装在楼宇附近，利于配线安装；楼内配线箱要求设计在楼道中

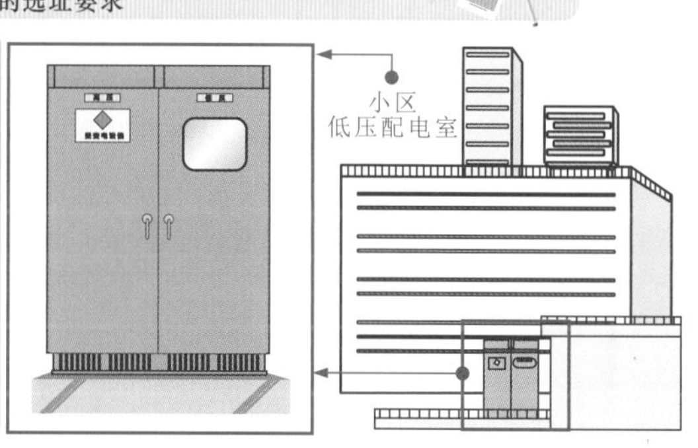

设计小区供配电系统要遵循稳定、安全、科学、合理的基本原则。首先需要确定供配电系统中主要设备的安装位置，如图7-5所示。

❷ 线路配置方式设计要求

图7-6 小区供配电系统中线路配置设计要求

在小区供配电系统中，楼内主干线配置要求每个住宅楼门采用三相四线式供电，楼内干线为三相四线式，按层分相平衡配置三相负荷，如图7-6所示。

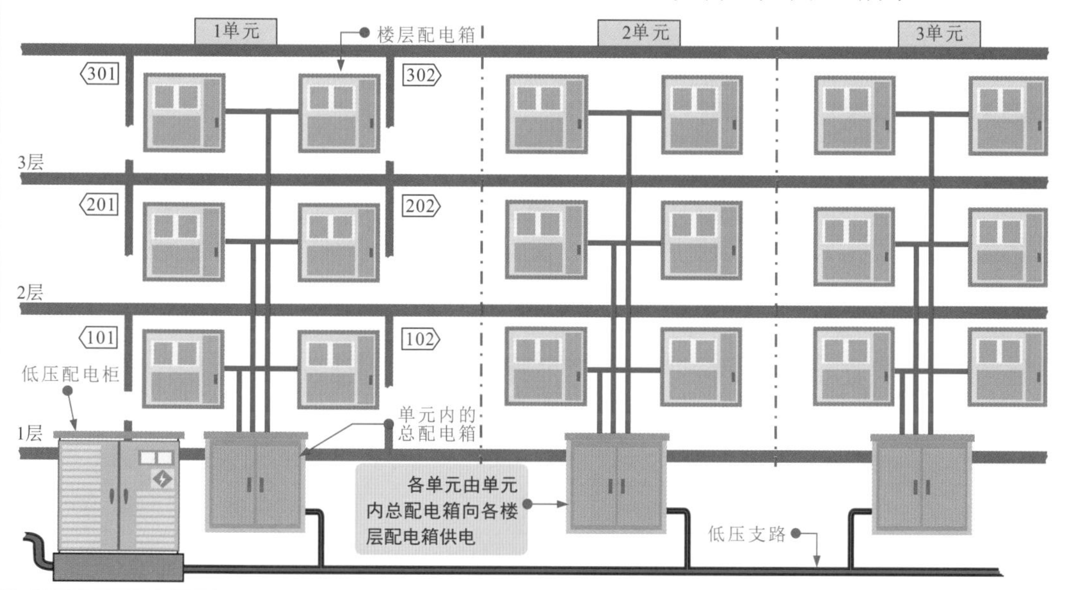

图7-7 小区中高层住宅楼的配电方式

如果是高层建筑物，则可在配电方式上针对不同的用电特性采用不同的配电连接方式。住户用电的配电线路多采用放射式和链式混合的接线方式；公共照明的配电线路则采用树干式接线方式；对于用电不均衡部分，则会采用增加分区配电箱的混合配电方式，接线方式上也多为放射式与链式组合的形式，如图7 7所示。

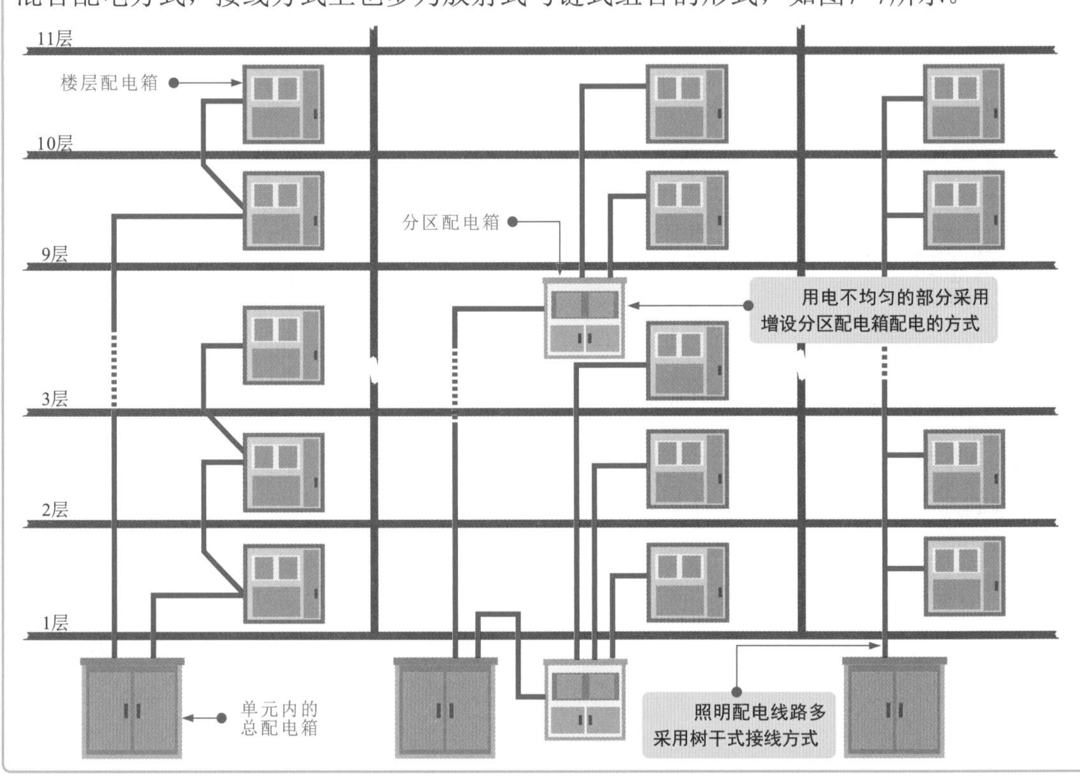

③ 线路负荷设计要求

图7-8 小区供配电线路用电负荷的计算

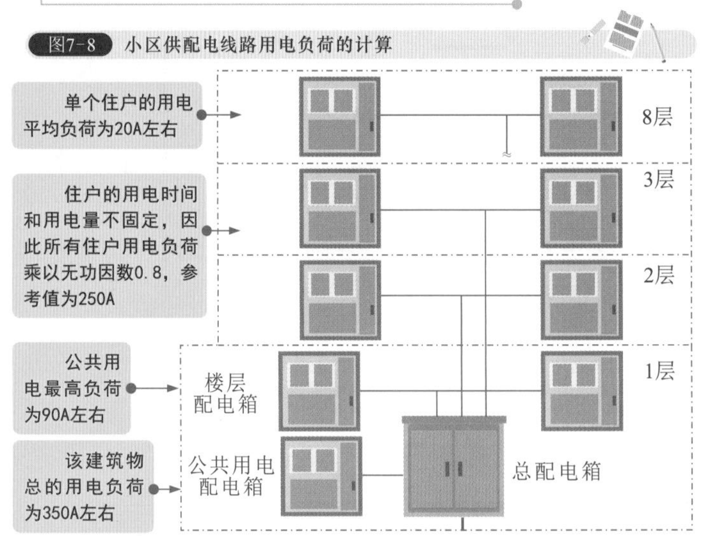

小区供配电线路负荷设计，要求电工先对小区的用电负荷进行周密的考虑，通过科学的计算方法，计算出建筑物用户及公共设备的用电负荷范围，然后根据计算结果和安装需要选配适合的供配电器件和线缆，如图7-8所示。

④ 线路的敷设要求

小区供配电线路不能明敷，应采用地下管网施工方式，将传输电力的电线、电缆敷设在地下预埋管网中，如图7-9所示。

图7-9 小区供配电系统中线路的敷设要求

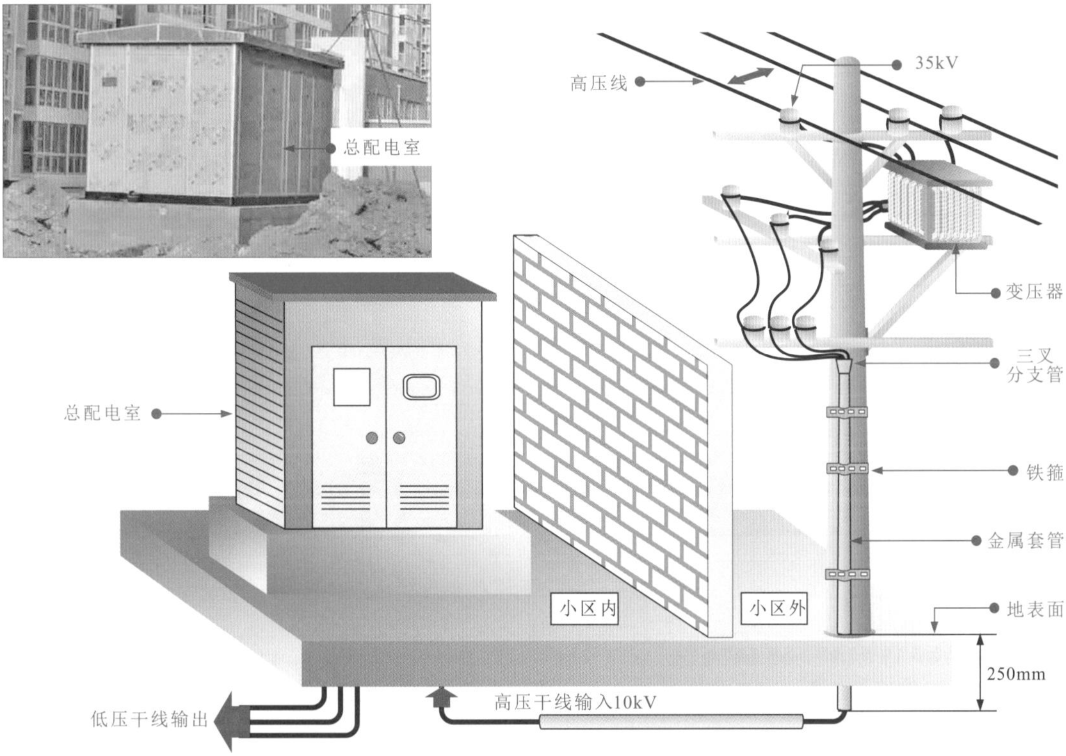

电缆首、末端的接头叫作终端头，电缆线路中间的接头叫中间头。电缆接头的基本要求就是把接头处的线芯连接紧密牢靠，绝缘封好，以保证电缆的绝缘性能。

小区供配电系统中，线路敷设应在配电室土建之前完成，根据规划设计方案，需预埋管路，线缆敷设，并做好线缆的接线、终端头与中间头的连接和绝缘工作

小区供配电线路设计其他方面的要求：

· 防火要求　总配电室安装设计需要注意防火要求。建筑防火按照《建筑设计防火规范》（GB 50016—2014）执行。

· 防水要求　小区供配电线路设计需要注意防水要求。电气室地面宜高于该层地面标高0.1m（或设防水门槛）。电气室上方上层建筑内不得设置给排水装置或卫生间。

· 隔离噪声及电磁屏蔽要求　总配电室正常工作会产生噪声及电磁辐射，设计要求屋顶及侧墙，内敷钢网及钢结构和阻音材料，以隔离噪声和电磁辐射，钢网及钢结构应焊接并可靠接地。

· 通风要求　变配电室内宜采用自然通风。每台变压器的有效通风面积为2.5～3m^2，并设置事故排风。

· 其他要求　配电室内不应有无关管线通过。

7.2.2 供配电系统的设备安装

小区供配电系统的安装主要包括变配电室、低压配电柜的安装。

❶ 变配电室的安装

图7-10 小区供配电系统中变配电室的架设与固定

小区的变配电室是配电系统中不可缺少的部分，也是供配电系统的核心。变配电室应架设在牢固的基座上，如图7-10所示，且敷设的高压输电电缆和低压输电电线必须由金属套管进行保护，施工过程一定要注意在断电的情况下进行。

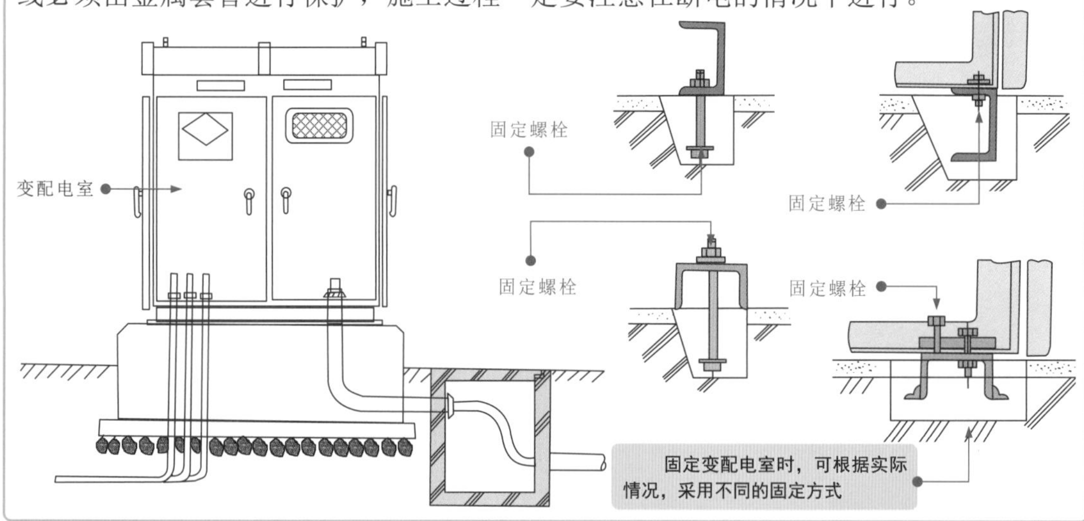

❷ 低压配电柜的安装

图7-11 小区供配电系统中的低压配电柜

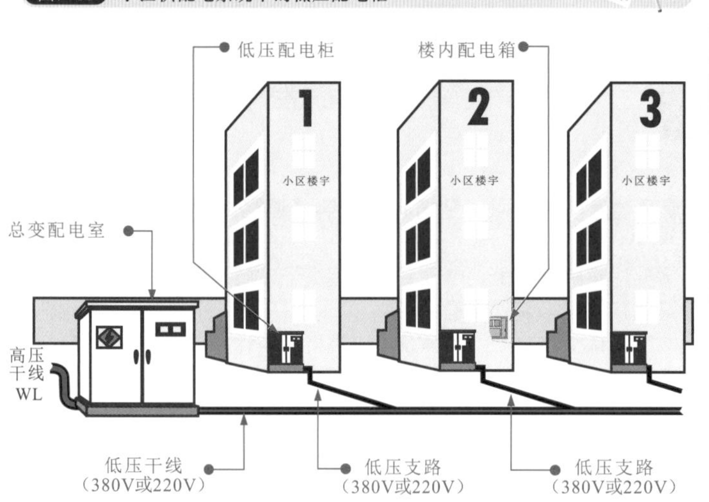

在小区供配电系统中，低压配电柜一般安装在楼体附近，如图7-11所示，用于对送入的380V或220V交流低压进行进一步分配后，分别送入小区各楼宇中的各动力配电箱、照明（安防）配电箱及各楼层配电箱中。楼宇配电柜的安装、固定和连接应严格按照施工安全要求进行。

图7-12 低压配电柜的固定与安装接线

对小区配电柜进行安装连接时，应先确认安装位置、固定深度及固定方式等，然后根据实际的需求，确定所有选配的配电设备、安装位置并确定其安装数量等，如图7-12所示。

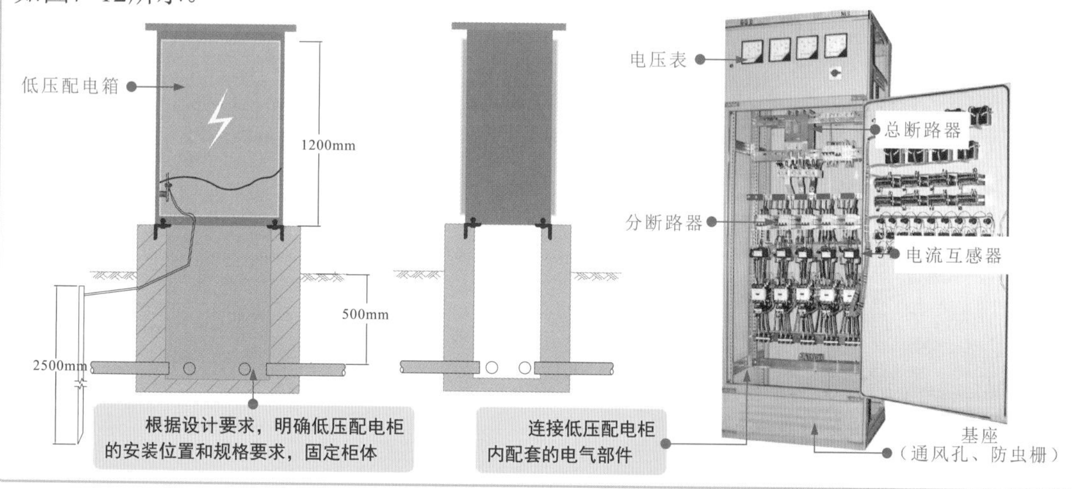

图7-13 低压配电柜的固定

固定低压配电柜时，可根据配电柜的外形尺寸进行定位，并使用起重机将配电柜吊起，并放在需要固定的位置，校正位置后，应用螺栓将柜体与基础型钢紧固，如图7-13所示，配电柜单独与基础型钢连接时，可采用铜线将柜内接地排与接地螺栓可靠连接，并必须加弹簧垫圈进行防松处理。

配电柜内各部件连接完成后，应对配电柜的接地线进行连接。通常在配电柜的内侧有接地标识，可将导线与其进行连接

根据安装要求，将配电柜内的各部件安装固定在配电柜内部，并进行导线的连接。各部件连接完成后，即完成小区配电柜的安装连接

7.3 供配电线路的检修调试

7.3.1 高压供配电线路的检修调试

如图7-14所示，当高压供配电线路出现故障时，需要先通过故障现象，分析整个高压供配电线路，缩小故障范围，锁定故障器件。

图7-14 典型高压供配电线路的故障分析

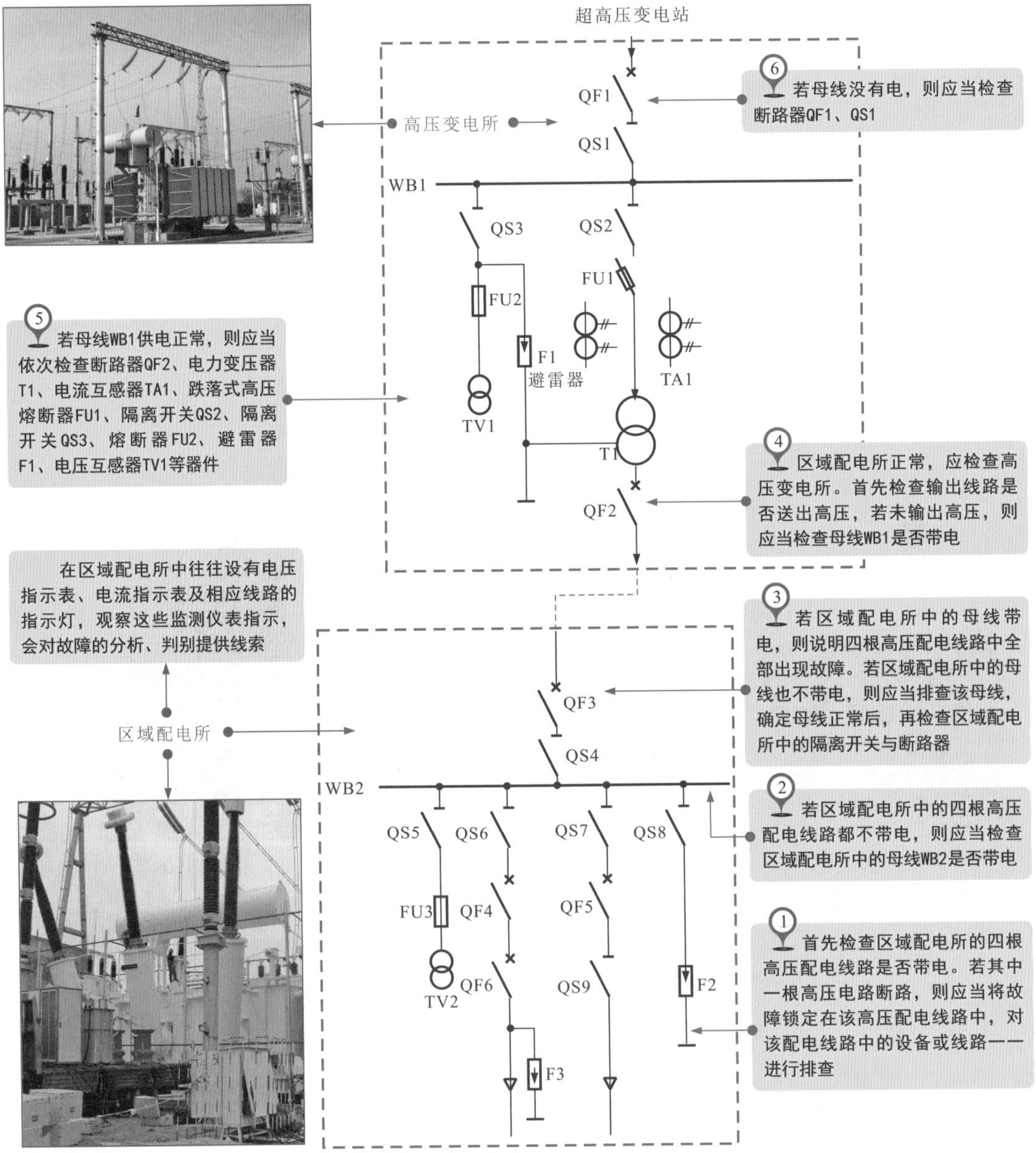

超高压变电站

高压变电所

QF1 QS1 WB1 QS3 QS2 FU1 FU2 F1 避雷器 TA1 TV1 T1 QF2

⑥ 若母线没有电，则应当检查断路器QF1、QS1

⑤ 若母线WB1供电正常，则应当依次检查断路器QF2、电力变压器T1、电流互感器TA1、跌落式高压熔断器FU1、隔离开关QS2、隔离开关QS3、熔断器FU2、避雷器F1、电压互感器TV1等器件

④ 区域配电所正常，应检查高压变电所。首先检查输出线路是否送出高压，若未输出高压，则应当检查母线WB1是否带电

在区域配电所中往往设有电压指示表、电流指示表及相应线路的指示灯，观察这些监测仪表指示，会对故障的分析、判别提供线索

区域配电所

QF3 QS4 WB2 QS5 QS6 QS7 QS8 FU3 QF4 QF5 TV2 QF6 QS9 F2 F3

③ 若区域配电所中的母线带电，则说明四根高压配电线路中全部出现故障。若区域配电所中的母线也不带电，则应当排查该母线，确定母线正常后，再检查区域配电所中的隔离开关与断路器

② 若区域配电所中的四根高压配电线路都不带电，则应当检查区域配电所中的母线WB2是否带电

① 首先检查区域配电所的四根高压配电线路是否带电。若其中一根高压电路断路，则应当将故障锁定在该高压配电线路中，对该配电线路中的设备或线路一一进行排查

7.3.2 低压供配电线路的检修调试

如图7-15所示，低压供配电线路出现故障时，需要通过故障现象分析整个低压供配电线路，缩小故障范围，锁定故障器件。下面以典型楼宇配电系统的线路图为例进行故障分析。

图7-15 典型低压供配电线路的故障分析

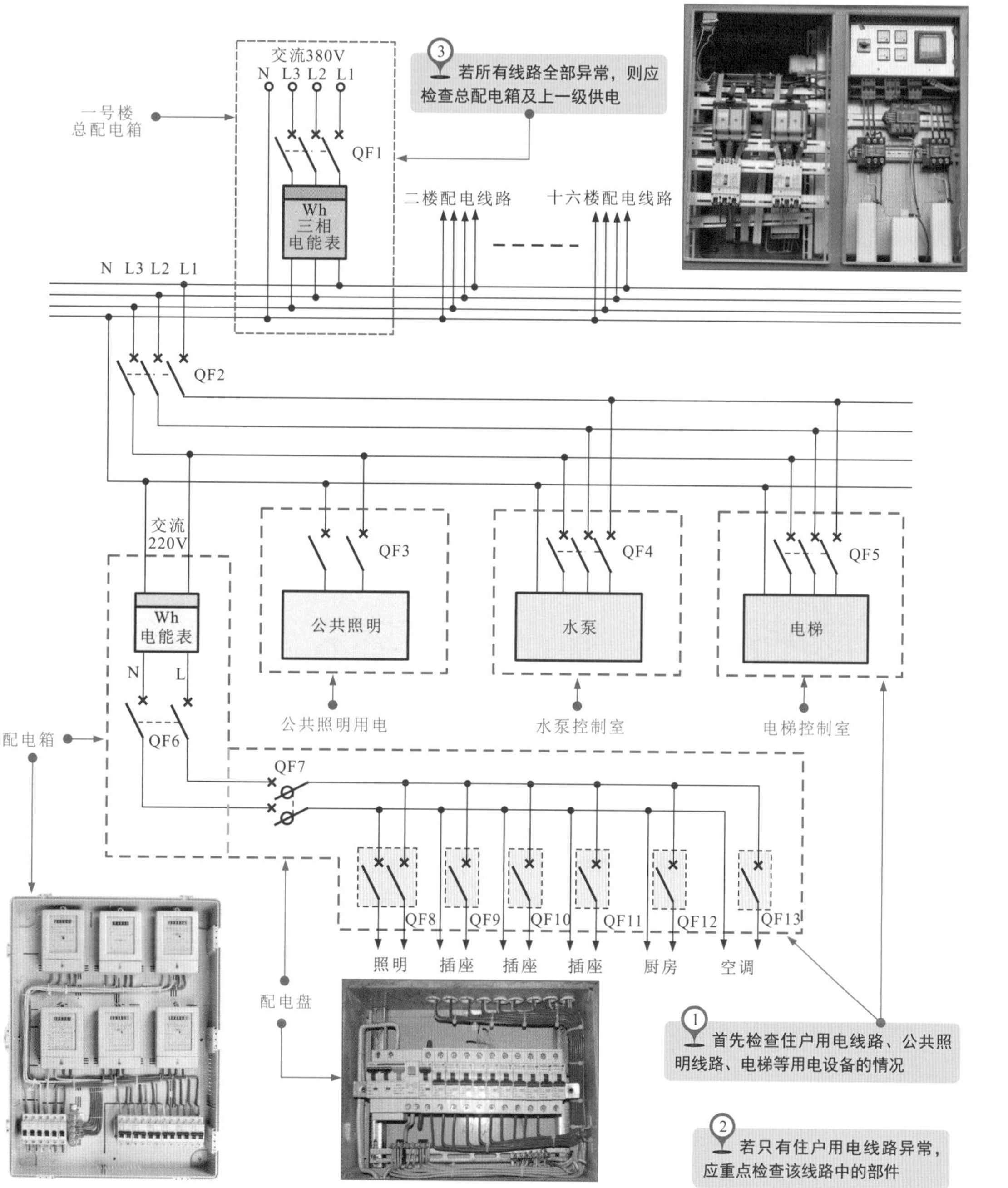

交流380V
N L3 L2 L1
一号楼总配电箱
QF1
Wh 三相电能表
③ 若所有线路全部异常，则应检查总配电箱及上一级供电
二楼配电线路
十六楼配电线路
N L3 L2 L1
QF2
交流220V
Wh 电能表
N L
QF6
配电箱
QF3
公共照明
公共照明用电
QF4
水泵
水泵控制室
QF5
电梯
电梯控制室
QF7
QF8 QF9 QF10 QF11 QF12 QF13
照明 插座 插座 插座 厨房 空调
配电盘

① 首先检查住户用电线路、公共照明线路、电梯等用电设备的情况

② 若只有住户用电线路异常，应重点检查该线路中的部件

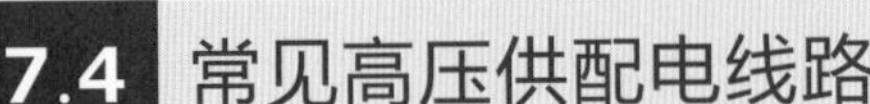

7.4 常见高压供配电线路

7.4.1 小型变电所配电线路

图7-16 小型变电所配电线路的实际应用过程

小型变电所配电线路是一种可将6～10kV高压变为220/380V低压的配电线路，主要由两个供配电线路组成。这种接线方式的变电所可靠性较高，任意一条供电线路或线路中的部件有问题时，通过低压处的开关，可迅速恢复整个变电所的供电，实际应用过程如图7-16所示。

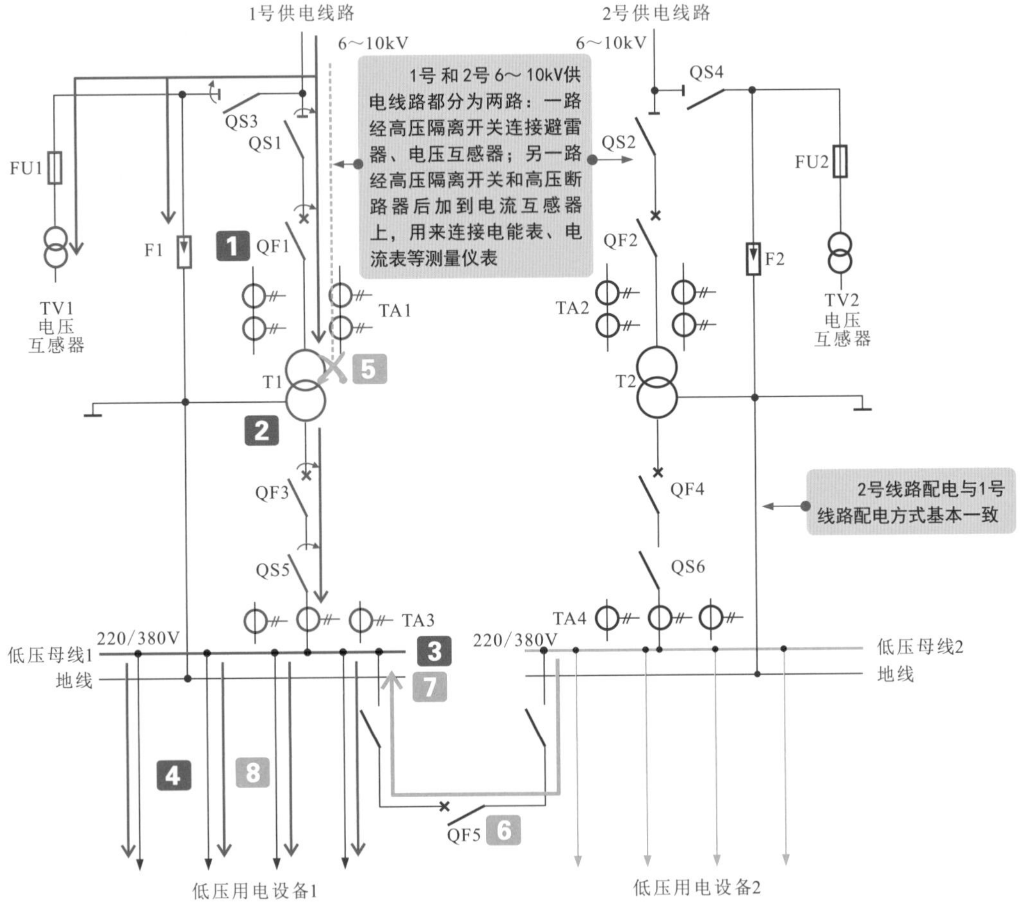

1	6～10kV电压经电流互感器TA1加到电力变压器T1的输入端上
2	电力变压器T1的输出端输出220/380V的交流低压
3	交流低压经低压断路器QF3、电源开关QS5和电流互感器TA3后，加到低压母线1上
4	低压母线1再将220/380V交流电压分为多路，为不同的设备供电
5	当一条供电线路出现故障时（以1号供电线路中的电力变压器T1故障为例）
6	合上供电线路上的低压断路器QF5
7	2号供电线路中的220/380V交流电压经QF5送入低压母线1中
8	再将220/380V交流电压分为多路，为不同的设备供电

7.4.2 6～10/0.4kV高压配电所供配电线路

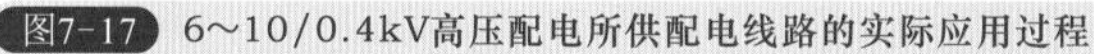

图7-17 6～10/0.4kV高压配电所供配电线路的实际应用过程

6～10/0.4kV高压配电所供配电线路是一种比较常见的配电线路。该配电线路先将来自架空线的6～10kV三相交流高压经变压器降为400V的交流低压后，再分配，实际应用过程如图7-17所示。

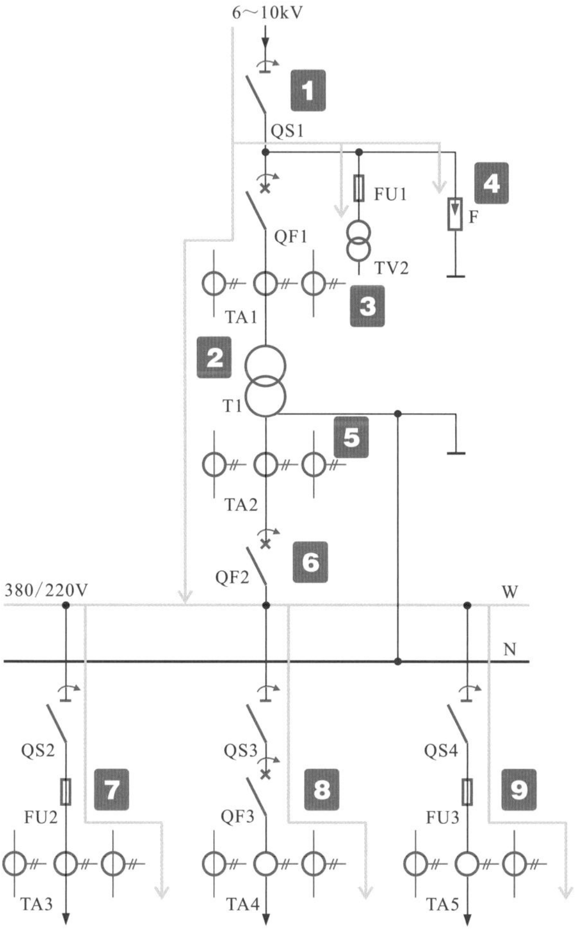

1. 由架空线路或线缆引入的6～10kV电压，经高压隔离开关QS1后送入
2. 再经高压断路器QF1和电流互感器TA1后，送入电力变压器T1的高压侧
3. 在变压器T1的高压侧设置有电流互感器TA1和电压互感器TV2，它们的二次线圈分别接到电能表、电流表、电压表，用于测量及保护
4. 此外，在架空线路高压线路中，还设置有避雷器F，防止雷击
5. 高压经电力变压器T1后，将输入电压变为0.4/0.23kV（380/220V）左右的低压
6. 再经电流互感器TA2和低压断路器QF2后，送入低压母线中
7. 低压母线将低压分为多路，其中一路经支路电源开关QS2、熔断器FU2和电流互感器TA3后，为后级电路供电
8. 第二路经支路电源开关QS3、支路断路器QF3和电流互感器TA4后，为后级电路供电
9. 第三路经支路电源开关QS4、熔断器FU3后和电流互感器TA5后，为后级电路供电

图7-18 其他三种控制方式

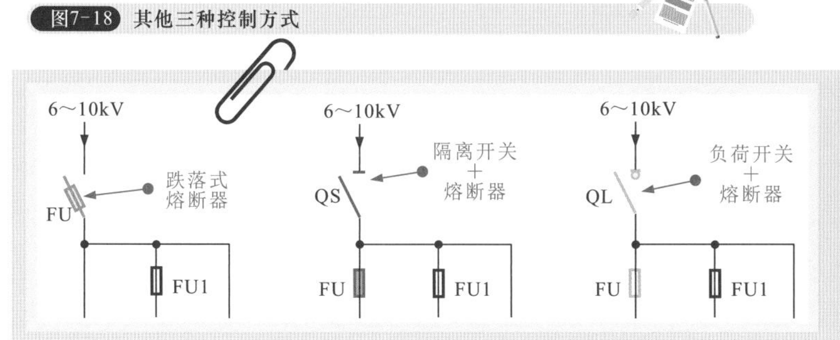

如图7-18所示，当负荷小于315kV·A时，还可以在高压端采用跌落式熔断器、隔离开关+熔断器、负荷开关+熔断器三种控制线路对变压器实施高压控制。

7.4.3 总降压变电所供配电线路

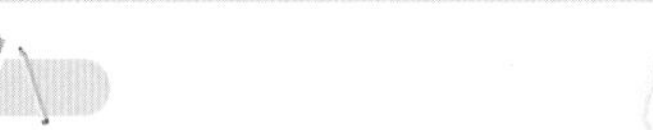

图7-19 总降压变电所供配电线路的实际应用过程

总降压变电所供配电线路的高压供配电系统的重要组成部分，可实现将电力系统中的35～110kV电源电压降为6～10kV高压配电电压，并供给后级配电线路，实际应用过程如图7-19所示。

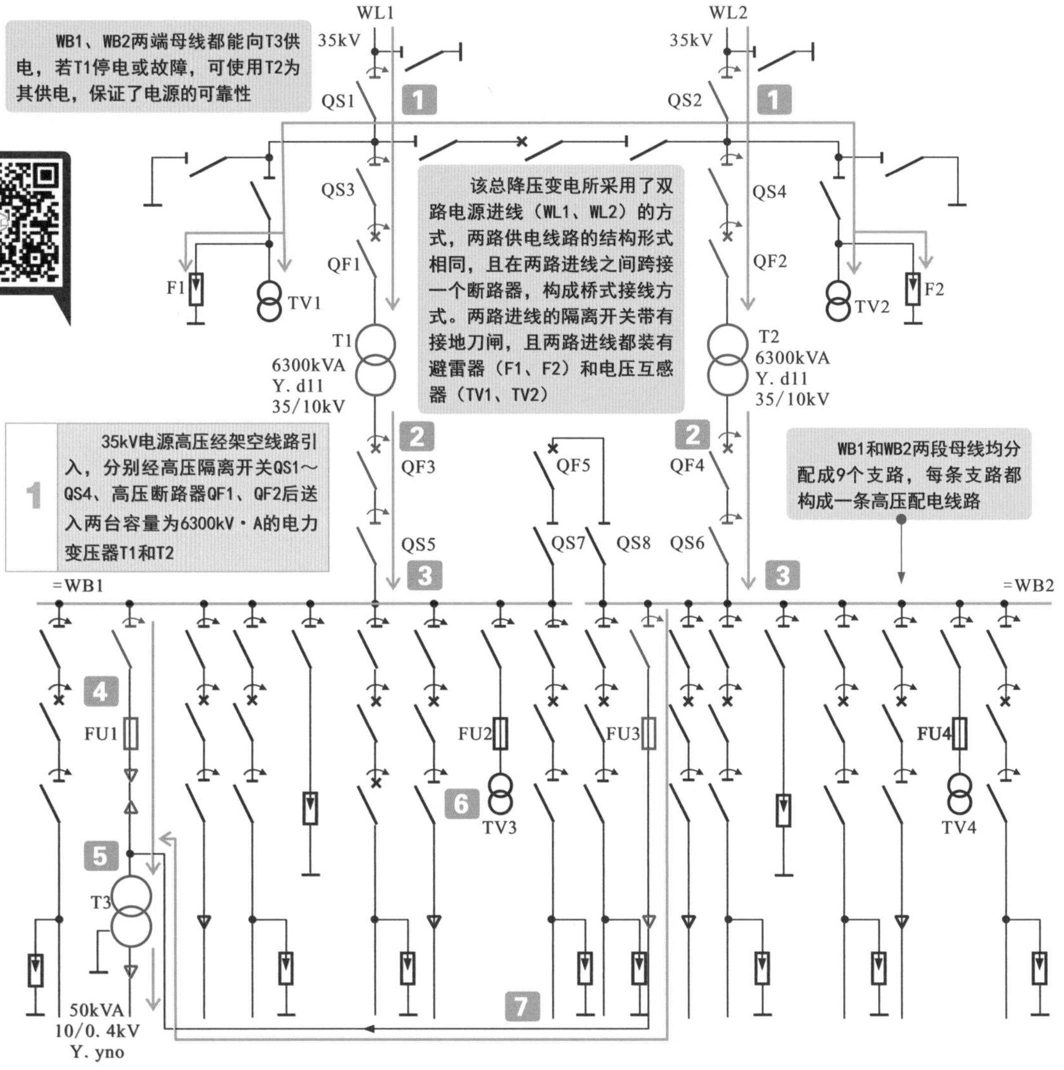
WB1、WB2两端母线都能向T3供电，若T1停电或故障，可使用T2为其供电，保证了电源的可靠性
WL1
35kV
QS1
WL2
35kV
QS2
1
1
QS3
QS4
该总降压变电所采用了双路电源进线（WL1、WL2）的方式，两路供电线路的结构形式相同，且在两路进线之间跨接一个断路器，构成桥式接线方式。两路进线的隔离开关带有接地刀闸，且两路进线都装有避雷器（F1、F2）和电压互感器（TV1、TV2）
QF1
QF2
F1
TV1
TV2
F2
T1
6300kVA
Y. d11
35/10kV
T2
6300kVA
Y. d11
35/10kV
1
35kV电源高压经架空线路引入，分别经高压隔离开关QS1～QS4、高压断路器QF1、QF2后送入两台容量为6300kV·A的电力变压器T1和T2
2
QF3
QF5
2
QF4
WB1和WB2两段母线均分配成9个支路，每条支路都构成一条高压配电线路
QS5
QS7
QS8
QS6
3
3
=WB1
=WB2
4
FU1
FU2
FU3
FU4
6
TV3
TV4
5
T3
50kVA
10/0. 4kV
Y. yno
7

2	电力变压器T1和T2将35kV电源高压降为10kV
3	10kV电压再分别经高压断路器QF3、QF4和高压隔离开关QS5、QS6后，送到两段母线WB1、WB2上
4	其中，WB1母线的一条支路经高压隔离开关、高压熔断器FU1后，接入50kV·A的电力变压器T3中
5	T3将母线WB1送来的10kV高压降为0.4kV电压，为后级线路或低压用电设备供电
6	其他各支路分别经高压隔离开关、高压断路器后作为高压配电线路输出或连接电压互感器
7	母线WB2也经高压隔离开关和高压熔断器FU3后加到50kV·A的电力变压器上

7.4.4 工厂35kV变电所配电线路

图7-20 工厂35kV变电所配电线路的实际应用过程

工厂35kV变电所配电线路适用于城市内高压电力传输，可将35kV的高压经变压后变为10kV电压，送往各个车间的10kV变电室中，提供车间动力、照明及电气设备用电；再将10kV电源降到0.4kV（380V），送往办公室、食堂、宿舍等公共用电场所。线路实际应用过程如图7-20所示。

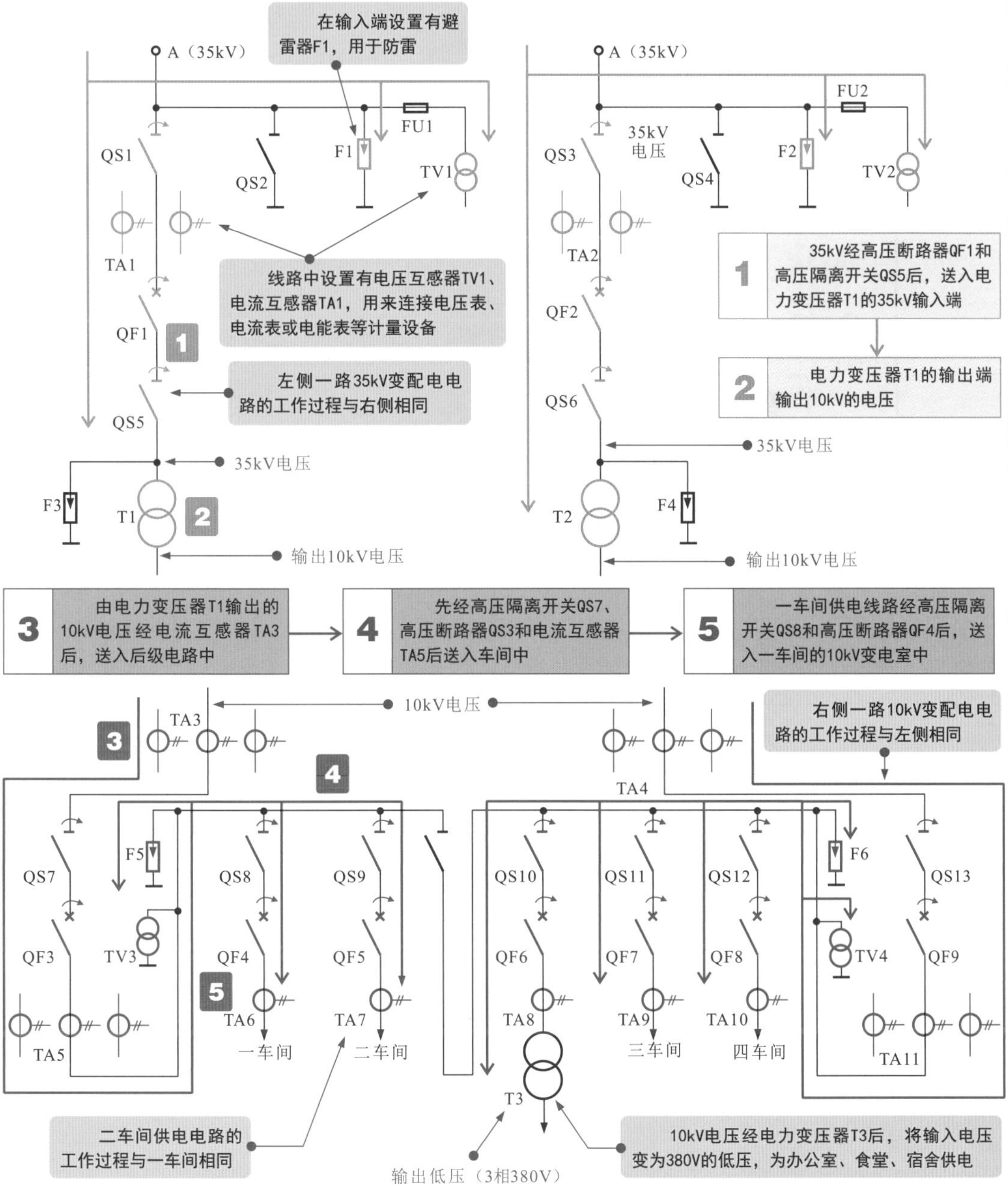
在输入端设置有避雷器F1，用于防雷
A（35kV）
A（35kV）
FU1
FU2
QS1
QS2
F1
TV1
QS3
35kV 电压
QS4
F2
TV2
TA1
TA2
线路中设置有电压互感器TV1、电流互感器TA1，用来连接电压表、电流表或电能表等计量设备
1 35kV经高压断路器QF1和高压隔离开关QS5后，送入电力变压器T1的35kV输入端
QF1
QF2
左侧一路35kV变配电电路的工作过程与右侧相同
2 电力变压器T1的输出端输出10kV的电压
QS5
QS6
35kV电压
35kV电压
F3
T1
T2
F4
输出10kV电压
输出10kV电压
3 由电力变压器T1输出的10kV电压经电流互感器TA3后，送入后级电路中
4 先经高压隔离开关QS7、高压断路器QS3和电流互感器TA5后送入车间中
5 一车间供电线路经高压隔离开关QS8和高压断路器QF4后，送入一车间的10kV变电室中
10kV电压
TA3
右侧一路10kV变配电电路的工作过程与左侧相同
TA4
QS7
F5
QS8
QS9
QS10
QS11
QS12
F6
QS13
QF3
TV3
QF4
QF5
QF6
QF7
QF8
TV4
QF9
TA5
TA6
TA7
TA8
TA9
TA10
TA11
一车间
二车间
三车间
四车间
T3
二车间供电电路的工作过程与一车间相同
10kV电压经电力变压器T3后，将输入电压变为380V的低压，为办公室、食堂、宿舍供电
输出低压（3相380V）

7.4.5 工厂高压变电所配电线路

图7-21 工厂高压变电所配电线路的实际应用过程 

工厂高压变电所配电线路是一种由工厂将高压输电线送来的高压进行降压和分配的线路，分为高压和低压部分，10 kV高压经车间内的变电所后变为低压，为用电设备供电。线路实际应用过程如图7-21所示。

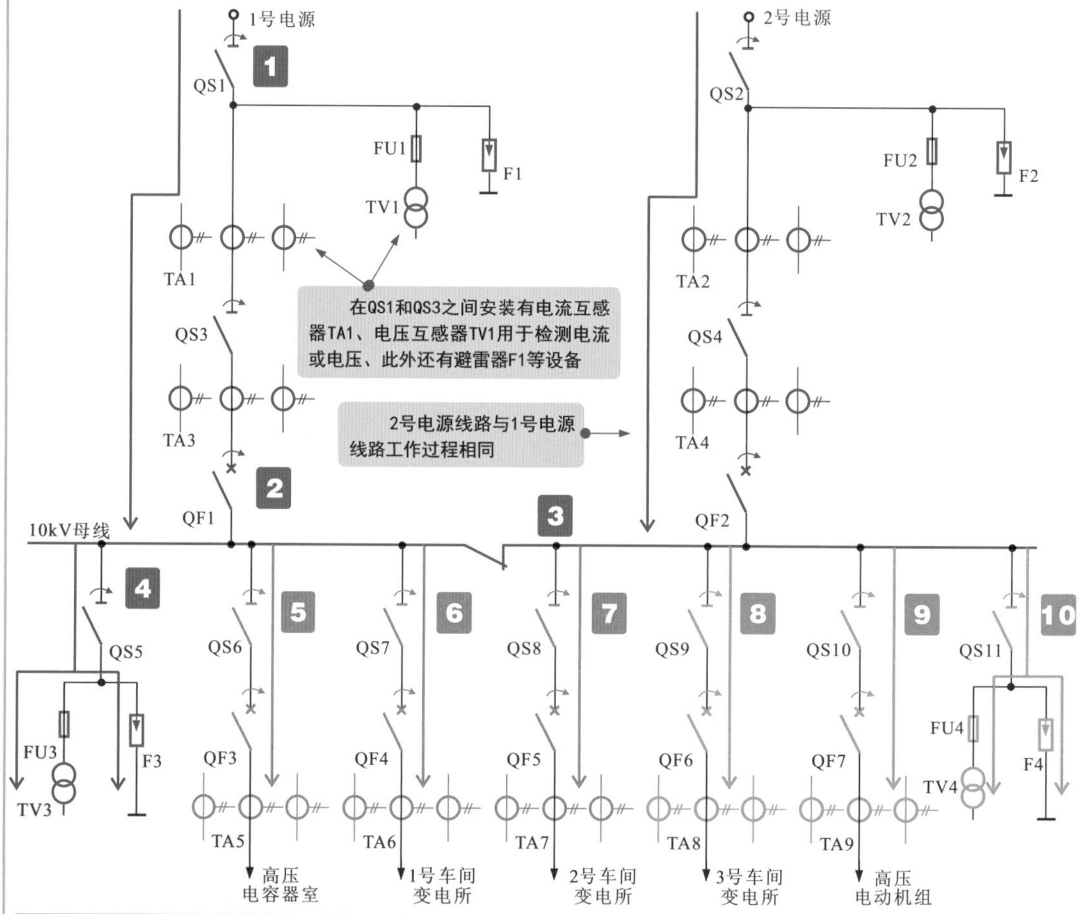

1号电源 2号电源

QS1 QS2 FU1 F1 FU2 F2 TV1 TV2 TA1 TA2 QS3 QS4 TA3 TA4 QF1 QF2 10kV母线

在QS1和QS3之间安装有电流互感器TA1、电压互感器TV1用于检测电流或电压、此外还有避雷器F1等设备

2号电源线路与1号电源线路工作过程相同

QS5 QS6 QS7 QS8 QS9 QS10 QS11 FU3 F3 TV3 QF3 QF4 QF5 QF6 QF7 FU4 F4 TV4 TA5 TA6 TA7 TA8 TA9

高压电容器室　1号车间变电所　2号车间变电所　3号车间变电所　高压电动机组

1 1号电源10kV供电线路经高压隔离开关QS1和QS3送入

2 再经高压断路器QF1送入10kV母线中

3 10kV电压送入母线后，被分为多路

4 一路经高压隔离开关QS5后，连接电压互感器TV3及避雷器F3等设备

5 一路经高压隔离开关QS6、高压断路器QF3和电流互感器TA5后，送入高压电容器室，用于接高压补偿电容

6 一路经高压隔离开关QS7、高压断路器QF4和电流互感器TA6后，送入1号车间变电室中，供1号车间使用

7 一路经高压隔离开关QS8、高压断路器QF5和电流互感器TA7后，送入2号车间变电所，供2号车间使用

8 一路经高压隔离开关QS9、高压断路器QF6和电流互感器TA8后，送入3号车间变电所，供3号车间使用

9 一路经高压隔离开关QS10、高压断路器QF7和电路互感器TA9后，送入高压电动机组，为高压电动机供电

10 一路经高压隔离开关QS11后，连接电压互感器TV4及避雷器F4等设备

7.5 常见低压供配电线路

7.5.1 单相电源双路互备自动供电线路

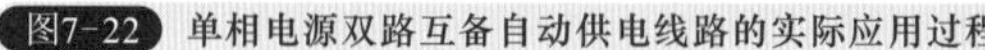

图7-22 单相电源双路互备自动供电线路的实际应用过程

单相电源双路互备自动供电线路是为了防止电源出现故障时造成照明或用电设备停止工作的电路。电路工作时，先后按下两路电源供电线路的控制开关（先按下开关的一路即为主电源，后按下开关的一路为备用电源）。用电设备便会在主电源供电的情况下供电，一旦主电源供电出现故障，供电电路便会自动启动备用电源供电，确保用电设备的正常运行。线路实际应用过程如图7-22所示。

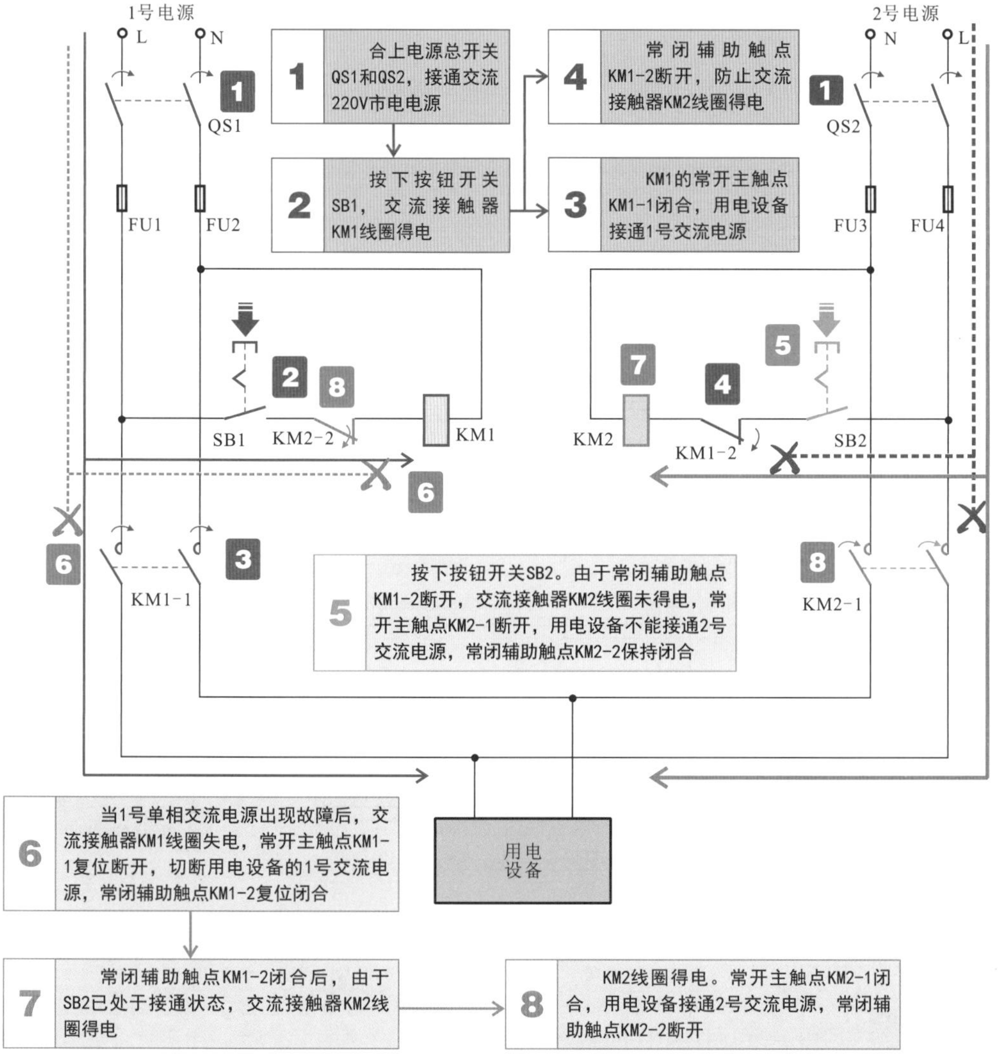

1号电源 L N QS1 FU1 FU2 SB1 KM2-2 KM1 KM1-1

2号电源 N L QS2 FU3 FU4 KM2 KM1-2 SB2 KM2-1

用电设备

1 合上电源总开关QS1和QS2，接通交流220V市电电源

2 按下按钮开关SB1，交流接触器KM1线圈得电

3 KM1的常开主触点KM1-1闭合，用电设备接通1号交流电源

4 常闭辅助触点KM1-2断开，防止交流接触器KM2线圈得电

5 按下按钮开关SB2。由于常闭辅助触点KM1-2断开，交流接触器KM2线圈未得电，常开主触点KM2-1断开，用电设备不能接通2号交流电源，常闭辅助触点KM2-2保持闭合

6 当1号单相交流电源出现故障后，交流接触器KM1线圈失电，常开主触点KM1-1复位断开，切断用电设备的1号交流电源，常闭辅助触点KM1-2复位闭合

7 常闭辅助触点KM1-2闭合后，由于SB2已处于接通状态，交流接触器KM2线圈得电

8 KM2线圈得电。常开主触点KM2-1闭合，用电设备接通2号交流电源，常闭辅助触点KM2-2断开

此外，若想让2号单相交流电源作为主电源，1号单相交流电源作为备用电源，则应首先按下按钮开关SB2，使交流接触器KM2线圈首先得电，再按下按钮开关SB1，将1号作为备用电源。

7.5.2 低层楼宇供配电线路

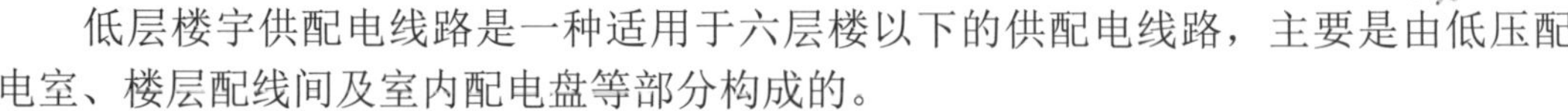

图7-23 低层楼宇供配电线路的实际应用过程

低层楼宇供配电线路是一种适用于六层楼以下的供配电线路，主要是由低压配电室、楼层配线间及室内配电盘等部分构成的。

该配电线路中的电源引入线（380/220V架空线）选用三相四线制，有三根相线和一根零线。进户线有三条，分别为一根相线、一根零线和一根地线。线路实际应用过程如图7-23所示。

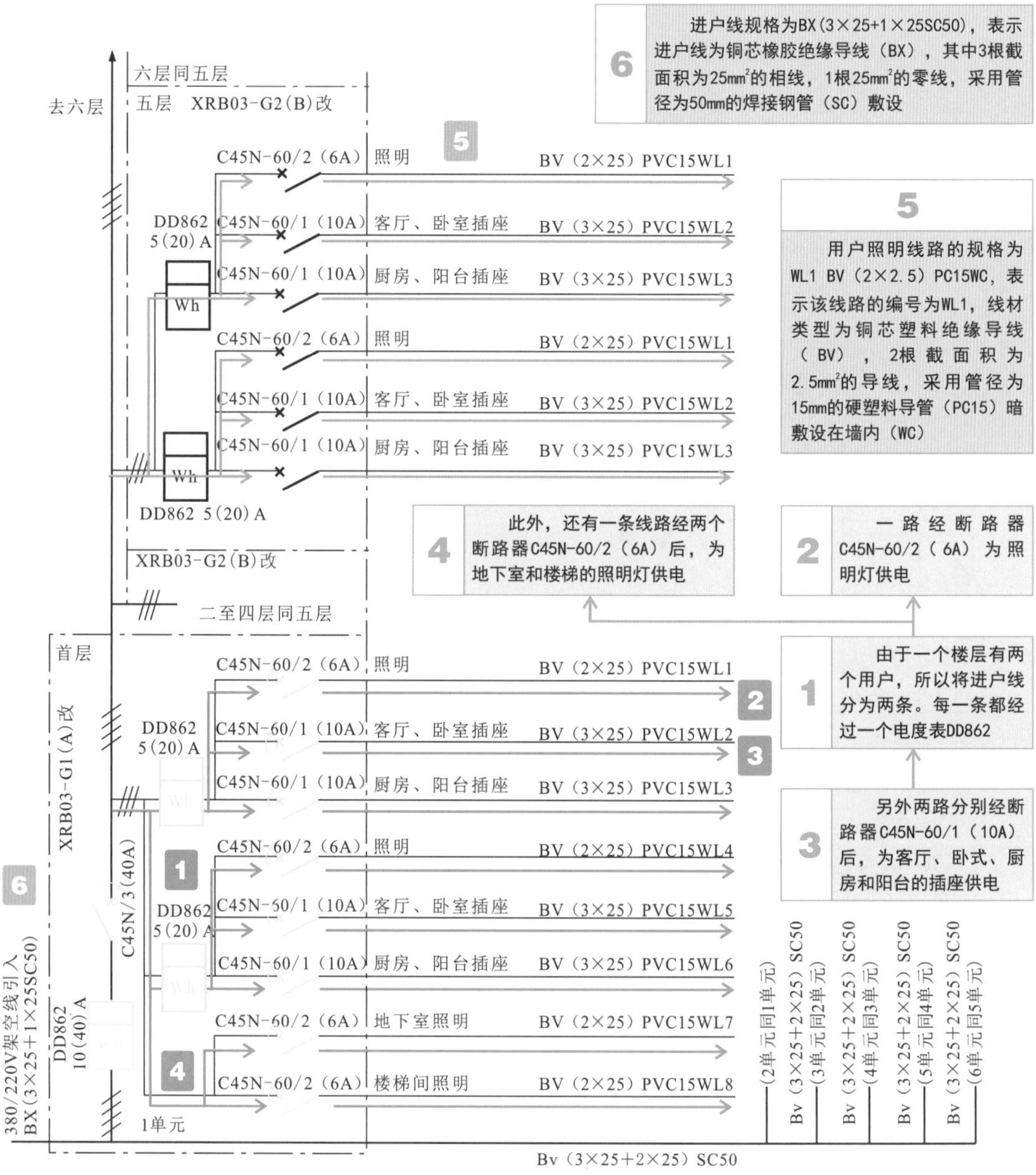

7.5.3 住宅小区低压配电线路

图7-24 住宅小区低压配电线路的实际应用过程

如图7-24所示，住宅小区低压配电线路是一种典型的低压供配电线路，一般由高压供配电线路变压后引入，经小区中的配电柜初步分配后，送到各个住宅楼单元中为住户供电，同时为整个小区内的公共照明、电梯、水泵等设备供电。

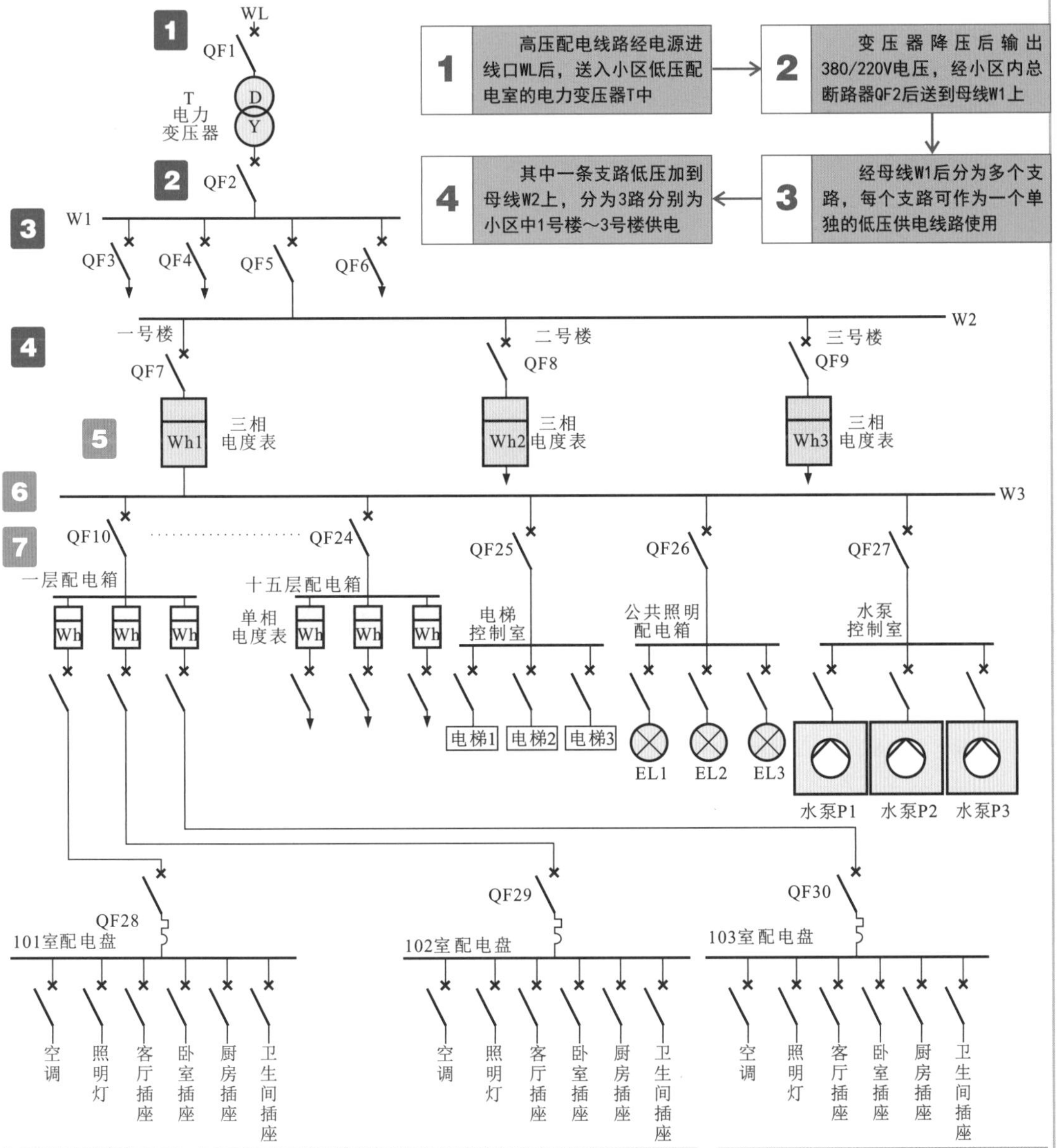

1 高压配电线路经电源进线口WL后，送入小区低压配电室的电力变压器T中

2 变压器降压后输出380/220V电压，经小区内总断路器QF2后送到母线W1上

3 经母线W1后分为多个支路，每个支路可作为一个单独的低压供电线路使用

4 其中一条支路低压加到母线W2上，分为3路分别为小区中1号楼～3号楼供电

5 每一路上安装有一只三相电度表，用于计量每栋楼的用电总量

6 由于每栋楼有16层，除住户用电外，还包括电梯用电、公共照明等用电及供水系统的水泵用电等。小区中的配电柜将供电线路送到楼内配电间后，分为18个支路。15个支路分别为15层住户供电，另外3个支路分别为电梯控制室、公共照明配电箱和水泵控制室供电

7 每个支路首先经一个支路总断路器后，再进行分配。以1层住户供电为例，低压电经支路总断路器QF10分为三路，分别经三只电能表后，由进户线送至三个住户室内

7.5.4 低压配电柜供配电线路

图7-25 低压配电柜供配电线路的实际应用过程

如图7-25所示，低压配电柜供配电线路主要用来传输和分配低电压，为低压用电设备供电。该线路中，一路作为常用电源，另一路作为备用电源，当两路电源均正常时，黄色指示灯HL1、HL2均点亮，若指示灯HL1不能正常点亮，则说明常用电源出现故障或停电，此时需使用备用电源供电，使该低压配电柜能够维持正常工作。

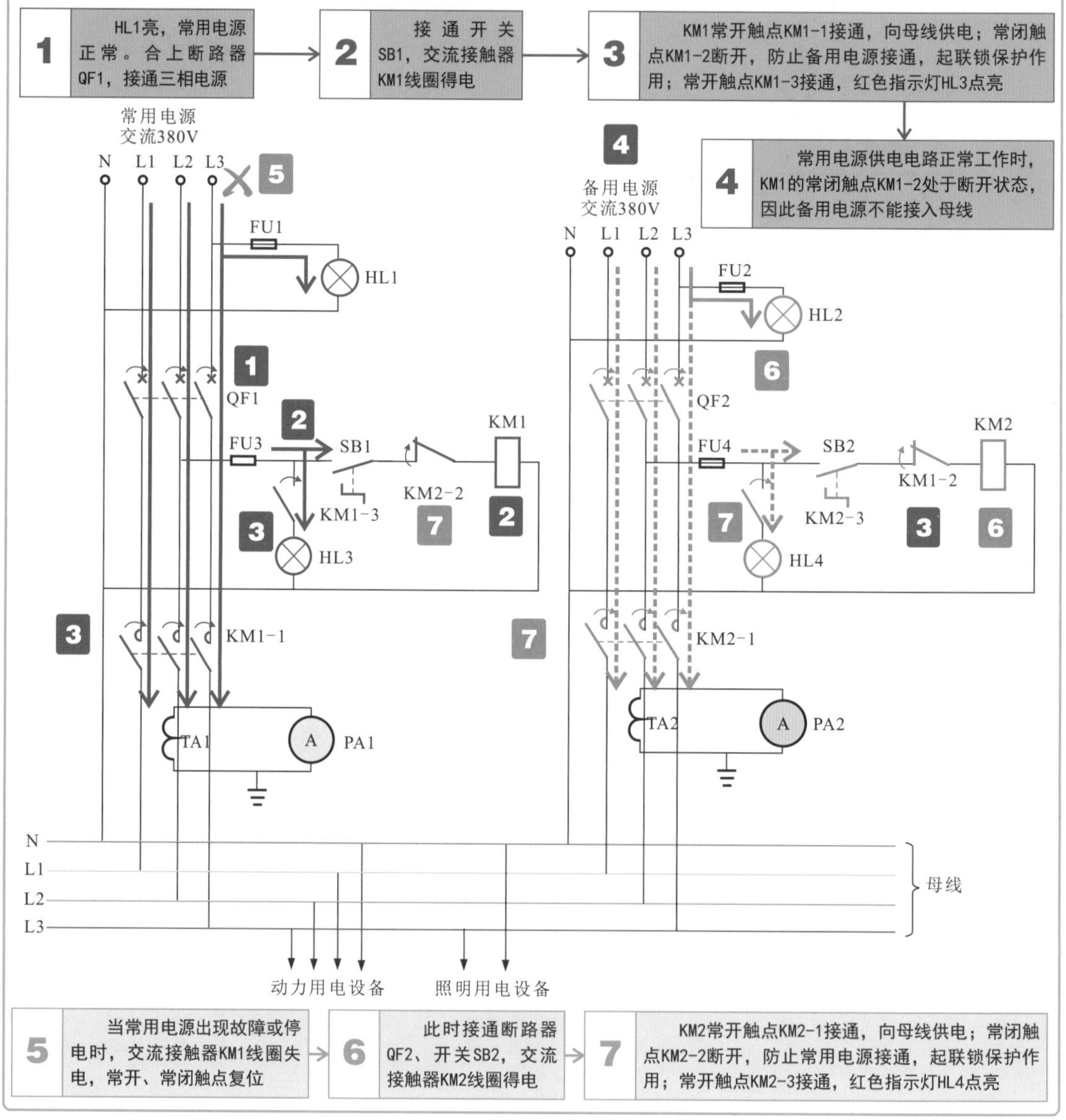

1 HL1亮，常用电源正常。合上断路器QF1，接通三相电源

2 接通开关SB1，交流接触器KM1线圈得电

3 KM1常开触点KM1-1接通，向母线供电；常闭触点KM1-2断开，防止备用电源接通，起联锁保护作用；常开触点KM1-3接通，红色指示灯HL3点亮

4 常用电源供电电路正常工作时，KM1的常闭触点KM1-2处于断开状态，因此备用电源不能接入母线

常用电源 交流380V

备用电源 交流380V

母线

动力用电设备

照明用电设备

5 当常用电源出现故障或停电时，交流接触器KM1线圈失电，常开、常闭触点复位

6 此时接通断路器QF2、开关SB2，交流接触器KM2线圈得电

7 KM2常开触点KM2-1接通，向母线供电；常闭触点KM2-2断开，防止常用电源接通，起联锁保护作用；常开触点KM2-3接通，红色指示灯HL4点亮

当常用电源恢复正常后，由于交流接触器KM2的常闭触点KM2-2处于断开状态，因此交流接触器KM1不能得电，常开触点KM1-1不能自动接通，此时需要断开开关SB2使交流接触器KM2线圈失电，常开、常闭触点复位，为交流接触器KM1线圈再次工作提供条件，此时再操作SB1才起作用。

第8章 照明控制系统的安装与调试

8.1 照明控制系统的结构特征

照明控制系统是指将各种电气部件组合连接，控制照明灯具的点亮与熄灭，实现照明控制。根据应用环境不同，照明线路大致可分为室内照明线路和公共照明线路。

8.1.1 室内照明控制线路的结构特征

图8-1 室内照明控制线路示意图

如图8-1所示，室内照明控制线路是指应用在室内场合，当室内光线不足的情况下用来创造明亮环境的照明线路。

开关断开，线路断

开关闭合，线路通

控制开关

家庭照明线路的结构比较简单，主要由控制开关和照明灯具构成

节能灯

各种照明灯

日光灯

吊扇灯

L

N

照明灯具

供电线路（部分）

照明用电线路（用电部分）

单控照明控制系统是由一个单控开关直接控制一条照明线路中照明灯的亮、灭情况

交流 220V

N L

多控照明控制系统是由多个控制开关控制一条照明线路中照明灯的亮、灭情况，可实现不同位置，控制一个照明灯的工作情况

N L 交流 220V QF

SA1 SA2-1 SA2-2 SA3 A B C

双控照明控制系统是由两个双控开关控制一条照明线路中照明灯的亮、灭情况

N 交流 220V L

EL

SA2 SA1 A B C

图8-2 典型室内照明控制线路的结构特征

照明电路依靠开关、电子元件等控制部件来控制照明灯具，进而完成对照明灯具数量、亮度、开关状态及时间的控制。图8-2为典型三个开关控制一盏灯的照明控制线路的结构。

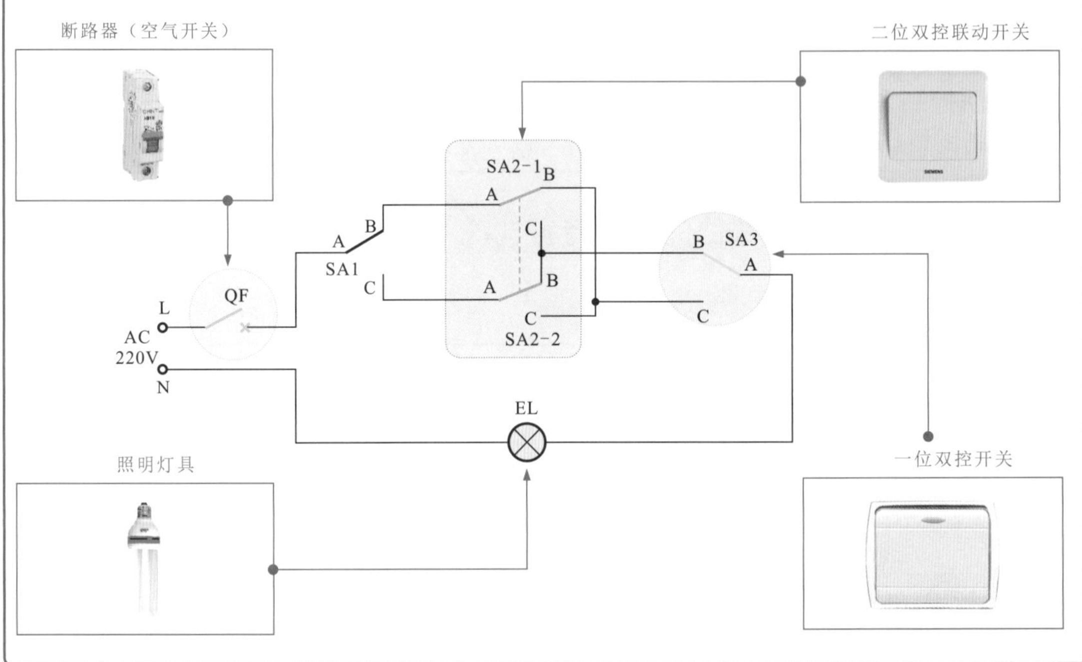

图8-3 典型三个开关控制一盏灯的连接关系示意图

图8-3为典型三个开关控制一盏灯的连接关系示意图。

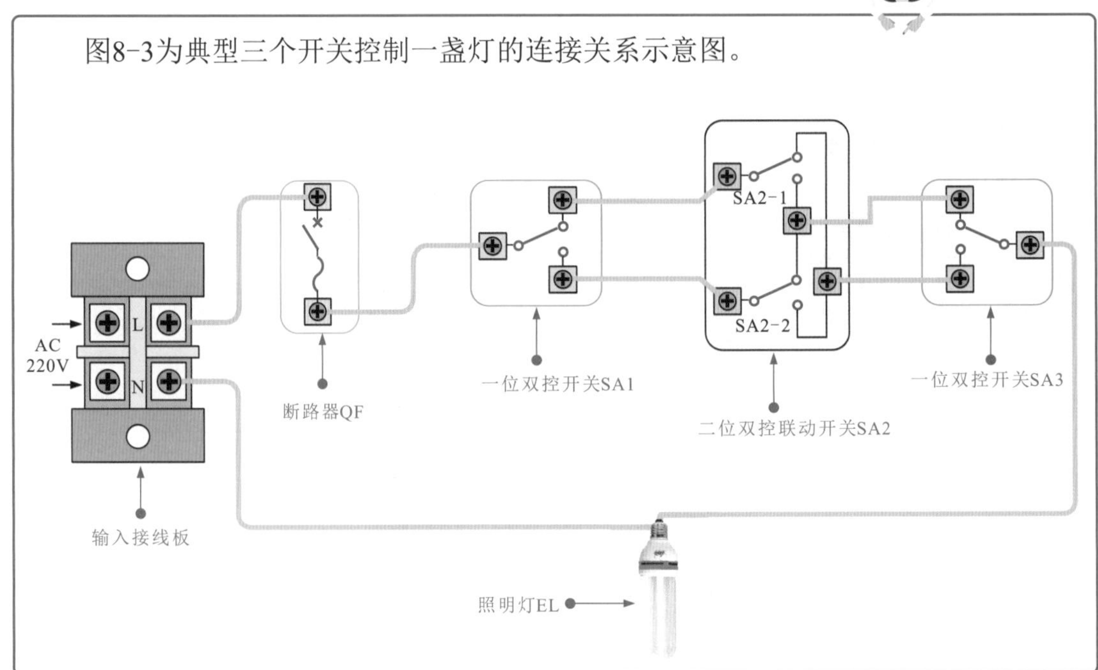

8.1.2 公共照明控制线路的结构特征

图8-4 典型公共照明控制线路的结构特征

公共照明控制线路是指在公共场所，当自然光线不足的情况下，用来创造明亮环境的照明控制线路。图8-4为典型公共照明控制线路的结构。

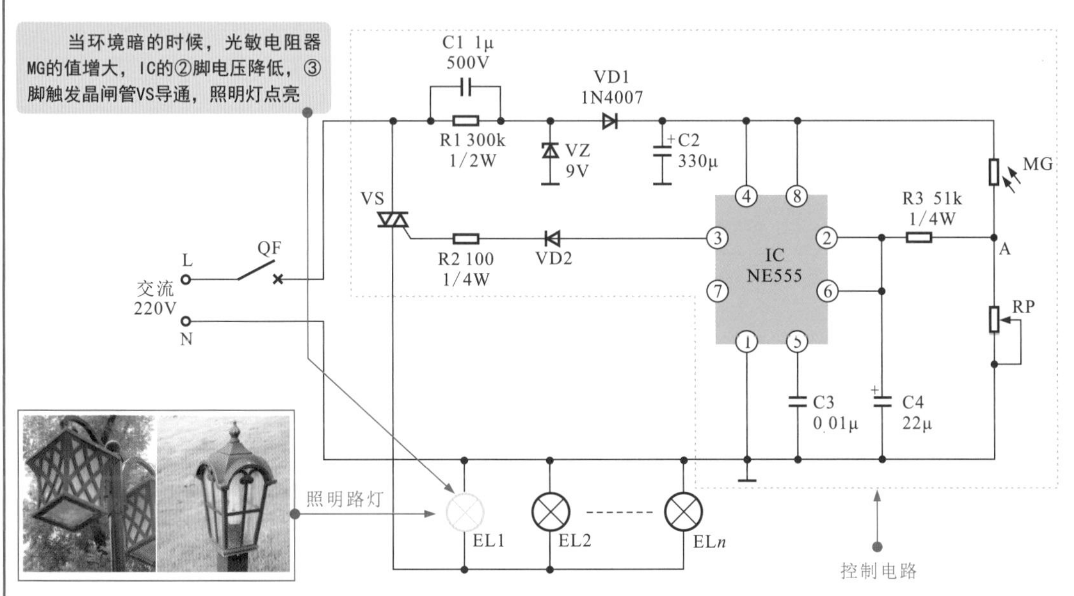

图8-5 典型公共照明控制线路的连接关系示意图

图8-5为典型公共照明控制线路的连接关系示意图。

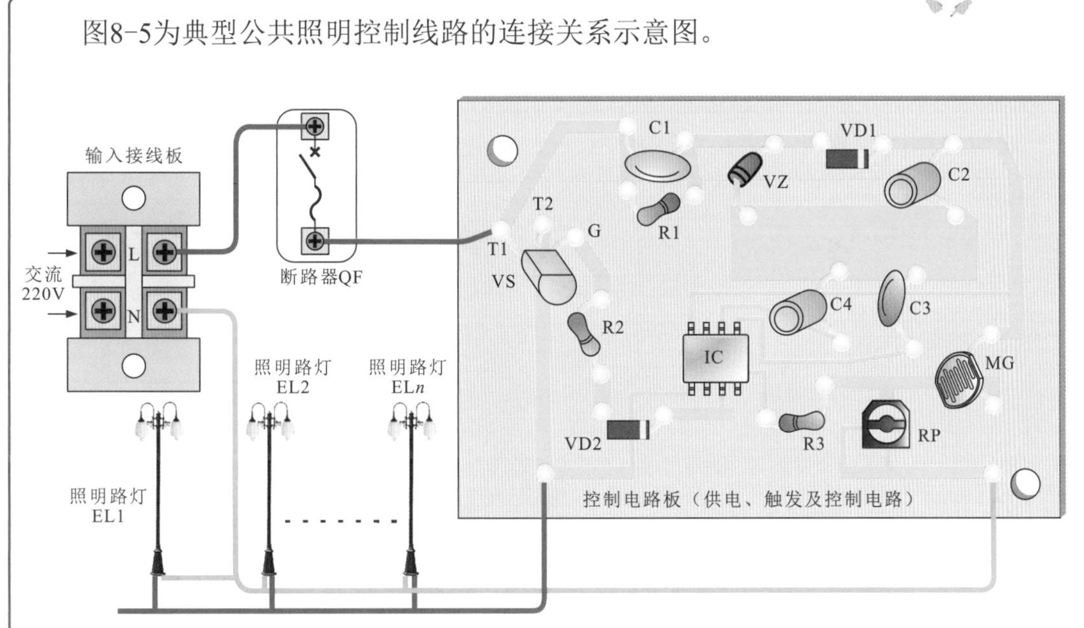

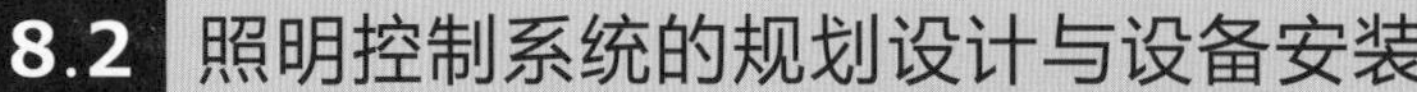

8.2 照明控制系统的规划设计与设备安装

8.2.1 室内照明控制系统的规划设计与设备安装

❶ 室内照明控制系统的规划设计

图8-6 控制开关安装位置和线路的敷设要求

控制开关安装位置和线路敷设要求。如图8-6所示，室内照明系统中对控制开关的安装位置有着明确要求。控制开关必须控制相线，然后与照明灯具连接，且要求控制线路穿管敷设。

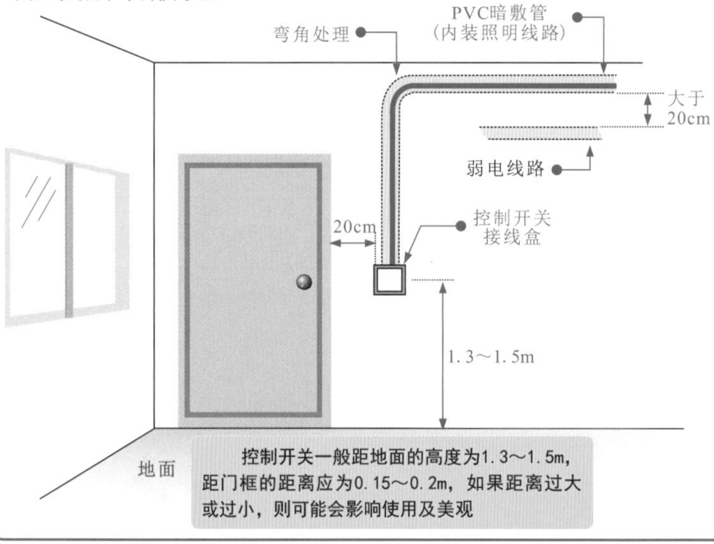

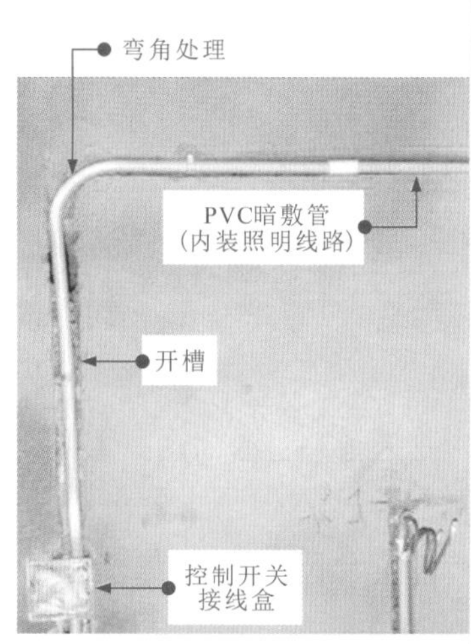

图8-7 照明线路类型设计要求

照明线路类型设计要求。如图8-7所示，在线路设计时，要根据住户需求和方便使用的原则，设计照明线路的类型。

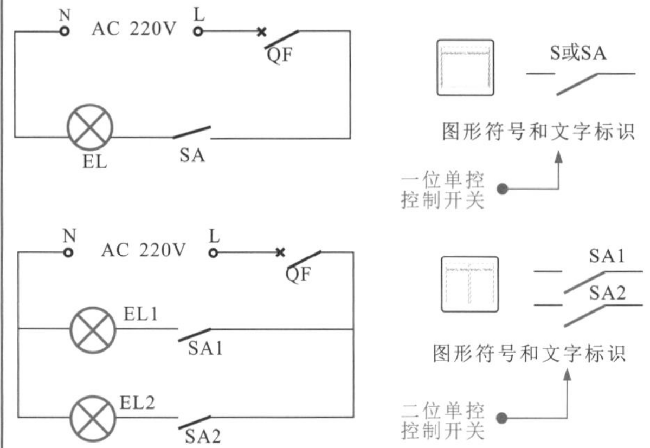

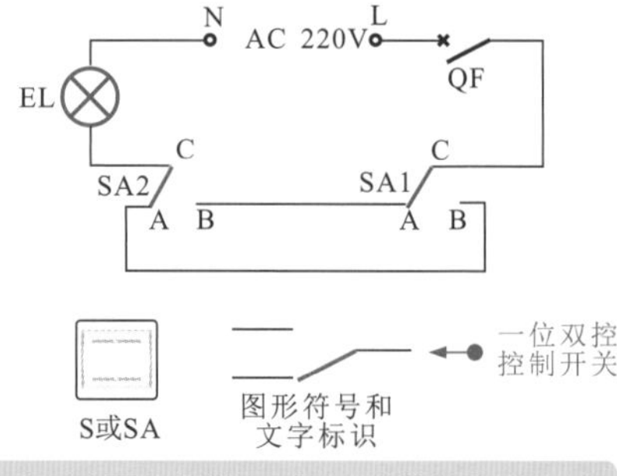

一般卧室要求在进门和床头都能控制照明灯，这种线路应设计成两地控制照明电路；客厅一般设有两盏或多盏照明灯，一般应设计成三方控制照明电路，分别在进门、主卧室外侧、次卧室门外侧进行控制

图8-8 照明灯具的安装方式要求

照明灯具的安装方式要求。家庭照明线路中，照明灯具主要有吸顶式和悬挂式两种，需要结合室内美观、用户需求和照度要求等进行设计安装。图8-8为照明灯具的安装方式要求。

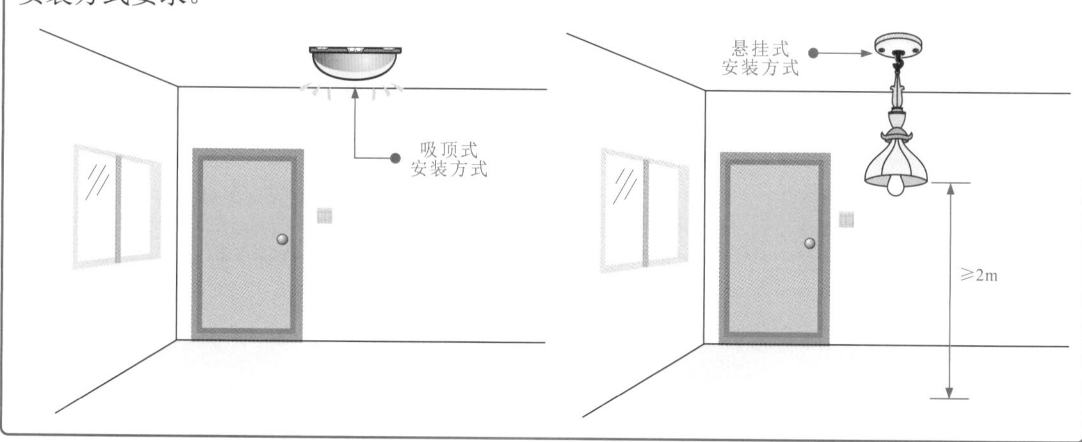

❷ 室内照明控制系统设备的安装

室内照明控制系统中的设备主要有控制开关、照明灯等。图8-9为控制开关的接线要求和安装方法。

图8-9 控制开关的接线要求和安装方法

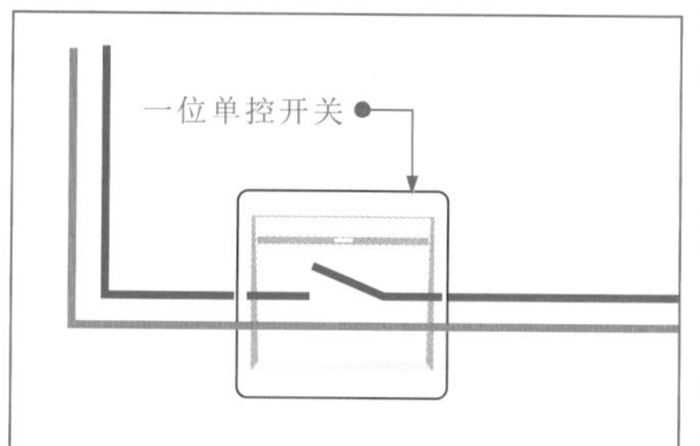

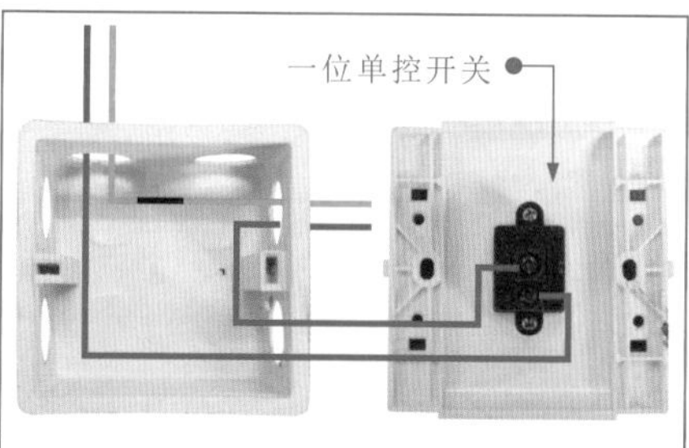

预留供电引线的相线连接一位单控开关的入线端，出线端连接照明灯具预留供电引线的相线。

零线不经开关（不与开关内接线端子进行任何连接），直接在接线盒内连接

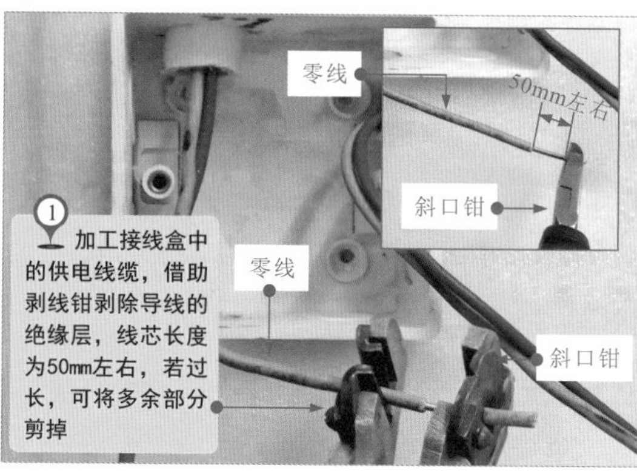

① 加工接线盒中的供电线缆，借助剥线钳剥除导线的绝缘层，线芯长度为50mm左右，若过长，可将多余部分剪掉

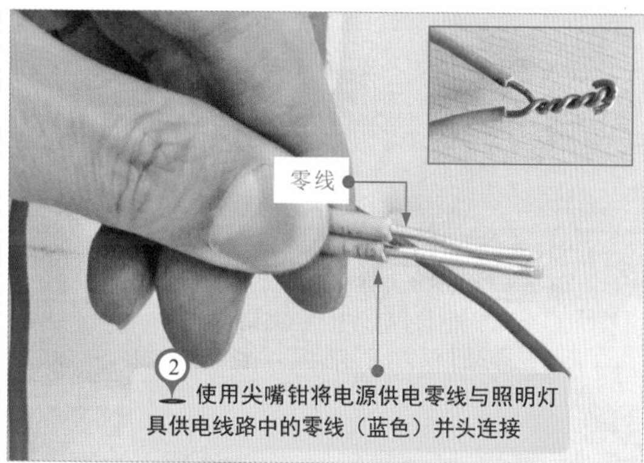

② 使用尖嘴钳将电源供电零线与照明灯具供电线路中的零线（蓝色）并头连接

图8-9 控制开关的接线要求和安装方法（续）

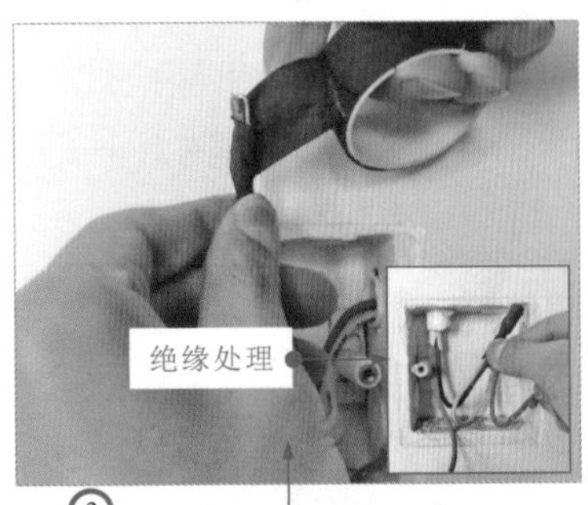

③ 使用绝缘胶带对连接部位进行绝缘处理，不可有裸露的线芯，确保线路安全

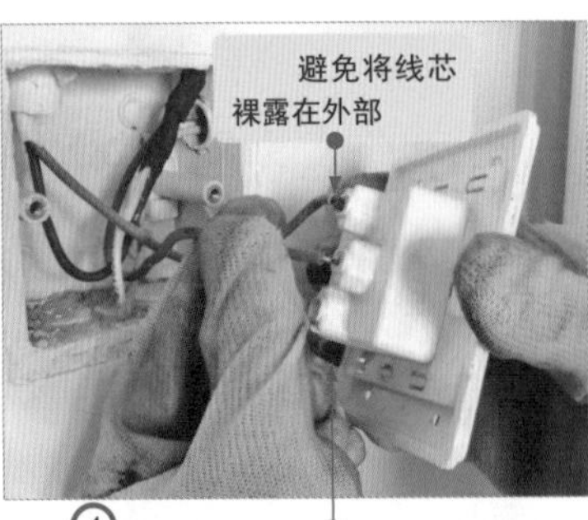

④ 将电源供电端的相线端子穿入单控开关的一根接线柱中（一般先连接入线端，再连接出线端）

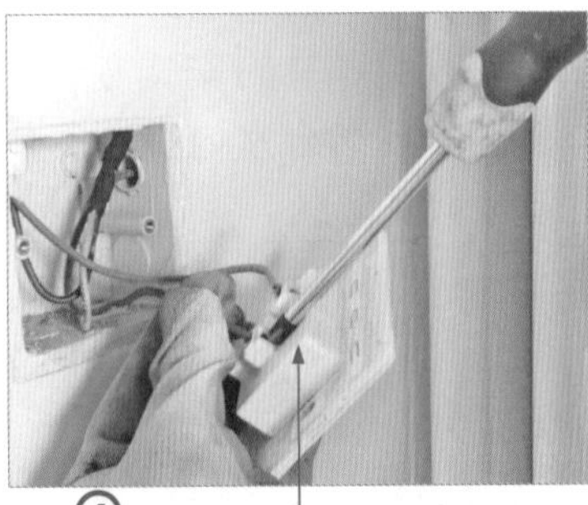

⑤ 使用螺钉旋具拧紧接线柱固定螺钉，固定电源供电端的相线，导线的连接必须牢固，不可出现松脱情况

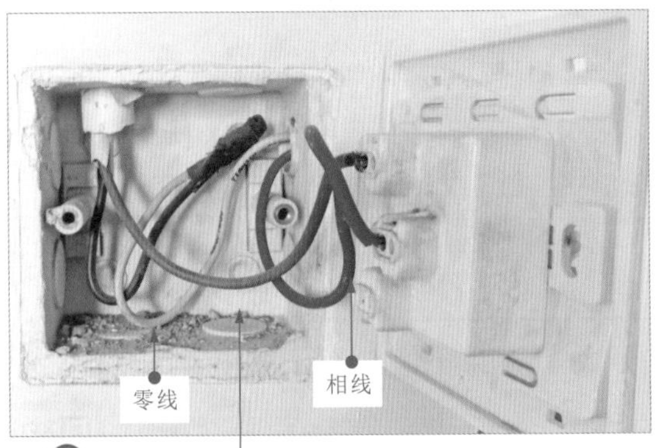

⑥ 将连接导线适当整理，归纳在接线盒内，并再次确认导线连接是否牢固，无裸露线芯，绝缘处理良好

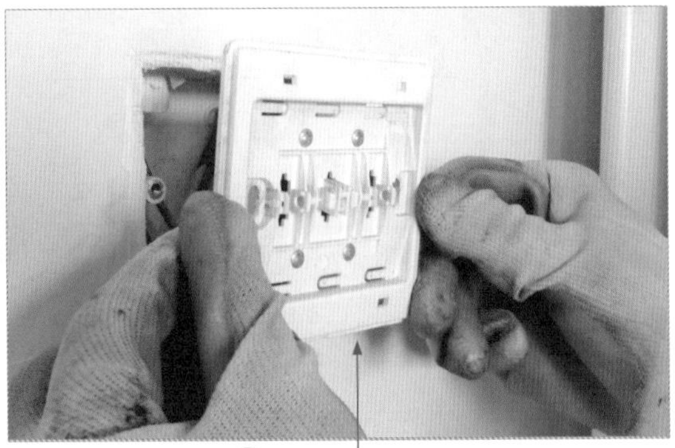

⑦ 将单控开关的底座中的螺钉固定孔对准接线盒中的螺孔按下

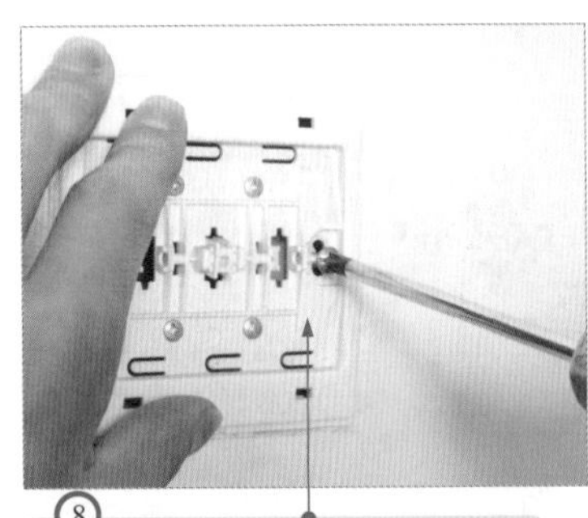

⑧ 使用螺钉旋具将单控开关的底座固定在接线盒螺孔上，确认底板与墙壁之间紧密

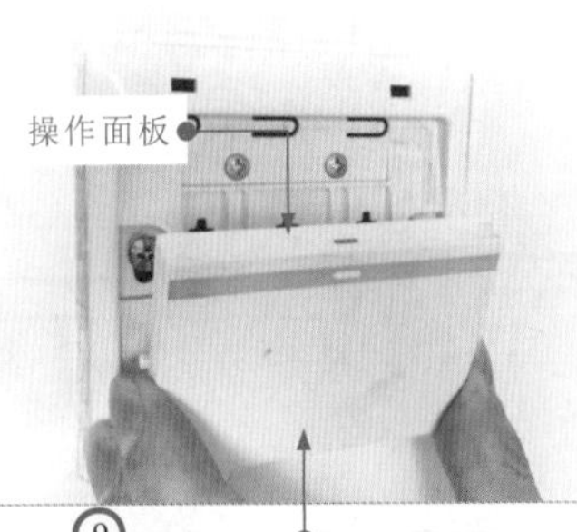

⑨ 将单控开关的操作面板装到底板上，有红色标记的一侧向上

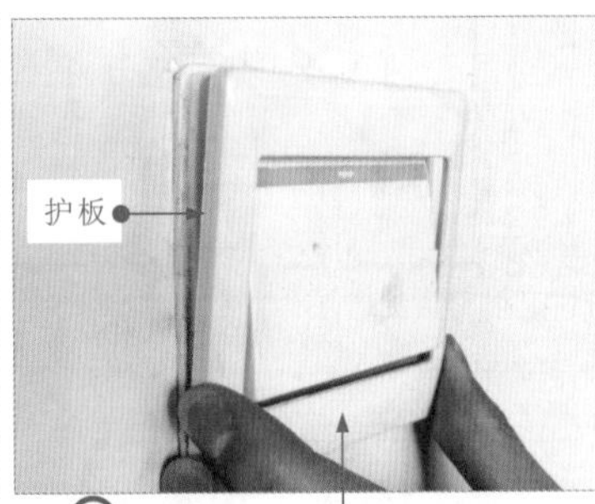

⑩ 将单控开关的护板安装到底板上，卡紧（按下时听到“咔”声），至此，单控开关安装完成

灯具的安装。灯具的安装形式多种多样，其中吸顶灯是目前室内照明系统中应用最多的一种照明灯具。如图8-10所示，吸顶灯的安装与接线操作比较简单，可先将吸顶灯的面罩、灯管和底座拆开，然后将底座固定在屋顶上，将屋顶预留的相线和零线与灯座上的连接端子连接，重装灯管和面罩即可。

图8-10 吸顶灯的安装方法

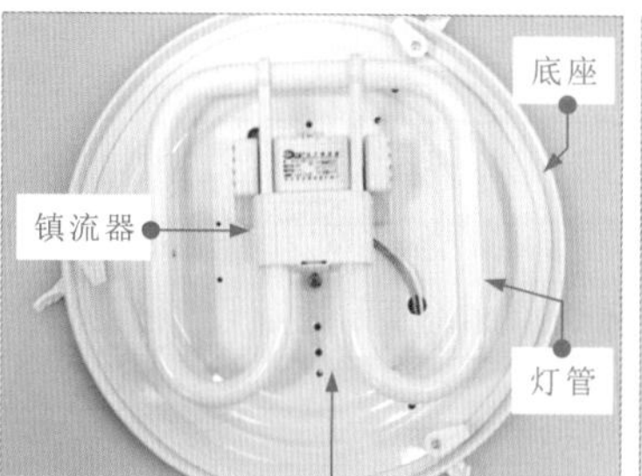

① 安装前，先检查灯管、镇流器、连接线等是否完好，确保无破损的情况

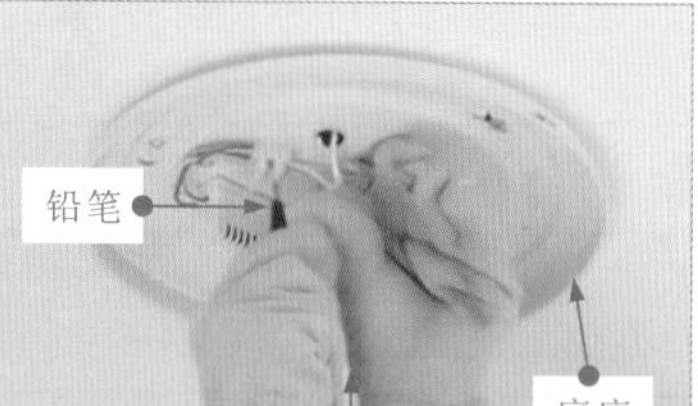

② 用一只手将灯的底座托住并按在需要安装的位置上，然后用铅笔插入螺钉孔，画出螺钉的位置

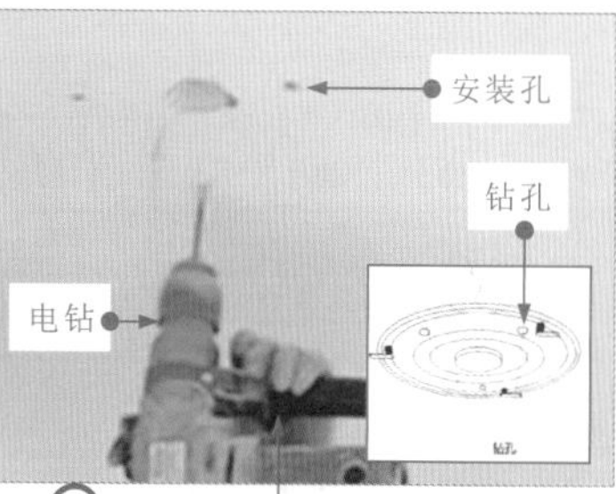

③ 使用电钻在之前画好钻孔位置的地方打孔（实际的钻孔个数根据灯座的固定孔确定，一般不少于三个）

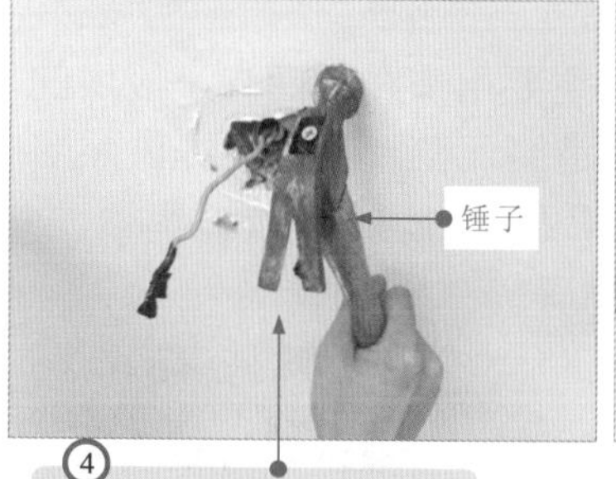

④ 孔位打好之后，将塑料膨胀管按入孔内，并使用锤子将塑料膨胀管固定在墙面上

⑤ 将预留的导线穿过电线孔，使底座放在之前的位置，螺钉孔位要对上

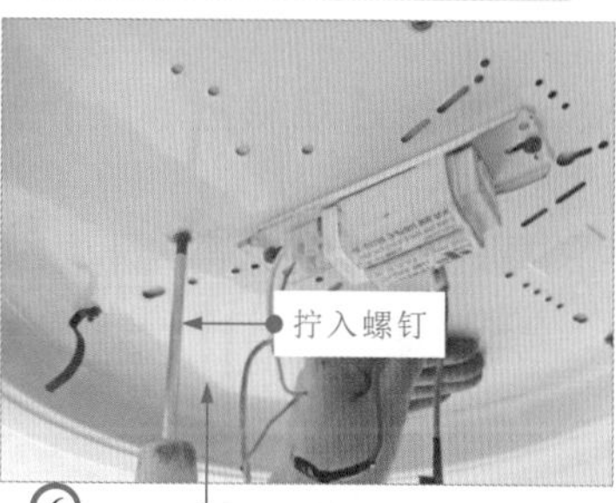

⑥ 用螺钉旋具把一个螺钉拧入空位，不要拧过紧，固定后检查安装位置并适当调节，确定好后将其余的螺钉拧好

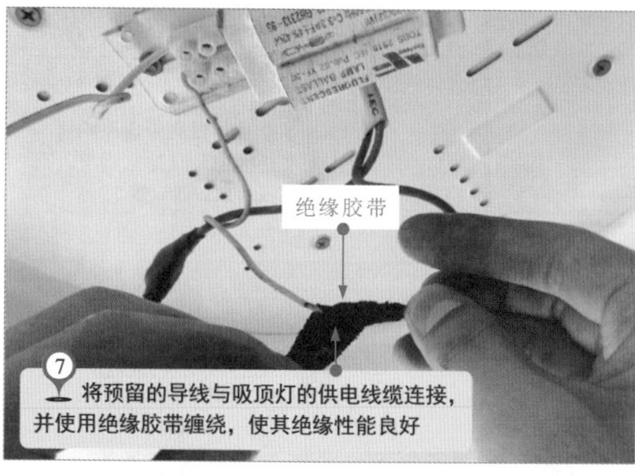

⑦ 将预留的导线与吸顶灯的供电线缆连接，并使用绝缘胶带缠绕，使其绝缘性能良好

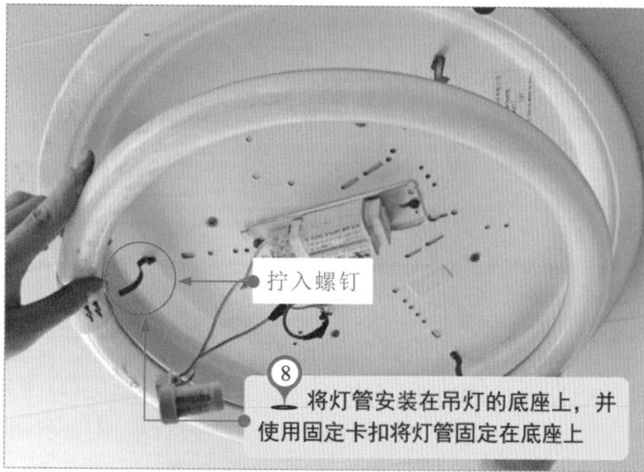

⑧ 将灯管安装在吊灯的底座上，并使用固定卡扣将灯管固定在底座上

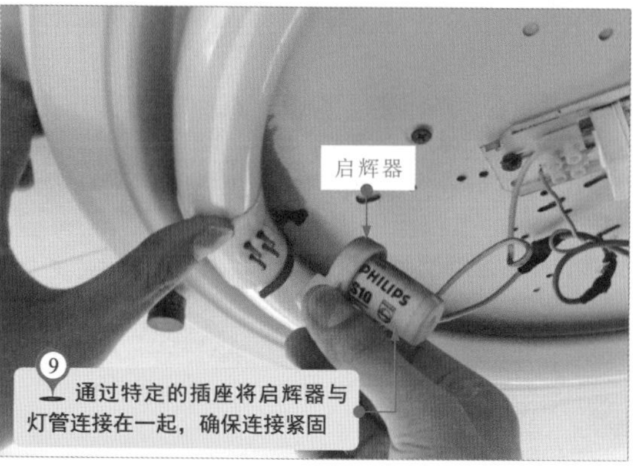

⑨ 通过特定的插座将启辉器与灯管连接在一起，确保连接紧固

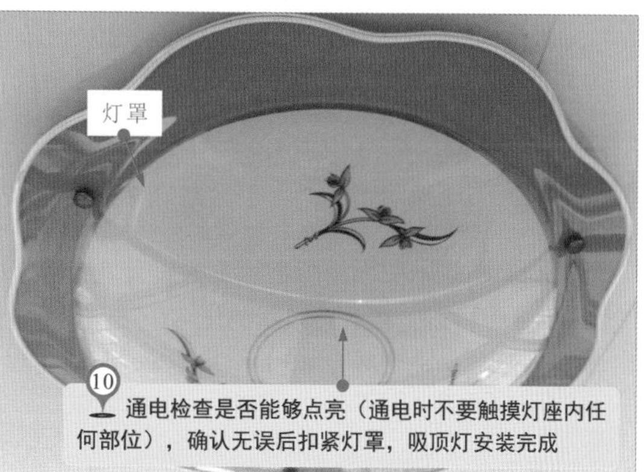

⑩ 通电检查是否能够点亮（通电时不要触摸灯座内任何部位），确认无误后扣紧灯罩，吸顶灯安装完成

8.2.2 公共照明控制系统的规划设计与设备安装

公共照明控制系统的规划设计需要根据具体的施工环境，考虑照明设备、控制部件的安装方式及数量，然后从实用的角度出发，选配合适的器件及线缆。下面我们以小区路灯照明和楼宇公共照明为例，介绍公共照明控制系统的设计要求。

❶ 小区路灯照明系统的规划设计

图8-11 小区路灯照明系统的规划设计

小区路灯照明是每个小区必不可少的公共照明设施，主要用来在夜间为小区内的道路提供照明，照明路灯大都设置在小区边界或园区内的道路两侧，为小区提供照明的同时，也美化了小区周围的环境。图8-11为小区路灯照明系统的规划设计。

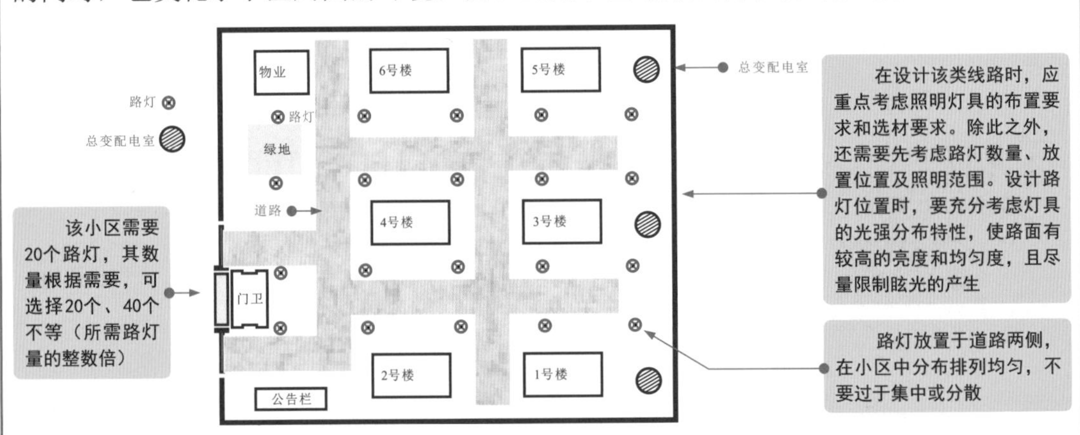

在规划小区路灯照明系统时，要确保照明系统可以覆盖到小区的每一个角落，而且要确保光照的照度和亮度，同时起到让小区更美观的作用。

小区路灯照明线路的一些基本设计要求如下：

（1）小区的灯光照明系统应在保证小区内恰当的照度和亮度的条件下尽可能减少电线的长度。

（2）小区中一些主出入口、路口、公共区亮度都比较高，亮度均匀性（最低亮度与平均亮度之比）有一定的要求，一般不低于40%。

（3）小区平均照度相对较低，一般平均照度为11cd/m²左右，路面亮度不低于1cd/m²，由于小区中车辆、人员行进速度都比较缓慢，所以小区地灯照明对于亮度均匀性没有要求。

（4）小区照明系统的主干道路灯并不一定以多为好、以强取胜，在小区中安装的路灯距离一般情况下为25～30m，安装高度不低于4.5m，对于接近弯道处的灯杆，其间距应适当减小。

（5）由于小区道路路型较为复杂，路口多、分叉多，所以要求照明有较好的视觉指导作用，一般多采用单侧排列，在道路较宽的住宅小区主干道，可采用双侧对称排列。

（6）在小区中进行照明设计，应避免室外照明对居民室内环境起不良的影响，这一点主要是通过选择恰当的灯位来控制。

（7）进行小区照明线路设计时，要求做好接地方案。

❷ 楼宇公共照明控制系统的规划设计

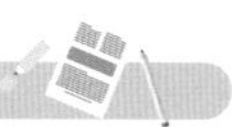

图8-12 楼宇公共照明控制系统的规划设计

楼宇公共照明主要为建筑物内的楼道、走廊等提供照明，方便人员通行。照明灯大都安装在楼道或走廊的中间（空间较大可平均设置多盏照明灯），需要手动控制的开关（触摸开关）通常设置在楼梯口，自动开关（如声控开关）通常设置在照明灯附近。图8-12为楼宇公共照明控制系统的规划设计。

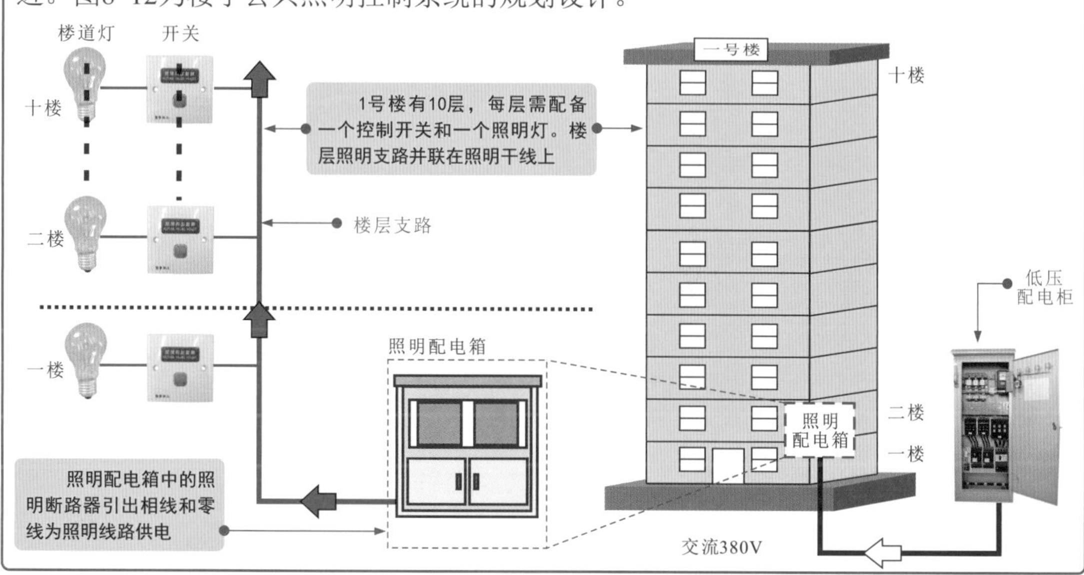

❸ 控制开关的安装技能

图8-13 控制开关的安装技能

公共照明控制开关主要用来控制公共照明灯的工作状态。目前，公共照明控制开关的种类较多，常见的有智能路灯控制器、光控路灯控制器及太阳能路灯控制器等，这些控制器可实现对公共照明灯开关的控制。下面就以光控路灯控制开关为例，介绍一下具体的安装方法。图8-13为控制开关的安装技能。

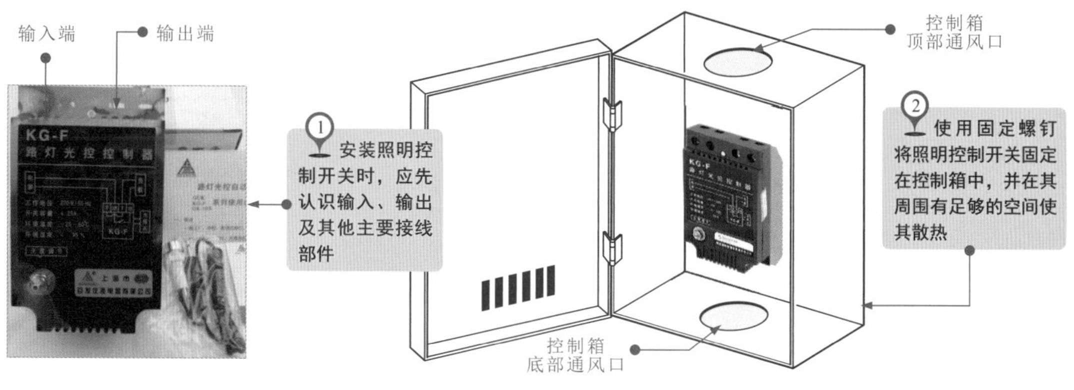

图8-13 控制开关的安装技能（续）

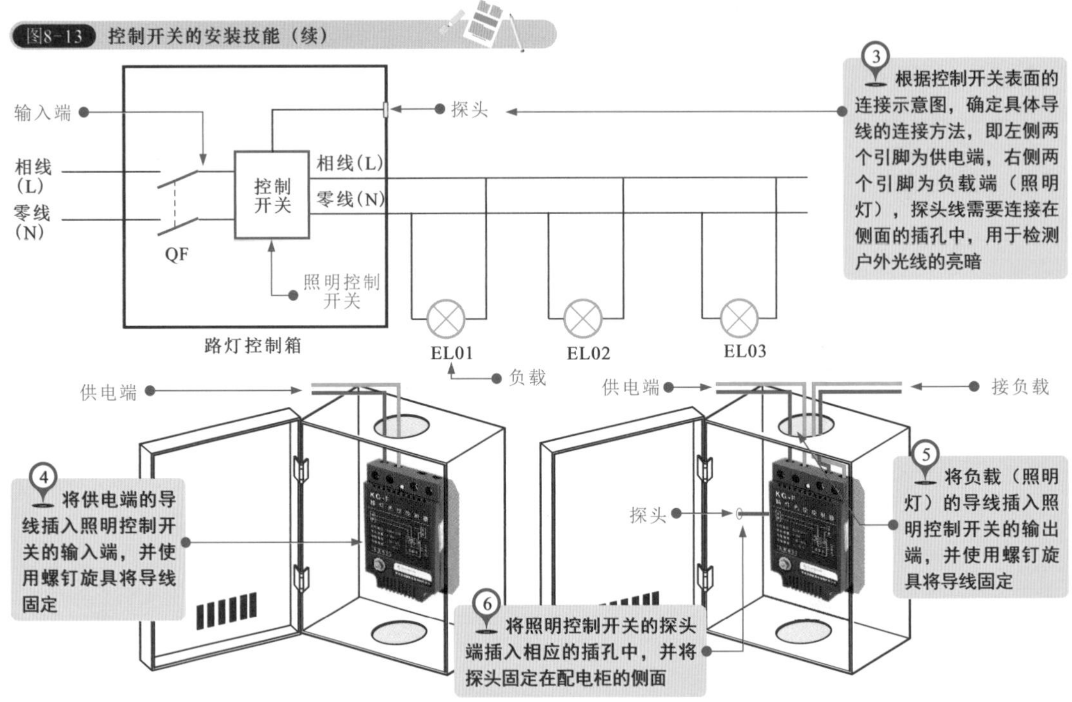

4 公共照明灯具的安装技能

图8-14 公共照明灯具的安装技能

安装公共照明灯具时，应尽量使线路短直、安全、稳定、可靠，便于以后的维修，要严格按照照度及亮度的标准及设备的标准安装。在安装路灯照明系统前，应选择合适的路灯、线缆，通常需要考虑灯具的光线分布，以方便路面有较高的亮度和均匀度，并应尽量限制眩光的产生。图8-14为公共照明灯具的安装技能。

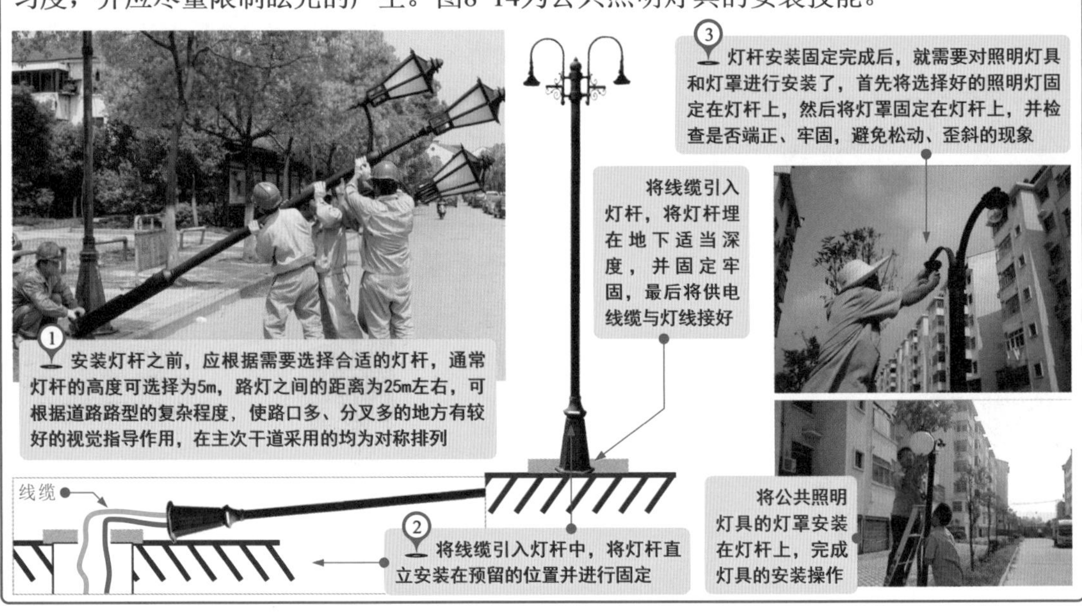

8.3 照明控制系统的检修调试

当照明控制线路出现异常时，会影响到照明灯的工作，检修调试之前，先要做好照明线路的故障分析，为检修调试做好铺垫。

8.3.1 室内照明控制线路的检修调试

图8-15 典型室内照明控制线路的故障分析

当室内照明控制线路出现故障时，可以通过故障现象，分析整个照明控制线路，如图8-15所示，缩小故障范围，锁定故障器件。

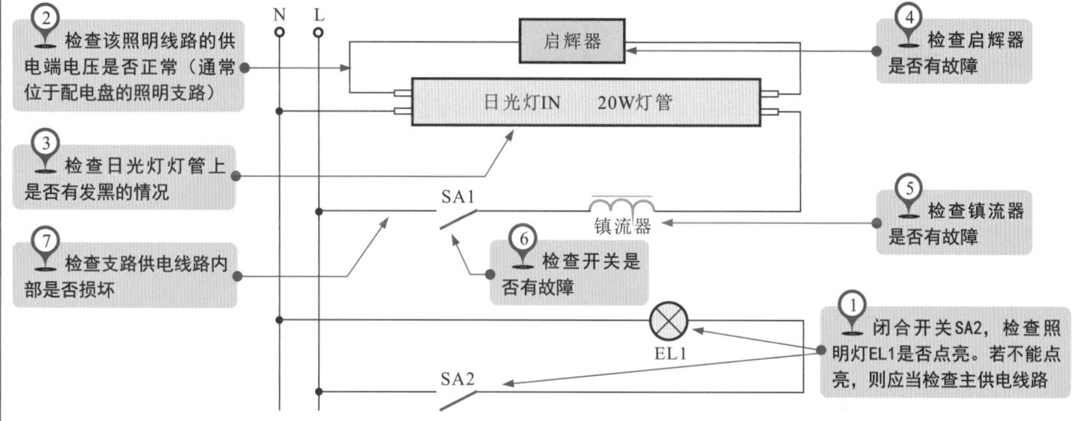

图8-16 典型楼道照明控制线路的故障分析

当楼道照明控制线路出现故障时，可以通过故障现象，分析整个照明控制线路，如图8-16所示，缩小故障范围，锁定故障器件。

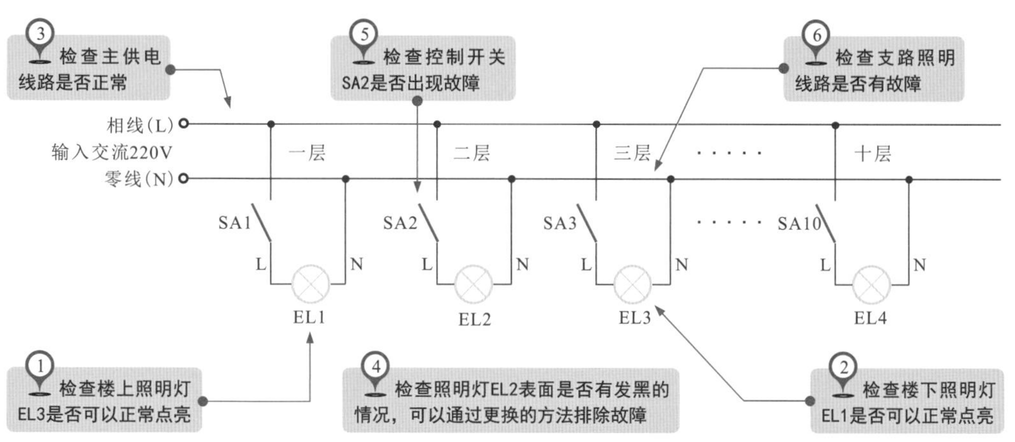

8.3.2　公共照明控制线路的检修调试

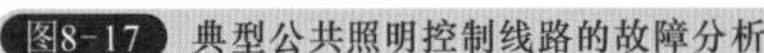

图8-17　典型公共照明控制线路的故障分析

当公共照明控制线路出现故障时，可以通过故障现象，分析整个照明线路，如图8-17所示，缩小故障范围，锁定故障器件。

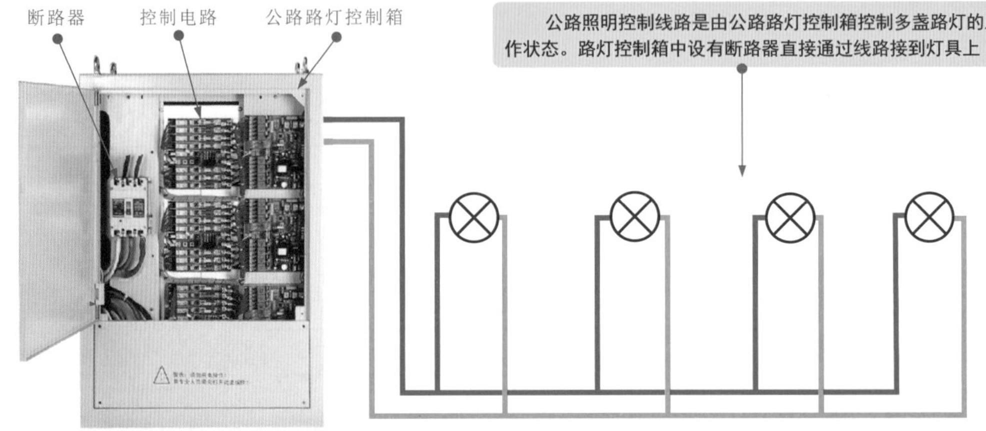

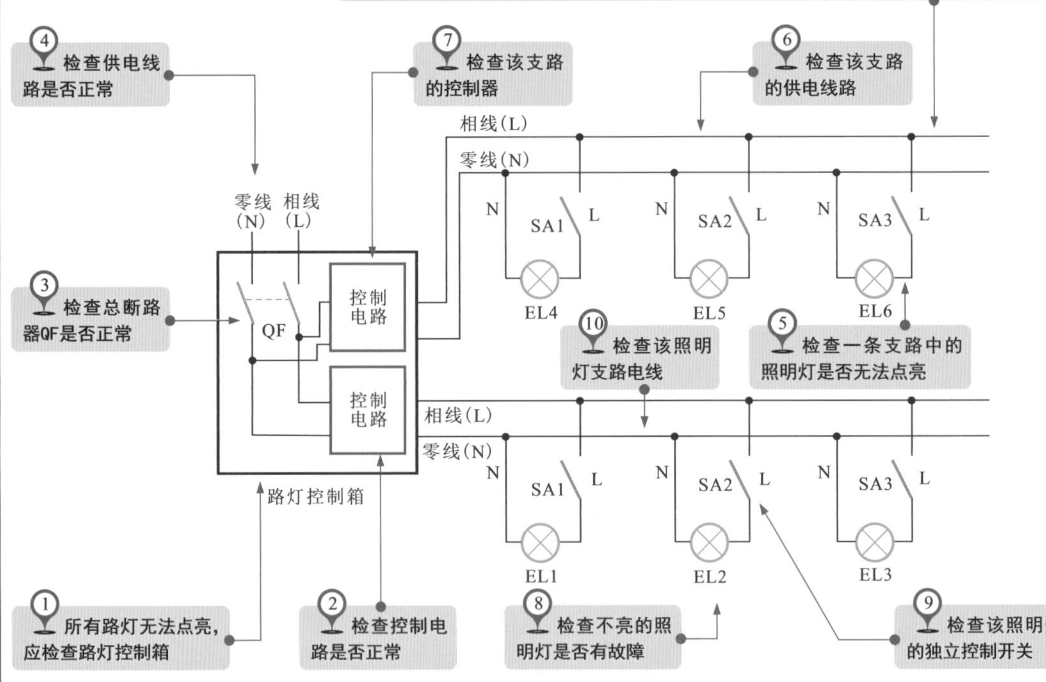

当公路路灯出现白天点亮、黑夜熄灭的故障时，应当查看该路的控制方式。若控制方式为控制器自动控制时，则可能是由于控制器的设置出现故障；若当控制方式为人为控制时，则可能是由于控制室操作失误导致的。

图8-18 典型公共照明控制线路的检修调试

典型公共照明线路中多用一个控制器控制多盏照明路灯。该电路可分为供电线路、触发及控制线路和照明路灯三个部分。图8-18为典型公共照明控制线路的检修调试。

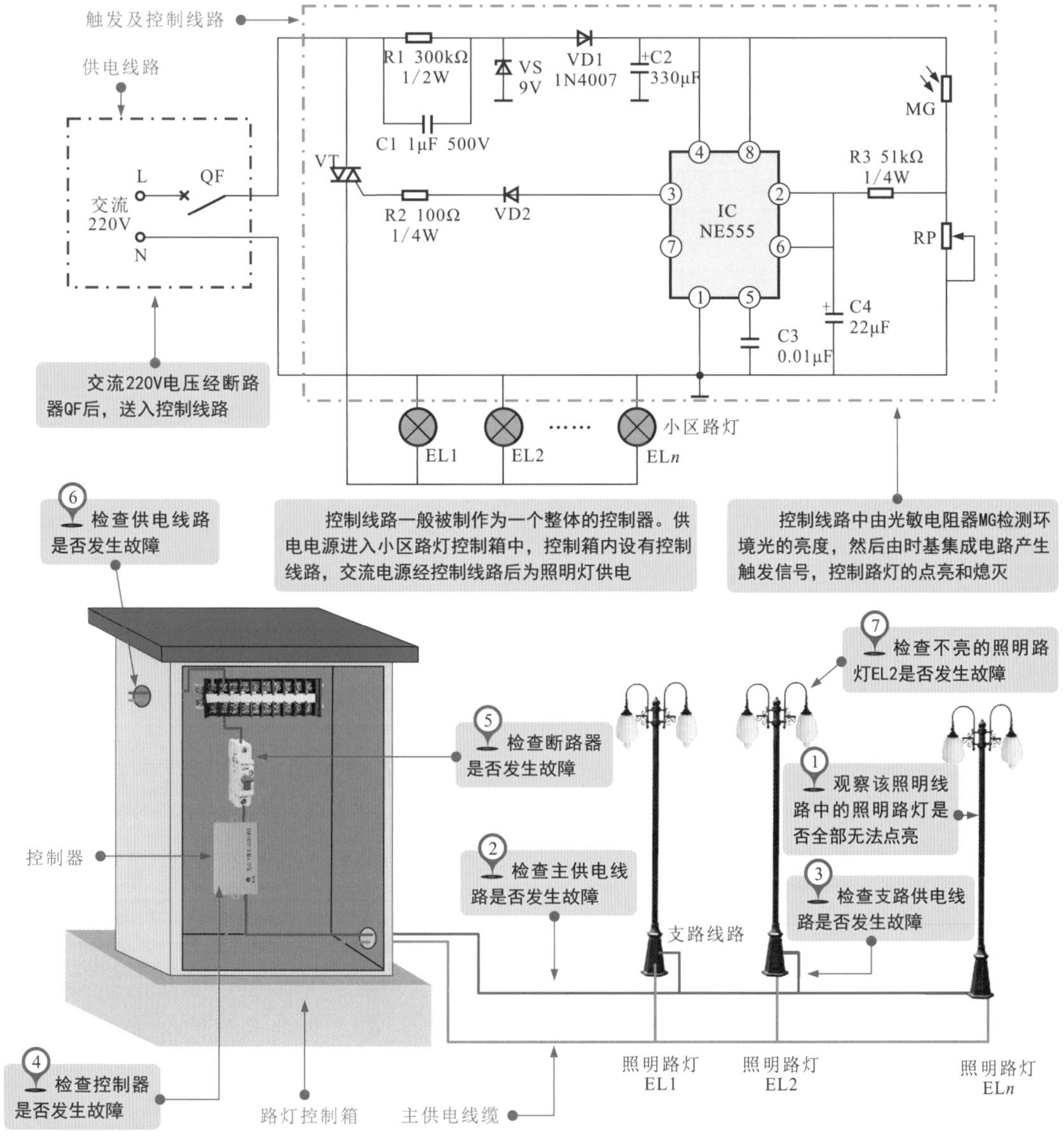

首先应当检查小区照明线路中照明路灯是否全部无法点亮，若全部无法点亮，则应当检查主供电线路是否存在故障。当主供电线路正常时，应当查看路灯控制器是否存在故障，若路灯控制器正常，则应当检查断路器是否正常。当路灯控制器和断路器都正常时，应检查供电线路是否存在故障。若照明支路中的一盏照明路灯无法点亮，则应当查看该照明路灯是否存在故障。若照明路灯正常，则检查支路供电线路是否正常。若支路供电线路存在故障，则应对其进行更换。

8.4 常见照明控制线路

8.4.1 一个单控开关控制一盏照明灯线路

图8-19 一个单控开关控制一盏照明灯的控制线路

如图8-19所示，一个单控开关控制一盏照明灯的线路在室内照明系统中最为常用，其控制过程也十分简单。

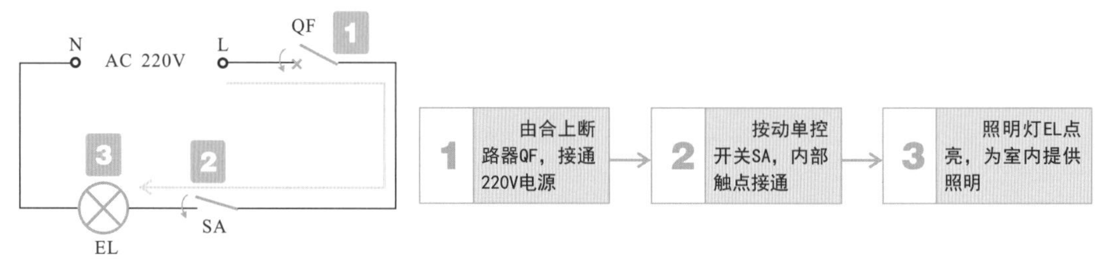

8.4.2 两个单控开关分别控制两盏照明灯线路

图8-20 两个单控开关分别控制两盏照明灯线路的工作过程

如图8-20所示，两个单控开关分别控制两盏照明灯控制线路也是室内照明系统中最为常用的，其控制过程也十分简单。

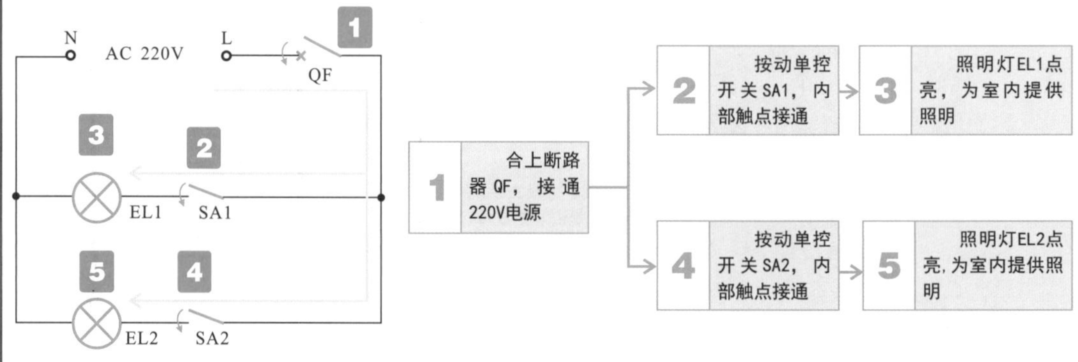

8.4.3 两个双控开关共同控制一盏照明灯线路

两个双控开关共同控制一盏照明灯控制线路可实现两地控制一盏照明灯，常用于控制家居卧室或客厅中的照明灯，一般可在床头安一只开关，在进入房间门处安装一只开关，实现两处都可对卧式照明灯进行点亮和熄灭控制，其控制过程较为简单。线路实际应用过程如图8-21所示。

图8-21 两个双控开关共同控制一盏照明灯线路的实际应用过程

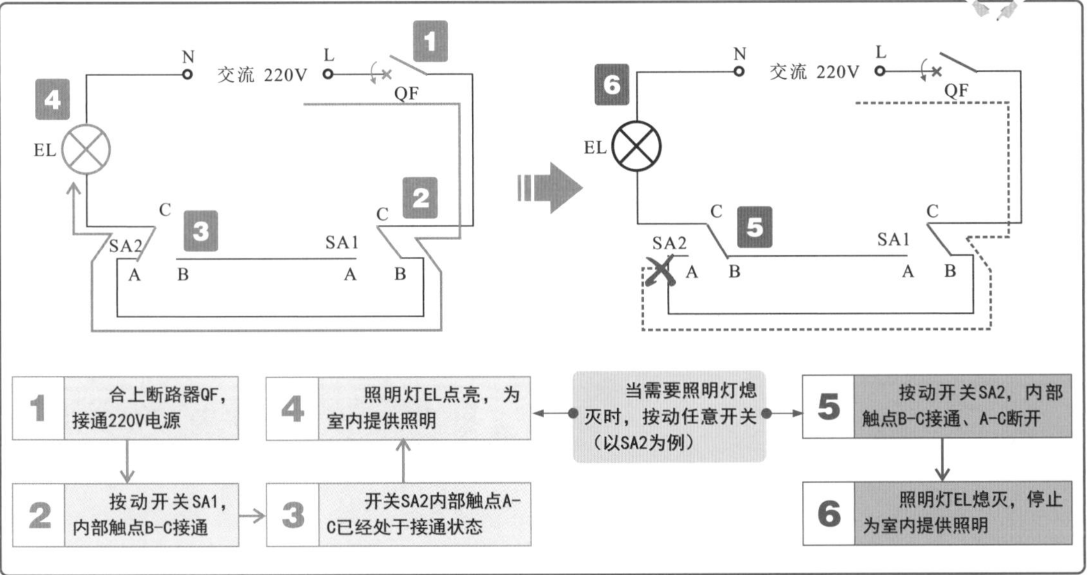

8.4.4 三方共同控制一盏照明灯线路

图8-22 三方共同控制一盏照明灯线路的工作过程

如图8-22所示，三方共同控制一盏照明灯控制线路可实现三地控制一盏照明灯，三个开关分别安装在家庭的不同位置，不管按动哪个开关，都可以控制照明灯的点亮与熄灭。

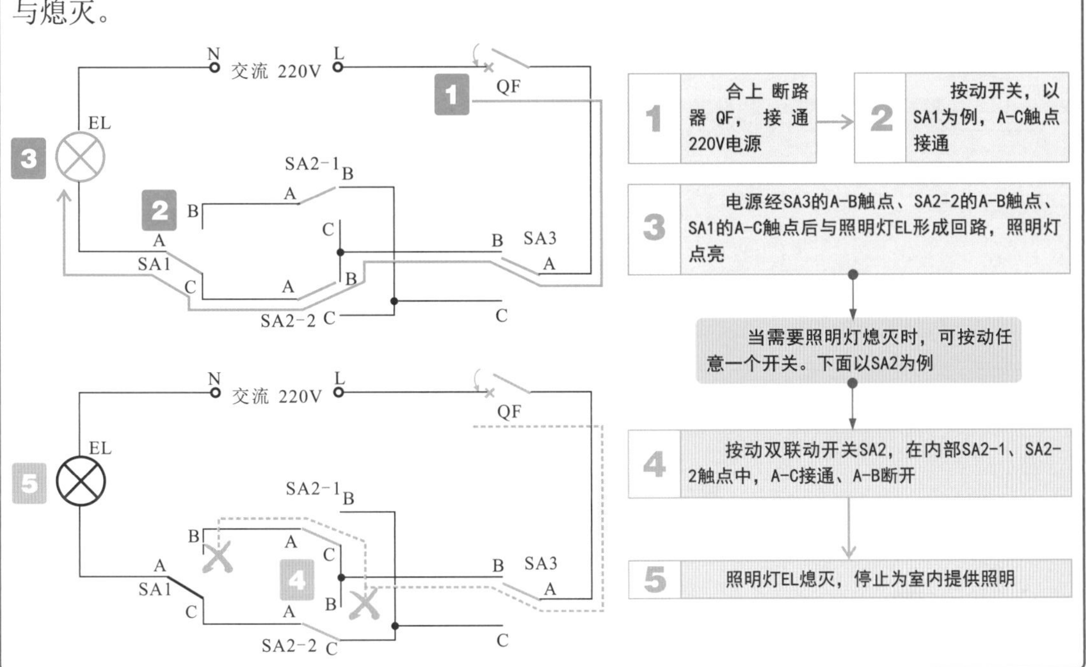

8.4.5 日光灯调光控制线路

图8-23 日光灯调光控制线路的工作过程

如图8-23所示，日光灯调光控制线路是利用电容器与控制开关组合控制日光灯的亮度，当控制开关的挡位不同时，日光灯的发光程度也随之变化。

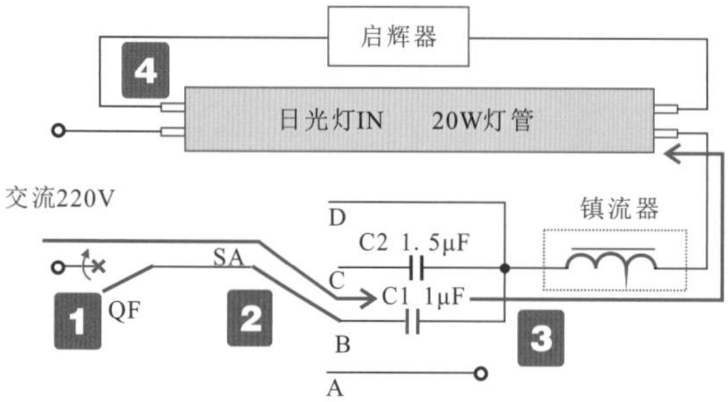

1 合上断路器QF，接通220V电源 → 2 拨动多位开关SA的触点与B端连接

3 电压经电容器C1、镇流器、启辉器为日光灯供电

4 电容器C1电容量较小，阻抗较大，产生压降较高，日光灯IN发出较暗的光线

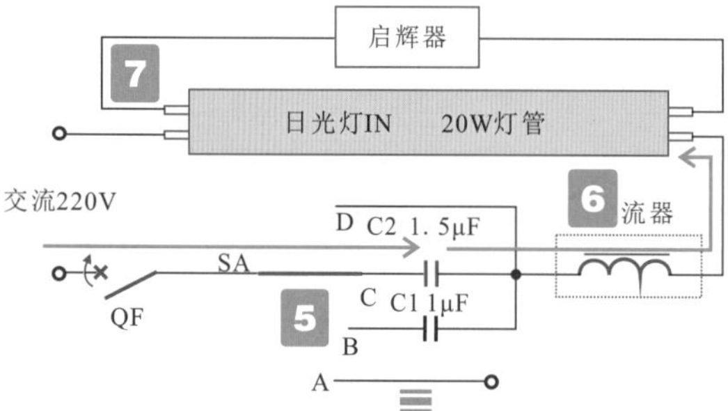

5 拨动多位开关SA触点与C端连接 → 6 电压经电容器C2、镇流器、启辉器为日光灯供电

7 电容器C2的电容量相对于电容器C1的电容量增大，阻抗较低，产生压降较低，日光灯IN发出的亮度增大

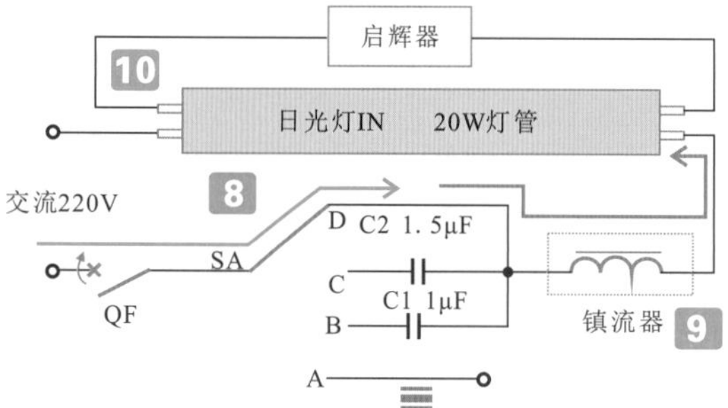

8 拨动多位开关SA触点与D端连接 → 9 电压经镇流器、启辉器为日光灯供电

10 交流220V电压全压进入电路，日光灯IN在额定电压下工作，日光灯IN全亮

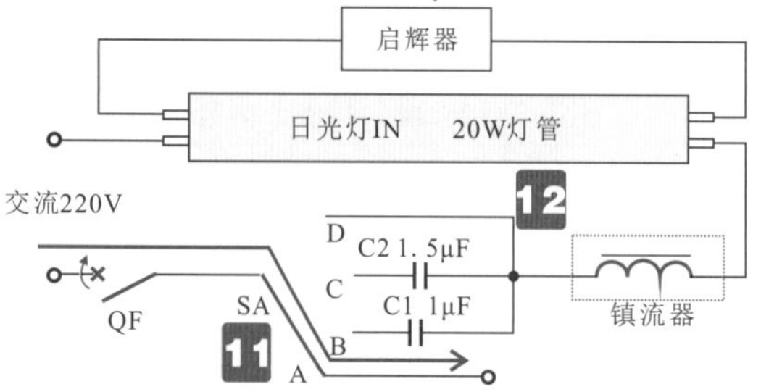

11 拨动多位开关SA，触点与A端连接

12 日光灯电源供电电路不能形成回路，日光灯IN不亮

8.4.6 卫生间门控照明灯控制线路

图8-24 卫生间门控照明灯控制线路的工作过程

如图8-24所示，卫生间门控照明灯控制线路是一种自动控制照明灯工作的电路，在有人开门进入卫生间时，照明灯自动点亮，当人走出卫生间时，照明灯自动熄灭。

1 合上断路器QF，接通220V电源

2 交流220V电压经变压器T进行降压

3 降压后的交流电压经VD整流和滤波电容器C2滤波后，变为12V左右的直流电压

4 +12V的直流电压为双D触发器IC1的D1端供电

5 +12V的直流电压为三极管V的集电极进行供电

6 门在关闭时，磁控开关SA处于闭合的状态

7 双D触发器IC1的CP1端为低电平

8 双D触发器IC1的Q1和Q2端输出低电平

9 三极管V和双向晶闸管VT均处于截止状态

10 照明灯EL不亮

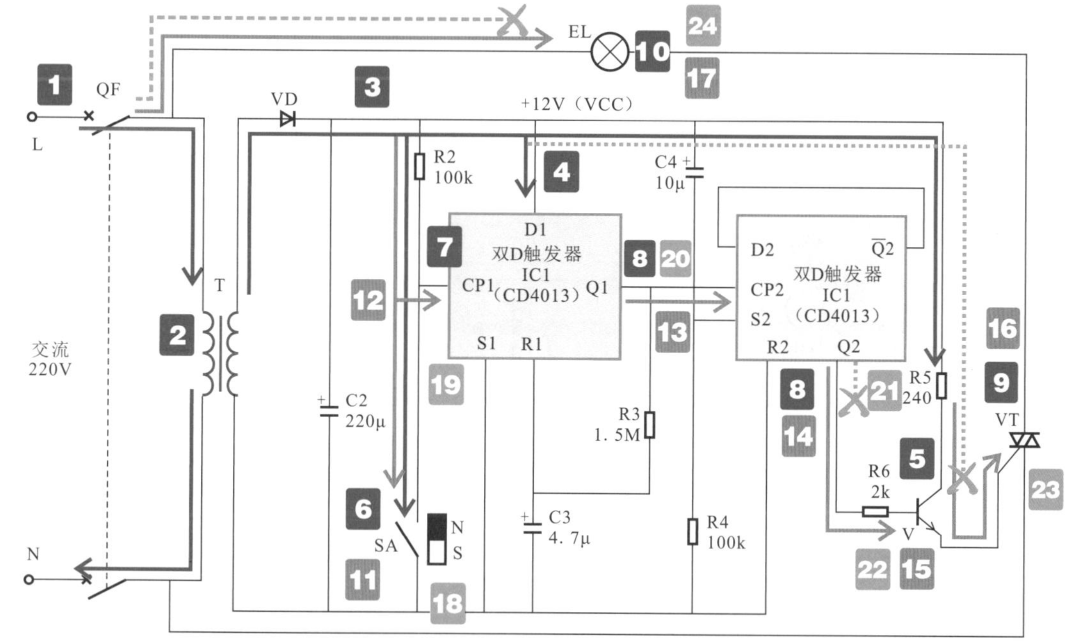

11 当有人进入卫生间时，门被打开并关闭，磁控开关SA断开后又接通

12 双D触发器IC1的CP1端产生一个高电平的触发信号

13 双D触发器IC1的Q1端输出高电平送入CP2端

14 双D触发器IC1内部受触发而翻转，Q2端也输出高电平

15 三极管V导通为双向晶闸管VT门极提供启动信号

16 双向晶闸管VT导通

17 照明灯EL点亮

18 当有人走出卫生间时，门被打开并关闭，磁控开关SA断开后又接通

19 双D触发器IC1的CP1端产生一个高电平的触发信号

20 双D触发器IC1的Q1端输出高电平送入CP2端

21 双D触发器IC1内部受触发而翻转，Q2端输出低电平

22 三极管V截止

23 双向晶闸管VT截止

24 照明灯EL熄灭

8.4.7 触摸延时照明灯控制线路

图8-25 触摸延时照明灯控制线路的工作过程 

如图8-25所示，触摸延时照明灯控制线路是利用触摸开关控制照明灯迅速启动而延迟断开的电路。当无人碰触触摸开关时，照明灯不工作；当有人碰触触摸开关时，照明灯点亮，可以实现延时一段时间后自动熄灭的功能。

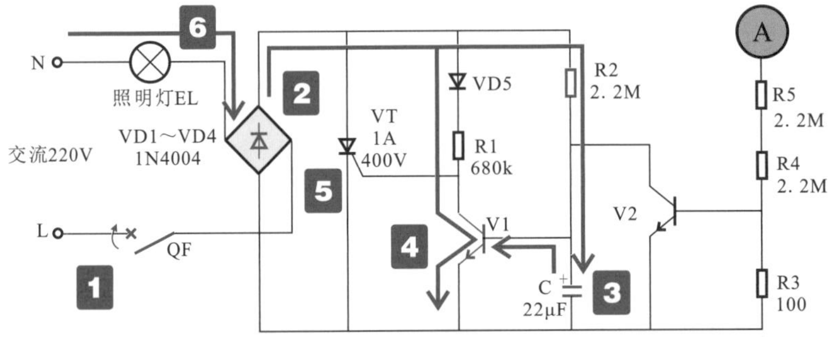

1 合上断路器QF，接通220V电源

2 交流220V电压经桥式整流堆VD1～VD4整流后输出直流电压

3 直流电压经电阻器R2后为电解电容器C充电

4 充电完成为三极管V1提供导通信号，使V1导通

5 充电电压加到V1的基极使之导通，集电极接地，晶闸管VT的触发端为低电平，处于截止状态

6 照明灯EL不亮

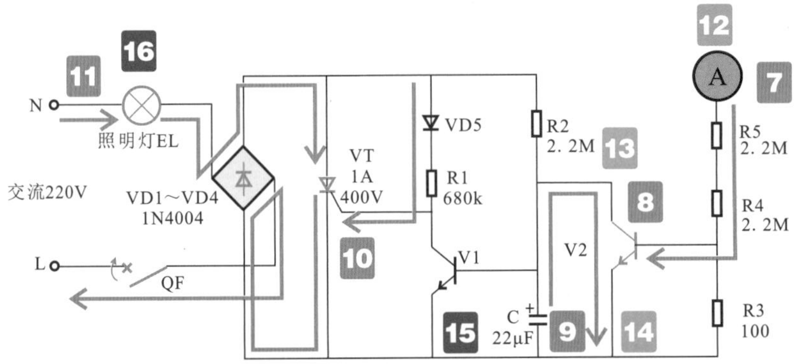

7 人体碰触触摸开关A

8 触发信号经电阻器R5、R4将触发信号送到三极管V2的基极，使V2导通

9 电解电容器C经晶体管V2放电，此时三极管V1基极电压降低而截止

10 晶闸管VT的门极电压升高达到触发电平，VT导通

11 照明灯供电电路形成回路，电流量满足照明灯EL点亮的需求，使其点亮

12 当手指离开触摸开关A后，三极管V2无触发信号，晶体管V2截止

13 三极管V2截止时，电解电容器C再次充电。由于电阻器R2的阻值较大，导致电解电容器C的充电电流较小，其充电时间较长

14 在电解电容器C充电完成之前，三极管V1会保持截止状态，晶闸管VT仍处于导通，照明灯EL继续点亮

15 当电解电容器C充电完成后，三极管V1导通，晶闸管VT的触发电压降低而截止

16 照明灯供电电路中的电流再次减小至等待状态，无法使照明灯EL维持点亮，导致照明灯EL熄灭

8.4.8 声控照明灯控制线路

图8-26 声控照明灯控制线路的工作过程

如图8-26所示，在一些公共场合光线较暗的环境下，通常会设置一种声控照明灯电路，在无声音时，照明灯不亮，有声音时，照明灯便会点亮，经过一段时间后，自动熄灭。

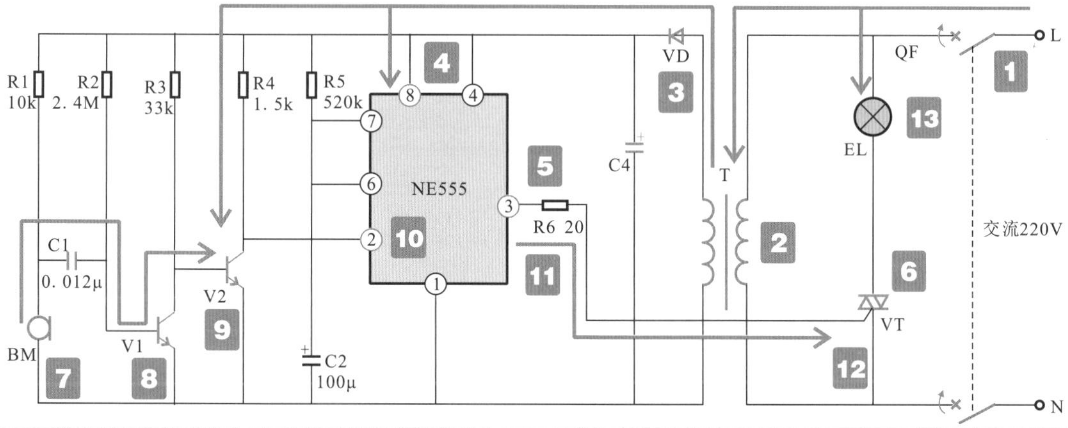

1 合上断路器QF，接通220V电源 → 2 交流220V电压经变压器T进行降压 → 3 低压交流电压经VD整流和C4滤波后变为直流电压 → 4 直流电压为NE555的8脚提供工作电压 → 5 无声音时，NE555的2脚为高电平、3脚输出低电平 → 6 双向晶闸管VT截止 → 7 有声音时传声器BM将声音信号转换为电信号 → 8 该信号送往V1由V1对信号进行放大 → 9 放大信号再送往V2输出放大后的音频信号 → 10 V2将音频信号加到NE555的2脚 → 11 NE555的3脚输出高电平 → 12 VT导通 → 13 照明灯EL点亮

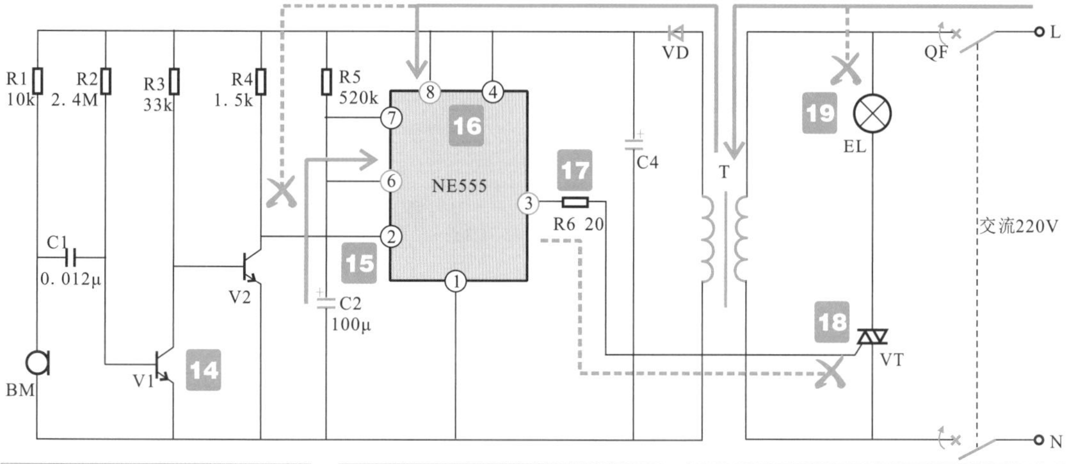

14 声音停止后，晶体管V1和V2处于放大等待状态。 → 15 由于电容器C2的充电过程，使NE555的6脚电压逐渐升高 → 16 当电压升高到一定值后（8V以上，2/3供电电压），NE555内部复位 → 17 复位后，NE555时基电路的3脚输出低电平 → 18 双向晶闸管VT截止 → 19 照明灯EL熄灭

8.4.9 追逐式循环彩灯控制线路

图8-27 追逐式循环彩灯控制线路的工作过程

如图8-27所示，追逐式循环彩灯控制线路是指彩灯在通电后，可控制彩灯按顺序依次循环点亮的线路。

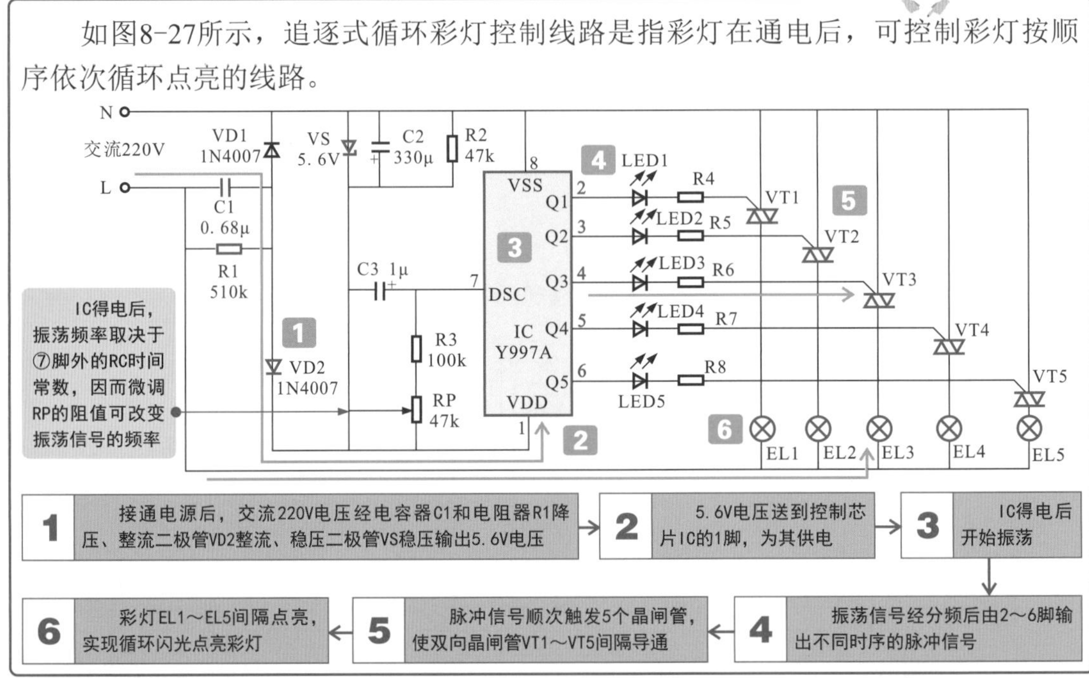

8.4.10 红外遥控照明控制线路

图8-28 红外遥控照明控制线路的工作过程

如图8-28所示，红外遥控照明电路中设有红外信号接收器，可使用遥控器近距离控制照明灯的亮、灭，使用十分方便。

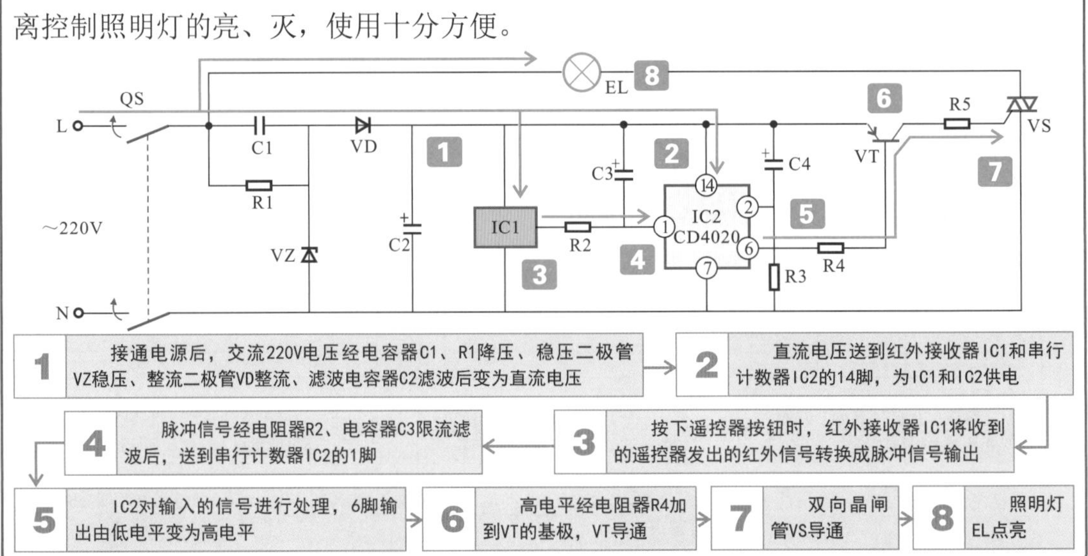

8.4.11 光控公共照明控制线路

图8-29 光控公共照明控制线路的工作过程

如图8-29所示，光控公共照明控制电路是指利用光电感应器件控制照明灯的电路。白天光照较强，照明灯不亮；夜晚降临或光照较弱时，控制照明灯自动点亮，从而实现白天、夜晚交替照明。

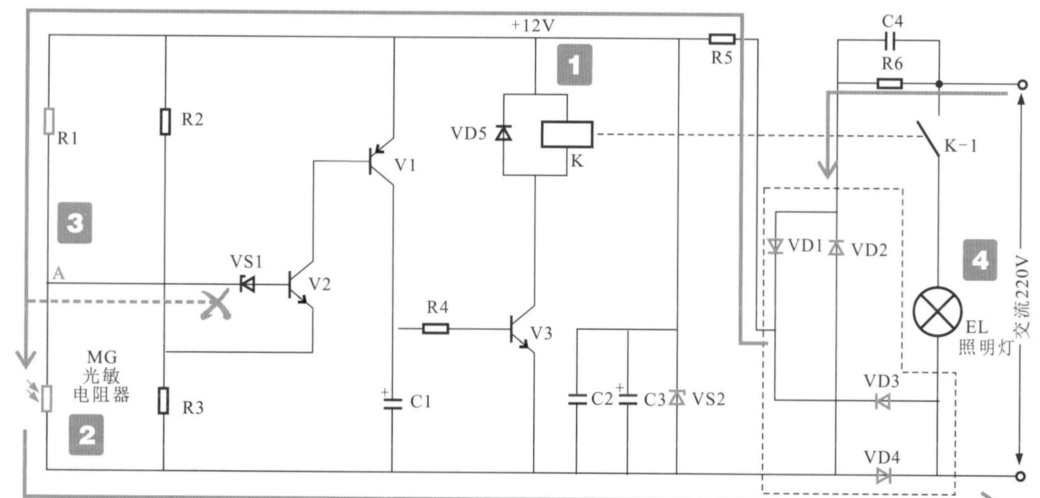

1 交流220V电压经桥式整流电路VD1～VD4整流、稳压二极管VS2稳压后，输出+12V直流电压 → 2 白天光敏电阻器MG受强光照射呈低阻状态 → 3 由光敏电阻器MG、电阻器R1形成分压电路，电阻器R1上的压降较高，分压点A点电压偏低 → 4 稳压二极管VS1无法导通，晶体管V2、V1、V3均截止，继电器K不吸合，路灯EL不亮

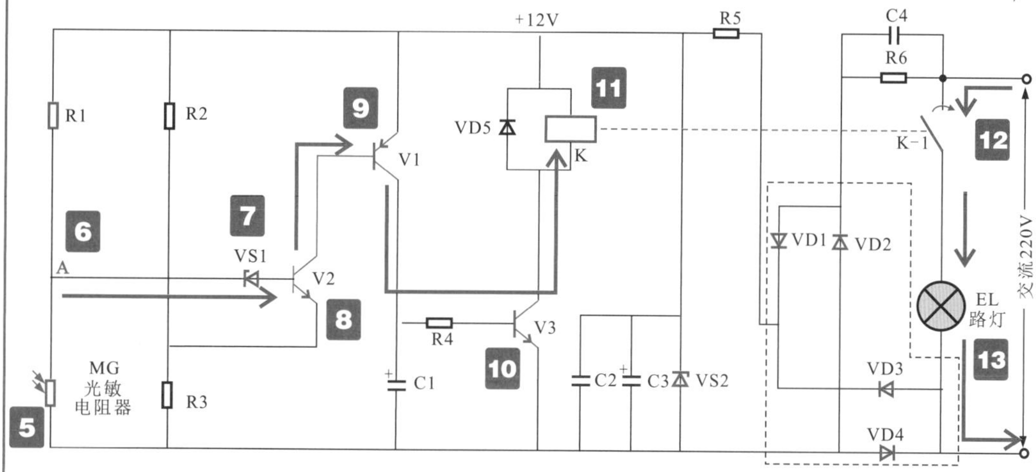

5 夜晚时光照强度减弱，光敏电阻器MG阻值增大 → 6 MG阻值增大，电阻器R1上的压降降低，分压点A点电压升高 → 7 稳压二极管VS1导通 → 8 晶体管V2导通 → 9 晶体管V1导通 → 10 晶体管V3导通 → 11 继电器K线圈得电 → 12 常开触点K-1闭合 → 13 路灯EL点亮

第9章
电力拖动系统的安装与调试

9.1 电力拖动系统的结构特征

9.1.1 交流电动机控制线路的结构特征

交流电动机控制线路是指对交流电动机进行控制的线路，根据选用控制部件数量的不同及对不同部件间的不同组合，加上电路的连接差异，可实现多种控制功能。

图9-1 交流电动机控制线路的结构

如图9-1所示，交流电动机控制线路主要由交流电动机（单相或三相）、控制部件和保护部件构成。

电源总开关

熔断器

停止按钮

交流380V

L1 L2 L3

QS

FU1～FU3

交流接触器
主触点

KM-1

FU4

FU5

SB2

SB1

KM-2

交流接触器
辅助触点

KM-3

KM-4

启动按钮

KM

FR

FR-1

U V W

M
3～

HL2

HL1

停机指示灯

运行指示灯

三相交流电动机

过热保护继电器

交流接触器

9.1.2 直流电动机控制线路的结构特征

直流电动机控制线路主要是指对直流电动机进行控制的线路，根据选用控制部件数量的不同及对不同部件间的不同组合，加上电路的连接差异，可实现多种控制功能。

图9-2 直流电动机控制线路的结构

如图9-2所示，直流电动机控制线路与前面介绍的交流电动机控制线路比较相似，也是由直流电动机、控制部件和保护部件构成的。

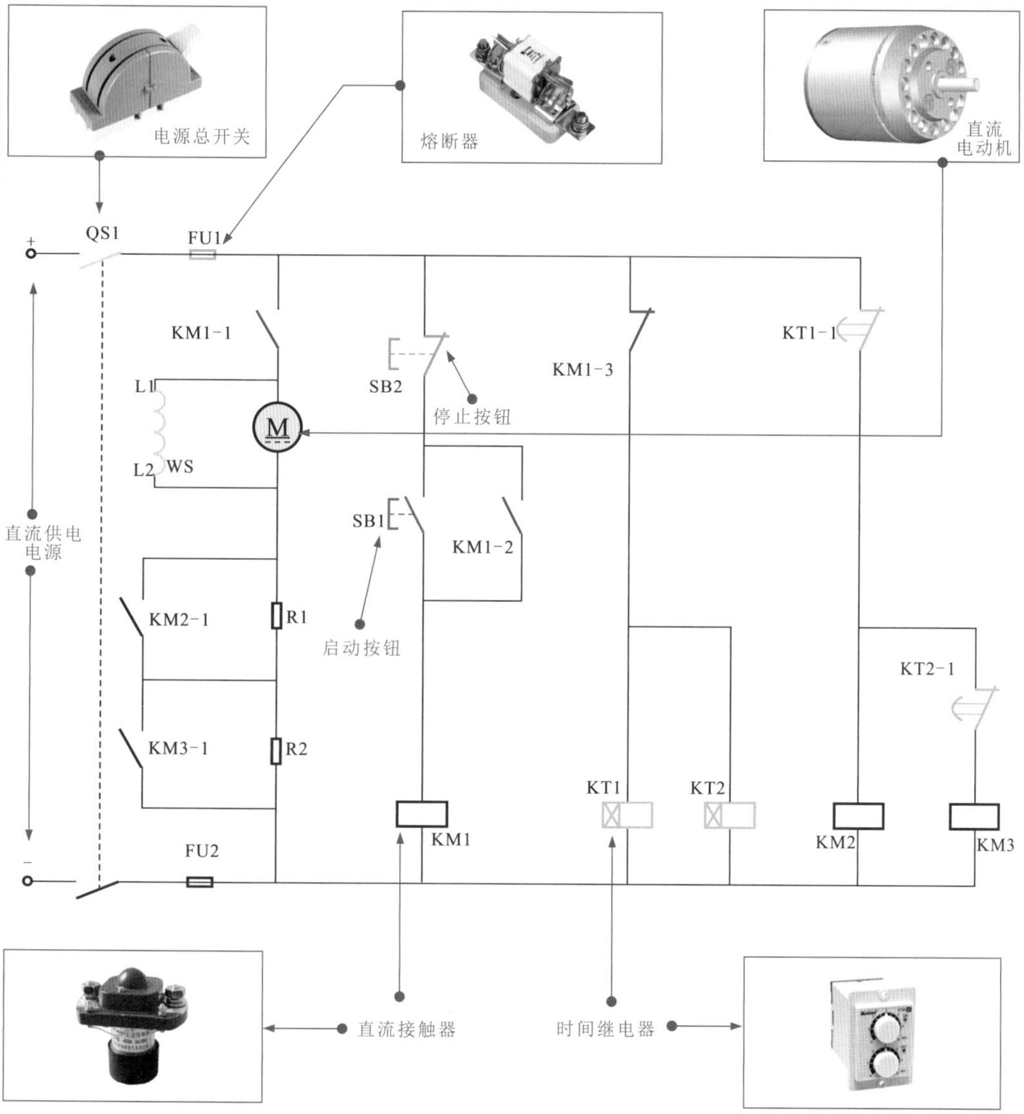

9.2 电力拖动系统的规划设计与设备安装

9.2.1 电力拖动系统的规划设计

电力拖动线路是决定电动设备能否正常工作、合理拖动机械设备、完成动力控制的关键部分，在进行线路设计之初，需要综合了解电力拖动线路的设计要求，并以此作为规划、设计和安装总则。

❶ 要满足并实现生产机械对拖动系统的需求

图9-3 电力拖动系统的拖动需求

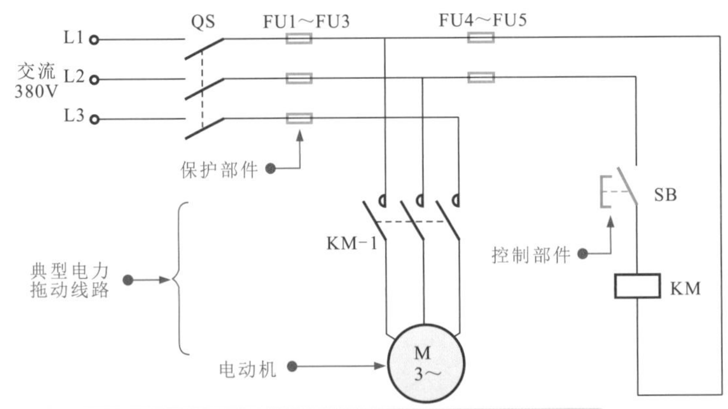

一般控制线路只能满足电力拖动系统中的启动、方向和制动功能。有一些还要求在一定范围内平滑调速，当出现意外或发生事故时，要有必要的保护及信号预报，并且要求各部分运动时的配合和连锁关系等

如图9-3所示，电力拖动线路是为整个生产机械和工艺过程服务的，在对该电路进行设计前，首先要把生产要求弄清楚，了解生产设备的主要工作性能、结构特点、工作方式和保护装置等方面。

❷ 电力拖动线路应力求简单便捷

电力拖动线路的设计既要满足生产机械的要求，还要使整个系统简单、经济、合理、便于操作并方便日后的维修，尽量减少导线的数量和缩短导线的长度，尽量减少电气部件的数量，尽量减少线路的触头，保证控制功能和时序的合理性。

图9-4 尽量减小导线的数量和缩短导线的长度

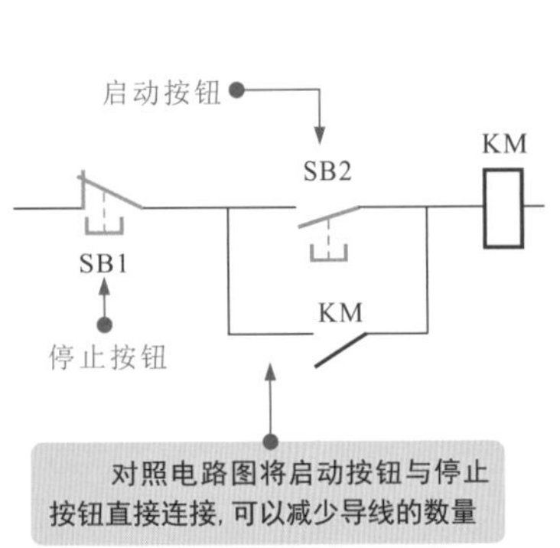

对照电路图将启动按钮与停止按钮直接连接，可以减少导线的数量

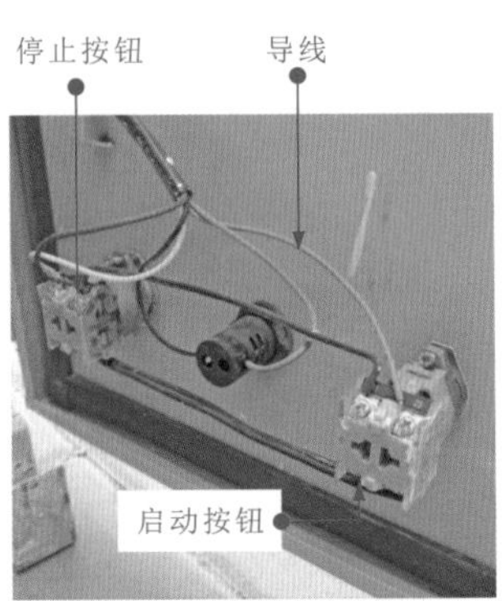

在设计控制线路时，应考虑到各个元器件之间的实际连接和布线，特别应注意电气箱、操作台和行程开关之间的连接导线。通常，启动按钮与停止按钮是直接连接的，如图9-4所示，可以减少导线，缩短导线的长度。

图9-5 设计中尽量减少线路的触头

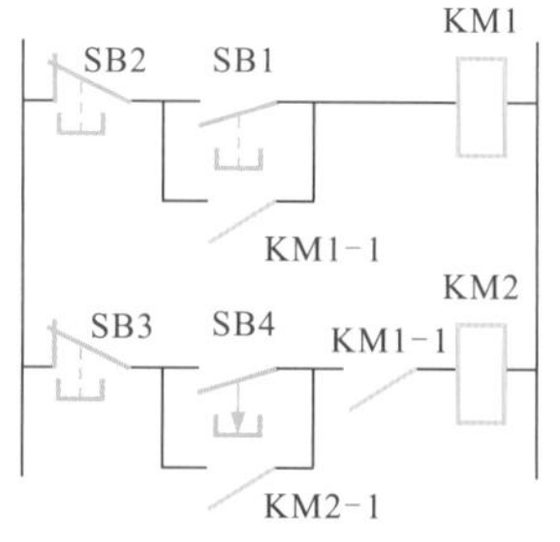

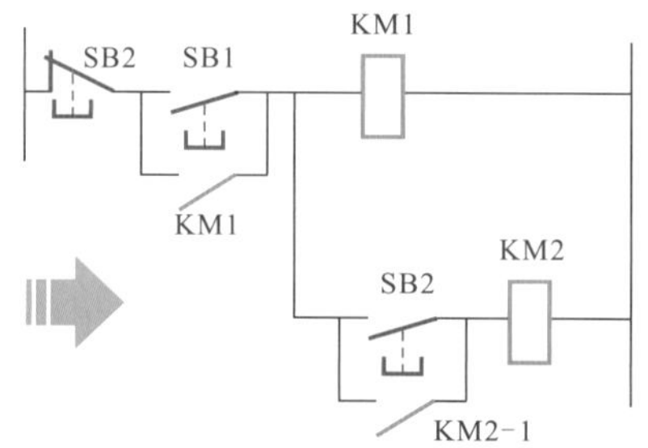

如图9-5所示，在设计电力拖动系统时，为了使控制线路简化，在功能不变的情况下，应对控制线路进行整理，尽量减少触头的使用。

在对电力拖动系统进行设计时，还应减少电气部件的数量，简化电路，提高线路的可靠性。使用电气部件时，应尽量采用标准的和同型号的电气设备。

另外，在规划和设计电力拖动系统时应确保控制功能和时序的合理性。控制电路工作时，除非必要的电气部件需要通电工作外，其余电气部件应尽量减少通电时间或减少通电电路部分，降低故障率，节约电能。

图9-6 电气部件动作的合理性

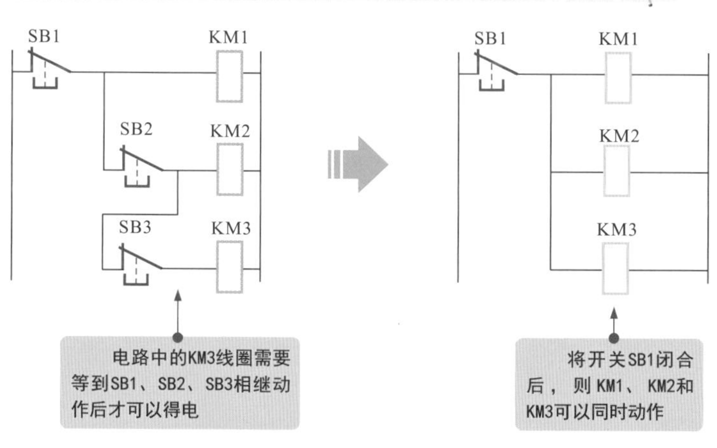

电力拖动线路设计要保证控制线路的安全和可靠。在控制线路中，应尽量使电气部件的动作顺序合理化，避免经许多电气部件依次动作后，才可以接通另一个电气部件的情况，如图9-6所示。

图9-7 正确连接电气部件的触头

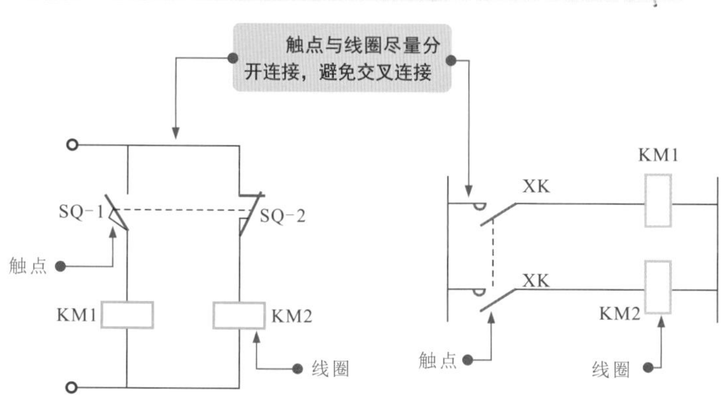

有些电气部件同时具有常开和常闭触头，且触头位置很近。例如，行程开关两个触头的连接，如图9-7所示。

在对该类部件进行连接时，应将共用同一电源的所有接触器、继电器及执行器件的线圈端均接在电源的一侧，控制触头接在电源的另一侧，以免由于触头断开时产生的电弧造成电源短路的现象

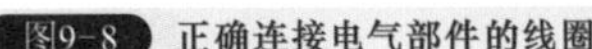

图9-8 正确连接电气部件的线圈

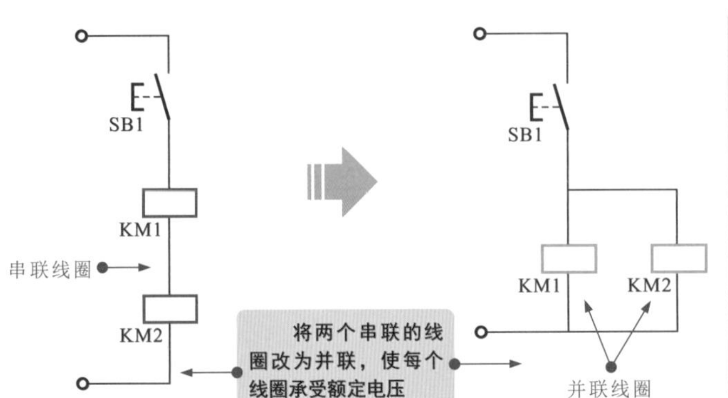

如图9-8所示，交流控制电路常常使用交流接触器，在使用时要注意额定工作电压及控制关系，若两个交流接触器的线圈串接在电路中，则一个接触器断路，两个接触器均不能工作，而且会使工作电流不足，引起故障。

图9-9 电力拖动线路中应有必要的保护环节

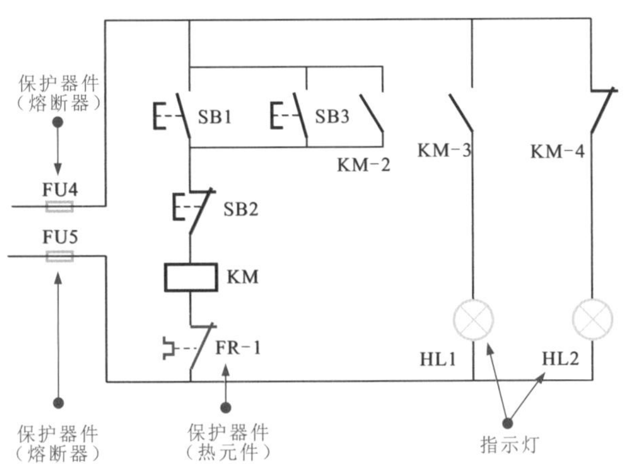

如图9-9所示，控制电路在事故情况下应能保证操作人员、电气设备、生产机械的安全，并能有效地制止事故的扩大。为此，在控制电路中应采取一定的保护措施。常用的有漏电保护开关、过载、短路、过电流、过电压、失电压、联锁与行程保护等措施，必要时还可设置相应的指示信号。

除上述相关设计要求外，线路设计应尽量使控制设备的操作和维修方便。控制线路均应操作简单和便利，应能迅速和方便地由一种控制方式转换到另一种控制方式，如由自动控制转到手动控制。电控设备应力求维修方便，使用安全，并应有隔离电器，以便带电抢修。总之，无论控制功能如何复杂，都是由一些基本环节组合而成的，在进行线路设计时，只要根据生产和工艺的要求选用适当的单元电路，并将它们合理地组合起来，就能完成线路的设计。

9.2.2 电力拖动系统的设备安装

根据电力拖动系统的结构特征，该系统安装主要包括电动机及相关拖动的安装、控制线路的接线与固定两个环节。

❶ 电动机及相关拖动设备的安装

电动机及拖动设备的安装包括电动机的安装固定及与被拖动设备的连接和安装。这里以电动机与水泵（被拖动设备）的安装为例进行具体的安装操作演示。

图9-10 电动机及拖动设备的安装方法

如图9-10所示，电动机及拖动设备（水泵）的安装操作划分成电动机和拖动设备在底板上的安装、电动机与拖动设备的连接、电动机和拖动设备的固定三个步骤。

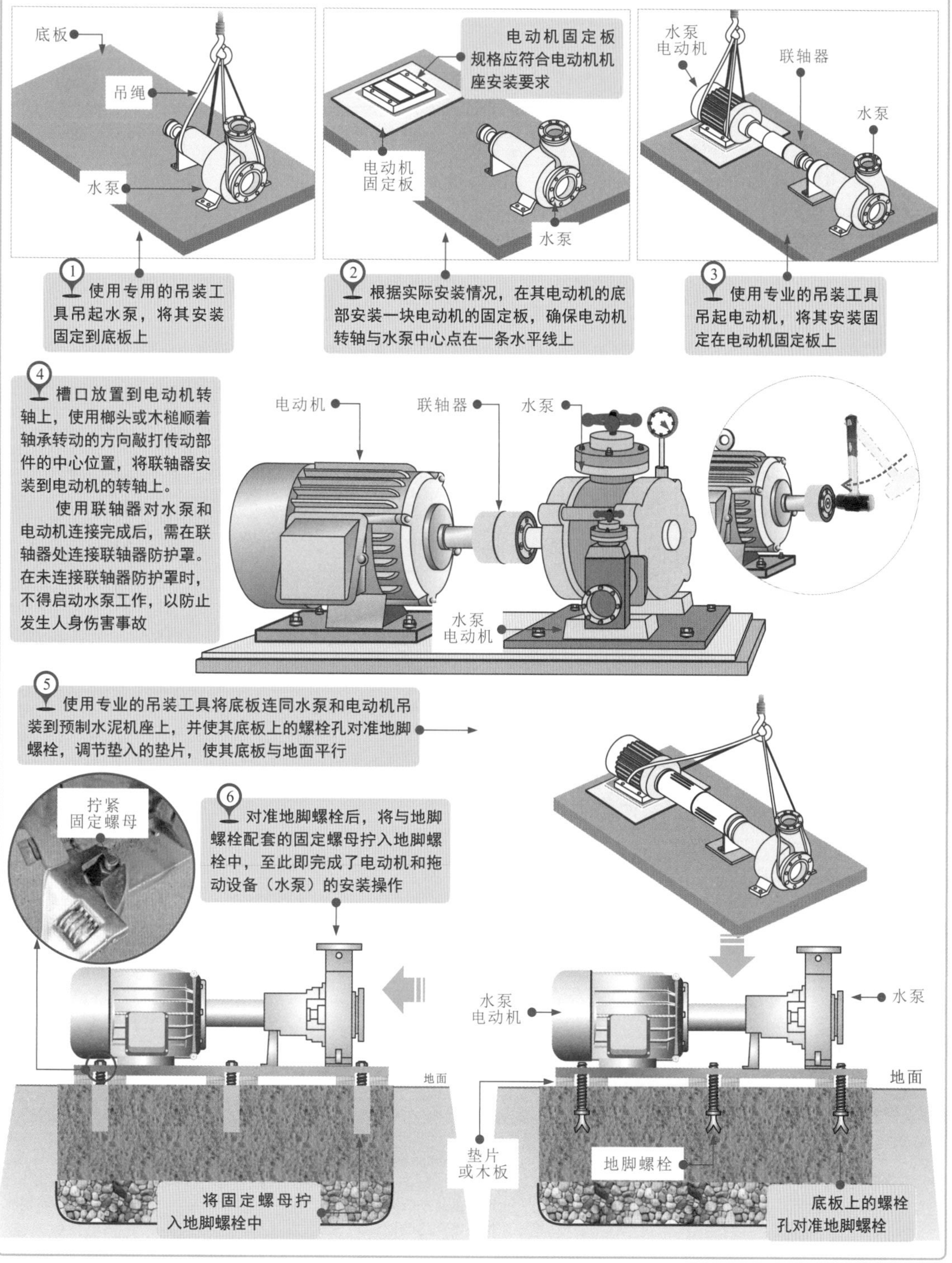

❷ 控制线路的接线与安装固定

电动机控制线路一般集中安装在控制箱内，即电力拖动系统中的控制部件、保护部件及这些部件之间的电气连接等都在控制箱内完成，然后将控制箱固定在符合电力拖动控制要求的位置，与电动机及拖动设备构成供电和控制关系即可。

图9-11 控制线路的接线与安装固定

如图9-11所示，控制线路的接线与固定一般需要先在控制向内合理布置电气部件，然后根据实际拖动控制要求接线，确保接线无误后固定控制箱等。

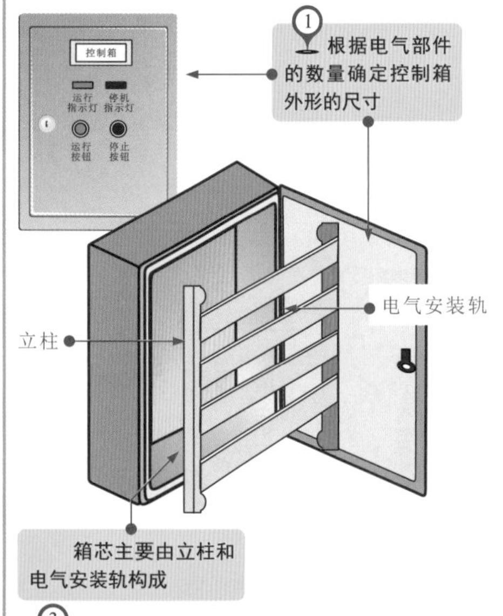

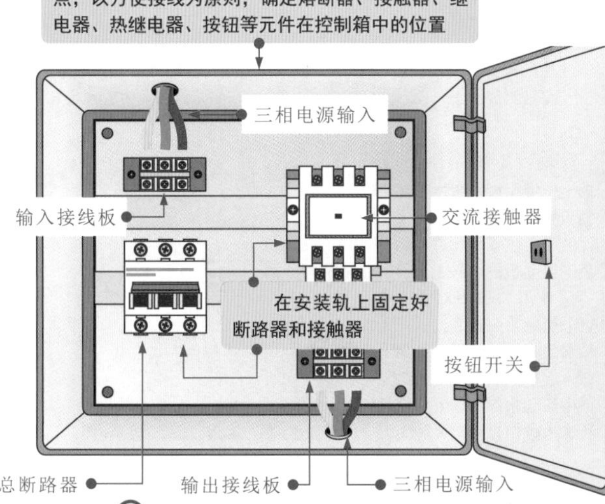

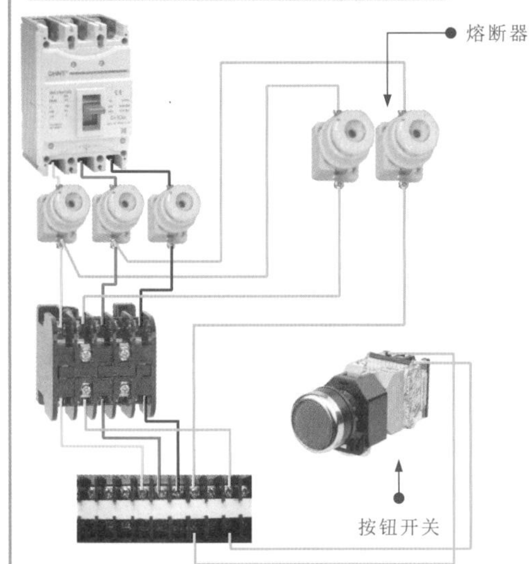

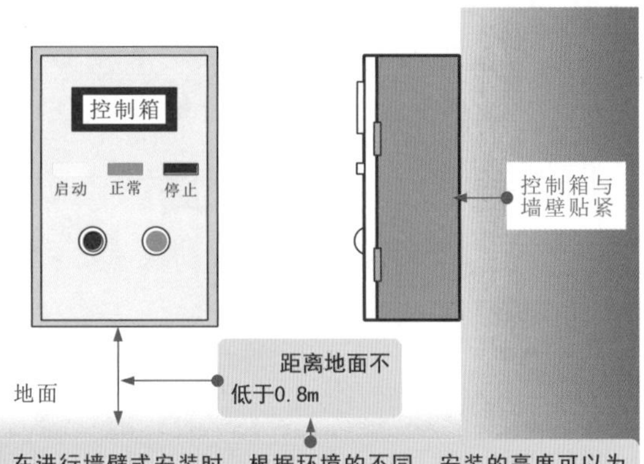

9.3 电力拖动系统的检修调试

当电动机控制线路出现异常时，会影响到电动机的工作，检修调试之前，先要做好线路的故障分析，为检修调试做好铺垫。

9.3.1 交流电动机控制线路的故障分析及检修流程

图9-12 典型交流电动机控制线路的故障分析及检修流程

如图9-12所示，当交流电动机控制线路出现故障时，可以通过故障现象，分析整个控制线路，缩小故障范围，锁定故障器件。

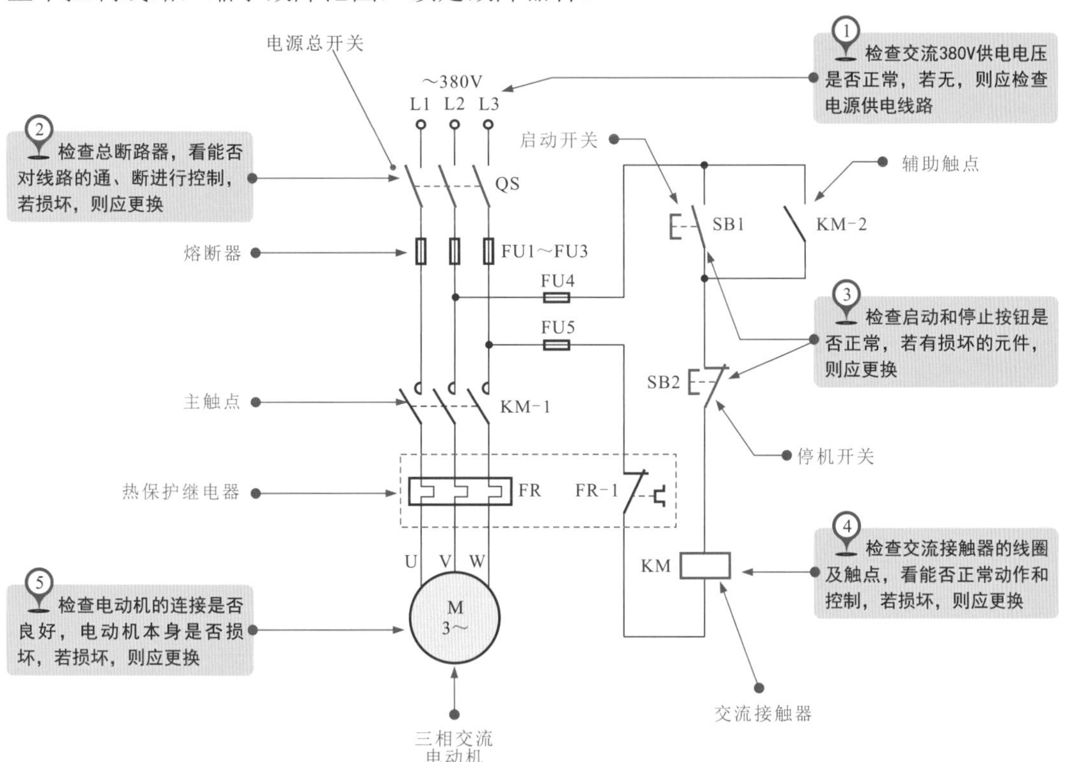

交流电动机控制线路的常见故障分析		
通电跳闸	闭合总断路器后跳闸 按下启动按钮后跳闸	电路中存在短路性故障 热保护继电器或电动机短路、接线间短路
电动机不启动	按下启动按钮后电动机不启动 电动机通电不启动并伴有“嗡嗡”声	电源供电异常、电动机损坏、接线松脱（至少有两相）、控制器件损坏、保护器件损坏 电源供电异常、电动机损坏、接线松脱（一相）、控制器件损坏、保护器件损坏
运行停机	运行过程中无故停机 电动机运行过程中，热保护器断开	熔断器烧断、控制器件损坏、保护器件损坏 电流异常、过热保护继电器损坏、负载过大
电动机过热	电动机运行正常，但温度过高	电流异常、负载过大

9.3.2 直流电动机控制线路的故障分析及检修流程

图9-13 典型直流电动机控制线路的故障分析及检修流程

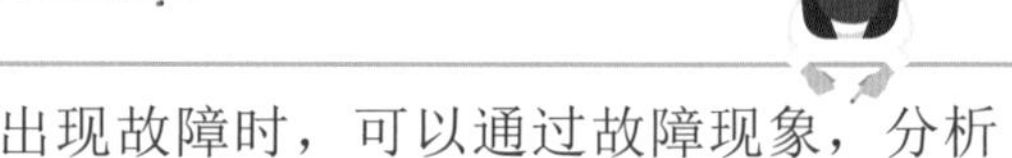

如图9-13所示，当直流电动机控制线路出现故障时，可以通过故障现象，分析整个控制线路，缩小故障范围，锁定故障器件。

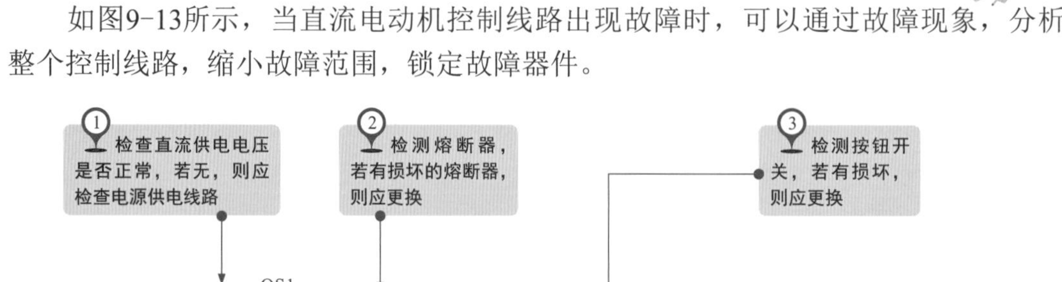

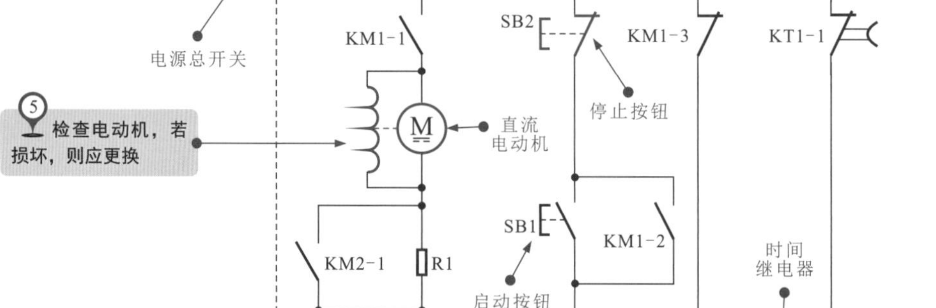

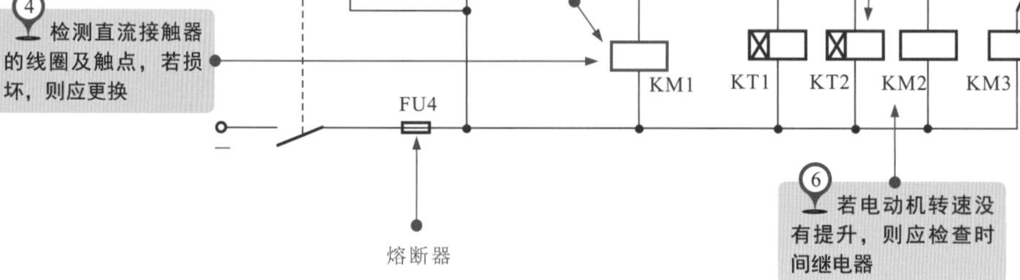

直流电动机控制线路的常见故障分析		
电动机不启动	按下启动按钮后电动机不启动	电源供电异常、电动机损坏、接线松脱（至少有两相）、控制器件损坏、保护器件损坏
	电动机通电不启动并伴有“嗡嗡”声	电动机损坏、启动电流过小、线路电压过低
电动机转速异常	转速过快、过慢或不稳定	接线松脱、接线错误、电动机损坏、电源电压异常
电动机过热	电动机运行正常，但温度过高	电流异常、负载过大，电动机损坏
电动机异常振动	电动机运行时，振动频率过高	电动机损坏、安装不稳
电动机漏电	电动机停机或运行时，外壳带电	引出线碰壳、绝缘电阻下降、绝缘老化

9.4 常见电力拖动线路

9.4.1 直流电动机调速控制线路

图9-14 直流电动机调速控制线路的实际应用过程

如图9-14所示，直流电动机调速控制线路是一种可在负载不变的条件下，控制直流电动机旋转速度的线路。

1 合上总电源开关QS，接直流15V电源 → **2** 15V直流为NE555的8脚提供工作电源，NE555开始工作

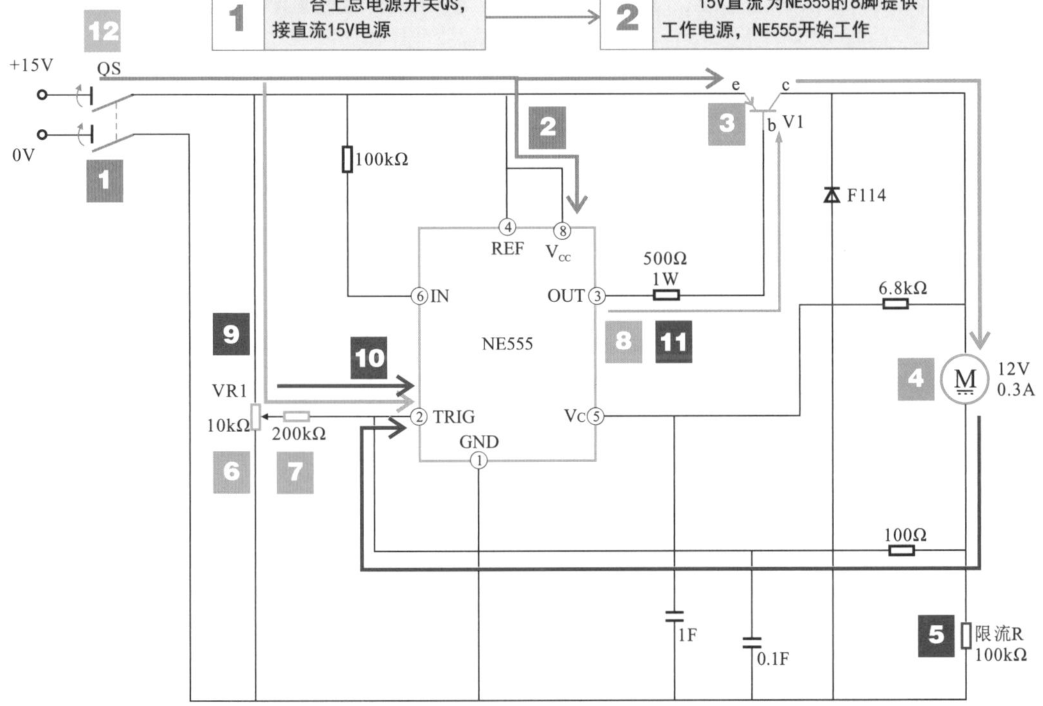

12
+15V
QS
0V
1
e
c
3
b V1
2
100kΩ
F114
4
8
REF
Vcc
500Ω
1W
6 IN
OUT 3
6.8kΩ
NE555
8
11
9
10
4
M
12V
0.3A
VR1
10kΩ
200kΩ
2 TRIG
Vc 5
GND
1
6
7
100Ω
1F
0.1F
5
限流R
100kΩ

3 NE555的3脚输出驱动脉冲信号，送往驱动三极管V1的基极，经放大后，其集电极输出脉冲电压 → **4** 直流电压经V1变成脉冲电流为直流电动机供电，电动机开始运转

5 直流电动机的电流在限流电阻R上产生压降，经电阻器反馈到NE555的2脚，并由3脚输出脉冲信号的宽度，对电动机稳速控制

6 将速度调整电阻器VR1的阻值调至最下端 → **7** 15V直流电压经过VR1和200kΩ电阻器串联电路后送入NE555的2脚 → **8** NE555芯片内部电路控制3脚输出的脉冲信号宽度最小，直流电动机转速达到最低

9 将速度调整电阻器VR1的阻值调至最上端 → **10** 15V直流电压则只经过200kΩ的电阻器后送入NE555芯片的2脚 → **11** NE555芯片内部电路控制3脚输出的脉冲信号宽度最大，直流电动机转速达到最高

12 若需要直流电动机停机时，只需将电源总开关QS关闭即可切断控制电路和直流电动机的供电回路，直流电动机停转

9.4.2 直流电动机降压启动控制线路

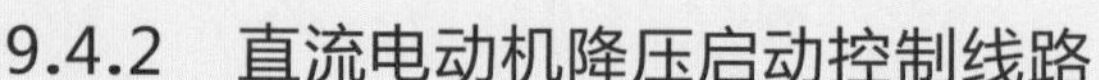

图9-15 直流电动机降压启动控制线路的实际应用过程

如图9-15所示，降压启动的直流电动机控制电路是指直流电动机启动时，将启动电阻R1、R2串入直流电动机中，限制启动电流，当直流电动机低速旋转一段时间后，再把启动电阻器从电路中逐一消除（使之短路），使直流电动机正常运转。

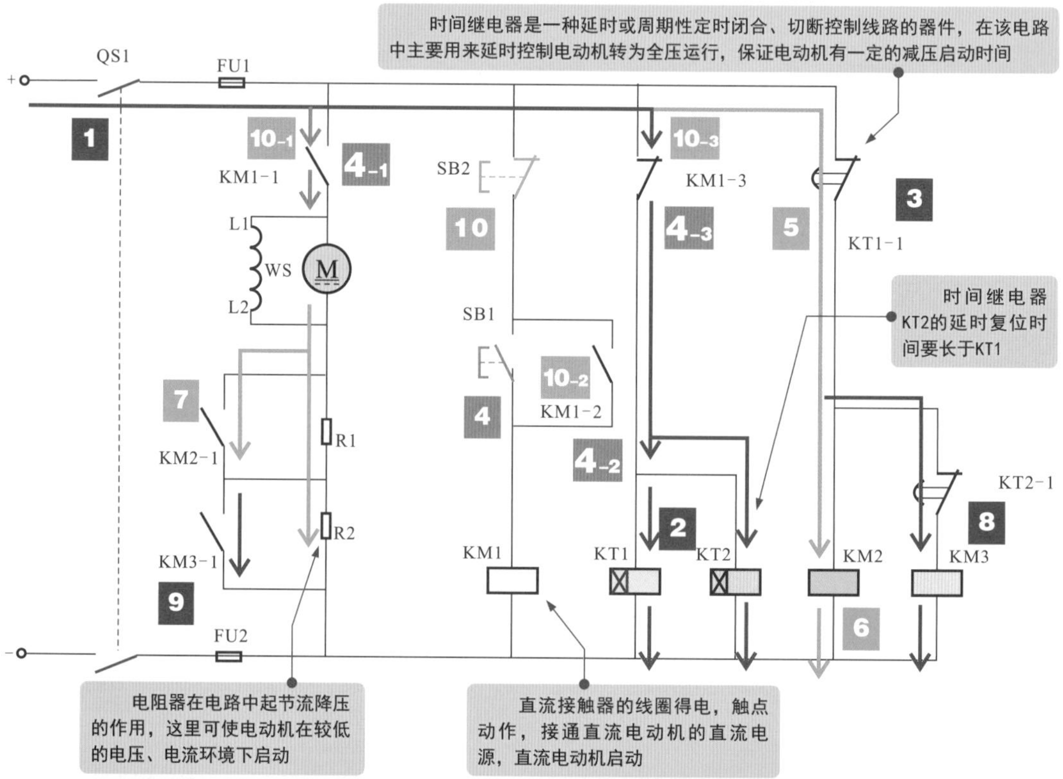

1 合上电源总开关QS1，接通直流电源 → 2 时间继电器KT1、KT2线圈得电 → 3 时间继电器KT1、KT2的触点KT1-1、KT2-1瞬间断开，防止直流接触器KM2、KM3线圈得电 → 4 按下启动按钮SB1，直流接触器KM1线圈得电

4-1 KM1-1闭合，电动机接通电源，低速启动运转

4-2 常开触点KM1-2闭合，实现自锁功能

4-3 KM1-3断开，KT1、KT2失电，开始延时计时

5 达到时间继电器KT1预设的复位时间时，常闭触点KT1-1复位闭合 → 6 直流接触器KM2线圈得电 → 7 KM2-1闭合，电动机串联R2运转，转速提升

8 当达到KT2预设时间时，触点KT2-1复位闭合，KM3线圈得电 → 9 KM3-1闭合，短接R2，电动机在全压额定电压下开始运转

10 需要直流电动机停机时，按下控制电路中的停止按钮SB2。直流接触器KM1线圈失电

10-1 KM1-1断开，切断电源，电动机停止运转

10-2 触点KM1-2复位断开，解除自锁功能

10-3 常闭触点KM1-3复位闭合，为直流电动机的下一次启动做好准备

9.4.3 单相交流电动机连续控制线路

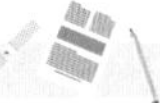

图9-16 单相交流电动机连续控制线路的实际应用过程

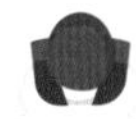

如图9-16所示，单相交流电动机连续控制线路是依靠启动按钮、停止按钮、交流接触器等控制部件对单相交流电动机进行控制的，控制过程十分简单。

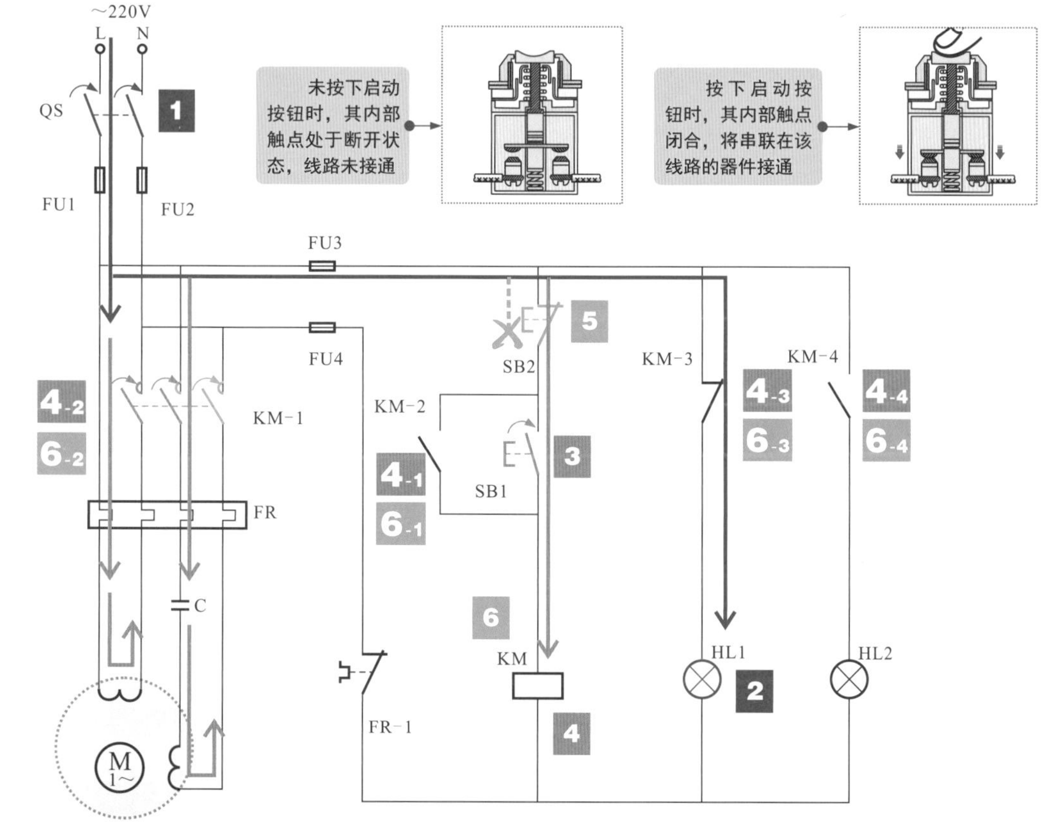

~220V
L
N
QS
1
FU1
FU2
未按下启动按钮时，其内部触点处于断开状态，线路未接通
按下启动按钮，其内部触点闭合，将串联在该线路的器件接通
FU3
FU4
5
SB2
KM-3
KM-4
4-2
6-2
KM-1
KM-2
4-1
6-1
3
SB1
4-3
6-3
4-4
6-4
FR
C
6
KM
HL1
HL2
2
FR-1
4
M
1~

1 合上总电源开关QS，接通单相电源 → **2** 电源经常闭触点KM-3为停机指示灯HL1供电，HL1点亮

3 按下启动按钮SB1 → **4** 交流接触器KM线圈得电

4-1 KM的常开辅助触点KM-2闭合，实现自锁功能

4-2 KM的常开主触点KM-1闭合，电动机接通单相电源，开始启动运转

4-3 KM的常闭辅助触点KM-3断开，切断停机指示灯HL1的供电电源，HL1熄灭

4-4 KM的常开辅助触点KM-4闭合，运行指示灯HL2点亮，指示电动机处于工作状态

5 当需要电动机停机时，按下停止按钮SB2 → **6** 交流接触器KM线圈失电

6-1 KM的常开辅助触点KM-2复位断开，解除自锁功能

6-2 KM的常开主触点KM-1复位断开，切断电动机的供电电源，电动机停止运转

6-3 KM的常闭辅助触点KM-3复位闭合，停机指示灯HL1点亮，指示电动机处于停机状态

6-4 KM的常开辅助触点KM-4复位断开，切断运行指示灯HL2的电源供电，HL2熄灭

9.4.4 旋转开关控制单相交流电动机正/反转控制线路

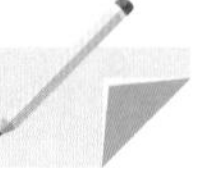

图9-17 旋转开关控制单相交流电动机正/反转控制线路的实际应用过程

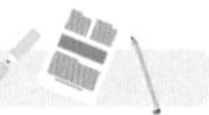

如图9-17所示，采用旋转开关的单相交流电动机正/反转控制电路是指通过改变辅助线圈相对于主线圈的相位控制电动机正/反转工作状态的电路。当按下启动按钮时，单相交流电动机开始正向运转；当调整旋转开关后，单相交流电动机便可反向运转。

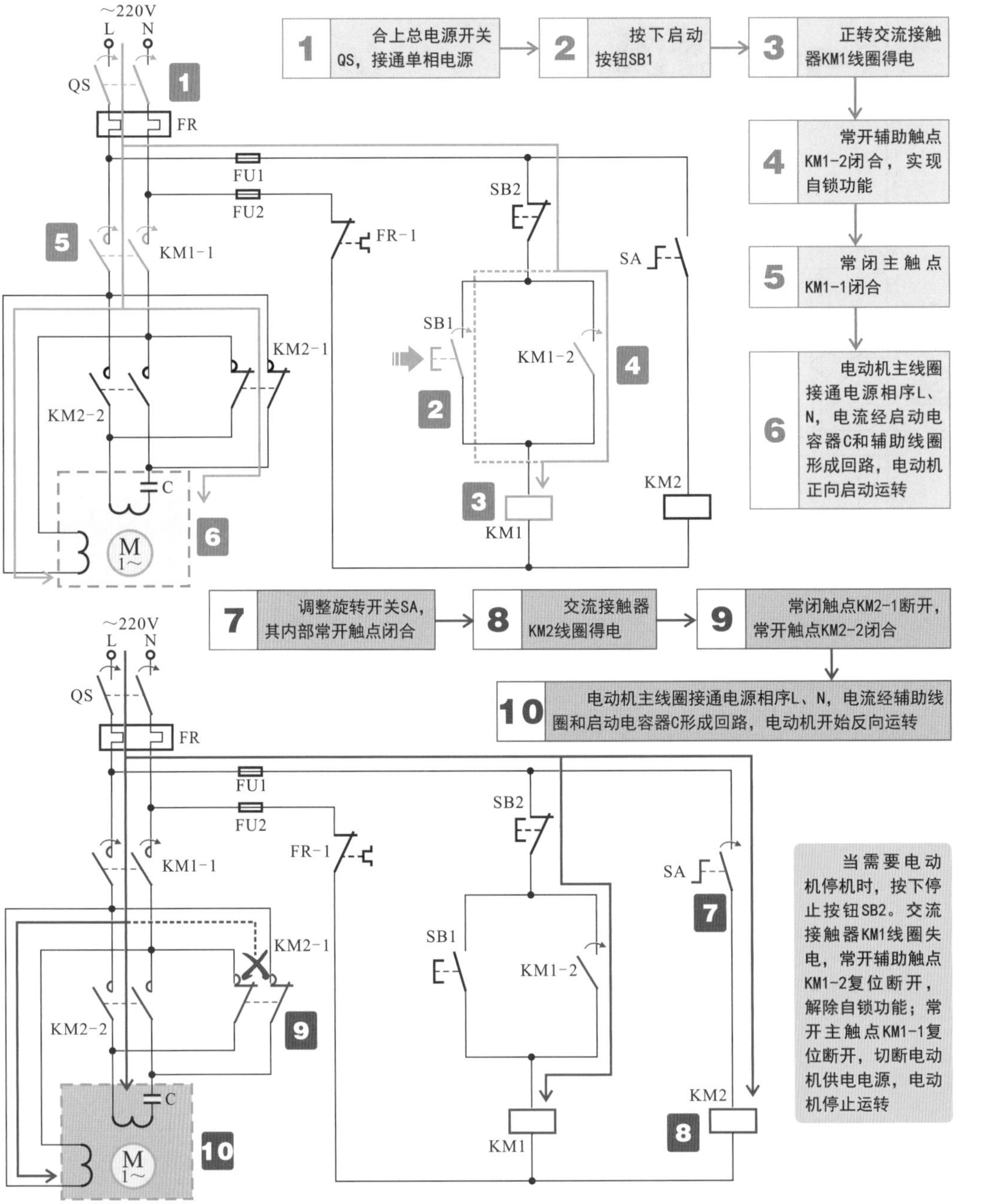

~220V
L N
QS
FR
FU1
FU2
FR-1
SB2
SA
KM1-1
KM2-1
KM2-2
SB1
KM1-2
C
M 1~
KM1
KM2
1 合上总电源开关QS，接通单相电源
2 按下启动按钮SB1
3 正转交流接触器KM1线圈得电
4 常开辅助触点KM1-2闭合，实现自锁功能
5 常闭主触点KM1-1闭合
6 电动机主线圈接通电源相序L、N，电流经启动电容器C和辅助线圈形成回路，电动机正向启动运转
7 调整旋转开关SA，其内部常开触点闭合
8 交流接触器KM2线圈得电
9 常闭触点KM2-1断开，常开触点KM2-2闭合
10 电动机主线圈接通电源相序L、N，电流经辅助线圈和启动电容器C形成回路，电动机开始反向运转
当需要电动机停机时，按下停止按钮SB2。交流接触器KM1线圈失电，常开辅助触点KM1-2复位断开，解除自锁功能；常开主触点KM1-1复位断开，切断电动机供电电源，电动机停止运转

9.4.5 三相交流电动机电阻器降压启动控制线路

图9-18 三相交流电动机电阻器降压启动控制线路的实际应用过程

如图9-18所示，三相交流电动机电阻器降压启动控制线路是依靠电阻器、启动按钮、停止按钮、交流接触器等控制部件控制三相交流电动机。

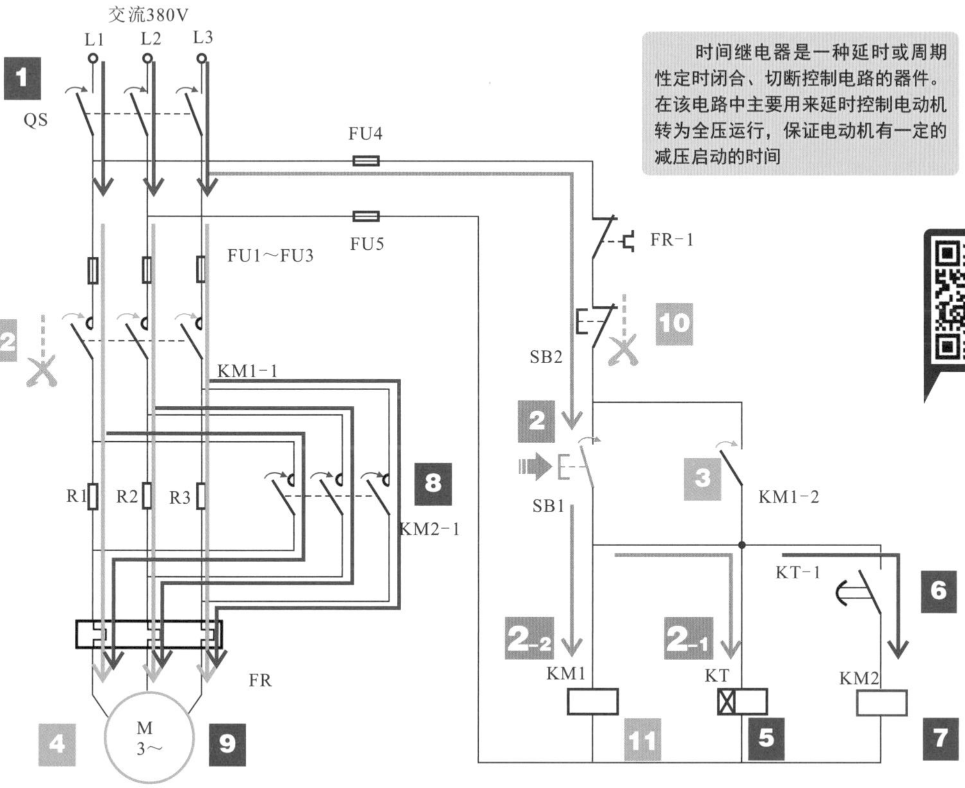

交流380V L1 L2 L3 QS FU4 FU5 FU1～FU3 KM1-1 R1 R2 R3 KM2-1 FR M 3～ FR-1 SB2 SB1 KM1-2 KT-1 KM1 KT KM2

时间继电器是一种延时或周期性定时闭合、切断控制电路的器件。在该电路中主要用来延时控制电动机转为全压运行，保证电动机有一定的减压启动的时间

1 合上总电源开关QS，接通三相电源

2 按下启动按钮SB1，其触点闭合

2-1 时间继电器KT线圈得电，开始计时

2-2 交流接触器KM1的线圈得电

3 KM1常开触点KM1-2闭合自锁。接触器KM1常开主触点KM1-1闭合，电源经电阻器R1、R2、R3为三相交流电动机供电

4 电动机减压启动运转

当到达设定时间时，电动机将转为全压运行状态

5 时间继电器KT达到预定时间

6 继电器KT常开触点KT-1延时闭合

7 交流接触器KM2的线圈得电

8 触点KM2-1闭合，电源为三相电动机供电

9 三相交流电动机通过触点KM2-1接通供电电源，电动机全压启动，开始运转

10 当需要三相交流电动机停机时，按下停止按钮SB2

11 交流接触器KM1、KM2和时间继电器KT的线圈均失电，触点全部复位

12 主触点KM1-1、KM2-1复位断开，切断三相电动机供电电源，电动机停止运转

9.4.6 三相交流电动机Y-Δ降压启动控制线路

图9-19 三相交流电动机Y-Δ降压启动控制线路的实际应用过程

如图9-19所示，三相交流电动机Y-△降压启动控制电路是指三相交流电动机启动时，由电路控制三相交流电动机定子绕组先连接成Y形方式，进入降压启动状态，待转速达到一定值后，再由电路控制将三相交流电动机的定子绕组换接成△形，此后三相交流电动机进入全压正常运行状态。

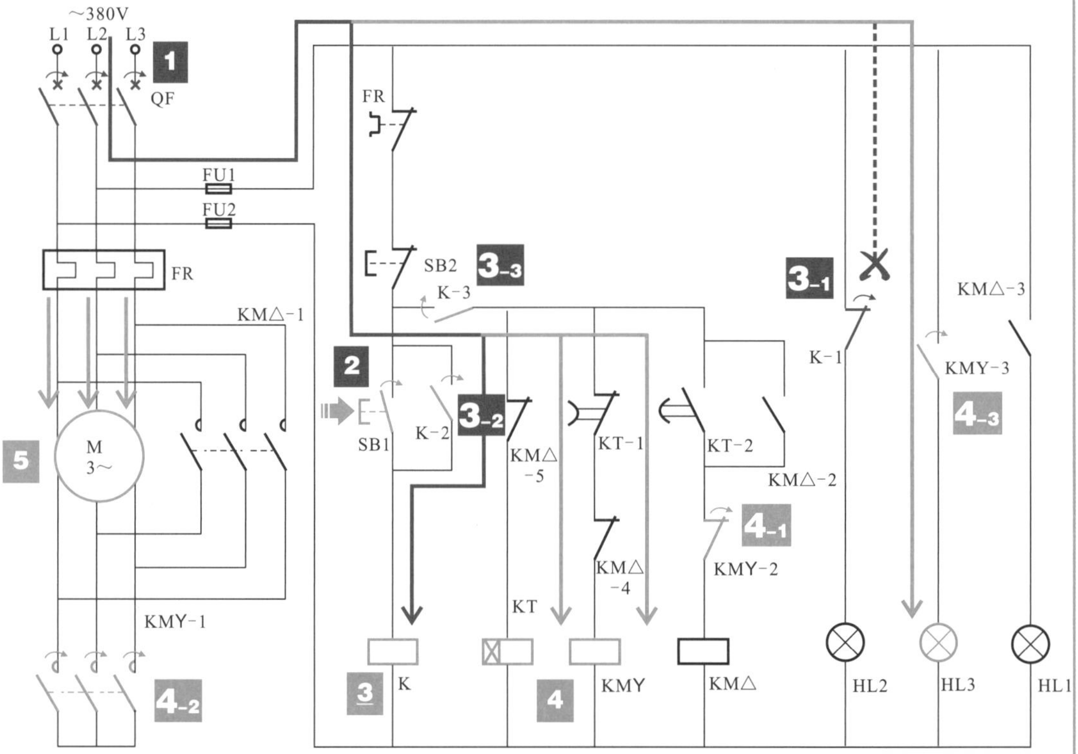

1 合上总断路器QF，接通三相电源，停机指示灯HL2点亮

2 按下启动按钮SB1，其触点闭合

3 电磁继电器K的线圈得电，相应的触点动作

3-1 K常闭触点K-1 断开，停机指示灯HL2熄灭

3-2 K常开触点K-2闭合自锁

3-3 K常开触点K-3 闭合，接通控制电路的供电电源

4 时间继电器KT的线圈得电，开始计时。交流接触器KMY的线圈得电

4-1 KMY常闭触点KMY-2断开，防止交流接触器KM△线圈得电，起联锁保护作用

4-2 KMY常开触点KMY-3闭合，启动指示灯HL3点亮

4-3 KMY常开主触点KMY-1闭合，三相交流电动机以Y联结方式接通电源

5 电动机开始以减压启动方式运转

当到达设定时间时，电动机将转为全压运行状态

图9-19 三相交流电动机Y-Δ降压启动控制线路的实际应用过程（续）

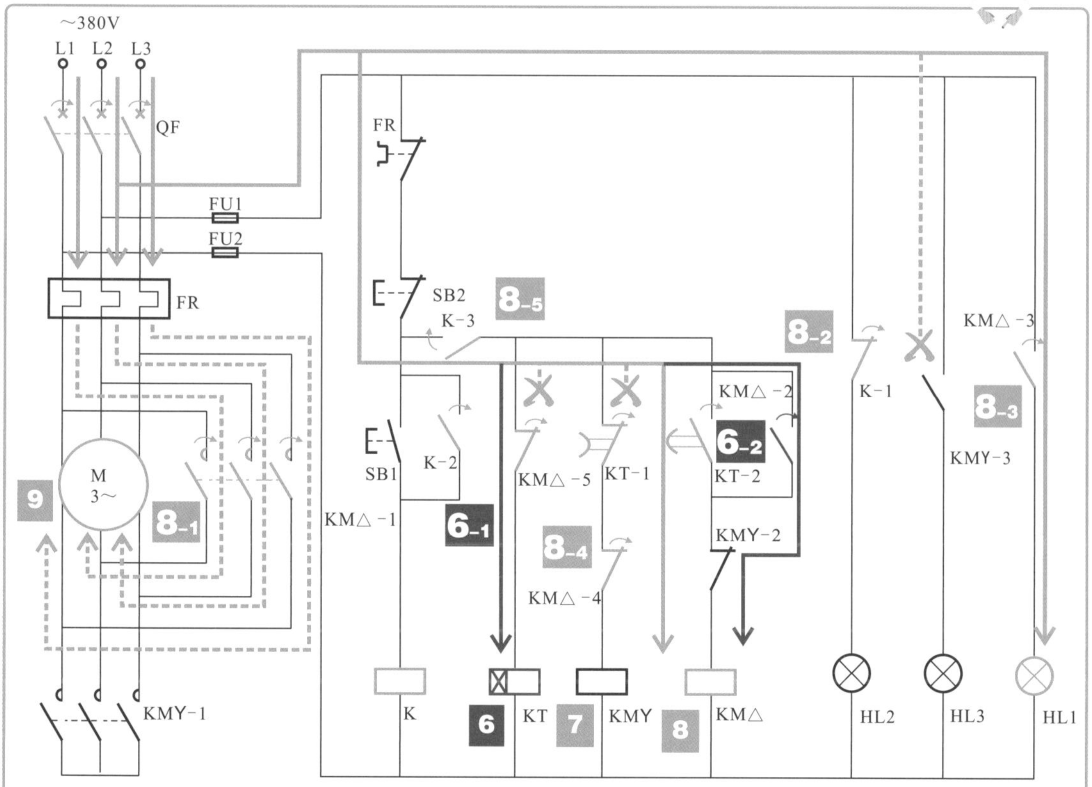

~380V L1 L2 L3 QF FU1 FU2 FR M 3~ KMY-1 FR SB2 K-3 SB1 K-2 KM△-1 KM△-5 KT-1 KM△-4 KM△-2 KT-2 KMY-2 K-1 KMY-3 KM△-3 K KT KMY KM△ HL2 HL3 HL1

6 时间继电器KT到达预定时间

6-1 KT常闭触点KT-1延时断开

7 断开交流接触器KMY的供电，KMY触点全部复位

6-2 KT常闭触点KT-2延时闭合

8 交流接触器KM△的线圈得电，对应的触点动作

8-1 KM△常开触点KM△-2闭合自锁，即可实现触点KT-2断开后，还可以使交流接触器KM△的线圈处于得电状态

8-2 KM△常开触点KM△-3闭合，运行指示灯HL1点亮

8-3 KM△常闭触点KM△-4断开，防止KMY的线圈得电，起联锁保护作用。

8-4 KM△常闭触点KM△-5断开，切断时间继电器KT线圈的供电，时间继电器KT的相关触点全部复位

8-5 KM△常开主触点KM△-1闭合，三相交流电动机以△连接方式接通电源

9 电动机开始全压运行

图9-20 三相交流电动机Y形和△形绕组连接方式

如图9-20所示，当三相交流电动机采用Y形连接时，三相交流电动机每相承受的电压均为220V，当三相交流电动机采用△形连接时，三相交流电动机每相绕组承受的电压为380V。

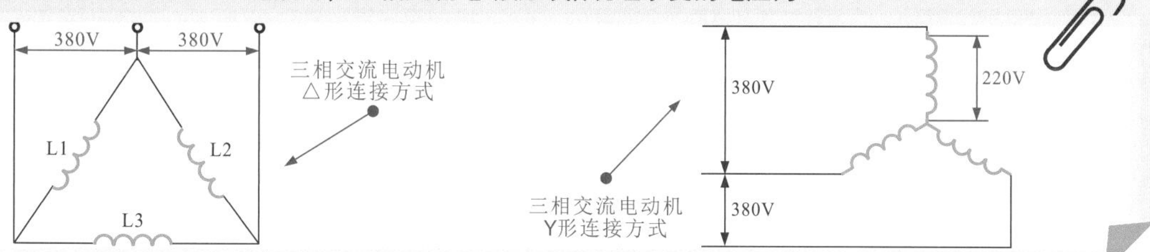

9.4.7 三相交流电动机间歇控制线路

图9-21 三相交流电动机间歇控制线路的实际应用过程

如图9-21所示，三相交流电动机间歇控制电路是指控制电动机运行一段时间，自动停止，然后自动启动，这样反复控制，来实现电动机的间歇运行。

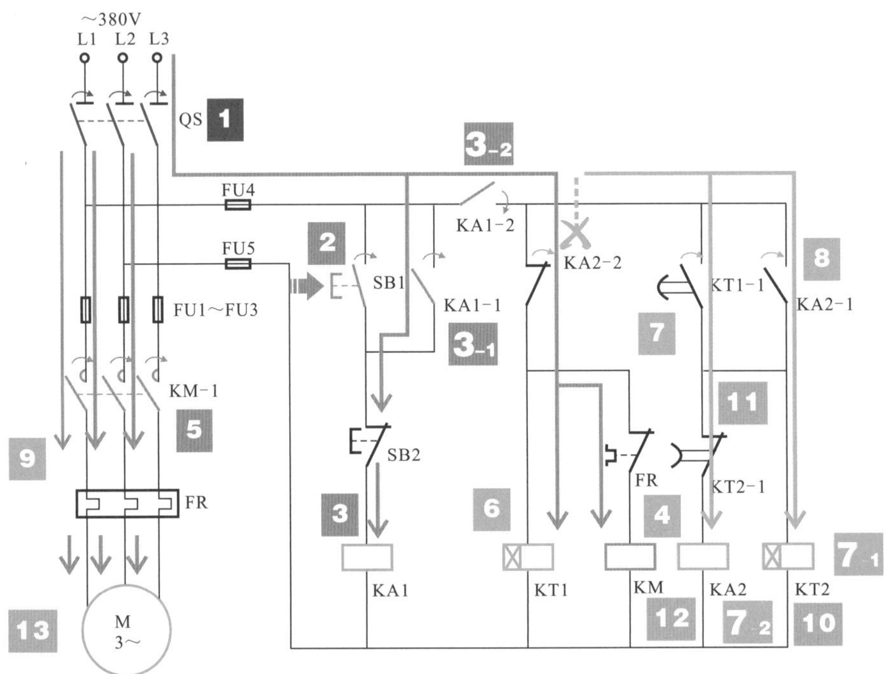

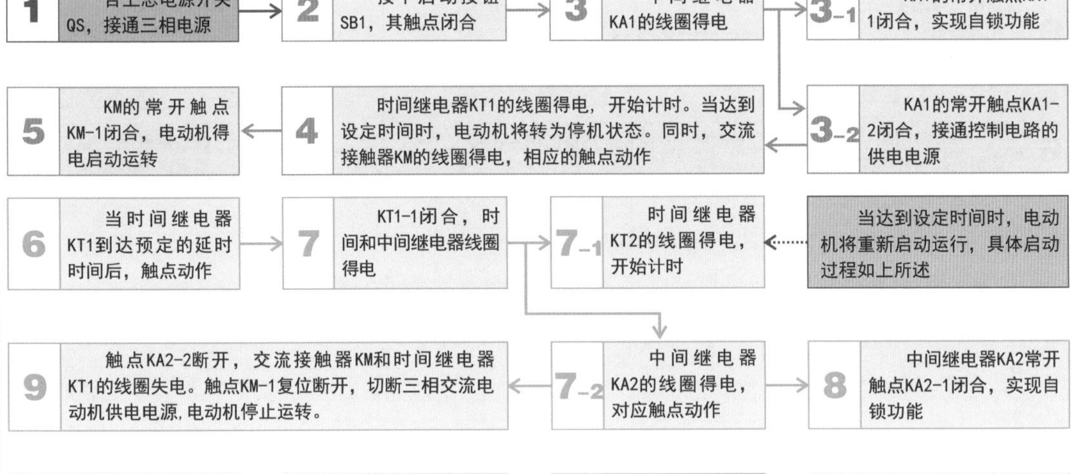

9.4.8 三相交流电动机定时启动、定时停机控制线路

图9-22 三相交流电动机定时启动、定时停机控制线路的实际应用过程

如图9-22所示，三相交流电动机定时启动、定时停机控制电路是通过时间继电器控制，三相交流电动机定时启动和定时停机的电路。

1 合上总电源开关QF，接通三相电源

2 停机指示灯HL2点亮

3 按下启动按钮SB

4 中间继电器KA线圈和时间继电器KT1线圈同时得电

5 常开触点KA-1闭合，实现自锁功能

6 常闭触点KA-2断开，停机指示灯HL2熄灭

7 常开触点KA-3闭合，等待指示灯HL3点亮，指示三相交流电动机处于等待启动状态

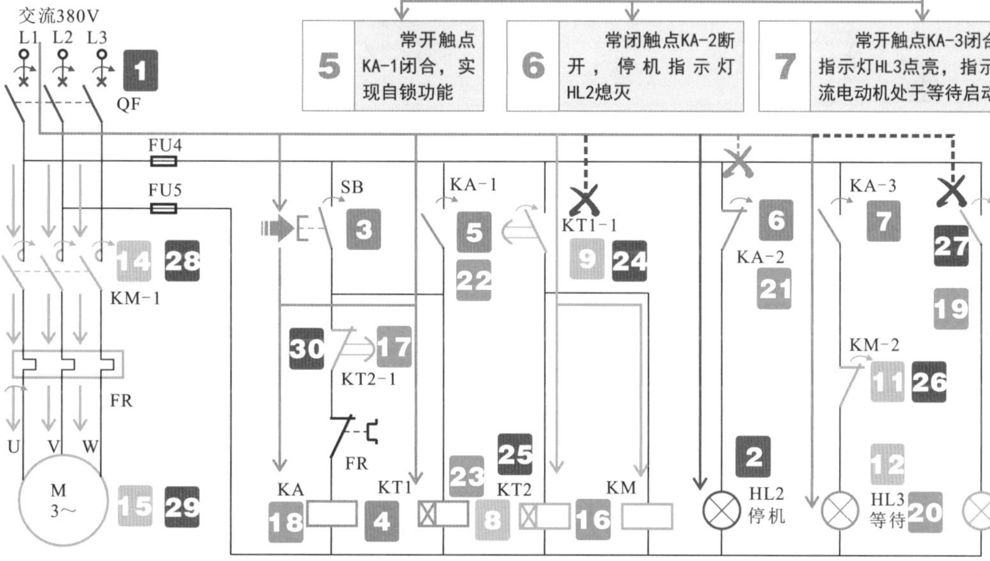

8 时间继电器KT1线圈得电，进入等待计时状态（设定的等待时间）

9 当到达预先设定的等待时间时，常开触点KT1-1闭合

10 交流接触器KM线圈和时间继电器KT2线圈同时得电

11 常闭辅助触点KM-2断开

12 等待指示灯HL3熄灭

13 常开辅助触点KM-3闭合，运行指示灯HL1点亮，指示三相交流电动机处于运转状态

14 常开主触点KM-1闭合

15 三相交流电动机接通三相电源，启动运转

16 时间继电器KT2线圈得电，进入运行计时状态（设定的运行时间）

17 当到达预先设定的运转时间时，常闭触点KT2-1断开

18 中间继电器KA线圈失电

19 常开触点KA-3复位断开

20 等待指示灯HL3熄灭

21 常闭触点KA-2复位闭合，停机指示灯HL2点亮，指示三相交流电动机处于停机状态

22 常开触点KA-1复位断开，解除自锁功能

23 时间继电器KT1线圈失电

24 时间继电器KT1线圈失电，常开触点KT1-1复位断开

25 交流接触器KM线圈和时间继电器KT2线圈均失电

26 常闭辅助触点KM-2复位闭合，为等待运转指示灯HL3的得电做好准备

27 常开辅助触点KM-3复位断开，运行指示灯HL1熄灭

28 常开主触点KM-1复位断开

29 三相交流电动机停止运转

30 常闭触点KA-2复位闭合，停机指示灯HL2点亮，指示三相交流电动机处于停机状态

9.4.9 三相交流电动机调速控制线路

图9-23 三相交流电动机调速控制线路的实际应用过程

如图9-23所示，三相交流电动机调速控制电路指利用时间继电器控制电动机的低速或高速运转，用户可对电动机低速和高速运转进行切换控制。

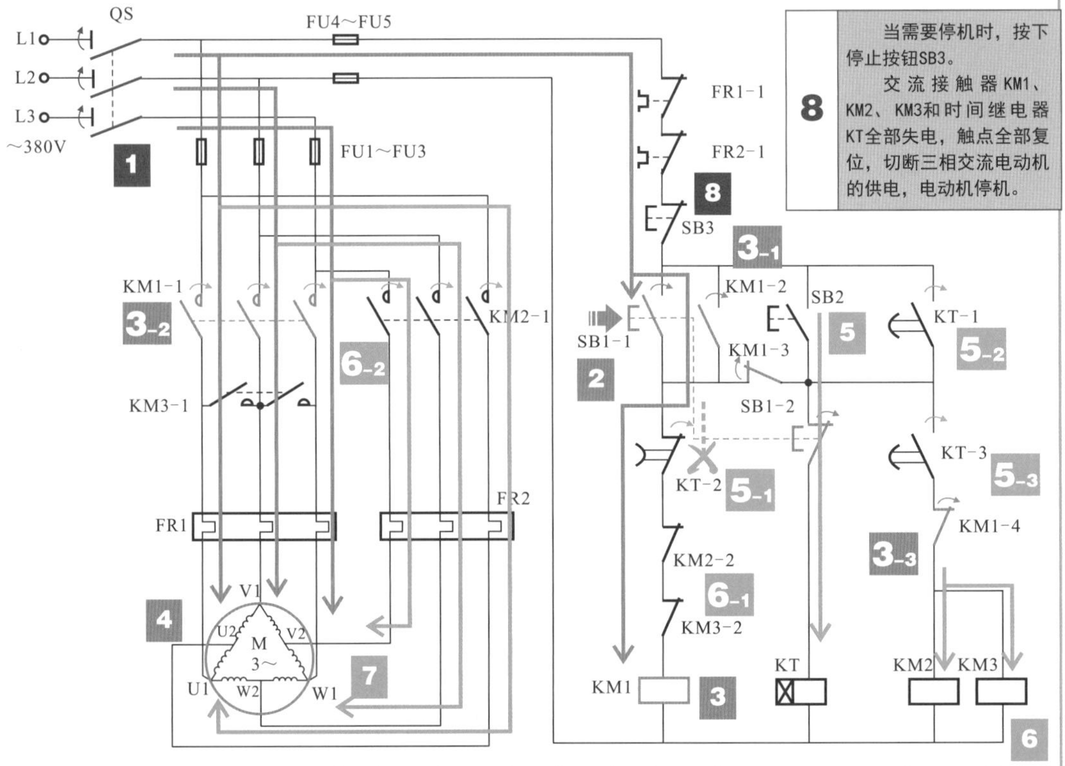

8 当需要停机时，按下停止按钮SB3。交流接触器KM1、KM2、KM3和时间继电器KT全部失电，触点全部复位，切断三相交流电动机的供电，电动机停机。

1 合上总电源开关QS，接通三相电源

2 按下低速运转启动按钮SB1，常闭触点SB1-2断开，防止KT得电；常开触点SB1-1闭合

3 交流接触器KM1的线圈得电

3-1 KM1常开触点KM1-2闭合自锁

3-2 KM1常开主触点KM1-1闭合，电源为三相交流电动机供电

3-3 KM1的常闭触点KM1-3、KM1-4断开，防止继电器KT、KM2、KM3的线圈得电

4 三相交流电动机低速接线端得电后，开始低速运转

5 按下高速运转按钮SB2中，时间继电器KT的线圈得电

5-1 时间继电器KT的常闭触点KT-2延时一段时间后断开，交流接触器KM1的线圈失电，对应的触点全部复位，即常开触点断开，常闭触点闭合

5-2 KT常开触点KT-1延时闭合自锁，即松开高速运转按钮，电路仍处于导通状态

5-3 时间继电器KT的常开触点KT-3延时一段时间后闭合，接通电路的供电，电路开始导通，直接使交流接触器KM2、交流接触器KM3的线圈得电

6 交流接触器KM2和KM3的线圈得电，对应的触点动作

6-1 触点KM2-2、KM3-2断开，防止KM1线圈得电

6-2 KM2、KM3常开触点KM2-1、KM3-1闭合，电源为三相交流电动机供电

7 三相交流电动机开始高速运转

9.4.10 三相交流电动机反接制动控制线路

图9-24 三相交流电动机反接制动控制线路的实际应用过程

如图9-24所示，三相交流电动机反接制动控制线路是指通过反接电动机的供电相序来改变电动机的旋转方向，以此来降低电动机转速，最终达到停机的目的。

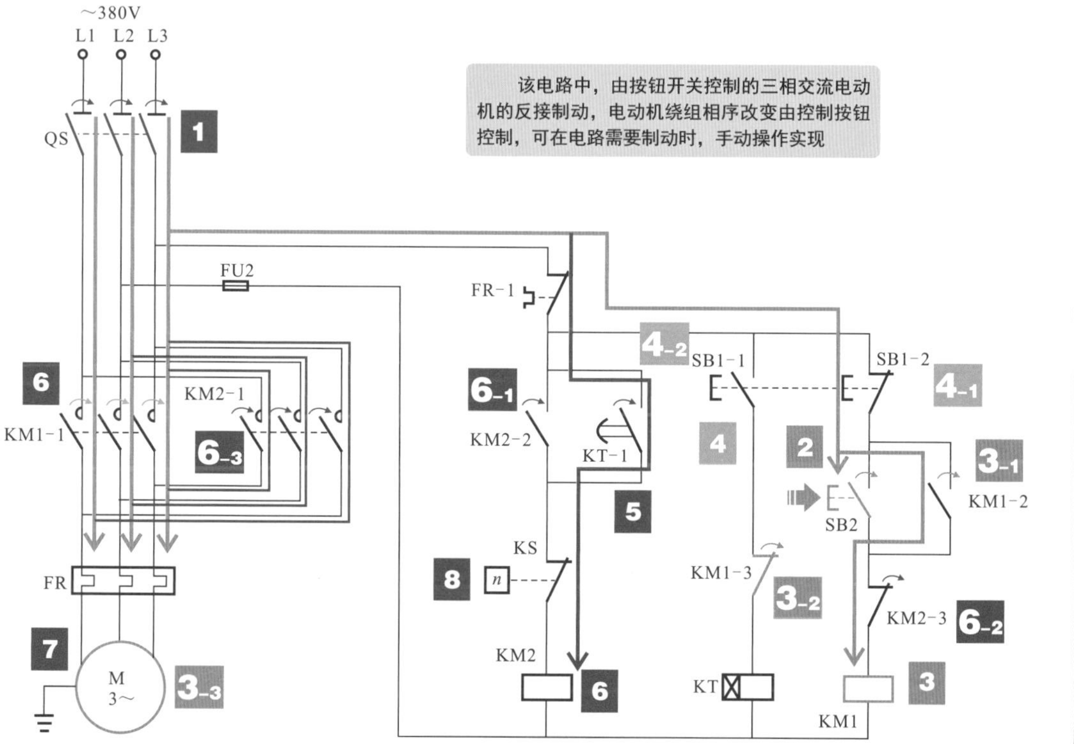

该电路中，由按钮开关控制的三相交流电动机的反接制动，电动机绕组相序改变由控制按钮控制，可在电路需要制动时，手动操作实现

1 合上总电源开关QS，接通三相电源

2 按下启动按钮SB2，其触点闭合

3 交流接触器KM1的线圈得电

3-1 KM1常开触点KM1-2闭合自锁

3-2 触点KM1-3断开，防止KT得电

3-3 KM1-1闭合，交流电动机得电运转

4 按下制动按钮SB1

4-1 SB1-2断开，防止接触器KM1得电

4-2 SB1-1闭合，继电器KT线圈得电

继电器KT线圈得电，一段时间后触点动作

5 KT的常开触点KT-1延时闭合

6 交流接触器KM2的线圈得电

6-1 KM2常开触点KM2-2闭合自锁

6-2 KM2-3断开，防止接触器KM1线圈得电

6-3 KM2-1闭合，三相电动机通电

7 电动机开始反向运转

8 当电动机转速减小到一定值时，速度继电器KS断开，M2失电，其触点全部复位，电动机制动停机

第10章 变频技术与PLC技术

10.1 变频器的种类与功能特点

10.1.1 变频器的种类

变频器的英文名称VFD或VVVF，它是一种利用逆变电路的方式将工频电源变成频率和电压可变的变频电源，进而对电动机进行调速控制的电气装置。

变频器种类很多，分类方式多种多样，可根据需求，按用途、按变换方式、按电源性质、按变频控制、按调压方式等多种方式分类。

❶ 按用途分类

如图10-1所示，变频器按用途可分为通用变频器和专用变频器两大类。

图10-1 变频器按用途分类

通用变频器是指在很多方面具有很强通用性的变频器，该类变频器简化了一些系统功能，并以节能为主要目的，多为中小容量变频器，一般应用于水泵、风扇、鼓风机等对于系统调速性能要求不高的场合

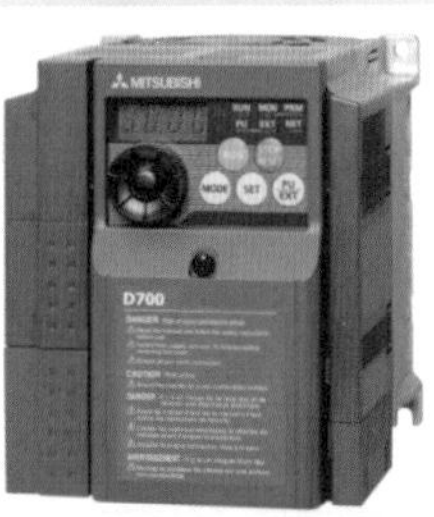

三菱D700型通用变频器

安川J1000型通用变频器

西门子MM420型通用变频器

专用变频器是指专门针对某一方面或某一领域而设计研发的变频器，该类变频器针对性较强，具有适用于其所针对领域独有的功能和优势，从而能够更好地发挥变频调速的作用

专用于对水泵、风机进行控制的变频器，具有突出的节能特点。

针对不同应用场合专门设计的专用变频器，通用性较差

西门子MM430型
水泵风机专用变频器

风机专用变频器

恒压供水（水泵）专用变频器

目前，较常见的专用变频器主要有风机类专用变频器、恒压供水（水泵）专用变频器、机床类专用变频器、重载专用变频器、注塑机专用变频器、纺织类专用变频器、电梯类专用变频器等

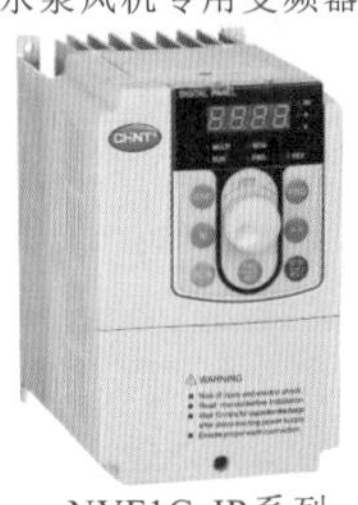

NVF1G-JR系列
卷绕专用变频器

LB-60GX系列线
切割专用变频器

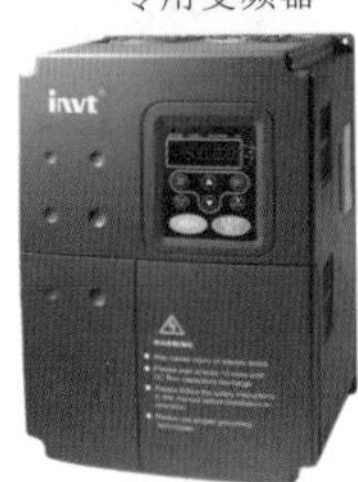

电梯专用变频器

❷ 按变换方式分类

图10-2 变频器按变换方式分类

如图10-2所示，变频器根据频率的变换方式主要分为两类：交-直-交变频器和交-交变频器。

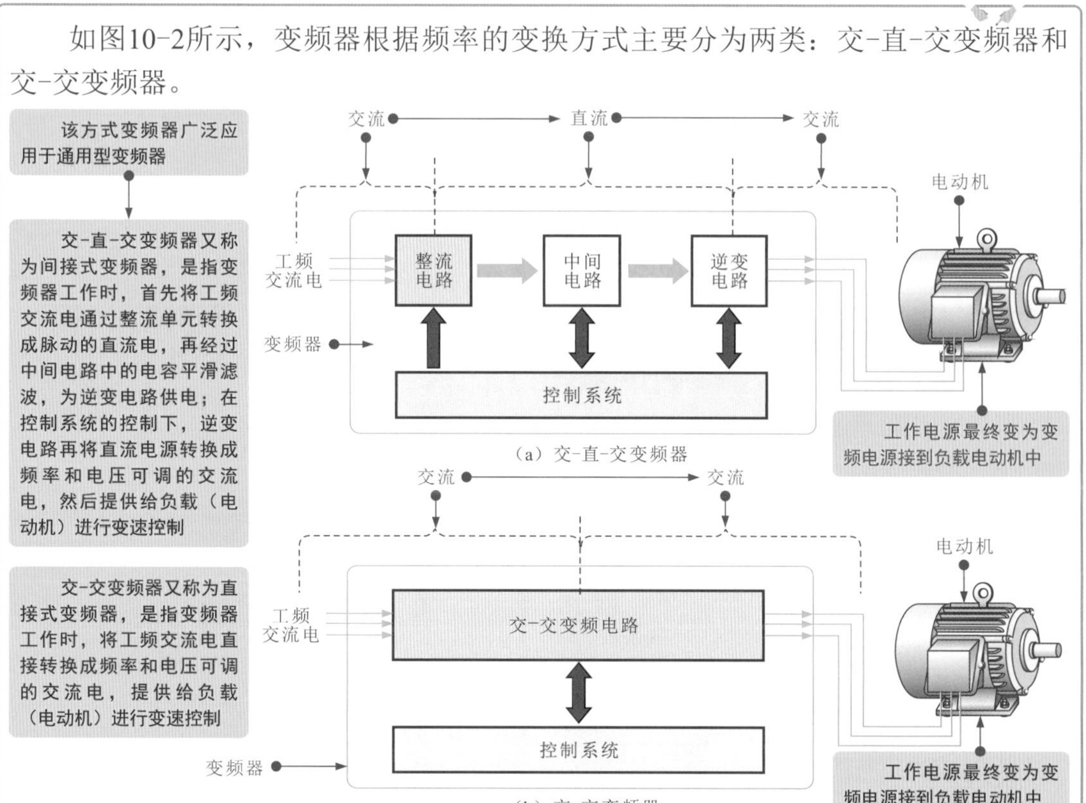

（a）交-直-交变频器

（b）交-交变频器

除上述几种分类方式外，变频器还可有以下几类分类方式：

◇按电源性质分类　交—直—交变频器中间电路的电源性质的不同，可将变频器分为两大类：电压型变频器和电流型变频器。

电压型变频器的特点是中间电路采用电容器作为直流储能元件，缓冲负载的无功功率。直流电压比较平稳，直流电源内阻较小，相当于电压源，故电压型变频器常用于负载电压变化较大的场合。

电流型变频器的特点是中间电路采用电感器作为直流储能元件，用以缓冲负载的无功功率，即扼制电流的变化，使电压接近正弦波，由于该直流内阻较大，可扼制负载电流频繁急剧的变化，故电流型变频器常用于负载电流变化较大的场合，适用于需要回馈制动和经常正、反转的生产机械。

◇按变频控制分类　按照其变频控制方式分为：压/频（*U*/*f*）控制变频器、转差频率控制变频器、矢量控制变频器、直接转矩控制变频器等。

◇按调压方法主要分为两类：PAM变频器和PWM变频器。

PAM是Pulse Amplitude Modulation（脉冲幅度调制）的缩写。PAM变频器是按照一定规律对脉冲列的脉冲幅度进行调制，控制其输出的量值和波形。实际上就是能量的大小用脉冲的幅度来表示，整流输出电路中增加绝缘删双极型晶体管（IGBT），通过对该IGBT的控制改变整流电路输出的直流电压幅度（140～390V），这样变频电路输出的脉冲电压不但宽度可变，而且幅度也可变。

PWM是英文Pulse Width Modulation（脉冲宽度调制）缩写。PWM变频器同样是按照一定规律对脉冲列的脉冲宽度进行调制，控制其输出量和波形。实际上就是能量的大小用脉冲的宽度来表示，此种驱动方式，整流电路输出的直流供电电压基本不变，变频器功率模块的输出电压幅度恒定，控制脉冲的宽度受微处理器控制。

10.1.2　变频器的功能特点

变频器是一种集启停控制、变频调速、显示及按键设置功能、保护功能等于一体的电动机控制装置。

图10-3　变频器的功能特点

如图10-3所示，变频器主要用于需要调整转速的设备中，既可以改变输出电压，又可以改变频率（即可改变电动机的转速）。

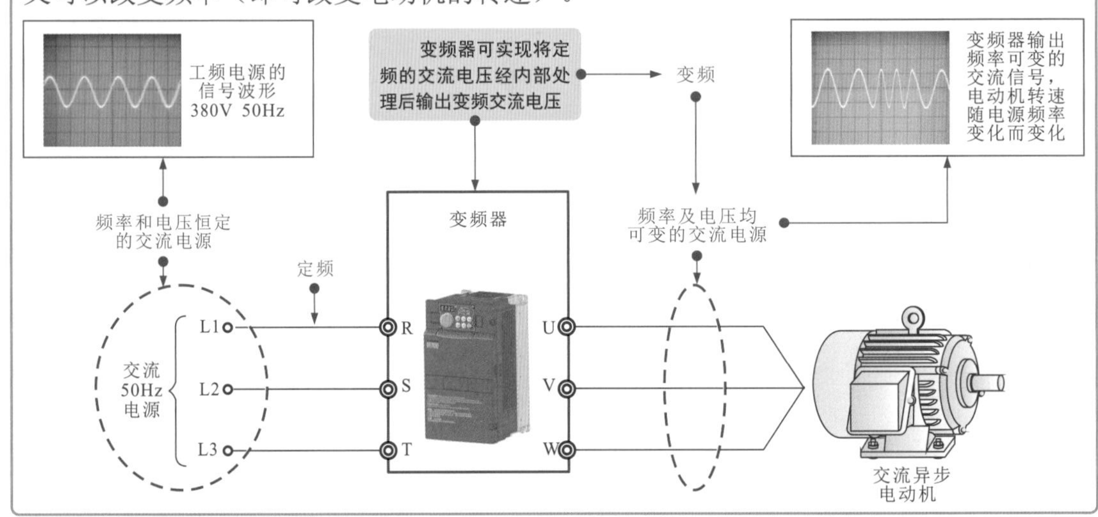

◇变频器的软启动功能　变频器具备最基本的软启动功能，可实现被控负载电动机的启动电流从零开始，最大值也不超过额定电流的150%，减轻了对电网的冲击和对供电容量的要求。

◇变频器的变频调速功能　变频器具有调速控制功能。在由变频器控制的电动机电路中，变频器可以将工频电源通过一系列的转换使其输出频率可变，自动完成电动机的调速控制。

◇变频器具有通信功能　为了便于通信以及人机交互，变频器上通常设有不同的通信接口，可用于与PLC自动控制系统以及远程操作器、通信模块、计算机等进行通信连接。

变频器除了基本的软启动、调速和通信功能外，在制动停机、安全保护、监控和故障诊断方面也具有突出的优势。

◇过热（过载）保护功能　变频器的过热（过载）保护即过电流保护或过热保护。在所有的变频器中都配置了电子热保护功能或采用热继电器进行保护。过热（过载）保护功能是通过监测负载电动机及变频器本身温度，当变频器所控制的负载惯性过大或因负载过大引启电动机堵转时，其输出电流超过额定值或交流电动机过热时，保护电路动作，使电动机停转，防止变频器及负载电动机损坏。

◇防失速保护　失速是指当给定的加速时间过短，电动机加速变化远远跟不上变频器的输出频率变化时，变频器将因电流过大而跳闸，运转停止。为了防止上述失速现象使电动机正常运转，变频器内部设有防失速保护电路，该电路可检出电流的大小进行频率控制。当加速电流过大时适当放慢加速速率，减速电流过大时也适当放慢减速速率，以防出现失速情况。

◇监控和故障诊断功能　变频器显示屏、状态指示灯及操作按键，可用于对变频器各项参数进行设定以及对设定值、运行状态等进行监控显示。且大多变频器内部设有故障诊断功能，该功能可对系统构成、硬件状态、指令的正确性等进行诊断，当发现异常时，会控制报警系统发出报警提示声，同时显示错误信息；故障严重时会发出控制指令停止运行，从而提高变频器控制系统的安全性。

10.2 变频器的应用

10.2.1 制冷设备中的变频电路

变频电路是变频制冷设备中特有的电路模块，制冷设备中的变频电路通过控制输出频率和电压可变的驱动电流，来驱动变频压缩机和电动机的启动、运转，从而实现制冷功能。

图10-4 制冷设备中变频电路的特点

如图10-4所示，以变频空调器制冷设备为例，设有变频电路的空调器称为变频空调器。变频电路和变频压缩机位于空调器室外机机组中。变频电路在室外机控制电路控制及电源电路供电的条件下，输出驱动变频压缩机的变频驱动信号，使变频压缩机启动、运行，从而达到制冷或制热的效果。

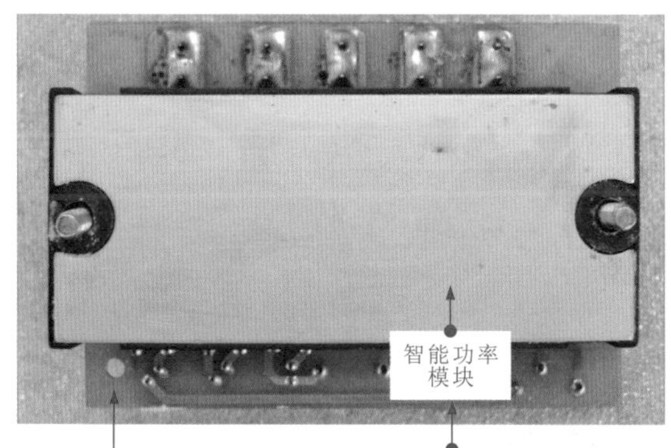

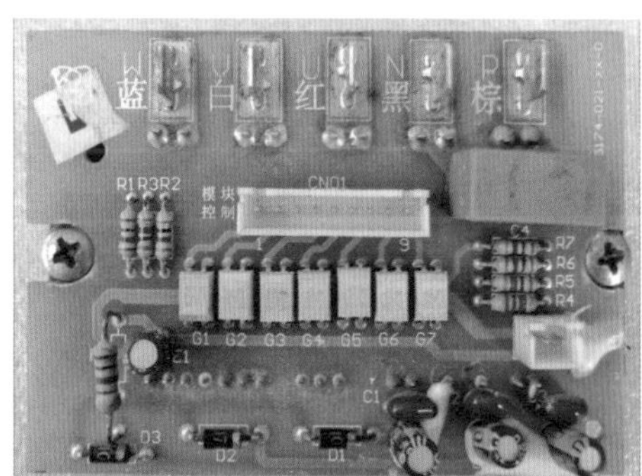

智能功率模块是变频电路的核心部分。该模块在控制信号的作用下，将供电部分送入的300V直流电压逆变为不同频率的交流电压（变频驱动信号）加到变频压缩机的三相绕阻端，使变频压缩机启动，进行变频运转，压缩机驱动制冷剂循环，进而达到冷热交换的目的

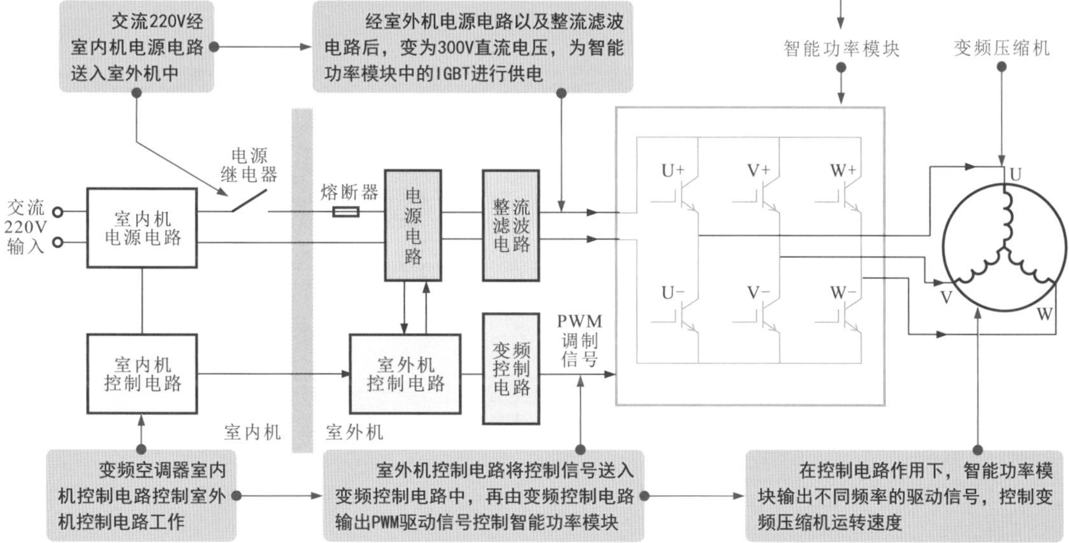

10.2.2 机电设备中的变频电路

在传统机电设备中加入变频器，并由变频器对机电设备中电动机的供电电压、电流和供电的频率进行控制，实现机电设备的变频控制。

图10-5 机电设备中变频电路的特点

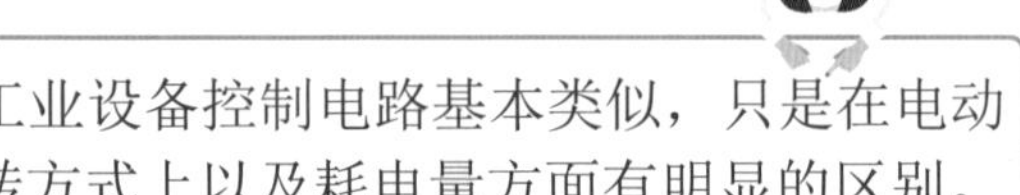

机电设备中的变频电路控制过程与传统工业设备控制电路基本类似，只是在电动机的启动、停机、调速、制动、正反转等运转方式上以及耗电量方面有明显的区别。采用变频器控制的设备，工作效率更高，更加节约能源。

如图10-5所示，以典型机电设备的点动及连续运行变频调速控制电路为例，了解机电设备中变频电路的控制过程。

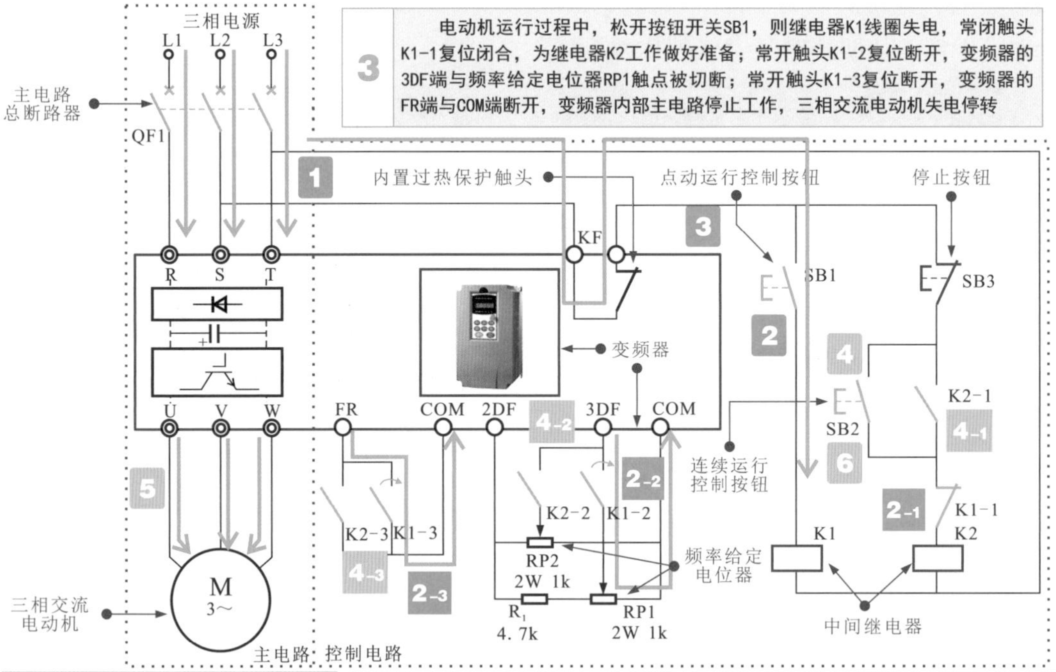

三相电源 L1 L2 L3

主电路总断路器 QF1

内置过热保护触头 KF

点动运行控制按钮 SB1

停止按钮 SB3

R S T

变频器

U V W FR COM 2DF 3DF COM

连续运行控制按钮 SB2

K2-1 K1-1 K1 K2

K2-3 K1-3 K2-2 K1-2

RP2 2W 1k

R_1 4.7k

RP1 2W 1k

频率给定电位器

中间继电器

三相交流电动机 M 3～

主电路 控制电路

1 合上主电路的总断路器QF1，接通三相电源，变频器主电路输入端R、S、T得电，控制电路部分也接通电源进入准备状态

2 当按下点动控制按钮SB1时，继电器K1线圈得电，对应的触头动作

2-1 常闭触头K1-1断开，实现联锁控制，防止继电器K2得电

2-2 常开触头K1-2闭合，变频器的3DF端与RP1及COM端构成回路，RP1有效，调节RP1电位器即可获得三相交流电动机点动运行时需要的工作频率

2-3 常开触头K1-3闭合，变频器的FR端经K1-3与COM端接通，变频器内部主电路开始工作，U、V、W端输出变频电源，电源频率按预置的升速时间上升至给定对应数值，三相交流电动机得电启动运行

3 电动机运行过程中，松开按钮开关SB1，则继电器K1线圈失电，常闭触头K1-1复位闭合，为继电器K2工作做好准备；常开触头K1-2复位断开，变频器的3DF端与频率给定电位器RP1触点被切断；常开触头K1-3复位断开，变频器的FR端与COM端断开，变频器内部主电路停止工作，三相交流电动机失电停转

4 当按下连续控制按钮SB2时，继电器K2线圈得电，对应的触头动作

4-1 常开触头K2-1闭合，实现自锁功能

4-2 常开触头K2-2闭合，变频器的3DF端与RP2及COM端构成回路，此时RP2电位器有效，调节RP2即可获得三相交流电动机连续运行时需要的工作频率

4-3 常开触头K2-3闭合，变频器的FR端经K2-3与COM端接通

5 变频器内部主电路开始工作，U、V、W端输出变频电源，电源频率按预置的升速时间上升至与给定对应的数值，三相交流电动机得电启动运行

6 需要电动机停机时，按下停止按钮SB3，继电器K2线圈失电，常开、常闭触头全部复位，变频器内部主电路停止工作，三相交流电动机失电停转

10.3 变频器的使用与调试

10.3.1 变频器的使用

变频器的使用是指通过操作变频器的操作面板进行相应的参数设定、信息的显示或读取等。

图10-6 典型变频器的基本使用流程(三菱变频器)

如图10-6所示，变频器使用之前，需要了解其基本操作设定流程，包括运行模式切换、监视器、频率设定、参数设定和报警历史操作等。

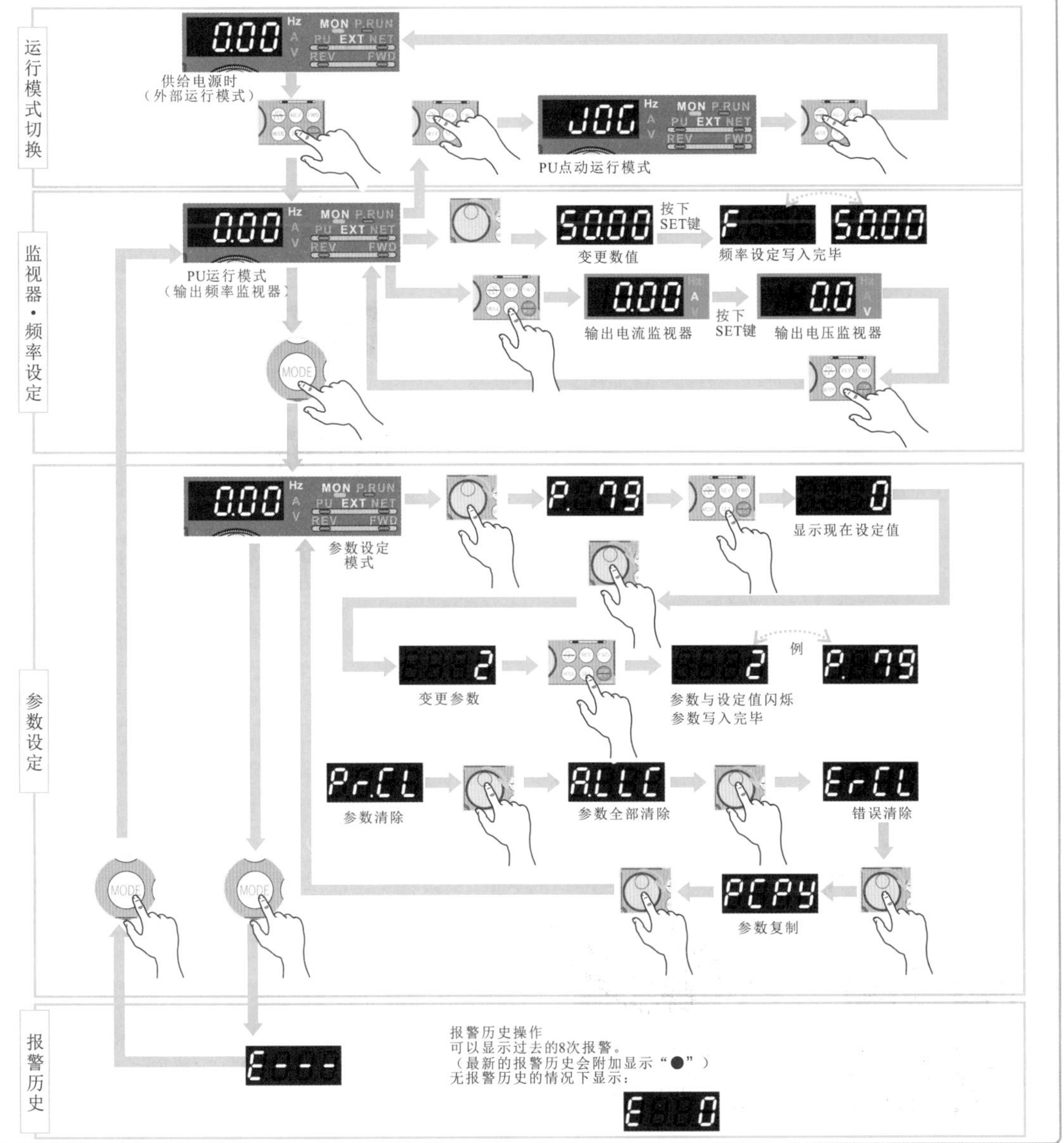

运行模式切换

供给电源时（外部运行模式）

PU点动运行模式

监视器·频率设定

PU运行模式（输出频率监视器）

变更数值

按下SET键

频率设定写入完毕

输出电流监视器

按下SET键

输出电压监视器

参数设定

参数设定模式

显示现在设定值

变更参数

例

参数与设定值闪烁

参数写入完毕

参数清除

参数全部清除

错误清除

参数复制

报警历史

报警历史操作

可以显示过去的8次报警。

（最新的报警历史会附加显示“●”）

无报警历史的情况下显示：

图10-7 典型变频器设定参数的操作方法

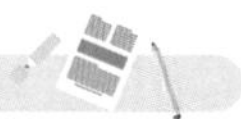

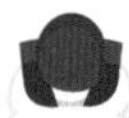

如图10-7所示，变频器使用之前，需要了解其基本操作设定流程，包括运行模式切换、监视器、频率设定、参数设定和报警历史操作等。设定参数操作是典型变频器（三菱FR-A700型）的基本操作环节，可根据实际控制需求设定变频器的上下限频率、直流制动方式、加减速时间等参数信息。

例如，将变频器上限参数设定为60Hz。三菱FR-A700型变频器上限参数的代码为Pr. 1，其初始值为120Hz。因此需要进行的操作是将Pr. 1下的数值设定为60。

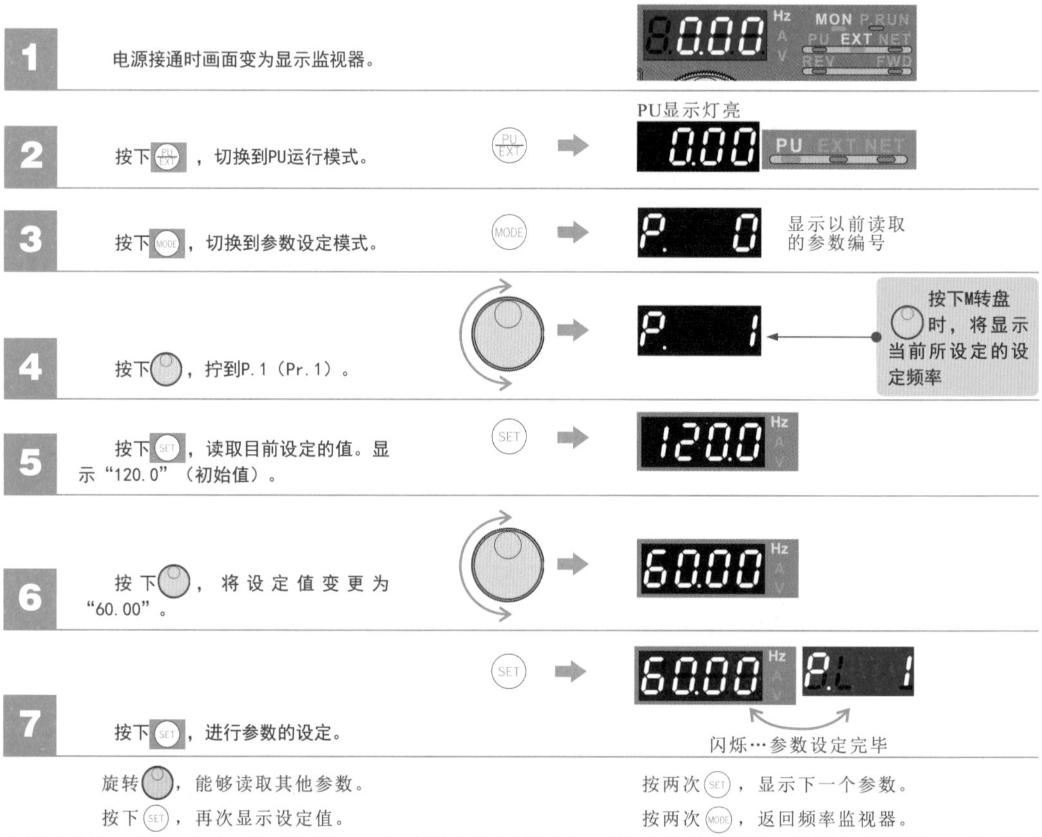

1 电源接通时画面变为显示监视器。
0.00 Hz A V MON P.RUN PU EXT NET REV FWD
2 按下PU/EXT，切换到PU运行模式。
PU显示灯亮
0.00 PU EXT NET
3 按下MODE，切换到参数设定模式。
P. 0
显示以前读取的参数编号
4 按下◯，拧到P. 1（Pr. 1）。
P. 1
按下M转盘◯时，将显示当前所设定的设定频率
5 按下SET，读取目前设定的值。显示“120. 0”（初始值）。
120.0 Hz
6 按下◯，将设定值变更为“60. 00”。
60.00 Hz
7 按下SET，进行参数的设定。
60.00 Hz P. 1
闪烁…参数设定完毕
旋转◯，能够读取其他参数。
按下SET，再次显示设定值。
按两次SET，显示下一个参数。
按两次MODE，返回频率监视器。

图10-8 典型变频器设定参数错误代码含义

如图10-8所示，设定变频器参数时，在其监视器中显示“Er 1、Er 2、Er 3、Er 4”字样时，无法输入设定参数值，这种代码为错误代码，不同代码代表不同含义。首先根据含义说明，明确错误类型，找出操作错误或设定不当环节，当不再提示错误代码时，再进行设定操作。

Er 1
Er 3
Er 2
Er 4
若显示Er1，则表明禁止写入错误；
若显示Er2，则表明运行中写入错误；
若显示Er3，则表明校正错误；
若显示Er4，则表明模式指定错误

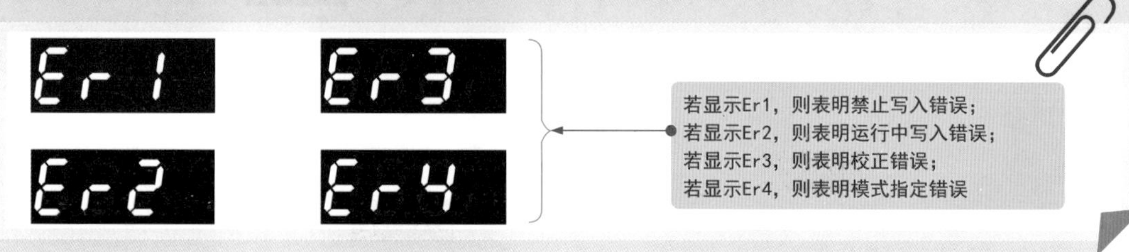

10.3.2 变频器的调试

变频器安装及接线完成后，必须对变频器进行细致的调试操作，确保变频器参数设置及其控制系统正确无误后才可投入使用。

不同类型、不同应用场合的变频器所适用的调试方法也有所不同，常见的主要有输入端子控制调试、操作面板直接调试等。下面仍以典型三菱变频器为操作样机，了解变频器的调试方法。

① 输入端子控制调试

图10-9 输入端子控制调试

如图10-9所示，输入端子控制调试是指在变频器端子上连接外部控制元件（如正反转启动按钮、点动信号等），通过外部控制元件输入点动控制信号，进行启动、停止等运行调整测试。

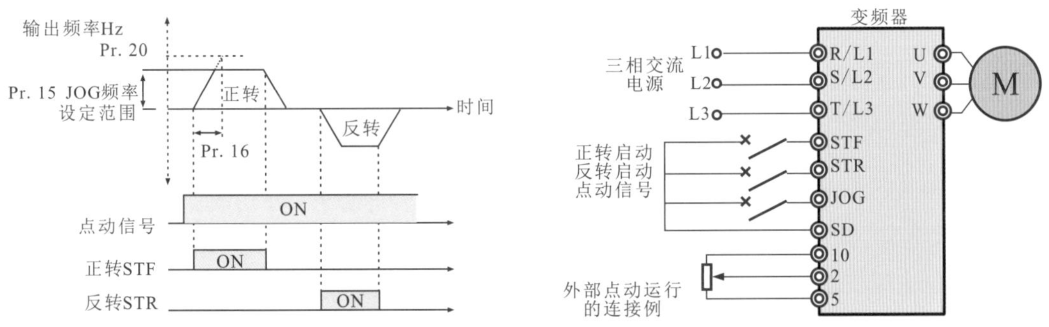

（a）三菱（FR-A700型）变频器与外部控制元件的连接关系

1 电源接通时画面。
请确认处于外部运行模式。（[EXT]灯亮）不显示时，请通过 PU/EXT 键切换为外部（EXT）运行模式。在无法切换运行模式时，请通过Pr. 79切换为外部运行模式。

2 端子JOG-SD置为ON。

3 端子STF（STR）-SD置为ON
STF（STR）-SD置为ON期间，电动机旋转。以5Hz的频率旋转（Pr. 15的初始值）。

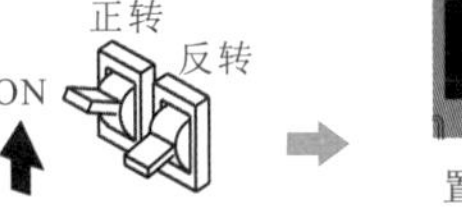

置为ON期间，旋转

4 端子STF（STR）-SD置为OFF。

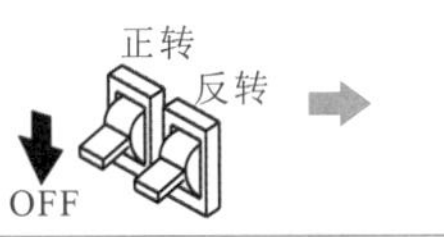

（b）三菱（FR-A700型）变频器外部点动运行调试操作流程

❷ 操作面板调试

图10-10 操作面板调试方法

如图10-10所示，操作面板调试是指由操作面板输入点动控制信号，对变频器进行的调整和实验操作。

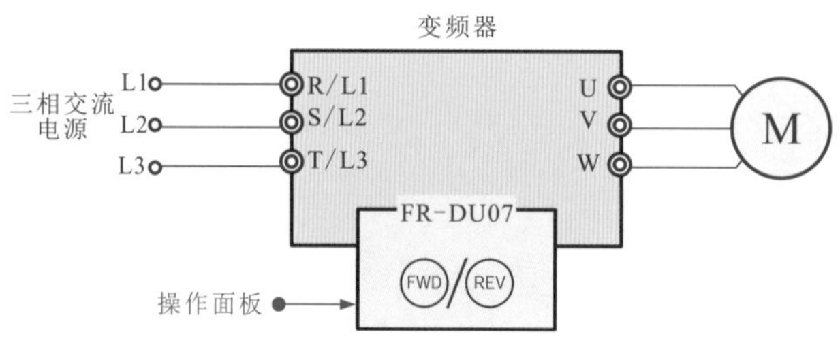

（a）三菱（FR-A700型）变频器操作面板直接点动运行调试接线关系

1 确认运行显示和运行模式显示。
●监视模式下。
●停止状态下。

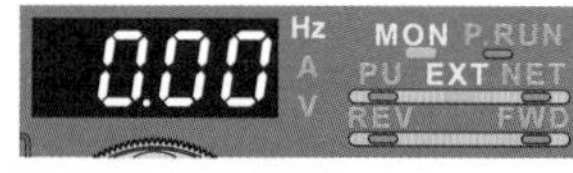

2 按下PU/EXT，切换到PU点动运行模式。

3 按下FWD（或者REV）。
●在按下FWD（或者REV）期间，电机旋转。
●以5Hz旋转（Pr.15的初始值）。

持续按

4 松开FWD（或者REV）。
[变更PU点动运行的频率时]

松开

5 按下MODE，切换到参数设定模式。

显示以前读出的参数编号

6 旋转旋钮，调准到P.15点动频率。

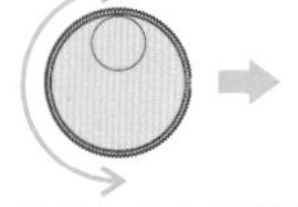

7 按下SET，显示目前设定的值（5Hz）。

8 旋转旋钮，将设定值调为“10.00”（10Hz）。

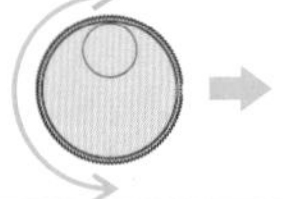

9 按下SET进行设定。

10 进行操作1～4，电动机以10Hz的频率旋转。

闪烁…参数设定完毕

（b）三菱（FR-A700型）变频器操作面板直接点动运行调试操作流程

10.4 PLC的特点与应用

PLC的英文全称为Programmable Logic Controller，即可编程控制器。它是一种将计算机技术与继电器控制技术结合起来的现代化自动控制装置。

10.4.1 PLC控制特点

PLC是一种在继电器控制基础上发展起来的以计算机技术为依托，运用先进的编辑语言来实现诸多功能的新型控制系统，采用程序控制方式是它主要的控制特点。

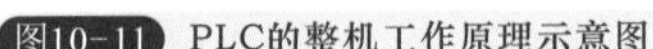

图10-11 PLC的整机工作原理示意图

如图10-11所示，PLC可以划分成CPU模块、存储器、通信接口、基本I/O接口、电源5部分。

通信接口通过编程电缆与编程设备（计算机）连接，计算机通过编程电缆对PLC进行编程、调试、监视、试验和记录

系统程序存储器为只读存储器（ROM），由PLC制造厂商设计编写，用户不能直接读写和更改。它包括系统诊断程序、输入处理程序、编译程序、信息传送程序、监控程序等系统程序

用户程序存储器为随机存储器（RAM），用于存储用户程序。用户程序是用户根据控制要求，按系统程序允许的编程规则，用厂家提供的编程语言编写的程序

工作数据存储器也为随机存储器（RAM），用来存储工作过程中的指令信息和数据

编程器
上位计算机
打印机
外部连接设备
存储器
系统程序存储器
用户程序存储器
工作数据存储器
I/O扩展单元
通信接口
扩展接口（I/O接口）
外部设备及功能部件
接触器
继电器
指示灯
电磁阀
变频器
运算器
寄存器
控制器
CPU（中央处理器）
控制及传感部件
按钮
传感器
输入接口（I/O接口）
输出接口（I/O接口）
电源

CPU模块是PLC的核心，CPU的性能决定了PLC的整体性能。不同的PLC配有不同的CPU，其主要作用是接收、存储由编程器输入的用户程序和数据，对用户程序进行检查、校验，并执行用户程序

PLC内部配有一个专用开关式稳压电源，将外加的交流电压或直流电压转换成微处理器、存储器、I/O电路等部分所需要的工作电压，保证PLC工作的顺利进行

基本I/O接口是PLC与外部各设备联系的桥梁，可以分为PLC输入接口和PLC输出接口两种。输入接口将所接各种控制及传感器部件发出的信号作为输入信号送入PLC输入电路，经PLC内部CPU处理后，由PLC输出接口输出用以控制外接设备或功能部件的控制信号

PLC控制系统用标准接口取代了硬件安装连接。用大规模集成电路与可靠元件的组合取代线圈和活动部件的搭配，并通过计算机进行控制。这样不仅大大简化了整个控制系统，而且也使得控制系统的性能更加稳定，功能更加强大。在拓展性和抗干扰能力方面也有了显著的提高。

PLC控制系统的最大特色是在改变控制方式和效果时不需要改动电气部件的物理连接线路，只需要通过PLC程序编写软件重新编写PLC内部的程序即可。

10.4.2　PLC技术应用

PLC在近年来发展极为迅速，随着技术的不断更新，PLC的控制功能，数据采集、存储、处理功能，可编程、调试功能，通讯联网功能，人机界面功能等也逐渐变得强大，使得PLC的应用领域得到进一步的扩展，广泛应用于各行各业控制系统中。

目前，PLC已经成为生产自动化、现代化的重要标志。众多生产厂商都投入到了PLC产品的研发中，PLC的品种越来越丰富，功能越来越强大，应用也越来越广泛，无论是生产、制造还是管理、检验，都可以看到PLC的身影。

❶ PLC在电动机控制系统中的应用

图10-12　PLC在电动机控制系统中的应用示意图

如图10-12所示，PLC应用于电动机控制系统中，用于实现自动控制，并且能够在不大幅度改变外接部件的前提下，仅修改内部的程序便实现多种多样的控制功能，使电气控制更加灵活高效。

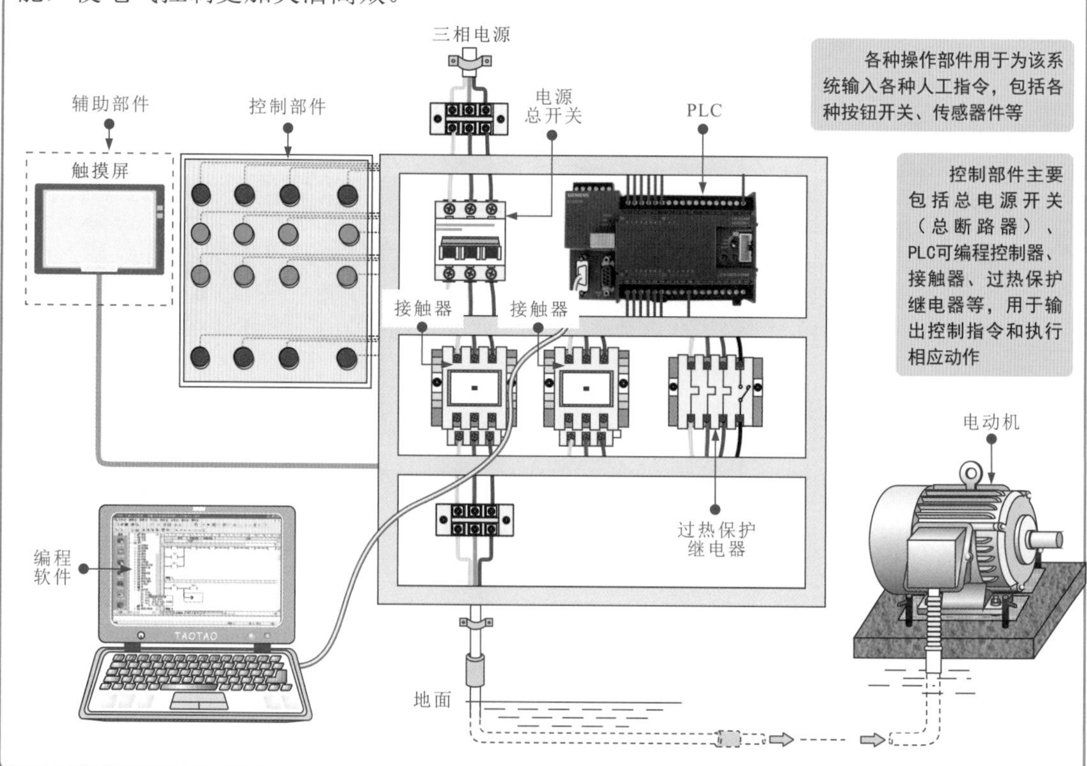

❷ PLC在复杂机床设备中的应用

众所周知，机床设备是工业领域中的重要设备之一，也更是由于其功能的强大、精密，使得对它的控制要求更高，普通的继电器控制虽然能够实现基本的控制功能，但早已无法满足其安全可靠、高效的管理要求。

用PLC对机床设备进行控制，不仅提高自动化水平，在实现相应的切削、磨削、钻孔、传送等功能中更具有突出的优势。

图10-13 典型机床的PLC控制系统

图10-13为PLC在复杂机床设备中的应用示意图。可以看到，该系统主要是由操作部件、控制部件和机床设备构成的。

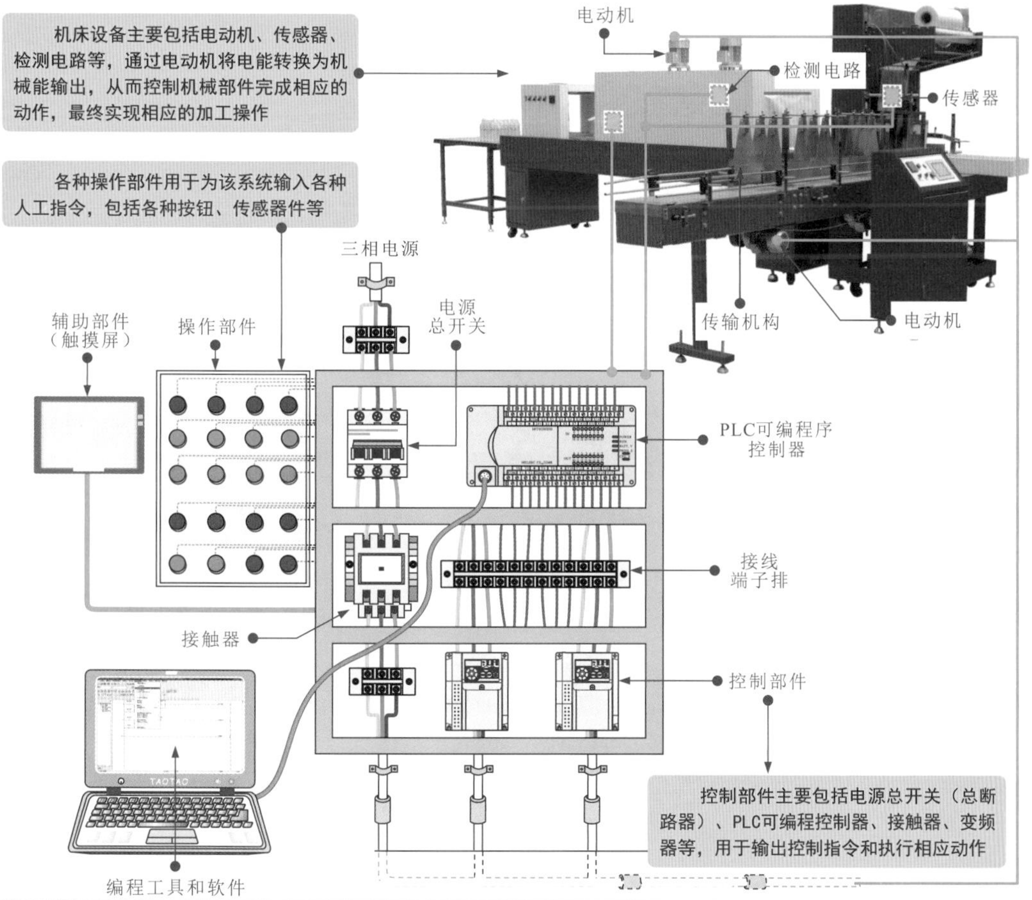

机床设备主要包括电动机、传感器、检测电路等，通过电动机将电能转换为机械能输出，从而控制机械部件完成相应的动作，最终实现相应的加工操作

各种操作部件用于为该系统输入各种人工指令，包括各种按钮、传感器件等

电动机
检测电路
传感器
传输机构
电动机
三相电源
电源总开关
辅助部件（触摸屏）
操作部件
PLC可编程序控制器
接线端子排
接触器
控制部件
编程工具和软件

控制部件主要包括电源总开关（总断路器）、PLC可编程控制器、接触器、变频器等，用于输出控制指令和执行相应动作

PLC在自动化生产制造设备中的应用主要用来实现自动控制功能。PLC在电子元件加工、制造设备中作为控制中心，使元件的输送定位驱动电动机、加工深度调整电动机、旋转电动机和输出电动机能够协调运转，相互配合实现自动化工作。

PLC不仅在电子、工业生产中广泛应用，在很多民用生产生活领域中也得到的迅速发展。如常见的自动门系统、汽车自动清洗系统、水塔水位自动控制系统、声光报警系统、流水生产线、农机设备控制系统、库房大门自动控制系统、蓄水池进出水控制系统等，都可由PLC控制、管理实现自动化功能。

10.5 PLC编程

10.5.1 PLC的编程语言

PLC作为一种可编程控制器设备，其各种控制功能的实现都是通过其内部预先编好的程序实现的，而控制程序的编写就需要使用相应的编程语言来实现。

目前，不同品牌和型号的PLC都有其各自的编程语言，例如，三菱公司的PLC产品有它自己的编程语言，西门子公司的PLC产品也有它自己的语言。但不管什么类型的PLC，基本上都包含了梯形图和语句表两种基础编程语言。

1 PLC梯形图

图10-14 典型电气控制线路与PLC梯形图的对应关系

PLC梯形图是PLC程序设计中最常用的一种编程语言。它继承了继电器控制线路的设计理念，采用图形符号的连通图形式直观形象地表达电气线路的控制过程。它与电气控制线路非常类似，十分易于理解，可以说是广大电气技术人员最容易接受和使用的编程语言。图10-14为典型电气控制线路与PLC梯形图的对应关系。

从电气控制原理图到PLC梯形图，整个程序设计保留了电气控制原理图的风格。在PLC梯形图中，特定的符号和文字标识标注了控制线路各电气部件及其工作状态。整个控制过程由多个梯级来描述，也就是说每一个梯级通过能流线上连接的图形、符号或文字标识反映了控制过程中的一个控制关系。在梯级中，控制条件表示在左面，然后沿能流线逐渐表现出控制结果。这就是PLC梯形图，这种编程设计习惯非常直观、形象，与电气线路图十分对应，控制关系一目了然

不闭锁的常开按钮SB　常闭触点K-1　常开触点K-2　灯泡HL2（负载）

继电器K线圈　电源（电池）　灯泡HL1（负载）

（a）电气控制接线图

在梯级中，控制条件表示在左面，然后沿能流线逐渐表现出控制结果

SB　K　K-1　HL1　K-2　HL2

（b）电气控制原理图

代替常开按钮SB　代替继电器K线圈　X0　Y0

代替继电器常闭触点K-1　代替灯泡HL1　Y0　Y1

代替继电器常开触点K-2　代替灯泡HL2　Y0　Y2

PLC梯形图整个控制过程由多个梯级来描述

（c）PLC梯形图

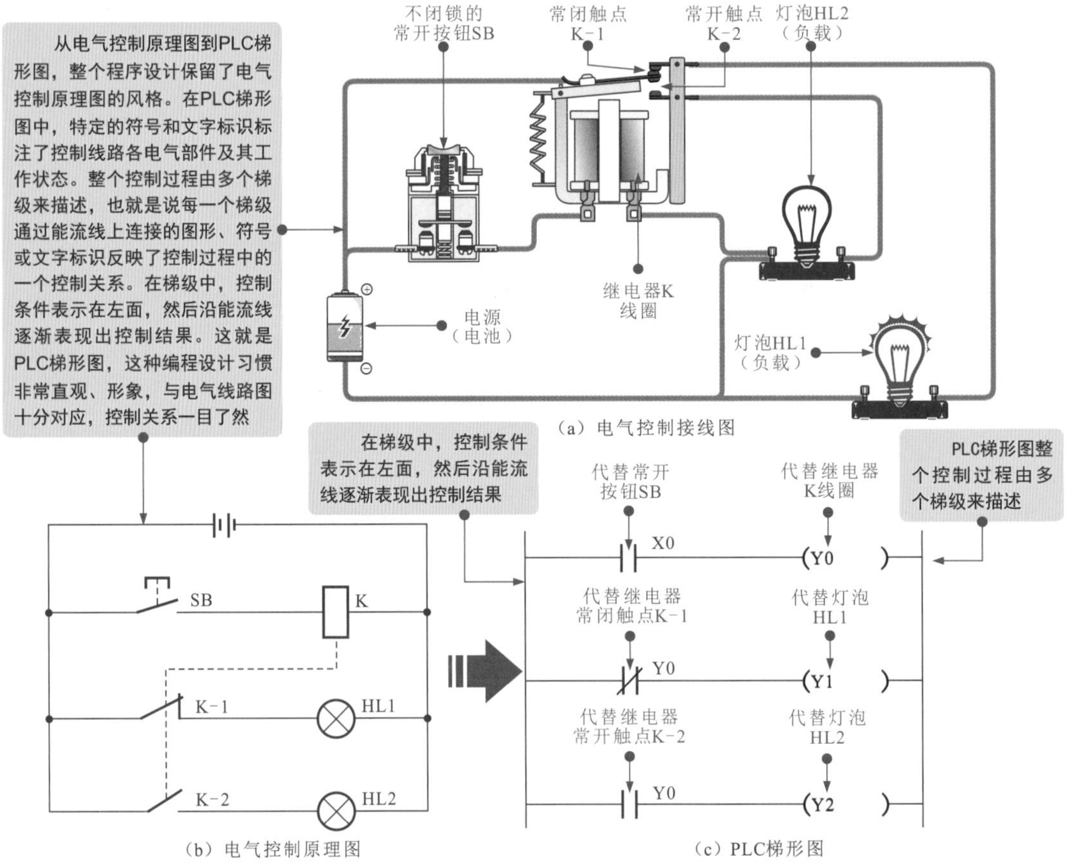

搞清PLC梯形图可以非常快速地了解整个控制系统的设计方案（编程），洞悉控制系统中各电气部件的连接和控制关系，为控制系统的调试、改造提供帮助，若控制系统出现故障，从PLC梯形图入手也可准确快捷地作出检测分析，有效地完成对故障的排查，可以说PLC梯形图在电气控制系统的设计、调试、改造以及检修中有着重要的意义。

图10-15 梯形图的结构和特点

如图10-15所示，梯形图主要是由母线、触点、线圈构成的。其中，梯形图中两侧的竖线称为母线；触点和线圈也是梯形图中的重要组成元素。

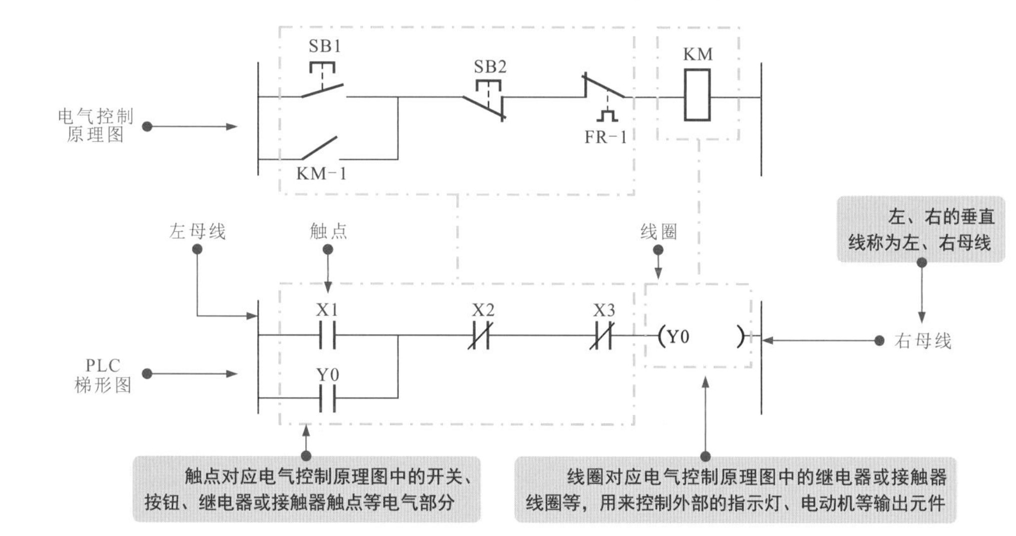

PLC梯形图的内部是由许多不同功能的元件构成的，它们并不是真正的硬件物理元件，而是由电子电路和存储器组成的软元件，如X代表输入继电器，是由输入电路和输入映像寄存器构成的，用于直接输入给PLC的物理信号；Y代表输出继电器，是由输出电路和输出映像寄存器构成的，用于从PLC直接输出物理信号；T代表定时器、M代表辅助继电器、C代表计数器、S代表状态继电器、D代表数据寄存器，它们都是由存储器组成的，用于PLC内部的运算。

图10-16 PLC梯形图中符号的定义

如图10-16所示，由于PLC生产厂家的不同，PLC梯形图中所定义的触点符号，线圈符号以及文字标识等所表示的含义都会有所不同。例如，三菱公司生产的PLC就要遵循三菱PLC梯形图编程标准，西门子公司生产的PLC就要遵循西门子PLC梯形图编程标准，具体要以设备生产厂商的标准为依据。

三菱PLC梯形图基本标识和符号

继电器符号	继电器标识	符号
常开触点	X0	
常闭触点	X1	
线圈	Y0	(Y0)

西门子PLC梯形图基本标识和符号

继电器符号	继电器标识	符号
常开触点	I0.0	
常闭触点	I0.1	
线圈	Q0.0	( )

❷ PLC语句表

PLC语句表是另一种重要的编程语言。这种编程语言形式灵活、简洁，易于编写和识读，深受很多电气工程技术人员的欢迎。因此无论是PLC的设计，还是PLC的系统调试、改造、维修都会用到PLC语句表。

PLC语句表是指运用各种编程指令实现控制对象的控制要求的语句表程序。针对PLC梯形图的直观形象的图示化特色，PLC语句表正好相反，它的编程最终以“文本”的形式体现。

图10-17 用PLC梯形图和PLC语句表编写的同一个控制系统的程序  

图10-17分别是用PLC梯形图和PLC语句表编写的同一个控制系统的程序。

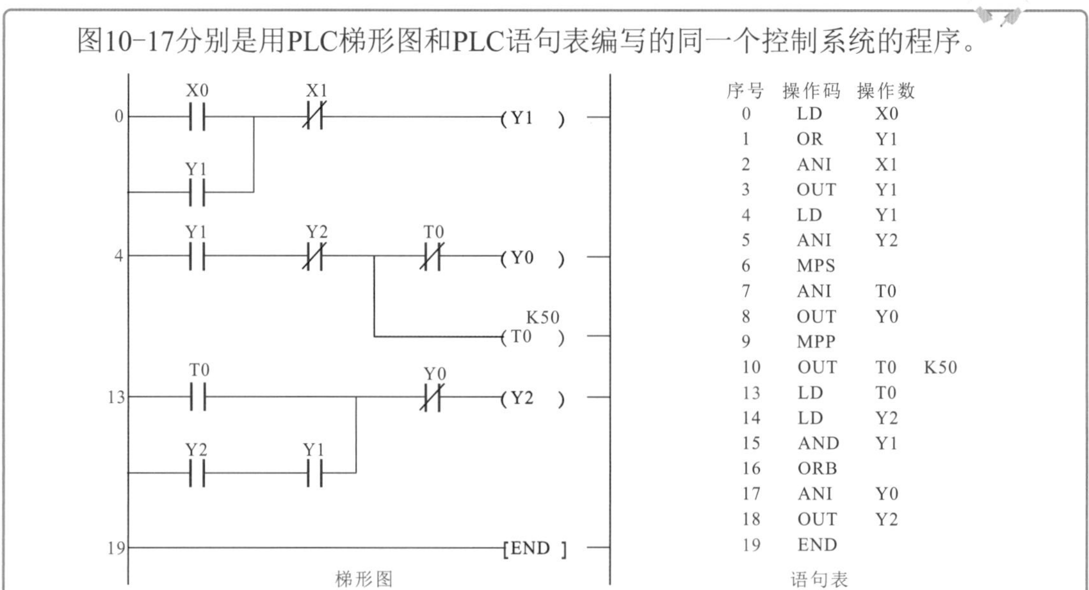

序号	操作码	操作数	
0	LD	X0	
1	OR	Y1	
2	ANI	X1	
3	OUT	Y1	
4	LD	Y1	
5	ANI	Y2	
6	MPS		
7	ANI	T0	
8	OUT	Y0	
9	MPP		
10	OUT	T0	K50
13	LD	T0	
14	LD	Y2	
15	AND	Y1	
16	ORB		
17	ANI	Y0	
18	OUT	Y2	
19	END		

语句表

可以看出，PLC语句表没有PLC梯形图那样直观、形象，但PLC语句表的表达更加精练、简洁。如果能够了解PLC语句表和PLC梯形图的含义会发现PLC语句表和PLC梯形图是一一对应的。

图10-18 PLC语句表的结构组成和特点  

如图10-18所示，PLC语句表是由步序号、操作码和操作数构成的。

序号	操作码	操作数
0	LD	X2
1	ANI	X0
2	OUT	M1
3	AND	X1
4	OUT	Y4

序号使用数字标识，表示指令语句的顺序

PLC语句表（三菱FX系列）

操作数使用地址编号进行标识，用于指示PLC操作数据的地址，相当于梯形图中软继电器的文字标识

操作码使用助记符标识，也称为编程指令，用于完成PLC的控制功能

不同厂家生产的PLC，其语句表使用的助记符（编程指令）也不相同，对应其语句表使用的操作数（地址编号）也有差异。具体可根据PLC的编程说明进行，见表10-1所列。

表10-1 不同厂家的助记符和操作数

三菱FX系列常用操作码（助记符）	
名称	符号
读指令（逻辑段开始-常开触点）	LD
读反指令（逻辑段开始-常闭触点）	LDI
输出指令（驱动线圈指令）	OUT
与指令	AND
与非指令	ANI
或指令	OR
或非指令	ORI
电路块与指令	ANB
电路块或指令	ORB
置位指令	SET
复位指令	RST
进栈指令	MPS
读栈指令	MRD
出栈指令	MPP
上升沿脉冲指令	PLS
下降沿脉冲指令	PLF

西门子S7-200系列常用操作码（助记符）	
名称	符号
读指令（逻辑段开始-常开触点）	LD
读反指令（逻辑段开始-常闭触点）	LDN
输出指令（驱动线圈指令）	=
与指令	A
与非指令	AN
或指令	O
或非指令	ON
电路块与指令	ALD
电路块或指令	OLD
置位指令	S
复位指令	R
进栈指令	LPS
读栈指令	LRD
出栈指令	LPP
上升沿脉冲指令	EU
下降沿脉冲指令	ED

三菱FX系列常用操作数	
名称	符号
输入继电器	X
输出继电器	Y
定时器	T
计数器	C
辅助继电器	M
状态继电器	S

西门子S7-200系列常用操作数	
名称	符号
输入继电器	I
输出继电器	Q
定时器	T
计数器	C
通用辅助继电器	M
特殊标志继电器	SM
变量存储器	V
顺序控制继电器	S

10.5.2 PLC的编程方式

PLC所实现的各项控制功能是根据用户程序实现的，各种用户程序需要编程人员根据控制的具体要求进行编写。通常，PLC用户程序的编程方式主要有软件编程和手持式编程器编程两种。

❶ 软件编程

软件编程是指借助PLC专用的编程软件编写程序。

采用软件编程的方式，需将编程软件安装在匹配的计算机中，在计算机上根据编程软件的使用规则编写具有相应控制功能的PLC控制程序（梯形图程序或语句表程序），最后再借助通信电缆将编写好的程序写入PLC内部即可。

图10-19 PLC的软件编程方式

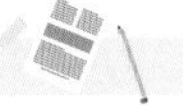

图10-19为软件编程方式示意图。

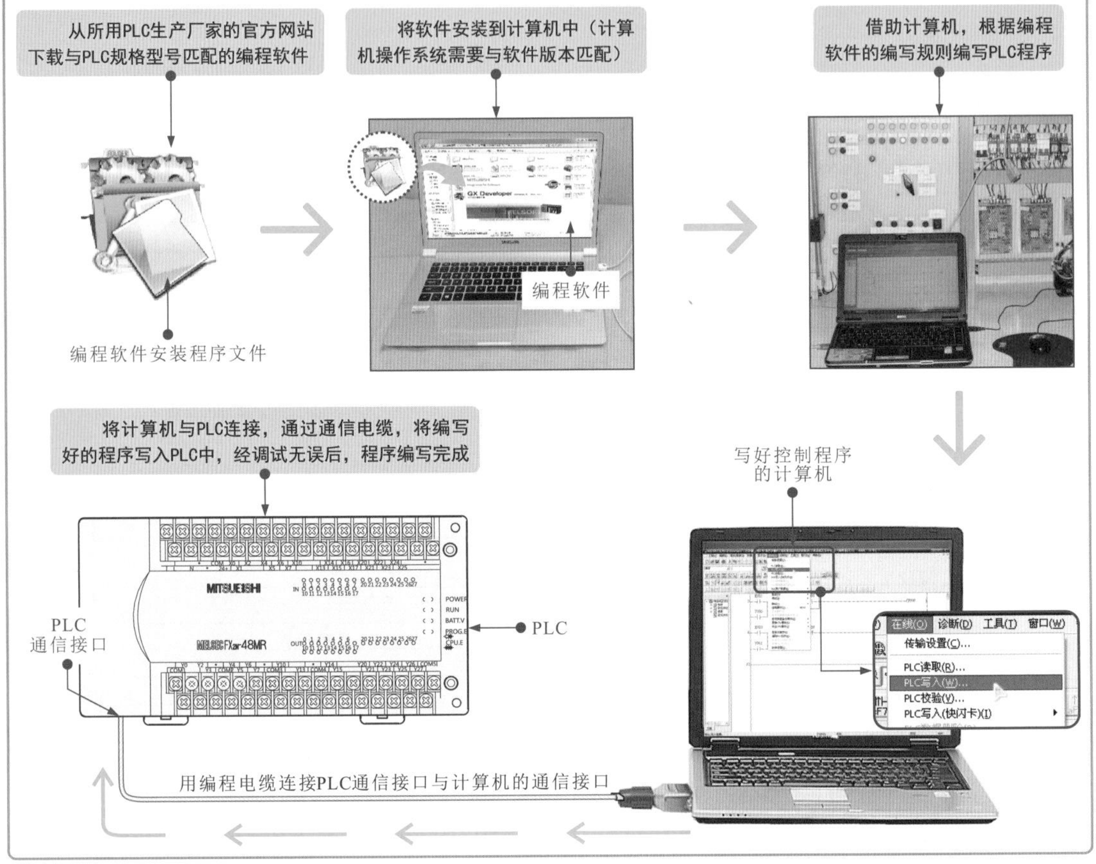
从所用PLC生产厂家的官方网站下载与PLC规格型号匹配的编程软件
将软件安装到计算机中（计算机操作系统需要与软件版本匹配）
借助计算机，根据编程软件的编写规则编写PLC程序
编程软件安装程序文件
编程软件
将计算机与PLC连接，通过通信电缆，将编写好的程序写入PLC中，经调试无误后，程序编写完成
写好控制程序的计算机
PLC
通信接口
PLC
在线(O)
诊断(D)
工具(T)
窗口(W)
传输设置(C)...
PLC读取(R)...
PLC写入(W)...
PLC校验(V)...
PLC写入(快闪卡)(I)
用编程电缆连接PLC通信接口与计算机的通信接口

表10-2 几种常用PLC可用的编程软件汇总

PLC的品牌	编辑软件	
三菱	GX-Developer	三菱通用
	FXGP-WIN-C	FX系列
	Gx Work2（PLC综合编程软件）	Q、QnU、L、FX等系列
西门子	STEP 7-Micro/WIN	S7-200
	STEP7 V系列	S7-300/400
松下	FPWIN-GR	
欧姆龙	CX-Programmer	
施耐德	unity pro XL	
台达	WPLSoft或ISPSoft	
AB	Logix5000	

不同类型的PLC其可采用的编程软件不相同，甚至有些相同品牌不同系列的PLC其可用的编程软件也不相同。表10-2所列为几种常用PLC可用的编程软件汇总，但随着PLC的不断更新换代，其对应编程软件及版本都有不同的升级和更换，在实际选择编程软件时应首先对应其品牌和型号对应查找匹配的编程软件。

❷ 编程器编程

编程器编程是指借助PLC专用的编程器设备直接在PLC中编写程序。在实际应用中编程器多为手持式编程器，具有体积小、质量轻、携带方便等特点，在一些小型PLC的用户程序编制、现场调试、监视等场合应用十分广泛。

图10-20 采用编程器编程示意图

如图10-20所示，编程器编程是一种基于指令语句表的编程方式。首先需要根据PLC的规格、型号选配匹配的编程器，然后借助通信电缆将编程器与PLC连接，通过操作编程器上的按键，直接向PLC中写入语句表指令。

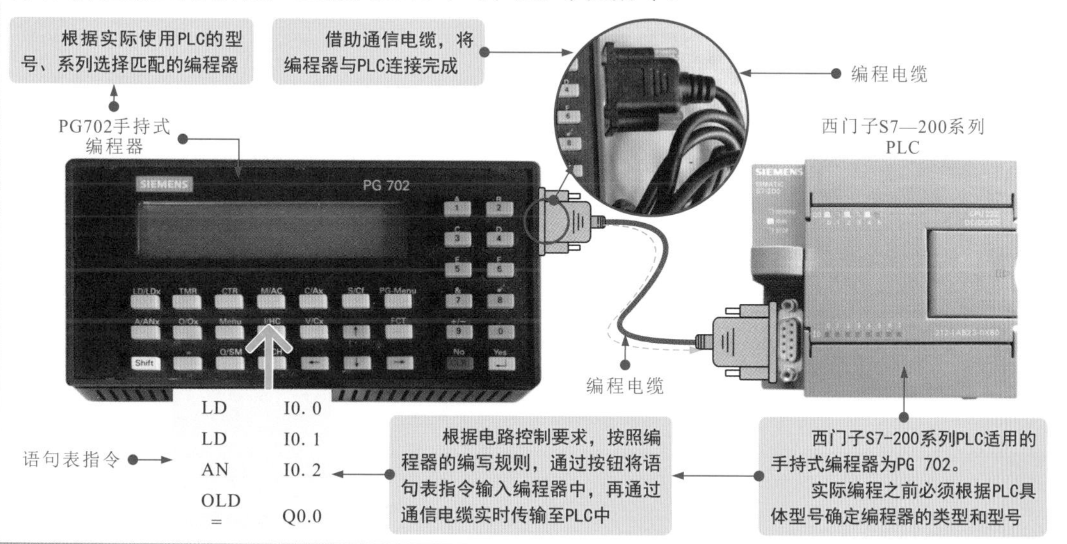

不同品牌或不同型号的PLC所采用的编程器类型也不相同，在将指令语句表程序写入PLC时，应注意选择合适的编程器，表10-3为各种PLC对应匹配的手持式编程器型号汇总。

表10-3 各种PLC对应匹配的手持式编程器型号汇总

PLC类型		手持式编程器型号
三菱（MISUBISHI）	F/F1/F2系列	F1-20P-E、GP-20F-E、GP-80F-2B-E
		F2-20P-E
	Fx系列	FX-20P-E
西门子（SIEMENS）	S7-200系列	PG702
	S7-300/400系列	一般采用编程软件进行编程
欧姆龙（OMRON）	C**P/C200H系列	C120-PR015
	C**P/C200H/C1000H/C2000H系列	C500-PR013、C500-PR023
	C**P系列	PR027
	C**H/C200H/C200HS/C200Ha/CPM1/CQM1系列	C200H-PR 027
光洋（KOYO）	KOYO SU -5/SU-6/SU-6B系列	S-01P-EX
	KOYO SR21系列	A-21P